教育部高等学校材料类专业教学指导委员会规划教材

国家级一流本科专业建设成果教材

新能源材料与器件制备技术

张 云 主编

李美成 张静全 吴朝玲 副主编

PROCESS TECHNOLOGY FOR
ADVANCED ENERGY MATERIALS AND DEVICES

U0230634

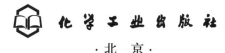

化学工业出版社

·北京·

内容简介

《新能源材料与器件制备技术》系统介绍光伏材料与电池、锂离子电池材料与电池、氢能与燃料电池,以及超级电容器等的基本概念、基本原理、生产工艺和核心设备以及生产过程中的环境污染与治理的基本知识。书中以典型的、规模化的新能源材料或器件为例,将本专业所涉及的基本原理、工艺过程、关键设备等知识集成一体,使学生系统掌握新源材料与器件的核心知识,帮助学生知悉和掌握新能源材料与器件中的生产过程,并且能够解决生产过程中遇到的基本科学与技术问题,以满足新兴产业对人才的需要。

本书既可作为高等院校新能源相关专业的本科生、研究生的教材,也可以供新能源相关领域的工程技术人员参考。

图书在版编目(CIP)数据

新能源材料与器件制备技术 / 张云主编; 李美成,
张静全, 吴朝玲副主编. -- 北京: 化学工业出版社,
2024.5
教育部高等学校材料类专业教学指导委员会规划教材
ISBN 978-7-122-45432-4

Ⅰ. ①新… Ⅱ. ①张… ②李… ③张… ④吴… Ⅲ.
①新能源–材料技术–高等学校–教材 Ⅳ. ①TK01

中国国家版本馆 CIP 数据核字 (2024) 第 074032 号

责任编辑:陶艳玲　　　　　　　文字编辑:胡艺艺
责任校对:李雨函　　　　　　　装帧设计:史利平

出版发行:化学工业出版社
　　　　　(北京市东城区青年湖南街 13 号　邮政编码 100011)
印　　装:大厂聚鑫印刷有限责任公司
787mm×1092mm　1/16　印张 18¾　字数 474 千字
2024 年 10 月北京第 1 版第 1 次印刷

购书咨询:010-64518888　　　　售后服务:010-64518899
网　　址:http://www.cip.com.cn
凡购买本书,如有缺损质量问题,本社销售中心负责调换。

定　　价:59.00 元　　　　　　　版权所有　违者必究

系列教材编委会名单

编写委员会名单

主　　任：吴　锋　北京理工大学
执行主任：李美成　华北电力大学
副 主 任：张　云　四川大学
　　　　　吴　川　北京理工大学
　　　　　吴宇平　东南大学
委　　员：(以姓名拼音为序)
　　　　　卜令正　厦门大学
　　　　　曹余良　武汉大学
　　　　　常启兵　景德镇陶瓷大学
　　　　　方晓亮　嘉庚创新实验室
　　　　　顾彦龙　华中科技大学
　　　　　纪效波　中南大学
　　　　　雷维新　湘潭大学
　　　　　李　星　西南石油大学
　　　　　李　雨　北京理工大学
　　　　　李光兴　华中科技大学
　　　　　李相俊　中国电力科学研究院有限公司
　　　　　李欣欣　华东理工大学
　　　　　李英峰　华北电力大学
　　　　　刘　赟　上海重塑能源科技有限公司
　　　　　刘道庆　中国石油大学
　　　　　刘乐浩　华北电力大学
　　　　　刘志祥　国鸿氢能科技股份有限公司
　　　　　吕小军　华北电力大学
　　　　　木士春　武汉理工大学

牛晓滨　电子科技大学
沈　杰　武汉理工大学
史翊翔　清华大学
苏岳锋　北京理工大学
谭国强　北京理工大学
王得丽　华中科技大学
王亚雄　福州大学
吴朝玲　四川大学
吴华东　武汉工程大学
武莉莉　四川大学
谢淑红　湘潭大学
晏成林　苏州大学
杨云松　基创能科技（广州）有限公司
袁　晓　华东理工大学
张　防　南京航空航天大学
张加涛　北京理工大学
张静全　四川大学
张校刚　南京航空航天大学
张兄文　西安交通大学
赵春霞　武汉理工大学
赵云峰　天津理工大学
郑志锋　厦门大学
周　浪　南昌大学
周　莹　西南石油大学
朱继平　合肥工业大学

丛书序

新能源技术是 21 世纪世界经济发展中最具有决定性影响的五大技术领域之一，清洁能源转型对未来全球能源安全、经济社会发展和环境可持续性至关重要。新能源材料与器件是实现新能源转化和利用以及发展新能源技术的基础和先导。2010 年教育部批准创办"新能源材料与器件"专业，该专业是适应我国新能源、新材料、新能源汽车、高端装备制造等国家战略性新兴产业发展需要而设立的战略性新兴领域相关本科专业。2011 年，全国首批仅有 15 所高校设立该专业，随后设立学校和招生规模不断扩大，截至 2023 年底，全国共有 150 多所高校设立该专业。更多的高校在大材料培养模式下，设立新能源材料与器件培养方向，新能源材料与器件领域的人才培养欣欣向荣，规模日益扩大。

由于新能源材料与器件为新兴的交叉学科，专业跨度大，涉及材料、物理、化学、电子、机械等多学科，需要重新整合各学科的知识进行人才培养，这给该专业的教学和教材的编写带来极大的困难，致使本专业成立 10 余年以来，既缺乏规范的核心专业课程体系，也没有相匹配的核心专业教材，严重影响人才培养的质量和专业的发展。特别是教材，作为学生进行知识学习、技能掌握和价值观念形成的主要载体，同时也是教师开展教学活动的基本依据，极为重要，亟需解决教材短缺的问题。

为解决这一问题，在化学工业出版社的倡导下，邀请全国 30 余所重点高校多次召开教材建设研讨会，2019 年在吴锋院士的指导下，在北京理工大学达成共识，结合国内的人才需求、教学现状和专业发展趋势，共同制定新能源材料与器件专业的培养体系和教学标准，打造《能量转化与存储原理》《新能源材料与器件制备技术》以及《新能源器件与系统》3 种专业核心课程教材。

《能量转化与存储原理》的主要内容为能量转化与存储的共性原理，从电子、离子、分子、能级、界面等过程来阐述；《新能源材料与器件制备技术》的内容承接《能量转化与存储原理》的落地，目前阶段可以综合太阳电池、锂离子电池、燃料电池、超级电容器等材料和器件的工艺与制备技术；《新能源器件与系统》的内容注重器件的设计构建、同种器件系统优化、不同能源转换或存储器件的系统集成等，是《新能源材料与器件制备技术》的延伸。三门核心课程是总-分-总的关系。在完成材料大类基础课的学习后，三门课程从原理-工艺技术-器件与系统，逐步深入融合新能源相关基础理论和技术，形成大材料知识体系与新能源材料与器件知识体系水乳交融的培养体系，培养新能源材料与器件的复合型人才，适合国家的发展战略人才需求。

在三门课程学习的基础上，继续延伸太阳电池、锂离子电池、燃料电池、超级电容器和新型电力电子元器件等方向的专业特色课程，每个方向设立 2~3 门核心课程。按照这个课程体系，制定了本丛书 9 种核心课程教材的编写任务，后期将根据专业的发展和需要，不断更新和改善教学体系，适时增加新的课程和教材。

2020 年，该系列教材得到了教育部高等学校材料类专业教学指导委员会（简称材料教指委）的立项支持和指导。2021 年，在材料教指委的推荐下，本系列教材加入"教育部新兴领域教材研究与实践项目"，在材料教指委副主任张联盟院士的指导下，进一步广泛团结全国的力量进行建设，结合新兴领域的人才培养需要，对系列教材的结构和内容安排详细研讨、再次充分论证。

2023 年，系列教材编写团队入选教育部战略性新兴领域"十四五"高等教育教材体系建设团队，团队负责人为材料教指委委员、长江学者、万人领军人才李美成教授，并以此团队为基础，成立教育部新能源技术虚拟教研室，完成对 9 本规划教材的编写、知识图谱建设、核心示范课建设、实验实践项目建设、数字资源建设等工作，积极组建国内外顶尖学者领衔、高水平师资构成的教学团队。未来，将依托虚拟教研室等载体，继续积极开展名师示范讲解、教师培训、交流研讨等活动，提升本专业及新能源、储能等相关专业教师的教育教学能力。

本系列教材的出版，全面贯彻党的"二十大"精神，深入落实习近平总书记关于教育的重要论述，深化新工科建设，加强高等学校战略性新兴领域卓越工程师培养，解决材料领域高等教育教材整体规划性不强、部分内容陈旧、更新迭代速度慢等问题，完成了对新能源材料与器件领域核心课程、重点实践项目、高水平教学团队的建设，体现时代精神、融汇产学共识、凸显数字赋能，具有战略性新兴领域特色，未来将助力提升新能源材料与器件领域人才自主培养质量。

中国工程院院士
2024 年 3 月

　　新能源技术是 21 世纪世界经济发展中最具有决定性影响的五大技术领域之一，新能源材料与器件是实现新能源的转化和利用以及发展新能源技术的关键。2011 年教育部批准创办"新能源材料与器件"专业，该专业是为适应我国新能源、新材料、新能源汽车、高端装备制造等国家战略性新兴产业发展需要而设立的战略性新兴专业。2011 年，全国首批仅有 15 所高校设立该专业，随后设立学校和招生规模不断扩大，截至 2023 年底，全国有 150 余所高校设立该专业。

　　由于新能源材料与器件专业为新兴的交叉学科，专业跨度大，涉及材料、物理、化学、电子、机械等多学科，这给该专业教学带来很大的难度，既缺乏核心的专业课程，也没有相匹配的核心专业教材。为了满足这一新专业的教学需求，在化学工业出版社的支持下，相关高校多次召开教材建设研讨会，于 2019 年在北京达成共识，共同打造《能量转化与存储原理》《新能源材料与器件制备技术》以及《新能源器件与系统》3 门核心课程教材。《能量转化与存储原理》的主要内容应为能量转化与存储的共性原理，从电子、离子、分子、能级、界面等过程去阐述；《新能源材料与器件制备技术》的内容承接原理的落地，目前阶段可以综合光伏、锂电、燃电、超级电容等材料和器件的工艺和设备；《新能源器件与系统》的内容注重器件的系统优化、同种器件系统、不同能量转换或存储器件的系统集成等，是工艺的延伸。三门核心课程是总-分-总的关系。在三门课程学习后的基础上，继续学习光伏、锂离子电池、燃料电池和超级电容器等方向的专业特色课程。

　　在 2020 年，该系列教材得到了教育部高等学校材料类专业教学指导委员会的立项支持，并在 2021 年由材料教指委推荐，加入教育部新兴领域教材研究与实践项目，进一步结合新兴领域的人才培养需要，广泛听取各高校建议，对系列教材的结构和内容安排详细研讨、组织与规划，最终形成确定的编写方案。

　　本教材重点讲述新能源材料与器件的制备工艺和技术。教材系统介绍光伏材料与电池、锂离子电池及材料、氢能与燃料电池，以及超级电容器等的基本概念、原理、工艺和主要设备。通过本书的学习，要求学生学习和掌握已经规模化、成熟化的新能源材料与器件中核心材料与关键器件的生产过程，并且能够解决生产过程中遇到的基本科学与技术问题。同时，教材内容结合当前国际关系发展态势与国家科技发展重大需求，培养学生们对本学科专业的学习热情与科研兴趣，激发学生追求学习报国、科技强国的爱国主义精神。

全书共分 13 章，第 1 章由四川大学张云编写，第 2 章由四川大学张静全编写，第 3 章华东理工大学袁晓和柳翠编写，第 4 章由华北电力大学李美成编写，第 5 章由四川大学张云和武开鹏编写，第 6 章由西南石油大李星编写，第 7 章由武汉大学曹余良编写，第 8 章由湘潭大学雷维新编写，第 9 章由合肥工业大学朱继平编写，第 10 章由中南大学纪效波和邹国强编写，第 11 章由四川大学吴朝玲编写，第 12 章由武汉理工大学木士春编写，第 13 章由北京理工大学郭兴明编写。

由于我们的水平有限，本书难免有疏漏和贻误，诚望专家和读者批评指正。

编者

2024 年 4 月

目 录

第 **3** 章 // 晶体硅太阳电池制备技术

第 **4** 章 // 薄膜太阳电池原理与制备技术

第5章　锂离子电池正极材料制备技术

第6章　锂离子电池负极材料制备技术

第7章　非水电解液原理及制备技术

第 8 章　锂离子电池隔膜制备技术

第 9 章 锂离子电池的设计与制备技术

第 10 章 超级电容器的原理及制备技术

第13章　环境污染与治理

第 1 章

概　述

1.1　新能源材料与器件的基本概念

1.1.1　新能源

现今，为了应对能源危机和环境污染等一系列能源问题，人们一直在寻求开发新能源。新能源实际上是一个广义的概念，顾名思义，它是与传统能源不同的能源。按 1978 年 12 月 20 日联合国第三十三届大会第 148 号决议，新能源和可再生能源包括太阳能、地热能、风能、潮汐能、海水温差能、波浪能、木柴、木炭、泥炭、生物质转化、牲畜拖引力、油页岩、焦油砂及水能 14 种能源。目前，关于新能源各国的说法不一，并没有统一定义。中国在进行新能源发展规划时，把新能源主要界定为"以新技术为基础，已经开发但还没有规模化应用的能源，或正在研究试验，尚需进一步开发的能源"，主要包括太阳能、风能、生物质能源等。需要注意的是，核能在许多国家已经规模化利用，属于常规能源范畴，而根据中国国家能源局和科学技术部联合编制的《"十四五"能源科技创新规划》中，对有关新能源技术领域的描述和界定可以看出，在"十四五"期间中国仍旧将核能划归为新能源范畴。中国新能源的种类见图 1-1。

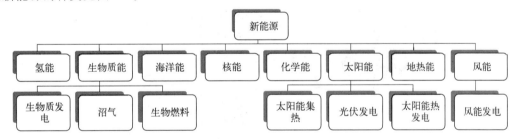

图 1-1　中国新能源的种类

根据新能源的种类，不难看出，新能源具有分布广和储量大的特点。此外，相对于传统化石燃料，新能源还具有清洁环保的特点。在能源、气候和环境问题面临严重挑战的今天，大力发展新能源符合国际发展趋势，因此，世界各国对新能源的关注与重视与日俱增，纷纷投入人力、物力发展新能源。以我国为例，2006 年《中华人民共和国可再生能源法》正式实施，标志着中国新能源发展进入了快速通道。

1.1.2　新能源材料

材料的种类很多，按材料性能可分为结构材料和功能材料；按材料化学组成，可分为金属材料、无机非金属材料、高分子材料和复合材料。应该说绝大多数材料均可以在新能源领域找到其应用的场景，但如果把所有在新能源领域应用的材料都归为新能源材料（advanced energy materials），显然是不合适的。因此，新能源材料是特指实现新能源的转化和利用以及发展新能源技术中所要用到的核心关键材料，是新能源发展的核心和基础。

在太阳能光伏发电、燃料电池等能源的转换领域，新能源材料的种类、结构和性能直接决定能源转换的效率、器件的寿命以及应用成本，主要包括应用于光伏发电的硅材料、碲化镉等。

在新能源汽车和规模化储能等电化学储能领域，电池材料的种类、结构和性能也决定着电池的能量密度、功率密度、循环寿命、安全性和应用成本等核心指标。在该领域的新能源材料主要包括正极材料、负极材料、隔膜和电解质等核心关键材料。

新能源材料的发明催生了新能源系统的诞生，新能源材料的应用提高了新能源系统的效率，新能源材料的使用直接影响着新能源系统的投资与运行成本。因此，新能源材料对促进新能源的发展发挥着重要作用。

1.1.3 新能源器件

新能源器件（advanced energy devices）是指以新能源材料为核心，经过科学的优化设计和加工制作，最终能实现能源转换、能源存储和应用的装置。在光伏发电领域，太阳电池是能源转换的核心器件。储能是采用某种装置或方法储存能量，并实现能量在空间维度移动后释放或者是在时间维度滞留后释放，前者称为移动储能，后者称为静态储能。新能源汽车是采用移动储能方式的典型代表，也是目前储能产业发展最快的方向。在储能与新能源汽车领域，锂离子电池、液流电池和超级电容器等是实现能源存储的核心装置。电化学储能的应用领域见图 1-2。

新能源材料是新能源器件的核心，没有新能源材料，就没有新能源器件，没有性能优异的材料，也不可能制造出性能优异的器件。反之，新能源器件又是新能源材料性能发挥和实现应用的必要途径，二者是相辅相成的。

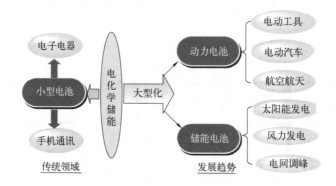

图 1-2　电化学储能的应用领域

1.2 新能源材料与器件的发展趋势

1.2.1 光伏材料与器件

迄今为止，光伏产业仍以晶硅为主体。我国高纯多晶硅料、硅片、晶硅电池片和组件的年产量已连续多年全球首位。光伏材料与器件的新技术不断涌现，晶硅光伏量产技术不断迭代，总体趋势是量产组件效率更高、应用端的平准化度电成本更低、制造端和应用端智能化程度更高。

（1）多晶硅、硅棒及硅锭制备工艺的发展方向

多晶硅的生产工艺主要包括改良西门子法、硅烷法和流化床法等。其中，改良西门子法所生产的多晶硅产量占全球总产量的 85% 以上。在其它技术没有重大突破的前提下，改良西门子法仍是未来生产多晶硅的主流。但是随着国内外多晶硅市场竞争日益加剧，开发成本更低、能耗更少的替代技术势在必行。

硅棒直径大尺寸化。单晶硅棒主要通过直拉法进行制备。通过大装料、高拉速、使用新型材料、自动化和智能化等工艺及设备的优化实现直径增大，拉晶质量提高，晶体内部缺陷浓度降低是硅棒的主要发展方向。

硅锭的发展方向与提高电池效率、降低生产成本息息相关。多晶铸锭相对直拉单晶硅棒成本较低，通过设备与加工工艺的改进，在保证产品质量的基础上增加硅锭尺寸有利于进一步降低成本。此外，单晶铸锭的电池效率高于普通多晶、成本低于直拉单晶，也是铸锭工艺研究的重要发展方向。

（2）太阳电池硅片及其制备技术的发展方向

太阳电池硅片生产向两个方向变化，即大直径化和加工质量参数的细微化。大尺寸硅片能够有效增加量产设备的产能，提高生产率。硅片薄片化有利于降低晶硅电池的耗硅量，以降低发电成本，但较薄的硅片也会带来良品率的问题。此外，硅片的弯曲度、翘曲度、平行度和平整度对后续的工艺及器件效率具有较大的影响。因此增大硅片尺寸，精细调控硅片的厚度和表面质量是太阳电池硅片的主要生产方向。

硅片生产的发展方向对切片端的设备、耗材、工艺等均提出了较高的要求。首先，设备的尺寸需要匹配大尺寸硅片的切割需求，此外，切割工艺也需要进一步优化以降低损耗并提高生产效率。金刚线切割技术极大地提高了硅片切割效率和质量，有利于实现硅片的薄片化，其细线化技术优势极大地降低了硅片成本，是硅片切割的主要技术方向。

（3）晶硅太阳电池的发展方向

近期，隧穿氧化层钝化接触、异质结等 N 型晶硅太阳电池加速取代 p 型钝化发射极和背面接触晶硅太阳电池而成为光伏市场的主体。叠加 TOPCon、HJT 等电池技术的复合钝化背接触、隧道氧化物钝化接触、背接触晶硅异质结等全背接触晶硅太阳电池处于规模量产技术开发早期，是下一代晶硅太阳电池。

（4）非硅光伏材料与器件的发展方向

薄膜太阳电池在光伏建筑一体化、承重要求受限的大型分布式光伏电站等方面有重要应用。碲化镉、钙钛矿等薄膜太阳电池不仅具有易实现与建筑物集成、同时兼顾建筑美学和发电的功能要求，且具有可封装为大面积非平面异形轻质组件、实现 20%～70% 宽范围均匀透光等特点。铜铟镓硒薄膜太阳电池可沉积于不锈钢衬底上，裁切后与电子产品、衣服、箱包等集成形成便携式光伏供能系统。多结砷化镓太阳电池主要用于对质量比功率和面积比功率有很高要求的航天领域。

由晶硅太阳电池和薄膜太阳电池形成的叠层太阳电池，可突破单结太阳电池的 SQ 极限，有望使地面规模光伏电站用组件的光电转换效率达到 30% 以上，是非常重要的发展方向。

1.2.2　锂离子电池材料与器件

目前锂离子电池（lithium-ion battery）在微小型电器、便携式设备、新能源汽车和小规模储能上已获得了广泛的应用。近几年，国际上掀起了新一轮科技革命和产业变革的热潮，从传统工厂到智能制造的演变，标志着制造业将迎来第四次工业革命。智能制造万物互联时代的到来，为未来锂离子电池的应用提供了广阔的功能性应用前景。

（1）电池材料的发展方向

资源丰富、成本低廉是储能电池及材料长远发展的基础。磷酸铁锂正极材料、高镍低钴（或无钴）正极材料、锰系正极材料以及钠离子电池正极材料是未来正极材料的主要方向。

优异的电化学性能是拓宽储能电池及材料应用领域的核心。高容量、高倍率、长寿命以及循环性能和高低温性能是电池材料的核心指标。材料的高容量有助于提高电池的能量密度，高倍率有助于提高电池的功率密度，循环性能和高低温性能也直接决定了电池的使用寿命和应用场景。$400W \cdot h/kg$ 的能量密度、5P 以上的功率密度、10000 次以上的循环寿命以及 $-40℃$ 等极端条件下的应用场景是电池材料发展的主要方向。

（2）锂离子单体电池的发展方向

单体电池的大型化。随着锂二次电池在动力汽车、航天航空、大型船舶、规模化储能和电网调峰等领域的应用，大型电池展现了巨大的应用潜力。电池制造技术的突破也使单体电池的大型化成为可能。单体电池的容量也从最初 18650 电池的几安时发展到几十安时和几百安时。

微型电池和柔性电池。微型电池可用于微型机械、传感器和嵌入式医疗设备；而柔性电池则主要用于穿戴式电脑和柔性显示器。这些电池的结构和制造工艺将是未来的发展方向。

固态锂二次电池的发展备受期待。鉴于频繁发生的电池爆炸事件引发的大量召回，我们亟须解决当前液态电解质不稳定的问题，这可以通过应用由聚合物或有机/无机复合物组成的电解液以及开发合适的电极材料和工艺来实现。

1.2.3　氢能与燃料电池

氢能（hydrogen energy）与燃料电池（fuel cell）已迈入商业化阶段。2014 年被誉为全球氢燃料电池汽车元年，自此氢经济被正式撬动。2017 年被认为是中国的氢燃料电池汽车元年，从国家政策的制定，到投资人和产业界的快速入场，正在走一条中国特色的氢能产业道路。然而，氢能产业链很长，从制氢、输氢、储氢，到加氢站、燃料电池、新能源汽车和储能等应用，每个环节均有技术急需优化，以提升其市场竞争力。

（1）制氢技术的发展方向

灰氢不可取，蓝氢可以用，废氢可回收，绿氢是方向。灰氢和蓝氢均为化石燃料制氢，其中灰氢没有对产物中的 CO_2 采取措施，而蓝氢会辅以 CO_2 捕捉和封存。化石燃料制氢由于技术成熟度高、成本低，是目前市场上多数氢的来源。工业副产氢，包括焦炉气和氯碱厂尾气等，可低成本回收提纯利用。采用可再生能源电解水制氢是真正的清洁能源生产技术，是制氢技术的重要产业化方向。基于水分解制氢的其它技术，例如热化学制氢、光化学制氢，以及基于生物质的制氢技术也是未来发展的新技术方向。

（2）储运氢技术的发展方向

高效率、高安全地储存和输运氢气是储运氢技术的发展方向。成熟的氢气储存和输运技术以高压气态氢和液氢为主，两种技术中氢气的储存状态都是氢分子。由于氢分子在气体介质中的扩散速率大，燃烧极限和爆炸极限相比于汽油和天然气等含能物质宽，安全可控性是必须要解决的问题。采用储氢介质，把氢分子以原子态或者离子态储存起来，在升高温度或者降低压力的条件下释放出来，不仅可以提高储氢系统的安全性，同时可以把单位体积的储能密度大幅提高，是储运氢技术的发展方向。

（3）燃料电池的发展方向

低成本、长寿命的燃料电池技术是发展方向。燃料电池的种类较多，以使用最广泛的质子交换膜燃料电池（PEMFC）为例，电极中的催化剂目前仍然以铂基为主，而且质子交换膜、碳纸等价格也较昂贵。因此，开发低铂或无铂催化剂关键材料和低成本关键部件是降低PEMFC成本的主要发展方向。影响燃料电池寿命的因素较多，交互作用复杂，发展服役条件下长寿命的材料，优化电堆组装技术是提高燃料电池堆寿命的方向。

（4）氢能应用场景的拓展方向

未来氢经济的实现将以氢在交通领域的大规模使用为标志。可以预见，氢的主要应用领域是各种车辆、舰船、飞机等交通工具。除此之外，氢在基于可再生能源的大规模固定式储能和发电、离网电源、屋宇自给式供电、便携式移动电源、小型两（三）轮电动车等领域将发挥重要作用（图1-3），为"双碳"目标做出突出贡献。

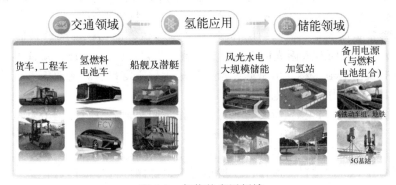

图1-3　氢能的应用领域

习题

1. 什么是新能源？具体有哪些种类？
2. 什么是新能源材料？试举两例，并分析其在新能源转换和利用中的作用。
3. 什么是新能源器件？简述新能源材料与新能源器件的关系。

参考文献

[1] 王革华，艾德生.新能源概论[M].2版.北京：化学工业出版社，2019.
[2] 汤天浩.新能源与可再生能源的关键技术[J].电源技术应用，2007，10(2)：6064.
[3] 朱继平，罗派峰，徐晨曦.新能源材料技术[M].北京：化学工业出版社，2019.
[4] 崔平.新能源材料科学与应用技术[M].北京：科学出版社，2016.

第 2 章

晶体硅太阳电池材料制备技术

晶体硅太阳电池的制备从硅原料的制备开始，硅原料的品质直接影响太阳电池的性能。随着技术的进步，涌现出多种硅原料的制备工艺，其工艺越来越简单、制备效率逐步提高、制备成本逐步降低，而硅原料的品质越来越好。本章主要介绍多晶硅、硅棒及硅锭的制备工艺，随后介绍硅片的制备工艺，最后介绍硅料及硅片的表征方法。

2.1 硅太阳电池材料概述

硅（silicon）是一种重要的半导体材料，在地壳中的含量约为 26.7%，是仅次于氧的第二丰富元素。硅在自然界中很少以单质的形式存在，主要以二氧化硅和硅酸盐的形式存在。硅原子序数为 14，核外电子占据三个轨道，每个轨道上电子数分别为 2、8、4。硅晶格常数为 0.54nm，密度为 $2.33 \times 10^3 \, \text{kg/m}^3$，熔点为 1420℃，折射率为 3.4。

室温下硅禁带宽度为 1.12eV，且为间接带隙半导体，即晶体硅的导带底与价带顶对应于不同的波矢 k，其表面对太阳光的平均反射率高达 30% 以上。因此，从这方面考虑，硅并不是十分理想的太阳电池材料。但是硅元素在地球含量丰富，材料易取无毒，其氧化物性能稳定不溶于水，这是硅作为太阳电池材料的优点。

硅的晶格结构如图 2-1（a）所示，它可以看作是两个面心立方晶胞沿对角线方向上位移 1/4 套构而成。1 个硅原子与其它 4 个硅原子形成 4 个共价键，这 4 个硅原子位于四面体的 4 个顶角上，而四面体的中心是另外一个硅原子。共价键的形成使得价电子不能够自由运动，而是被束缚在共价键位置。所以，一般情况下，纯净的硅导电能力较差。

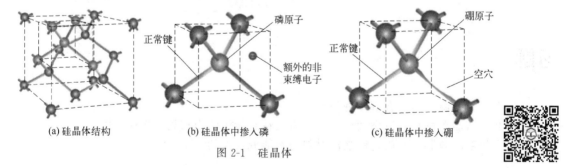

(a) 硅晶体结构　　　　(b) 硅晶体中掺入磷　　　　(c) 硅晶体中掺入硼

图 2-1　硅晶体

硅按照内部原子排列方式的不同可分为单晶硅、多晶硅和非晶硅。单晶硅原子排列规则，缺陷少；多晶硅晶粒之间会出现晶界缺陷；而非晶硅原子排列无规则。多晶硅按照纯度来分类，可以分为冶金级硅（metallurgical grade silicon，MG-Si）、太阳级硅（solar grade silicon，SG-Si）和电子级硅（electronic grade silicon，EG-Si）。

硅在常温下不活泼，只能与 F_2 反应，在 F_2 中瞬间燃烧生成 SiF_4。加热时，能与其它卤素元素反应生成卤化物，与氧反应生成 SiO_2。在高温下，硅能与碳、氮、硫等非金属单质化合反应，比如与碳反应生成 SiC。硅在含氧酸中会被钝化，能够与氢氟酸反应，生成 SiF_4 并放出氢气。硅与碱溶液发生剧烈反应，生成硅酸盐并放出氢气。除此之外，硅能够与一些金属（铜、铁、钙、镁、铂等）发生化合反应生成相应的硅化物，硅还能与一些金属离子（Cu^{2+}、Ag^+、Hg^+、Pb^{2+} 等）发生置换反应，置换出相应的金属单质。

硅在太阳电池开发中具有重要的意义。如果在硅中引入掺杂元素，则会在带隙内引入掺杂能级，如图 2-2 所示。这些掺杂能级具有提供电子的能力，称为 n 型掺杂，这样的掺杂剂称为施主（donor）。当施主能级 E_D 与导带底 E_C 之间的能量差小于室温可提供的能量时，通过热激发，由施主能级跃迁到导带中的电子就大大增加，从而导致半导体导电性增加。此时，半导体导带中的电子要远远多于价带中的空穴，导电性主要靠导带中的电子实现，称为 n 型半导体。通常把浓度高的载流子称为多数载流子，简称多子；浓度低的载流子称为少数载流子，简称少子。所以在 n 型半导体中，电子是多子，空穴是少子。如果掺杂能级具有接受电子的能力，这样的掺杂就称为 p 型掺杂，这样的掺杂剂称为受主（acceptor）。当受主能级 E_A 与价带顶 E_V 之间的能量差小于室温可以提供的能量时，通过热激发，由价带顶跃迁到受主能级的电子就大大增加，在价带中留下空穴，从而导致半导体导电性增加。此时，半导体价带中的空穴要远远多于导带中的电子，导电性主要靠价带中的空穴实现，称为 p 型半导体。在 p 型半导体中，空穴是多子，电子是少子。

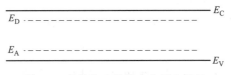

图 2-2　半导体中的施主和受主能级

E_C—导带底能级；E_V—价带顶能级；E_A—受主能级；E_D—施主能级

对于硅半导体进行 n 型掺杂，如图 2-1（b）所示，向其中引入元素周期表中第 V 主族的元素，比如磷（P）、砷（As）等，最常用的是磷。磷原子具有 5 个价电子，其中的 4 个用来满足硅晶格的 4 个共价键，磷在硅中的掺杂能级离导带边非常近（在几倍 kT 以内），只要有足够的热能就能将多出的那一个电子激发到导带中变成可以导电的自由电子，从而使硅的导电性增加。对于硅半导体进行 p 型掺杂，如图 2-1（c）所示，向其中引入元素周期表中第 III 主族的元素，比如硼（B）、镓（Ga）、铝（Al）等。以硼为例，硼原子具有 3 个价电子，只能与外围的 3 个硅原子形成共价键。硼原子在硅中的掺杂能级离价带顶非常近，只要有足够的热能就能将一个电子从价带激发到硼的掺杂能级上，在价带中留下可以导电的空穴，使硅的导电性增加。p 型与 n 型半导体结合形成太阳电池元器件的核心结构 p-n 结。

2.2　高纯多晶硅料制备

晶体硅是硅太阳电池实现光电转换功能的最重要组成部分，因此硅材料的质量与生产成本决定了硅系太阳电池的性能与总体成本。制备晶体硅的原始材料为高纯石英砂矿，其主要成分为 SiO_2，通过冶炼可以得到纯度为 98%～99% 的冶金级硅。而太阳电池用多晶硅的纯度应为 6N，即 99.9999%，需要在冶金级硅的基础上进一步精炼提纯。硅材料的纯度是衡量产品质量的最关键指标，一般需要经过复杂的工艺流程才能得到高纯度的晶体硅。随着技术的发展与进步，制造高纯多晶硅料的工艺越来越成熟，而多晶硅的品质也越来越好。本节将对太阳电池用多晶硅的主要生产工艺进行介绍。

2.2.1 改良西门子法

西门子法又被称为三氯硅烷（$SiHCl_3$，TCS）还原法，由德国西门子（Siemens）公司于 20 世纪 50 年代成功开发，是以氢气还原高纯度的 $SiHCl_3$，在加热到一定温度的硅芯（也称"硅棒"）上沉积多晶硅的生产工艺。但是该生产过程中会产生大量副产品（如四氯化硅 $SiCl_4$ 等）且无法有效回收利用。针对原始西门子法存在的转化率低、副产品较多等问题，升级版的改良西门子法应运而生。改良西门子法在西门子法的基础上增加了尾气回收和 $SiCl_4$ 氢化工艺，实现了生产过程的闭路循环，既可以避免副产品直接排放污染环境，又实现了尾气的循环利用，大大降低了生产成本。因此，改良西门子法又被称为"闭环西门子法"，其工艺流程如图 2-3 所示，主要包括以下步骤。

（1）$SiHCl_3$ 的合成

打磨成小颗粒的冶金级硅与高纯 HCl 气体在流化床反应器（fluidized bed reactor，FBR）中反应生成 $SiHCl_3$，该化学反应过程为：

$$Si + 3HCl \longrightarrow SiHCl_3 + H_2 \tag{2-1}$$

该过程中同时发生了以下副反应：

$$Si + 4HCl \longrightarrow SiCl_4 + 2H_2 \tag{2-2}$$

$$Si + 2HCl \longrightarrow SiH_2Cl_2 \tag{2-3}$$

因此这一步所得 $SiHCl_3$ 为粗品，产物中还包含 $SiCl_4$、SiH_2Cl_2 等杂质，需要进一步纯化。

（2）$SiHCl_3$ 的提纯

由于与其它氯化物杂质的沸点明显不同，$SiHCl_3$ 易被精馏提纯，是生产高纯硅的重要原料。粗 $SiHCl_3$ 通过蒸馏塔进行分馏，即可达到所需的纯度。

$$(SiHCl_3)_{粗} \longrightarrow (SiHCl_3)_{高纯} \tag{2-4}$$

（3）$SiHCl_3$ 的氢还原

将高纯 $SiHCl_3$ 与高纯氢气混合物通入化学气相沉积（CVD）反应器，在约 1000℃ 的还原气氛中通过式（2-5）中所示的反应得到高纯硅。蒸汽中分解的硅原子沉积在硅晶棒上，$SiHCl_3$ 的转化率为 20%～30%。

$$4(SiHCl_3)_{高纯} + 2H_2 \longrightarrow 3Si_{高纯} + SiCl_4 + 8HCl \tag{2-5}$$

（4）反应尾气回收

除了沉积的高纯多晶硅，CVD 反应结束后还会排出大量未完全反应的原料气或副产品，包括 H_2、HCl、$SiCl_4$、$SiHCl_3$ 和 SiH_2Cl_2 等，CVD 尾气回收是改良西门子法中必不可少的步骤。经过多年的发展，改良西门子法已经可以实现 H_2、HCl 的全回收利用。此外，正常情况下，每生产 1kg 多晶硅将产生 8～10kg 的 $SiCl_4$，如果不加以处理和回收利用，会造成严重的资源浪费和环保压力。$SiCl_4$ 可通过冷氢化法［约 500℃，2～3MPa，式（2-6）］或热氢化法［约 1100℃，0.6～0.8MPa，式（2-7）］进行回收，在很大程度上避免了污染。

$$3SiCl_4 + Si + 2H_2 \longrightarrow 4SiHCl_3 \tag{2-6}$$

$$SiCl_4 + H_2 \longrightarrow SiHCl_3 + HCl \qquad (2-7)$$

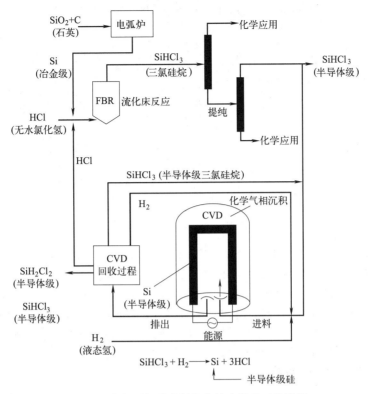

图 2-3 改良西门子法制备高纯多晶硅工艺流程

改良西门子法是当前生产多晶硅的主流工艺，此法生产的高纯多晶硅在国际市场占有的份额达到了 80% 以上。其优点是工艺成熟、产品质量高，能够生产制备半导体级的多晶硅；缺点是 $SiHCl_3$ 转化率较低、工艺流程长，此外，多晶硅棒生长到预定直径后需要中断反应将其从反应器中取出，无法实现连续生产。

2.2.2 硅烷法

硅烷（SiH_4）法生产的高纯多晶硅占全球产量的 10% 左右，是具有广阔发展前景的一种制造高纯多晶硅的技术。该方法以 SiH_4 作为中间产物，通过热分解制取高纯多晶硅。SiH_4 的主要商业制备方法有很多种，其中美国联合碳化物（Union Carbide）公司采用歧化法制取 SiH_4，在已有的工艺基础上进行改进，开发出了制备高纯多晶硅的新硅烷法。如图 2-4 所示，该方法的工艺流程主要包括以下三个步骤。

① $SiCl_4$ 与 H_2、冶金级硅粉反应生成 $SiHCl_3$：

$$3SiCl_4 + 2H_2 + Si \longrightarrow 4SiHCl_3 \qquad (2-8)$$

② 经过精馏提纯后，$SiHCl_3$ 再在分配反应器中经过两步歧化反应生成 SiH_4：

$$2SiHCl_3 \longrightarrow SiH_2Cl_2 + SiCl_4 \qquad (2-9)$$

$$3SiH_2Cl_2 \longrightarrow SiH_4 + 2SiHCl_3 \qquad (2-10)$$

③ 利用 SiH_4 为原料制备多晶硅棒一般使用钟形罩反应炉作为热分解反应器，将提纯后

的原料气体 SiH_4 通入反应炉中，热分解生成高纯硅料：

$$SiH_4 \longrightarrow Si + 2H_2 \tag{2-11}$$

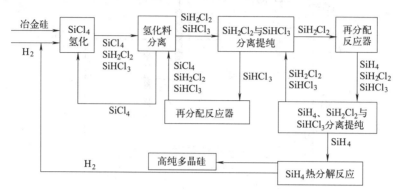

图 2-4 硅烷法制备高纯多晶硅工艺流程

SiH_4 作为硅源气体主要有以下优点：①SiH_4 纯度高，SiH_4 的沸点为 $-111.7℃$，因此很容易通过蒸馏将硅烷与杂质分离；②SiH_4 的分解温度较低（约 $400℃$），在 $600℃$ 以上即可沉积多晶硅；③没有氯硅烷的副产品，因为 SiH_4 分解为 Si 和 H_2，无需回收和转化氯硅烷进行再循环；④硅烷法分解流程相对较少、操作简单，且 SiH_4 中 Si 含量高，因此实收率高。

与改良西门子法相比，硅烷法主要具有以下缺点：①SiH_4 的均匀分解过程中会产生大量非晶硅粉尘，导致晶体生长速率较慢，仅为改良西门子法的 1/10 左右；②由于 SiH_4 易燃易爆，实际操作中易发生危险。

2.2.3 流化床法

流化床反应器是发生多相反应的大型反应室，内部由具有流体性质的气固混合反应物组成。利用流化床法生产高纯多晶硅起源于 20 世纪 80 年代的美国，当前主要有美国的 REC Silicon、德国的 Wacker 公司与国内的保利协鑫能源控股有限公司等企业采用此方法。虽然流化床法产品的纯度低于改良西门子法，但是能够满足太阳电池的生产要求。

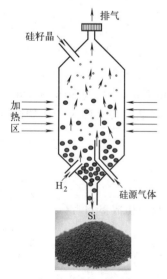

图 2-5 流化床反应器

如图 2-5 所示，流化床反应器通常具有管状结构，通过对反应室壁进行电加热控制反应室内的温度。硅源气体和氢气从底部通入反应器；与此同时，从反应器的顶部或中部连续加载小颗粒的硅籽晶。当向上的气流产生的浮力与硅籽晶重力相等时，籽晶颗粒就可以悬浮起来，表现为流体。硅源气体在工作温度下转化为单质硅，并沉积在籽晶颗粒表面。大量运动的籽晶颗粒提供了充足的反应面积，有利于提高沉积效率。随着密度和体积的增加，硅颗粒将无法维持流化态，在重力作用下降落，可以从反应器底部排出和收集。流化床法适合利用硅烷制备高纯多晶硅材料。

不同于改良西门子法的批量生产模式，流化床法生产过程中可以连续地进料和排气，并且硅籽晶和成品硅颗粒可以同时引入和排出，能够实现连续运行，具有生产效率高、能耗低的优势。相比于块状硅，这种颗粒状产品在单晶硅棒拉制或多晶硅锭铸造环节中能够有效缩短装料时间、提高装料量，显著降低制备硅片的综合成本，具备强劲的市场竞争力。

迄今为止，流化床法实现更高的市场占有率有四大障碍：①这项技术受到许多专利的保护，因此并未商业化；②此法基于复杂的流体动力学原理，需要大量的时间、经验和资金，才能将其从实验室规模扩大到试验规模，再扩大到工业规模；③为了防止多晶硅颗粒沉积在反应器壁造成污染，必须使用衬垫将反应器壁保护起来，导致成本提高；④产物中含有较高比例的不可用硅粉尘，降低了其低能耗优势。

2.2.4 冶金法

太阳能级硅和冶金级硅的不同在于杂质含量的差异，因此通过物理方法将低成本冶金级硅进行提纯也是制备高纯多晶硅的有效途径。冶金法（metallurgy）主要利用杂质和硅材料的物理化学性质不同，通过物理、化学反应依次精准去除冶金级硅中的杂质，使其达到太阳能级多晶硅的纯度要求，并且该过程中硅材料不发生化学反应。

该工艺经过改进和发展，目前有多项技术可以进行冶金级硅的提纯，包括真空熔炼法、吹气精炼法、造渣法、酸洗浸出法、定向凝固法等。这些方法都可以直接提取冶金级硅中的杂质，且能耗远远低于改良西门子工艺。冶金法的产品纯度能够达到 99.9999%，可以制备出效率与传统多晶硅生产的电池相媲美的多晶硅太阳电池。不过随着单晶硅太阳电池的兴起，对多晶硅材料的纯度提出了更高的要求，冶金法未来的发展面临很大挑战。

2.3 硅棒及硅锭的制备

高纯硅材料必须加工成一定形状的硅片才能用来制备太阳电池，制备硅片前需要先将高纯硅材料加工成硅锭。目前硅锭主要分为两类：一类是通过直拉（Czochralski，CZ）法和悬浮区熔（floating zone，FZ）法制备的单晶硅棒；另一类是通过布里曼（Bridgeman）法、浇铸（casting）法、热交换（heat exchange）法和电磁铸造（electromagnetic casting）法等利用定向凝固原理铸造的多晶硅锭。

2.3.1 单晶硅棒的制备

（1）直拉法

直拉法是一种利用旋转着的单晶硅籽晶从坩埚的硅熔体中提拉制造单晶硅棒的技术，该方法得名于波兰科学家扬·柴可拉斯基（Jan Czochralski），由其在 1918 年发明。20 世纪 50 年代，Teal 和 Buehler 等首次将直拉法应用到单晶硅的制造上。直拉法的工作原理是先将硅料装填进石英坩埚中，在惰性气体保护下加热熔化，然后将具有特定晶体取向的单晶硅籽晶浸入熔体中，再以一定的速度将籽晶从熔体中拉出。晶体生长过程中的提拉速度决定了单晶硅棒的直径。此外，晶体和坩埚反向旋转可以使晶体均匀生长以及杂质浓度分布更加均匀。最后通过提高拉速，单晶硅棒直径减小到零，晶体生长结束。

典型的直拉单晶硅炉构造如图 2-6 所示，主要分为热区、气压控制系统、晶体旋转和升降机械传动系统以及单晶硅棒

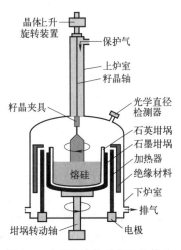

图 2-6 典型的直拉单晶硅炉构造

生长控制系统四部分。热区由石英坩埚、石墨坩埚、加热器、加热电极、绝缘材料和坩埚旋转装置等组成，是直拉单晶炉的核心。晶体旋转和升降机械传动系统包括籽晶轴、籽晶夹具和晶体上升旋转装置。气压控制系统在晶体生长过程中非常重要。由于高温下石英坩埚会发生脱氧反应，为避免晶体中引入氧缺陷，应持续通入惰性保护气（通常为氩气），然后通过排气系统排出气尘杂质。此外，直拉单晶硅炉具有基于微处理器的控制系统，可以控制温度、晶体直径、转速等工艺参数，自动化程度高。

直拉法制备单晶硅棒的具体工艺流程如图 2-7 所示，其主要步骤如下。

① 熔化。装完料后检查仪器，一切工作准备无误后关好舱门，按要求正确抽真空、化料。熔硅过程不宜太长，应注意防止硅熔体溅出或黏附在液面以上的坩埚壁上。

② 引晶。多晶硅熔化后，需要保温一段时间，使熔体内部的温度和流动达到稳定，然后再进行晶体生长。在硅晶体生长时，首先将固定在籽晶轴上的单晶籽晶缓慢下降，在距液面数毫米处预热，使籽晶温度尽量接近熔硅温度；当二者温度相等或接近时，将籽晶轻轻浸入熔硅，使头部首先少量溶解，然后和硅熔体形成一个固液界面，该过程即为引晶。

③ 缩颈。引晶之后快速提升籽晶（6～8mm/min），提升速度越快，新结晶单晶硅直径越小，产生的新单晶被称为晶颈，该过程被称为缩颈，主要作用是避免单晶体中出现位错缺陷。

④ 放肩。放肩的作用是为了让晶体生长到预定直径。放肩过程的拉速相比缩颈过程小很多，随着拉升速度降低晶体直径极速增加，从晶颈增大到单晶硅棒直径。

⑤ 等径生长。当直径达到要求后，将拉速降到 1.3～1.5mm/min，然后在电子系统的自动控制下开始等直径生长。

⑥ 收尾。在长晶的最后阶段防止热冲击造成单晶等径部分出现滑移线而进行的逐步缩小直径的过程。

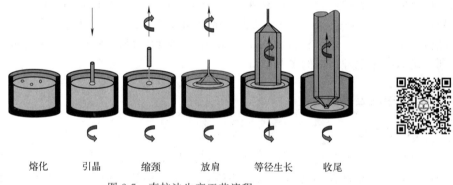

| 熔化 | 引晶 | 缩颈 | 放肩 | 等径生长 | 收尾 |

图 2-7 直拉法生产工艺流程

直拉法工艺成熟、生产成本低、自动化程度高，是最广泛使用的制备单晶硅棒的方法。但是坩埚的尺寸限制了其生产效率，为了弥补这种不足，人们开发出了连续加料直拉生长（continuous CZ，CCZ）技术，即在拉制单晶的同时连续进料，以保持坩埚中恒定的熔体高度。往坩埚中持续供应高纯度多晶硅，可以有效稀释由于偏析现象而形成的杂质的浓度。连续生产能够更有效地利用硅原料、更严格地控制杂质浓度，使生产成本更具有竞争力。

此外，在直拉工艺中熔体的热对流以及其与石英坩埚的相互作用容易造成晶体生长缺陷。磁控直拉（magnetic field applied czochralski，MCZ）法可以通过外加磁场来控制硅熔体的强制对流，能够降低热对流造成的固液界面附近的温度波动以及晶体生长速度变化，避免晶体中形成杂质条纹和旋涡缺陷。而且磁控直拉法还可以控制石英坩埚与硅熔体的强相互作用，减少由坩埚进入单晶硅中的杂质，提升产品纯度。根据磁场构型的不同，磁控直拉法所加磁场可分为横型磁场、纵型磁场以及会切磁场（图2-8）。横型磁场［如图2-8（a）］通过电磁铁产生，操作方便，成本低，其应用能够降低石英坩埚的熔解量，有助于提高晶体生长速率、控制晶体中氧含量，并有利于氧含量在轴向的均匀性。纵型磁场［如图2-8（b）］可以由感应线圈产生，优点是磁体体积和耗电量比较小，但技术比较复杂。单一的横、纵磁场都会破坏垂直磁场方向的轴对称性，使晶体中产生旋涡条纹或杂质浓度在晶体中的径向分布不均。利用一对相反电流的亥姆霍兹（Helmholtz）线圈产生的会切磁场［图2-8（c）］能够避免二者单独作用时的弊端，并保留各自的优点，所得晶体紊流程度降低、杂质浓度低且径向分布均匀。

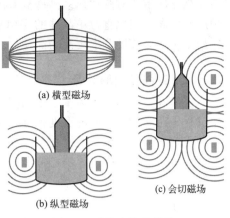

(a) 横型磁场

(b) 纵型磁场

(c) 会切磁场

图2-8　磁控直拉法磁场

（2）悬浮区熔法

悬浮区熔法于20世纪50年代出现并很快被应用于制备高纯度单晶硅。图2-9展示了通过悬浮区熔法生产单晶硅的流程。首先，将多晶硅棒垂直悬挂在悬浮区熔炉的管状区域中，为确保晶体生长沿所要求的晶向进行，悬浮区熔法也需要使用具有特定取向的籽晶。悬浮多晶硅棒周围放置了一个基于环形射频线圈的加热器，在惰性气体保护下通过感应线圈加热硅棒使其底部熔化形成熔滴，然后熔接下方同轴固定的单晶硅籽晶，硅熔体冷却下来后即形成与籽晶取向相同的单晶硅。熔区依靠熔硅的表面张力和电磁力支撑可以悬浮在多晶硅和下方长出的单晶硅之间，因此该法称为悬浮区熔法。接下来的流程与直拉单晶硅流程类似，先拉出一个直径约3mm、长10～20mm的晶颈，然后放慢拉速，降低温度放肩至预定直径。在晶体生长过程中，上方的多晶硅棒和下方的单晶硅棒旋转方向相反；熔区随感应线圈向上移动，直至晶体生长完成。熔融硅和单晶硅之间存在一个固液界面，由于偏析现象的存在，大多数杂质在固态硅中的溶解性低于在熔融硅中的溶解性，杂质将随着加热器的移动进入新的熔融区，最终单晶硅棒末端的杂质浓度最高。

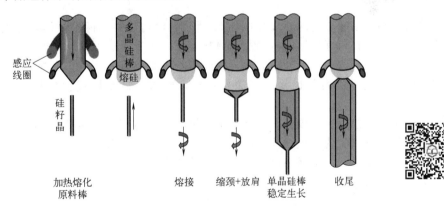

感应
线圈

多
晶
硅
棒

熔硅

硅
籽
晶

加热熔化
原料棒

熔接

缩颈+放肩

单晶硅棒
稳定生长

收尾

图2-9　悬浮区熔法生产单晶硅的流程

由于悬浮区熔法不使用石英坩埚不会引入氧缺陷，因此悬浮区熔法能够得到超高纯度的单晶硅，并且其生长速率为直拉法的2倍。悬浮区熔法生产单晶硅的尺寸受限于感应线圈，目前可以实现的硅棒直径为150mm。不同于直拉法对多晶硅原料的几何形状与尺寸要求不高，悬浮区熔法对圆柱形多晶硅棒有严格的要求。此外，与直拉法所用设备相比，悬浮区熔炉成本较高。因此直拉单晶硅的应用更为广泛，占单晶硅总量的 85% 以上，悬浮区熔法主要用来生产对纯度要求更高的晶体。

2.3.2 多晶硅锭的制备

多晶硅锭的制备大多基于定向凝固技术。定向凝固又被称为方向性凝固，是在液→固转换过程中建立特定方向的温度梯度，使熔融金属或合金沿着热流相反方向，定向生长晶体的一种工艺。多晶硅定向凝固生长也存在多晶硅杂质分凝现象，因此，定向凝固技术也是硅提纯过程。利用定向凝固原理铸造多晶硅锭的方法有布里曼法、浇铸法、热交换法和电磁铸造法等。

（1）布里曼法

布里曼法是一种经典的直接熔融定向凝固方法，其原理如图 2-10 所示。首先将块状或颗粒状多晶硅原料放入石英坩埚内，在真空条件下加热熔化，然后通过石英坩埚底部散热，使熔体上下形成温度梯度，有利于晶体的生长。其特点是温度梯度 dT/dX 接近常数。坩埚底部开始凝固出现结晶时，上方硅熔体仍处于加热区。随着石英坩埚或加热系统的移动，固液界面垂直上移，产生柱状多晶硅。布里曼法制备多晶硅锭的过程中，

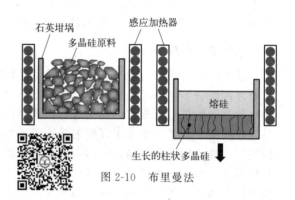

图 2-10　布里曼法

通常需要在石英坩埚壁上涂一层 Si_3N_4、$SiC\text{-}Si_3N_4$ 或 SiO/SiN 薄膜，以防止硅在凝固过程中粘连石英坩埚壁，脱模时造成硅锭的损伤。布里曼法操作简单，但是多晶硅尺寸受设备限制，且为间歇式生产工艺，结晶速率低、耗时长。为了提高结晶速率，目前很多多晶硅炉底部装备了特定装置来增强底部散热。

（2）浇铸法

浇铸法制造多晶硅锭的原理如图 2-11 所示。浇铸法使用两个坩埚，分别为熔炼坩埚和凝固坩埚。首先在熔炼坩埚内将多晶硅原料熔化，然后通过机械装置把熔硅注入凝固坩埚进行定向凝固结晶。为了减少径向散热，凝固坩埚除底部散热外其它位置均进行保温。与布里曼法类似，凝固坩埚内壁也要进行涂层处理，以防止硅凝固过程中粘连坩埚壁造成不易脱模。

浇铸法的结晶速率比较快，而且由于在熔体结晶过程中，熔炼坩埚可以继续填料熔化，所以该法基本可以实现半连续性生产，提高了生产效率，降低了能源消耗。然而，由于浇铸法熔炼和凝固在不同的坩埚中进行，所以容易造成熔体二次污染。

（3）热交换法

热交换法最大的优点就是设备结构简单，操作便捷。其装置及工作原理如图 2-12 所示。热交换法与布里曼法相似，化料和长晶在同一个坩埚中进行，避免了硅二次污染；不同的是，坩埚和加热系统在熔化和晶体生长过程中无相对位移。热交换法采用侧壁或顶底部加热方式，在熔化过程中，底部通过一可移动的热开关加热，凝固时将其移开，并启动散热系统，增强坩埚底部散热，从而形成温度梯度，实现定向凝固。由于热交换法固、液界面温度

梯度是变化的，而且要在热源和坩埚位置固定不变的条件下保证径向温度梯度为零（径向不散热），因此温度场控制具有较大难度，实际生产中多采用布里曼法与热交换法相结合的技术。

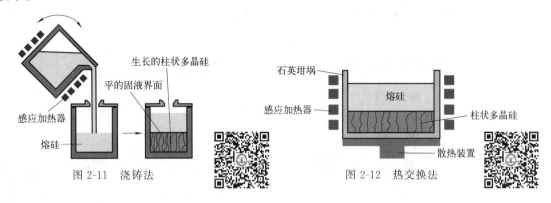

图 2-11　浇铸法　　　　　　　　　　　图 2-12　热交换法

（4）电磁铸造法

电磁铸造法是一种利用电磁感应加热熔化硅原料，可以实现连续生产的技术。其工作原理如图 2-13 所示，首先通过电磁感应的冷坩埚来熔化硅料，然后通过向下抽拉支撑结构实现硅熔体从底部开始定向生长多晶硅锭。装置中的石墨结构既是熔体支撑结构也是预热元件，因为低温下硅为不良导体，不满足电磁感应加热条件，因此需要在坩埚底部加石墨底托预热结构。可以通过对铜坩埚施加一个频率与熔体感应电流相同、方向与感应电流相反的交变电流，使熔体在电磁斥力作用下与坩埚不直接接触，既减少了坩埚的消耗，又减少了杂质的污染，降低了电磁铸造法的成本及多晶硅锭的杂质含量。

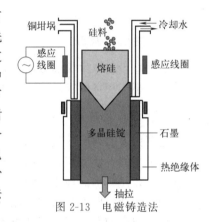

图 2-13　电磁铸造法

电磁铸造法在熔体定向凝固的同时，可以进行加料，实现了连续生产，且熔硅和长晶可以在不同的位置同时进行，生产效率高，而且冷坩埚寿命长，可重复利用，有利于成本的降低。此外，由于电磁力的搅拌作用，硅锭整体性能均匀，避免了分凝效应导致的硅锭头尾质量差、需切除的现象，材料利用率高。

但是电磁铸造法得到的硅锭晶粒尺寸比较小，而且由于晶体生长过程中固液界面呈现明显的凹形，容易引入位错缺陷，使得多晶硅的载流子寿命低，导致制备的太阳电池光伏性能相对差。

2.4　硅片制备

硅片的制备过程通常从单晶硅棒、多晶硅锭开始，到清洁的抛光片结束，其间包含很多工艺流程。据统计，硅片加工成型费用占太阳能级硅片制造成本的 30％ 左右，因此硅片的制备工艺、成品质量对最终硅系太阳电池的成本、光伏性能具有很大影响。下面将详细介绍分别由单晶硅棒、多晶硅锭制备单晶硅片、多晶硅片的工艺流程、常用切割工艺以及其它新型硅片制备方法。

2.4.1 单晶硅片的制备

光伏单晶切片流程为单晶硅棒去头尾/裁切、滚圆/切方、倒角、粘胶、切片、清洗、硅片分选/检验/包装等步骤，其制备流程如图 2-14 所示。

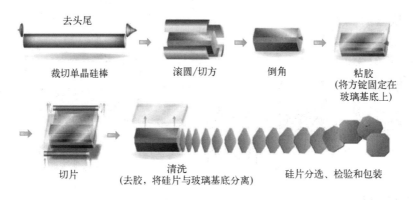

图 2-14　单晶硅片的制备流程

（1）去头尾/裁切

沿垂直于晶体生长的方向切去单晶硅棒的头部和尾部（通常称为籽晶端和非籽晶端）等外形尺寸小于规格要求的部分，再根据需求将晶棒分段切成切片设备可以处理的长度。

（2）滚圆/切方

滚圆即滚磨外圆。虽然单晶硅棒等径生长部分直径差异很小，但由于晶体生长时的热振动、热冲击等一些原因，晶棒表面并不光滑，整个晶棒的直径也不一致。因此晶棒需要进行滚圆加工，使其形成规则的圆柱形表面，便于后续的工艺制作。

切方，即将圆形晶棒加工成方形。切方后的硅块截面近似为正方形，被切下来的边缘部分，可以回收使用，当成制备单晶硅棒的硅原料。切方会在硅块的表面造成机械损伤，因此加工时所达到的尺寸与所要求的硅片尺寸相比要留出一定的余量，而且切方后硅块表面留有大量的切削液，因此需要进行清洗。

（3）倒角

通常采用高速运转的金刚石磨轮，对硅棒边缘进行磨削，从而获得钝圆形边缘，切片后形成硅片的小倒角，可以有效避免硅片崩边和产生位错以及滑移线等缺陷。由于切片后即是单晶硅片的大倒角，因此，光伏单晶硅片也可以不做倒角处理。

（4）粘胶

使用线切割机切割硅块时，需要将硅块粘在玻璃制成的垫板上起到固定作用，防止切割过程中硅块移动影响切割效果。再在其上放置导向条，以便于多线切割机进行切片。

（5）切片

切片是硅片制备中的一道重要工序。它决定了硅片的厚度、翘曲度、平行度和表面质量等因素，并且经过这道工序后，晶体硅棒重量会损耗约 1/3，严格控制可以减少硅棒损耗。后续内容会详细介绍常用切片工艺。

（6）清洗

切好的硅片表面残留有黏胶和切削液（砂），需要进行清洗。通常脱胶采用热除胶法，即将自来水加热到80℃以上进行长时间的浸泡达到软化黏胶使其脱落的目的。去除砂浆主要采用大量自来水反复冲洗硅片的方法。另外，硅片在滚圆、切方以及切片过程中，被加工的表面都会有不同程度的损伤层，因此需要对硅片表面进行化学腐蚀清洗。硅表面的化学腐蚀一般采用湿法腐蚀，目前主要使用氢氟酸（HF）、硝酸（HNO_3）混合的酸性腐蚀液，以及氢氧化钾（KOH）液或氢氧化钠（NaOH）液等碱性腐蚀液。

（7）硅片分选/检验/包装

最终硅片要进行全面的检测，以便分析是否能够进入晶体硅电池片制备环节，否则就会被淘汰，其检测内容大致可以分为外观检测、尺寸检测以及物理性能检测。外观检测主要包括有无裂纹、缺口、线痕、划伤、凹坑等；尺寸检测主要包括边宽、对角线宽度、中心厚度、总厚度偏差、弯曲度等；物理性能检测主要是少子寿命、电阻率、碳氧含量、导电属性等。

随着每一步工艺的完成，硅片的价值随之升高，对清洁度的要求也越来越高，因此硅片的包装非常重要。包装的目的是为硅片提供一个无尘的环境，并使硅片在运输时不受到任何损伤，还可以防止硅片受潮。理想的包装是既能提供清洁的环境，又能控制保存和运输时的小环境的整洁。常用的包装材料为聚丙烯、聚乙烯等，这些塑料材料不会释放任何气体并且可以做到无尘，这样硅片表面才不会被污染。

2.4.2 多晶硅片的制备

光伏多晶硅切片主要流程为切除边料、硅锭切方、倒角、粘胶、切片、清洗、硅片分选/检验/包装等步骤，其制备流程如图2-15所示。

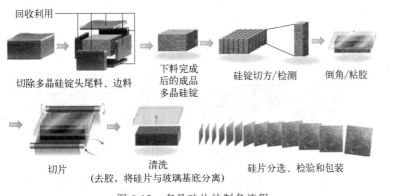

图2-15 多晶硅片的制备流程

（1）切除边料

一般，铸造完成的多晶硅锭周边和底部、顶部存在高浓度杂质、高浓度缺陷，为硅锭低质量的区域，其少数载流子寿命较短，不能用于太阳电池制造，因此，需要把多晶硅锭头尾料和边料切除，切下来的部分可以回收利用。

（2）硅锭切方

下料完成后的多晶硅锭为规则的方形，由于体积较大无法直接切片，需要切方分割成一定尺寸的小方锭。切方后的硅块，需要进行质量检验（IPQC），检验的内容包括红外线探伤测试、电阻率测试、少子寿命测试和p/n型测试等。IPQC检测后，需要去除不符合产品要求的部分。

倒角、粘胶、切片、清洗、硅片分选/检验/包装等工艺与单晶硅片相同，此处不再赘述。

2.4.3 多线切割技术

当前最常用的硅片切割技术为多线切割技术，主要包括砂浆线切割、金刚石线切割。砂浆线切割装置如图2-16（a）所示。切割机上的四个转轮绕满了不锈钢线，形成了四个水平的切割线"网"。在切割的时候通过马达驱动导线轮使线网以一定速度移动，同时喷涂装置持续向切割线喷射含有硬质碳化硅（SiC）颗粒的研磨浆。高速运动的钢线带动砂浆中的碳化硅游离颗粒磨刻硅棒，切割形成硅片。浆料的费用占整个切片过程的1/3左右，为了使硅片容易分开，砂浆中的液体通常采用黏性较小的聚乙二醇。切片过程中的损耗（简称切损）与钢线直径、砂浆颗粒直径息息相关，直径更小的不锈钢线、砂浆颗粒可以大大降低切损。不过切割过程中SiC颗粒也会磨刻钢线，使其细线化非常困难；而且如图2-16（b）所示，钢线本身不具有切割能力，切割过程中实际起作用的是切割浆料，因此SiC直径不可太小，否则切割速度和效率就大受影响。

用传统工艺（如砂浆线切割）切片时，昂贵的太阳能级硅材料在切口处大约损失掉50%，且单、多晶硅通用的传统砂浆钢线切割技术工艺改进空间不大，占主要成本的砂浆、钢线等耗材的价格均已逼近成本线，很难再有下降的空间。因此，始用于切割蓝宝石的金刚石线切割技术被引入到硅片切割领域。金刚石线切割［图2-16（c）］是在钢线表面利用电镀或树脂层固定金刚石颗粒，切割过程中金刚石运动速度与钢线速度一致，切割能力相比砂浆线切割大幅提高，效率可提升2～3倍以上。而且金刚石线切割由于金刚石颗粒固结在钢线表面，不会磨损钢线，给细线化提供了可能。此外，金刚石线切割所用的切削液为水，危险废弃物减少，后续硅片的清洗、分离以及从切削液中回收硅料的成本都更低。凭借低成本、高产量的优势，2018年以来金刚石线切片技术迅速占领了全部的单晶硅切片和大部分多晶硅切片市场。

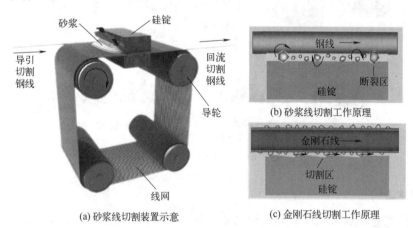

(a) 砂浆线切割装置示意

(b) 砂浆线切割工作原理

(c) 金刚石线切割工作原理

图2-16 多线切割技术

2.4.4 新型硅片制备技术

上文中的硅片制备工艺步骤较多，首先要将高纯硅铸造成大的晶体锭/块，然后将锭/块切割成各种尺寸。鉴于在锯切过程中硅材料损失严重，能耗较高，为了降低生产成本、节约能源，开发新型的硅片制备方法具有重要意义，目前取得一定成效的新型制备工艺包括美国

1366 科技公司的直拉硅片技术以及气相外延技术。

（1）直拉硅片技术

直拉硅片（direct wafer，DW）技术工作原理为：将多晶硅材料在石墨、碳化硅或石英坩埚中加热至熔融状态，然后将固定在真空室底部的模板与熔融硅表面接触，并保持约 1s，接触时间取决于硅片的预定厚度、模板厚度以及熔融硅和模板的温度。而后熔融硅在模板上凝固结晶，真空作用使成型的硅片紧贴在模板上，释放真空后硅片即可与模板分离。直拉硅片技术所用模板为 SiN 陶瓷薄片，SiN 陶瓷具有多孔性和耐冷热冲击性，能够承受熔融硅的化学和热环境；直拉硅片技术无需铸锭、无需切片，直接从硅熔体中生长硅片。

直拉硅片技术的成本只有标准硅片制备方法的 1/3，且原料利用率高，达到了 90%。

（2）气相外延技术

气相外延技术（vapor phase epitaxy technology）是一种改良版的 CVD 工艺，这种工艺制备的单晶硅片晶体取向与厚度更容易调节和控制，而且没有切削损耗，因此成本较低。该方法采用涂覆有释放层的多孔硅衬底，涂层既能起支撑作用，又是外延生长单晶硅片的种子层。以氢气为载气将三氯硅烷通入气相沉积反应室，在 CVD 室中，三氯硅烷分解并形成单晶硅沉积在衬底释放层上。为了获得厚薄均匀的优质单晶硅片，需要旋转、加热衬底，并保证硅源气体供应充足。生长好的单晶硅片与衬底分离后，衬底可以重复使用。用这种方法制备单晶硅片可以避免传统硅光伏技术中成本最为密集的环节，如高纯多晶硅材料制备、硅锭生长以及硅片切割，能够显著降低生产成本以及硅料的用量。

习题

1. 单晶硅和多晶硅有什么相同和不同？
2. 什么是少子？什么是少子寿命？
3. p 型（或 n 型）半导体是怎么形成的？
4. 调研并总结不同纯度的多晶硅料对应的制备工艺及应用范围。
5. 作为制备高纯硅料最常用的两种技术工艺，改良西门子法与硅烷法制备有哪些异同点？
6. 直拉法制备单晶硅棒相比其它工艺有什么优势？
7. 多晶硅片的生产工艺有哪些？
8. 单晶硅片与多晶硅片的制备分别包括哪些流程？
9. 硅片制备工艺的未来发展趋势是什么？

参考文献

[1] Satpathy R，Pamuru V. Solar PV power：vol 1[M]. Pittsburgh：Academic Press，2021.
[2] Woditsch P，Koch W. Solar grade silicon feedstock supply for PV industry[J]. Solar Energy Materials and Solar Cells，2002，72(1)：11-26.
[3] 罗学涛,刘应宽,黄柳青.太阳能级多晶硅合金化精炼提纯技术[M].北京:冶金工业出版社,2020.
[4] 种法力,滕道祥.硅太阳能电池光伏材料[M].2 版.北京:化学工业出版社,2021:172.
[5] 沈辉,杨岍,吴伟梁,等.晶体硅太阳电池[M].北京:化学工业出版社,2020:20-30.

第3章

晶体硅太阳电池制备技术

3.1 晶体硅太阳电池概述

晶体硅（crystalline silicon，c-Si）太阳电池是以晶体硅为衬底材料的太阳电池，可分为单晶硅太阳电池和多晶硅太阳电池。根据硅片导电类型可分为 p 型硅太阳电池和 n 型硅太阳电池。晶体硅太阳电池具有转换效率高、性能稳定、生产成本低等优点，占据全球光伏市场 95% 的份额。

提高转换效率、降低制造成本是光伏行业一直以来追求的目标。从晶体硅太阳电池的发电原理来看，提升转换效率主要涉及三个方面：光子高效地吸收到硅体内；光子高效地转换为电子-空穴对；分离的电子和空穴能被高效地提取与传输到外电路。

近十几年来，光伏产业呈高速发展势头，全产业链技术不断创新，太阳电池量产效率以每年 0.5%～0.6% 的速度持续提升，制造成本得以快速下降，已基本实现平价上网。太阳电池技术已经从传统的铝背场（aluminum-back surface field，Al-BSF）太阳电池发展到钝化发射极和背表面（passivated emitter and rear cell，PERC）太阳电池、隧穿氧化层钝化接触（tunnel oxide passivated contact，TOPCon）太阳电池、硅异质结（silicon hetero junction，SHJ）太阳电池、叉指式背接触（interdigitated back contact，IBC）太阳电池等。

Al-BSF 太阳电池是最早实现规模化生产的太阳电池，但 Al-BSF 太阳电池背面全区域为铝硅金半接触，导致光生载流子大量复合，长波响应差，结构性缺陷将 Al-BSF 太阳电池的转换效率限制在 20% 以下。针对 Al-BSF 太阳电池高复合速率的缺点，工业界对 PERC 太阳电池的商业化展开研究。目前单晶 PERC 太阳电池能实现 23% 的量产效率，占据超过 90% 的市场份额，已基本取代 Al-BSF 太阳电池。然而不可避免的金半接触复合以及发射极重掺杂带来的俄歇复合、能带缩窄等问题，将商业化 PERC 太阳电池的理论效率限制在 24.5% 以内。可以消除金半接触复合的钝化接触技术被认为是未来 10 到 20 年内商业化晶体硅太阳电池的发展趋势。

n 型晶体硅太阳电池转换效率高、无硼氧光致衰减、弱光响应好、温度系数低、可双面发电、发电量高。随着新技术和新工艺的引入，n 型单晶硅电池的效率优势越发明显，市场份额也不断提高。隧穿氧化层钝化接触 TOPCon 太阳电池可以消除金半接触复合，大幅降低电学损失，是目前光伏行业主流研发方向之一，量产效率已达到 24% 左右。SHJ 太阳电池采用非晶硅/晶体硅异质结结构，采用本征非晶硅薄膜钝化硅片表面悬挂键，降低界面处的复合，提高开路电压（VOC），目前量产效率已达到 24.2%。

3.2 Al-BSF 太阳电池

Al-BSF 太阳电池主要结构特点是通过丝网印刷在晶体硅衬底背面沉积一层铝浆再经烧

结后形成 p$^+$ 背场。

图 3-1 为 BSF 晶体硅太阳电池的结构示意图，通常采用 p 型硅衬底。正面（受光面）表面是织构化结构，由扩散形成 n 型发射极，发射极上沉积减反射膜，正面印刷金属电极穿透减反射膜与 n 型发射极形成欧姆接触。背面印刷铝浆和银浆，烧结形成掺杂浓度更高的 p$^+$ 背场（Al-BSF）及背面电极。

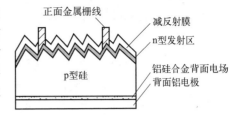

图 3-1 BSF 晶体硅太阳电池结构

图 3-2 为 BSF 太阳电池生产工艺流程示意图。第一步是清洗制绒，对硅片表面进行化学处理，形成具有"陷光"效果的绒面结构。第二步是扩散制结，采用扩散工艺将磷原子掺杂到 p 型硅衬底，形成 p-n 结。第三步是刻蚀和去磷硅玻璃，通过湿法刻蚀方式去除扩散过程中在背面和边缘形成的 n 型区，以及正面的磷硅玻璃。第四步是沉积减反射膜，采用等离子体增强化学气相沉积（plasma enhanced chemical vapor deposition，PECVD）方式沉积 SiN$_x$：H，在硅片表面形成减反射和钝化发射极的薄膜。第五步是丝网印刷电极，采用丝网印刷技术在电池背面印刷银浆和铝浆，在正面印刷银浆。第六步是高温烧结，通过高温烧结将金属浆料中的有机成分烧掉，形成具有良好欧姆接触的金属电极和铝背场。第七步是测试分档，在标准测试条件下对电池进行 I-V 测试，并依据转换效率和短路电流等进行分类。

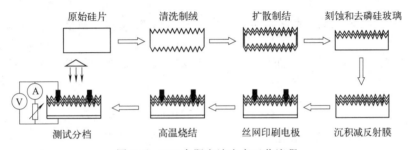

图 3-2 BSF 太阳电池生产工艺流程

3.2.1 清洗制绒工艺

硅片清洗制绒（cleaning and texturing）工艺主要有两个目的：一是去除硅片切割时形成的表面损失层及表面污染物；二是在表面形成陷光结构，也称表面织构化，以减少表面反射损失，增加光的吸收率。

在硅片切割过程中会在硅片表面形成厚度约为 10μm 的损伤层，将产生严重的电子空穴复合，影响太阳电池的转换效率。硅片的表面反射率较高，约有 30%～35% 的光线被反射，图 3-3 为制绒前后硅片表面反射率对比，经过表面制绒后，入射光在绒面表面多次折射，增加了光线在硅片内部的有效运动长度，使得更多的光线被吸收。

硅片表面织构化有多种方法，如化学腐蚀、机械刻槽、激光刻槽、反应离子刻蚀等。目前产业化工艺大多采用化学腐蚀的方法。单晶硅和多晶硅的腐蚀机理不同，使用的方法和

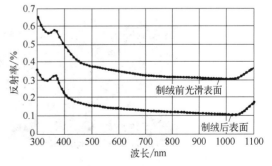

图 3-3 硅片制绒前后反射率对比

工艺也有很大差异。

（1）单晶硅制绒

单晶硅制绒，利用各向异性腐蚀机理，采用碱溶液，通常采用 NaOH 或 KOH。由于晶面原子密度不同，碱溶液对不同的晶面具有不一样的腐蚀速度，（100）晶面腐蚀最快，（110）晶面次之，（111）晶面腐蚀最慢。表面为（100）晶向的硅片，经过碱溶液腐蚀，会形成许多密布的表面为（111）的正金字塔结构（图 3-4）。由于腐蚀过程是随机的，金字塔的大小并不相同，通常控制在 $1 \sim 4\mu m$。小、密且均匀的金字塔结构对后续的扩散及烧结工艺有益。

图 3-4　单晶硅绒面形貌

单晶硅制绒通常采用槽式制绒设备，采用 $1\% \sim 3\%$ 的 NaOH 溶液，添加 $0.5\% \sim 1.5\%$ 的无醇制绒添加剂，制绒温度 $75 \sim 85℃$，制绒时间 $15 \sim 25min$。制绒添加剂不直接参与化学反应，但却有助于形成均匀分布的、大小一致的金字塔结构，提高绒面质量。反应方程式为：

$$Si + 2NaOH + H_2O \longrightarrow Na_2SiO_3 + 2H_2 \uparrow \tag{3-1}$$

制绒工序流程为碱制绒—水洗—HCl 浸泡清洗—水洗—HF 浸泡清洗—水洗—甩干。使用 HCl 溶液（$10\% \sim 20\%$）浸泡，是为了中和硅片表面残余的碱液，同时 HCl 中的 Cl^- 能与硅片中的金属离子发生络合反应，并进一步去除硅片表面的金属离子。使用 HF 溶液（$5\% \sim 10\%$）浸泡，是为了去除硅片表面的氧化层，形成疏水表面。

（2）多晶硅制绒

多晶硅由不同晶向的晶粒构成，制绒利用各向同性腐蚀机理，采用酸溶液，通常采用 HNO_3 和 HF 的混合液，在硅片表面形成蠕虫状凹坑形绒面（图 3-5）。腐蚀液中 HNO_3 是强氧化剂，与硅片反应生成 SiO_2，HF 是络合剂，与 SiO_2 反应生成络合物 H_2SiF_6，促进反应进行。

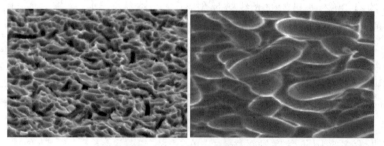

图 3-5　多晶硅绒面形貌

多晶硅制绒通常采用链式制绒设备，常用的溶液配比有两种——HNO$_3$：HF：去离子水＝3：1：2.7 或 HNO$_3$：HF：去离子水＝1：2.7：2，制绒温度 6～10℃，制绒时间120～300s。反应方程式如下：

$$3Si+4HNO_3 \longrightarrow 3SiO_2+2H_2O+4\ NO\uparrow \qquad (3-2)$$

$$SiO_2+6HF \longrightarrow H_2SiF_6+2H_2O \qquad (3-3)$$

制绒工序流程为，酸制绒—水洗—碱洗—水洗—HCl＋HF 浸泡清洗—水洗—风刀吹干。碱洗主要是使用 NaOH 或 KOH（5%），目的是去除制绒过程中在硅表面形成的亚稳态多孔硅，并中和残留的酸。多孔硅虽然有利于降低表面反射率，但会造成较高的复合速度。使用 HCl（10%）和 HF（8%）的混合液浸泡清洗，是为了去除硅片表面残余的碱溶液和金属杂质，同时也可以去除硅片表面的氧化层。

3.2.2　扩散制结工艺

为了制备太阳电池的 p-n 结，需要对硅片进行掺杂。掺杂是半导体器件制备的核心工艺之一，常用的掺杂工艺有热扩散、离子注入、合金法和化学气相沉积等。太阳电池的 p-n 结采用管式热扩散方法掺杂制结（图 3-6），对于 p 型硅片热扩散一层 n 型磷杂质。p-n 结是太阳电池的核心，其质量对太阳电池的性能起着非常重要的作用。

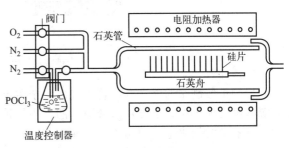

图 3-6　管式扩散炉

n 型扩散源通常采用三氯氧磷（POCl$_3$），扩散时通入氮气和氧气，扩散温度可选取840～900℃。高纯的三氯氧磷是液体，通过氮气携带进入石英管。三氯氧磷在高温下（＞600℃）分解，生成五氯化磷（PCl$_5$）和五氧化二磷（P$_2$O$_5$），其反应式如下：

$$5POCl_3 \xrightarrow{\ >600℃\ } 3PCl_5+P_2O_5 \qquad (3-4)$$

在通有氧气的情况下，五氯化磷将与氧气反应，进一步分解成五氧化二磷，化学反应式为：

$$4PCl_5+5O_2 \longrightarrow 2P_2O_5+10Cl_2\uparrow \qquad (3-5)$$

生成的五氧化二磷在扩散温度下与硅反应生成二氧化硅和磷原子，并在硅片表面形成一层磷硅玻璃（phosphorosilicate glass，PSG），然后磷原子再从磷硅玻璃里向硅中进行扩散：

$$2P_2O_5+5Si \longrightarrow 5SiO_2+4P\downarrow \qquad (3-6)$$

三氯氧磷液态源扩散方法具有生产效率高、p-n 结均匀平整、扩散层表面良好等优点，对于制备具有大面积 p-n 结的太阳电池非常有益。在生产中常采用"两步扩散法"，如图 3-7 所示。

① 预沉积扩散，即 PSG 沉积。扩散温度较低，硅片始终处于饱和杂质气氛中，整个扩散过程硅片表面杂质浓度不变，被称为恒定表面源扩散，扩散杂质呈余误差分布。

② 再分布扩散，即将 PSG 中的磷原子推进到硅片中，得到预定的结深。扩散温度较高，在无外来杂质气氛和富氧气氛中进行，整个扩散过程中硅片表面杂质浓度随时间变化，被称为有限表面源扩散，扩散杂质呈高斯分布。

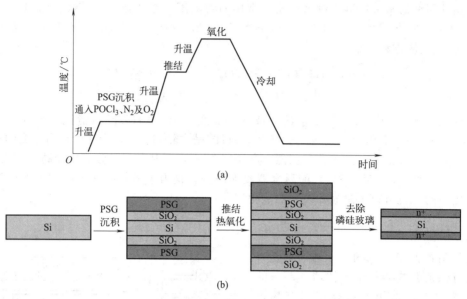

图 3-7 "两步扩散法"及磷扩散发射极形成过程

影响扩散制结的因素有：管内气体中杂质源浓度、扩散温度和扩散时间。管内气体中杂质源浓度的大小决定了硅片掺杂浓度的大小。扩散温度决定了掺杂源在硅晶体中扩散速度的大小，扩散时间决定扩散的浓度和深度。

扩散层的方块电阻是反应扩散层质量是否符合设计要求的重要指标之一。掺杂浓度和扩散结深，决定着方块电阻的大小。方块电阻的大小与杂质掺杂浓度和扩散结深成正比。通常方块电阻>90Ω/□，结深 0.02~0.05μm。

3.2.3 湿法刻蚀工艺

硅片在扩散制结时，虽然是成对背贴背放置，但是扩散杂质气体仍会通过两硅片之间的缝隙钻入，其背面和四周边缘均会形成扩散层和磷硅玻璃层。当光照射到电池上时，电池正面的光生载流子沿着边缘扩散层和磷硅玻璃层流到硅片的背面，会降低电池的并联电阻，造成电池正面电极与背面电极短路。磷硅玻璃层的存在，大大增加了发射极电子的复合，导致少子寿命缩短，进而降低开路电压和短路电流。因而必须将边缘和背面的扩散层以及磷硅玻璃层去除。

湿法刻蚀（wet etching）是目前普遍采用的方法，通过滚轮和刻蚀液表面张力使硅片漂浮在刻蚀面上，硅片正面不接触刻蚀液，只有硅片背面和边缘与刻蚀液接触（图 3-8），发生腐蚀反应将硅片背面和边缘的磷硅玻璃层和 p-n 结刻蚀去除，同时实现背面抛光，提高电池转换效率。

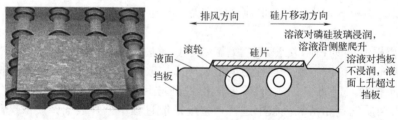

图 3-8 硅片湿法刻蚀

采用 HNO_3 和 HF 的混合液，其反应方程式与多晶硅制绒反应相同，HNO_3 将硅片背面和边缘氧化形成二氧化硅，HF 与二氧化硅反应生成络合物六氟硅酸，同时去除扩散层，包括磷硅玻璃层和 p-n 结。硅片正面的磷硅玻璃，用 HF 去除。

刻蚀工序流程为酸刻蚀—水洗—碱洗—水洗—酸洗—水洗—风刀吹干。碱洗主要是使用 NaOH 或 KOH，去除硅片背表面的多孔硅，并中和残留的酸。使用 HF 浸泡清洗，是为了去除硅片正面磷硅玻璃。

3.2.4 减反射膜工艺

为了降低硅片表面反射，增加硅片表面光的吸收，除了硅片表面绒面化外，另一个有效的方法是在电池受光面沉积减反射膜（anti-reflection coating）。基于光的干涉效应，调整减反射膜的厚度、折射率等参数，可以得到低的反射率。经过表面制绒和沉积减反射膜后，硅片表面的反射率可以从 33% 降至 5% 以下。

在硅片表面沉积一层减反射膜，光入射后将在膜层两个界面发生反射，使得两个界面上的反射光相互干涉，从而抵消了反射光，达到减反射的效果，如图 3-9 所示。

工业生产中常用的减反射膜材料有 SiO_2、TiO_2、MgF_2 和 Si_3N_4 等。晶硅太阳电池生产中普遍使用 PECVD 法制备 SiN_x 膜。与其它化学气相沉积方法相比，PECVD 法的优点是：等离子体中含有大量高能量的电子，可提供化学气相沉积过程所需的激活能。由于与气相分子的碰撞促进气体分子的分解、化合、激发和电离过程，生成高活性的各种化学基因，从而显著降低了化学气相沉积薄膜沉积的温度，实现了在低于 450℃ 的温度下沉积薄膜，而且在降低能耗的同时，还能降低由于高温引起的硅片中少子寿命衰减。使用硅烷（SiH_4）和氨气（NH_3）作为源气体，在等离子体气氛下反应生成，其反应方程式为：

$$SiH_4 + NH_3 \longrightarrow SiN_x：H + H_2 \uparrow \tag{3-7}$$

采用 PECVD 技术生长的 SiN_x 膜不仅可以显著减少光的反射，而且因为膜层含有大量的氢，对衬底硅中杂质和缺陷起钝化作用，提高太阳电池的短路电流和开路电压。

工业上使用的 PECVD 主要有管式直接法 PECVD 和板式间接法 PECVD 两种，目前主流使用的是管式直接法 PECVD，如图 3-10 所示，采用石英管为真空腔，硅片放置在长方形多层结构的石墨舟内。硅片温度、气体流量、反应气体浓度、反应气体压力、射频功率、沉积时间等沉积参数直接影响着 SiN_x 膜层的沉积质量。SiN_x 膜的折射率控制在 2.0～2.15，Si 与 N 的比在 1.8～2.4 之间，单晶硅膜厚 70～83nm，多晶硅膜厚 70～89nm，硅片表面颜色为深蓝。

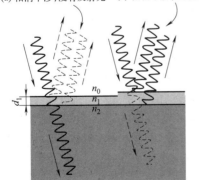

图 3-9　减反射作用

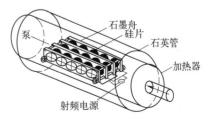

图 3-10　管式直接法 PECVD 设备

3.2.5　电极制备工艺

太阳电池在有光照时，在 p-n 结两侧形成了正、负电荷的积累，因此产生了光生电动势。太阳电池制造过程中，使用丝网印刷技术在硅片上印刷金属浆料，制备太阳电池接触电极，金属浆料经烧结后在太阳电池表面形成正面电极和背面电极，通过这些电极收集并输送电流，电极收集电流的示意图如图 3-11 所示。习惯上把制作在太阳电池受光面上的电极称为正面电极，而把制作在电池背面的电极称为背面电极。

丝网印刷具有成本低、产量高的优点，是目前工业化生产中普遍采用的方法。印刷时，在丝网上敷设浆料，用刮刀在丝网的浆料部位施加一定压力，同时朝丝网另一端移动。浆料在移动中被刮刀从图形部分的网孔中挤压到硅片上。由于网版与电池片间留有间隙，网版利用自身的张力与硅片瞬间接触后立即脱离硅片，挤出网孔的浆料与丝网分离，在硅片的表面按照网版图形限定的区域黏附上浆料。印刷过程中刮刀始终与丝网和硅片呈线接触，丝网其它部分与硅片为脱离状态，保证了印刷尺寸精度和避免蹭脏硅片。当刮刀刮过整个印刷区域后抬起，同时丝网也脱离硅片，如图 3-12 所示。

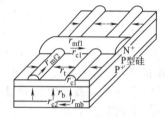

图 3-11　太阳电池电极收集电流

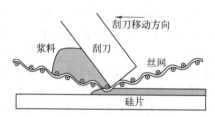

图 3-12　丝网印刷工艺

丝网印刷的金属电极浆料主要有铝浆和银浆，其中银浆又有正面银浆和背面银浆之分。常规电极印刷工艺分为三次印刷，其流程为：背银印刷—烘干—背铝印刷—烘干—正银印刷—烘干—烧结。印刷的电极厚度与印刷压力、印刷速度、丝网间距、刮刀硬度、刮刀角度、浆料黏度、丝网线径、乳胶厚度等工艺参数有关。

（1）背面电极印刷

对衬底为 p 型材料的晶硅电池，背面电极与 p 型区接触，是电池的正极。背面银电极与硅片表面之间的接触电阻越大越好，与铝背场重叠处接触电阻越小越好；应具有良好的可焊性，与互联带形成良好的接触，对外输出电流。背面电极的厚度通常为 $20\sim25\mu m$。背面银浆中银含量较低，为节省浆料成本，通常设计成点断式。

（2）背电场印刷

通过印刷铝浆在电池背面形成铝背场。一方面收集背面载流子，传送到背电极；另一方面形成背电场（back surface field，BSF），在硅片背面形成 p^+ 层，可以减少金属与硅交界处的少子复合，从而提高开路电压和增加短路电流。铝背场的面积要尽可能大，有助于提高开路电压。铝背场厚度要适中，通常在 $20\sim35\mu m$，若太薄，会与硅形成熔融区域而被消耗，产生较低的横向电导率；若太厚，烧结时不能完全去除有机物，浪费浆料，引起电池片弯曲。

（3）正面电极印刷

正面是电池的受光面，对衬底为 p 型材料的晶硅电池，正面电极与 n 型区接触，是电池的负极。为了使电池表面接收更多的入射光，正面电极设计成栅线状（图3-13），由主栅线和副栅线两部分构成，主栅线是一边连接着副栅线，一边连接到电池外部引线的粗栅线。副栅线是为了收集电池扩散层内的电流并传输到主栅线的宽度很窄的细栅线。正面电极图形和高度的设计需要同时考虑光学和电学因素，一方面栅线宽度要尽可能地小，降低遮光面积，增大入射光利用率；另一方面高度要尽量大，降低电极电阻，提高导电性。主栅线的数量通常为9~12根；细栅线宽度通常在30~50μm，数量90根以上；正面电极厚度30~40μm。

3.2.6 烧结工艺

印刷的金属浆料通过烧结工序形成接触电极。烧结是在高温下金属与硅形成合金，即正面电极的银-硅合金、背场的铝-硅合金、背面电极的银-铝-硅合金。烧结也是高温下对硅片进行扩散掺杂的过程，实际是一个熔融、扩散和物理化学反应的综合作用过程。

太阳电池的烧结工序要求是：正面电极浆料中的Ag穿过SiN_x膜扩散进硅表面，但不可到达电池的p-n结区；背面浆料中的Al和Ag扩散进背面硅薄层，使Ag、Ag/Al、Al与硅组成合金，形成良好的欧姆接触电极和铝背场，有效地收集电池内的电子。

工业上所采用的烧结炉都为链式结构，由红外灯管加热，采用快速加热烧结形式，烧结时间很短，仅为几分钟。烧结曲线为"尖峰"类型，如图3-14所示。银浆烧结的好坏决定了银与硅之间是否能形成良好的金属-半导体欧姆接触，从而影响到电池的串联电阻和转换效率。具体烧结过程分为以下几步：①100~200℃，溶剂挥发；②200~400℃，聚合物树脂烧除；③400~600℃，玻璃粉料开始熔化，银颗粒开始缩合及烧结；④600~800℃，熔融的玻璃粉料与溶解的银开始刻蚀掉氮化硅表层，并刻蚀掉极薄的硅表面层。最后，银颗粒在硅表面结晶析出。

图3-13　常规晶硅太阳电池电极设计

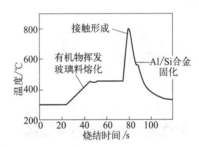

图3-14　烧结炉温度曲线

背面铝浆被加热到铝-硅共熔点（577℃）以上，经过合金化以后，随着温度下降，液相中的硅将重新凝固出来，形成含有一定量的铝的再结晶p^+层，也就是所谓的铝背场。铝背场可以抑制背表面处的少数载流子浓度，从而降低背表面复合速度和复合损失，因此铝背场的烧结直接影响到电池的开路电压和短路电流。

为确保烧结质量，温度的控制非常重要，高温烧结前应保证浆料中的有机物挥发干净。在高温烧结过程中，如果温度过低将导致串联电阻增大。温度过高，则导致烧穿p-n结，并联电阻减小。

3.3 PERC太阳电池

PERC太阳电池是从BSF太阳电池演化而来的结构。新南威尔士大学的Martin Green

团队在 1983 年首次提出钝化发射极太阳电池（passivated emitter solar cell，PESC）概念，并于 1985 年实现大于 20% 的转换效率，其特点是依靠高质量的热氧生长氧化硅（SiO_2）薄膜钝化前表面发射极。随后，PERC 太阳电池的概念被提出：在高质量区熔硅片（floating zone silicon，Fz-Si）上使用氯基氧化工艺对背面进行表面钝化，同时在前表面选择性地重掺杂发射极，再采用光刻法制备倒金字塔陷光结构来增强光生电流密度，器件结构如图 3-15 所示。在 1989 年，PERC 太阳电池的转换效率达到 22.8%，短路电流密度达 40.3mA/cm^2，开路电压达 696mV。

此后关于 PERC 太阳电池的研究不断，在此结构基础上不断完善和改进背表面钝化的技术，衍生出了一系列改进型电池结构，如图 3-16 所示。通过在背面金半接触区域进行局部重掺杂来降低接触界面复合和接触电阻，并使用氟化镁/硫化锌作为叠层减反射膜，其电池的转换效率达到 24.2%，称为钝化发射极及背面局部扩散（passivated emitter and rear locally-diffused，PERL）晶体硅太阳电池。研究人员在 PERL 基础上，通过在背表面非金半接触区域进行同质轻掺杂来降低光生载流子的横向传输损失，得到了

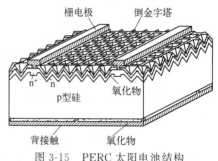

图 3-15　PERC 太阳电池结构

更高的填充因子，称为钝化发射极及背全扩散（passivated emitter and rear totally-diffused，PERT）晶体硅太阳电池。为了改善 p-PERL 太阳电池的背面钝化，在背面非金半接触区域进行 n 型轻掺杂形成浮动结，实现 720mV 的 V_{oc}，称为钝化发射极及背浮动结（passivated emitter and rear floating junction，PERF）晶体硅太阳电池。

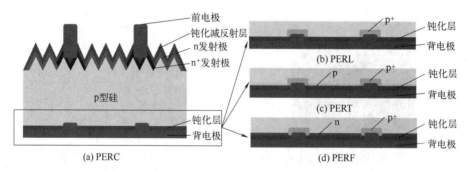

图 3-16　在 PERC 基础上衍生的晶体硅太阳电池结构

3.3.1　PERC 太阳电池工艺流程

使 PERC 太阳电池产业化取得突破性进展的是氧化铝应用于太阳电池作界面钝化层。PERC 电池相比于传统的 BSF 太阳电池所增加的主要工艺设备就是背面钝化介质层沉积和介质层开槽设备，结合 BSF 太阳电池产线设备，即可实现太阳电池转换效率的大幅提升，因而 PERC 太阳电池迅速发展起来，取代 BSF 太阳电池成为新一代常规电池，图 3-17 为 BSF 太阳电池与 PERC 太阳电池结构对比，图 3-18 为典型的 PERC 太阳电池工艺流程。

为了进一步提升效率，PERC 太阳电池引入了一些新的工艺和技术：选择性发射极（selective emitter，SE）技术、9 主栅电极取代 5 主栅电极、前表面多层复合减反射膜技术、背表面抛光技术、光注入或电注入再生技术、前表面二次制绒技术、精细化栅线控制技术等。目前 PERC 太阳电池主流工艺流程如图 3-19 所示。

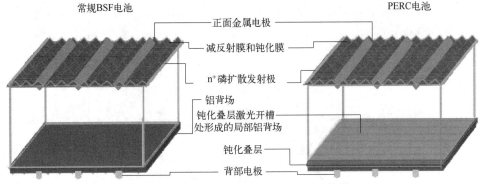

图 3-17　BSF 太阳电池与 PERC 太阳电池结构对比

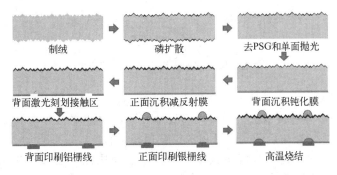

图 3-18　典型的 PERC 太阳电池工艺流程

3.3.2　钝化技术

　　背面钝化（rear surface passivation）是 PERC 太阳电池制造的关键。钝化主要可以分为两类，分别是场效应钝化和化学钝化。场效应钝化通常指的是在硅近表面处形成电场来排斥载流子，延长少子寿命，可以通过表面的高浓度掺杂和外加介电层的固定电荷实现；化学钝化主要是通过饱和硅表面的悬挂键来延长少子寿命，可以沉积含氢的钝化膜，通过退火释放氢原子完成悬挂键的钝化。一些常用的钝化材料包括：氧化硅（SiO_2）、氧化铝（Al_2O_3）、氧化铪（HfO_2）、氮化硅（SiN_x）等。如图 3-20 所示为不同钝化薄膜的界面态密度和固定电荷密度的关系。

　　早期的背钝化薄膜的选择主要是 SiO_2，选用 SiO_2 的主要原因是其作用于硅片表面时可以和硅片形成很好的晶格适配，饱和悬挂键，降低表面缺陷态密度，但是与此同时 SiO_2 的固定电荷密度较小，钝化效果有限，其制备过程通常采用高温热氧化。研究人员也尝试采用工艺较为成熟的氮化硅（SiN_x）作为钝化膜，然而 SiN_x 薄膜会在硅的界面引入较高的固定正电荷数，使得 p 型衬底产生严重的寄生电流，最终影响器件效率。Al_2O_3 薄膜具有很低的缺陷态密度和很高的固定负电荷数，对于 p 型衬底具有很

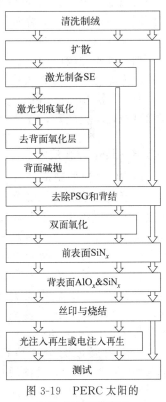

图 3-19　PERC 太阳的电池主流工艺流程

清洗制绒
扩散
激光制备SE
激光划痕氧化
去背面氧化层
背面碱抛
去除PSG和背结
双面氧化
前表面SiN_x
背表面AlO_x&SiN_x
丝印与烧结
光注入再生或电注入再生
测试

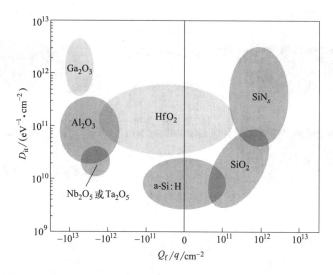

图 3-20　常见硅表面钝化层的界面态密度与固定电荷密度的关系

好的钝化效果。在 Al_2O_3 薄膜的沉积过程中会在硅与钝化层之间引入一层很薄的硅的氧化物，并且 Al_2O_3 薄膜在经过退火过程可以有效地修复晶格缺陷，薄膜中含有的 H 原子会饱和表面悬挂键。这一特性与后续烧结过程的工艺比较契合。

　　无论采用哪种材料和钝化膜沉积技术，单独一层介质钝化膜都不能满足背面钝化的需求。在介质钝化层表面需要沉积一层一定厚度的保护膜，以保护背部钝化膜使其与丝网印刷的金属铝浆隔离，否则在烧结过程中丝网印刷的铝浆将渗入介质钝化膜，破坏其钝化作用。背面钝化层还应在电池背面起到增强光学背反射的作用，为了达到这个光学背反射的要求，需要增加背面钝化膜的厚度，使其达到 100nm 以上。最有效的解决方法就是在 Al_2O_3 薄膜的基础上沉积比较厚的含氢的 SiN_x 薄膜，提高氢饱和悬挂键的同时起到保护 Al_2O_3 薄膜的效果。因此比较常用的就是 Al_2O_3 和 SiN_x 的叠层钝化薄膜。目前常用的沉积薄膜的方式为：原子层沉积（atomic layer deposition，ALD）和 PECVD。其中 ALD 得到的薄膜厚度精确可控且质量较高，逐渐成为主流。

3.3.3　激光开膜技术

　　PERC 电池的制备另一个关键工艺是背膜开槽技术。全面积钝化对背面钝化效果最好，但是不能满足金属化的要求，这就需要对背面钝化层进行开孔并实现局域金属接触，一方面局域接触面积较小，将电极接触处复合降至最低，另一方面也满足了电流传导的金属化要求。实现背面局域接触的方法有很多种，如光刻、腐蚀浆料开孔、激光烧结、激光开孔等。

　　激光开孔配合丝网印刷金属浆料烧结是最适合工业化使用的局域金属接触方法，只需增加一台激光开孔设备，采用激光开孔图形化设计对背面钝化膜进行开孔，实现背面不同图形的局域接触。PERC 电池开发初期采用线接触图形，线与线间距 1mm 左右，线的宽度为 $40\mu m$。随着激光设备的改进和开槽图形的优化，逐渐发展成为分线段接触和点接触，如图 3-21 所示，分线段接触和点接触的转换效率都优于线接触，但是对激

(a)线接触　　(b)分线段接触　　(c)点接触

图 3-21　局域接触图形

光设备和铝浆的要求较高。

3.3.4 选择性发射极技术

发射区掺杂浓度对太阳电池转换效率的影响是多方面的，较高浓度的掺杂可以改善硅片与电极之间的欧姆接触，降低电池的串联电阻。但是在高浓度掺杂的情况下，电池的顶层掺杂浓度过高，造成俄歇复合严重，少子寿命也会大大降缩短，使得发射极区所吸收的短波效率降低，降低短路电流。同时重掺杂，表面浓度高造成了表面复合提高，降低了开路电压，进而影响了电池的转换效率。

选择性发射极技术，即在金属栅线（电极）与硅片接触部位进行高浓度重掺杂，在电极之间的位置进行低浓度轻掺杂，如图 3-22 所示。这样的结构可降低扩散层复合，提高光线的短波响应，同时减少前金属电极与硅的接触电阻，使得短路电流、开路电压和填充因子都得到较好的改善，从而提高转换效率。

制备选择性发射极的方法有：氮化硅掩膜法、离子注入法、磷浆法和激光掺杂法。光伏领域通常采用激光掺杂磷硅玻璃的方式制备选择性发射极（图 3-23），使用扩散时生成的磷硅玻璃作为掺杂磷源，只需增加一台激光设备即可，与产线兼容性好，已在单晶 PERC 电池生产中广泛应用。

图 3-22 SE-PERC 太阳电池

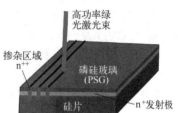

图 3-23 激光掺杂磷硅玻璃

3.3.5 载流子注入退火再生技术

p 型晶体硅电池存在光衰（light-induced degradation，LID）和热辅助光衰（light and elevated temperature induced degradation，LeTID）的现象，这种现象对 p 型单晶 PERC 电池更为明显。PERC 电池主要优化的是背面钝化，改善了长波响应，所以其对硅片体少子寿命更加敏感。针对这种现象，国内企业普遍采用了载流子注入退火工艺处理电池，使得电池加速衰退后再恢复，减少了使用过程中的衰减。目前在生产中有两种方法进行载流子注入退火处理，即光注入退火和电注入退火。

电注入退火是早期普遍采用的方法，其工艺是将 $200\sim400$ 片电池片叠放在一起，在电极上加 $0.5\sim1$ 倍最大功率电流（Impp）的电流，在 110℃ 左右的温度下，退火 70min。这一技术的主要优点是设备价格便宜，功耗低，但是由于每片电池的栅线电极的电阻及接触电阻有差异，导致同样的电流在每片电池上产生的载流子数量有差距，因而造成了再生效果有差别。

光注入退火是一种隧道式炉体，隧道内有光源照射到电池表面，一般采用 LED 光源，LED 的辐照强度通常能达到一个太阳辐照强度的光通量的 $20\sim40$ 倍。一般辐照退火时的工艺温度在 200℃ 左右，由于采用了高光强和较高的退火温度，因此处理时间可以减少到数分钟。这种处理工艺的均匀性要比电注入退火高很多，因为这种工艺的载流子是光照产生的，与接触电极无关。这种处理方法很便捷，非常适合于大规模生产，与现有生产线的兼容性好。

3.4 SHJ 太阳电池

SHJ 太阳电池指硅基异质结太阳电池，其基本结构是在 n 型晶体硅基体两面上分别沉积不同掺杂类型的非晶硅薄膜用以形成异质结构，英文缩写为 HJT、HIT、HDT 等。

由导电类型相反的同一种半导体材料构成的结，通常称为同质结，例如常规 p 型硅经磷扩散后形成的 p-n 结；如果结由两种不同的半导体材料组成，则称为异质结，例如 p 型 Ge 与 n 型 GaAs 构成的 p-n 结。根据接触界面的两种材料导电类型的不同，异质结可以分成反型异质结和同型异质结，前者两种材料分别为 p、n 型，后者两种材料同为 p 型或 n 型。

异质结概念在 1951 年提出，并有一些理论分析，但是由于装备限制无法实现异质结设计。1960 年 R. L. Anderson 制造了第一个 Ge-GaAs 异质结，并于 1962 年提出了异质结的理论模型，在假设接触界面两种半导体材料具有相同的晶体结构、晶格常数和热膨胀系数基础上，阐述了电流输运过程。1970 年以后，金属有机物化学气相沉积（metal organic chemical vapor deposition，MOCVD）和分子束外延（molecular beam epitaxy，MBE）等先进的设备出现，使得异质结的制备质量大幅提升并日趋完善，在半导体领域获得广泛应用。

非晶/晶硅异质结最早出现于 1968 年，由 Grigorovici 等采用热蒸镀方法实现。1974 年 Fuhs 等采用 PECVD 方法首次实现了氢化非晶硅/晶体硅异质结器件。1983 年 Okuda 等制成了第一个氢化非晶硅/晶体硅异质结太阳电池，电池面积为 $0.25cm^2$，转换效率为 12.3%。1991 年，日本三洋公司首次在 p 型非晶硅和 n 型单晶硅的 p-n 异质结之间插入一层本征非晶硅，形成 p-i-n 结构，由于异质结界面钝化效果良好，转换效率达到 18.1%，电池面积为 $1cm^2$。1997 年三洋公司实现了异质结电池的批量化生产，异质结晶硅电池的发展进入快速通道。2013 年，松下（已收购日本三洋公司）研制了厚度仅有 $98\mu m$ 的 HIT 电池，效率达 24.7%。2014 年，松下采用 IBC 技术，将 HIT 电池的转换效率提升到 25.6%。2016 年，日本 Kaneka 公司将 IBC-HIT 太阳电池的效率提升到 26.63%。

3.4.1 SHJ 太阳电池的能带特点

异质结虽然由两种不同的材料构成，但并不能随意搭配，这两种材料的晶体结构必须相同或相近，还要考虑晶格失配、热失配和内扩散等因素的影响。晶格失配（图 3-24）会在两种材料的交界处产生悬挂键，晶格常数小的半导体材料中会出现一部分不饱和悬挂键。悬挂键的存在，使得严格按周期性排列的原子所产生的周期性势场受到破坏，在禁带中引入允许电子具有的新能量状态，即界面态。界面态密度可以由两种材料在交界面处的键密度之差估算。晶格匹配很好的异质结如 Ga/GaAs，界面态密度

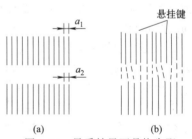

图 3-24　异质结界面晶格失配

数量级在 $10^{12}cm^{-2}$ 量级。非晶硅/晶体硅接触界面层厚度约为 1nm，悬挂键体密度在 $10^{15}\sim10^{19}cm^{-3}$ 之间，界面态密度在 $10^9\sim10^{13}cm^{-2}$ 之间。日本三洋公司在非晶硅/晶体硅异质结电池中引入本征非晶硅正是为了钝化悬挂键，从而获得高效电池。

如果不考虑接触界面的复杂情况，异质结的形成只与两种不同材料的电子亲和能、禁带宽度和功函数有关，功函数受掺杂浓度影响。以突变反型异质结为例，接触前后能带图如图 3-25 所示。

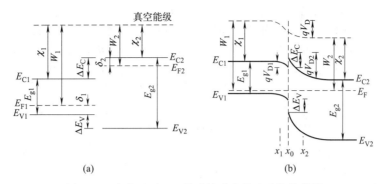

图 3-25　突变反型 p-n 异质结形成前后平衡能带图

当两种材料紧密接触时，电子将从 n 型材料流向 p 型，空穴则相反流动，直至两种材料有统一费米能级，而且同时在接触区形成空间电荷区，产生内建电场。与同质结不同的是，由于两种材料介电常数不同，内建电场在交界处不连续。区别一，能带在接触界面弯曲时，n 型区的价带顶和导带底的弯曲量为 qV_{D2}，而且导带底在交界处形成一向上的尖峰；p 型区的导带底和价带顶之间的弯曲量为 qV_{D1}（如图 3-25 所示），导带底的交界处形成了一凹口。区别二，能带在交界面处不连续，存在突变。导带底的突变量为：

$$\Delta E_C = \chi_1 - \chi_2 \tag{3-8}$$

价带顶的突变量为：

$$\Delta E_V = (E_{g2} - E_{g1}) - (\chi_1 - \chi_2) \tag{3-9}$$

式中，χ_1、χ_2、E_{g1}、E_{g2} 如图 3-25 所示；ΔE_C 为导带带阶；ΔE_V 为价带带阶。

异质结因由两种不同材料形成，在交界处能带不连续、存在势垒尖峰和势阱，又由于晶格失配、热失配或内扩散等原因，在界面处形成界面态和缺陷，能带图样式较多，与之对应的载流子的输运过程复杂多样，电流-电压关系也比同质结复杂。针对不同的异质结情况，有相对应的电流输运模型，尚无统一的电流输运理论，譬如扩散模型、发射模型、发射-复合模型、隧道模型和隧道-复合模型等。

3.4.2　SHJ 太阳电池的结构

日本三洋公司最初研究的异质结电池是单面异质结，以 n 型单晶硅为衬底，前表面沉积非晶硅，背面真空蒸镀铝，该铝膜只能起到收集载流子和光学反射镜的作用，并不能形成背面场，所以电池转换效率不高。目前常见的 HJT 太阳电池具有双面对称结构，如图 3-26 所示，中间以 n 型晶体硅为衬底，在衬底两侧形成 10nm 以内的 i-a-Si 本征非晶硅薄层，然后分别在前后表面分步沉积 p 型 a-Si 和 n 型 a-Si，厚度均在 10nm 以内，如此在前表面形成 p-a-Si：H/n-c-Si 异质结，后表面由重掺的 n-a-Si：H 和 i-a-Si：H 层形成背表面场。由于非晶硅的导电性较差，就在电池两侧利用磁控溅射等技术形成透明导电氧化物（transparent conductive oxide，TCO）层，实现横向导电。最后采用丝网印刷银浆在 TCO 表面固化形成双面电极（也可以采用电镀技术形成电极）。

SHJ 太阳电池的能带示意图如图 3-27 所示，其中 E_g 为禁带宽度，E_C 表示导带底，E_V 是价带顶，E_F 是费米能级，ΔE_C 为导带带阶，ΔE_V 为价带带阶，δ 为相应价带（导带）与费米能级的能量差，qV_D 为相应的能带弯曲量，即势垒高度。光照情况下，光生载流子激发运动机理与同质结基本一致，但是由于带阶的存在荷电载流子的输运会受到影响。

在 p-a-Si：H/n-c-Si 处，存在较大的 ΔE_V，会形成势阱，阻止光生空穴进入 p-a-Si：H。但在热作用和陷阱辅助下，被俘获的空穴仍然能以隧穿形式通过 i-a-Si：H 而进入 p-a-Si：H 层。在背面，重掺 n-a-Si：H 与 n-c-Si 形成表面场，ΔE_V 较大而 ΔE_C 较小，形成有效的空穴反射镜的同时，电子的传输未受到阻碍，因而可以形成优异的背接触。整体来看，前后表面形成了空穴向高功函数空穴传输层运动、电子向低功函数电子传输层运动的情形，大幅度抑制了反向复合电流。模拟研究表明，对 p-a-Si：H/n-c-Si 异质结，当 ΔE_V 大于 0.5eV 时，就会形成阻碍空穴运输的势垒，如果不考虑隧穿，在电池的 I-V 曲线上会出现势垒影响，形成低填充因子的 S 形曲线，电池的转换效率会迅速下降。a-Si：H 中氢含量每增加 1％，ΔE_V 增加达 0.04eV，所以尽管 H 含量对钝化有极大收益，但考虑到带阶等因素，其含量存在最佳区间。

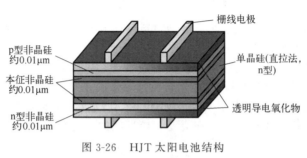

图 3-26　HJT 太阳电池结构

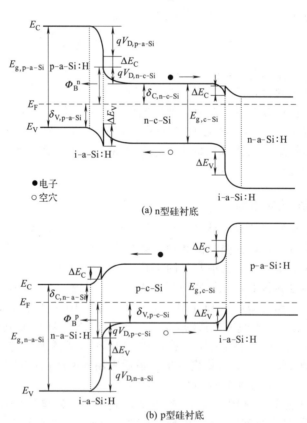

图 3-27　非晶硅/晶硅异质结太阳电池能带

3.4.3 SHJ太阳电池工艺

SHJ太阳电池制作工艺为清洗制绒、双面非晶硅沉积、双面透明导电氧化物沉积、双面金属栅线印刷固化以及光注入退火增效，与同质结硅电池相比工序较少，如图3-28所示。

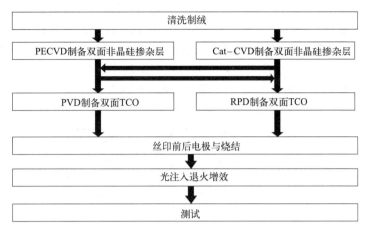

图3-28 硅异质结电池生产工艺

PVD为物理气相沉积；RPD为反应等离子体沉积（reactive plasma deposition）；Cat-CVD指催化化学气相沉积设备

（1）清洗制绒

SHJ太阳电池的硅片清洗制绒工艺如图3-29所示。主流清洗方式有两种：RCA清洗（工业标准湿法清洗工艺，由美国RCA公司开发）和O_3清洗。这两种方法各有优劣：RCA清洗方法能获得低金属杂质界面，但是引入氨水会导致表面粗糙度增加，引入过多的表面悬挂键；而O_3清洗的硅片表面粗糙度几乎不变，能获得比较平滑的表面，还降低了化学试剂的使用量，大大降低了SHJ电池清洗段的成本，但是相比于RCA清洗，利用O_3清洗获得的衬底表面在理论上含有较多金属杂质。目前产线采用RCA清洗较多。

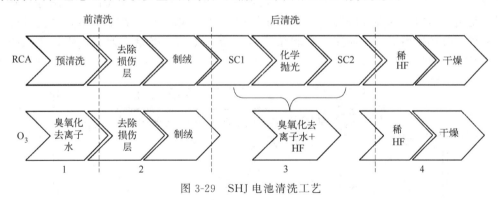

图3-29 SHJ电池清洗工艺

制绒的目的及原理与同质结电池相同，但SHJ电池制绒结束后，必须对金字塔进行圆润化处理，如果不处理，在金字塔顶部和底部会形成厚薄不均的非晶硅薄膜，顶部厚、底部薄，甚至出现不完全覆盖的情况，造成效率损失。

（2）非晶硅薄膜沉积

目前非晶硅沉积主要有两种工艺方法：HWCVD（热丝化学气相沉积，hot wire

chemical vapor deposition）与 PECVD。HWCVD 沉积本征非晶硅与掺杂非晶硅的优点是对界面轰击较小、薄膜质量较好、钝化效果好，缺点是均匀性较差、维护成本较高。PECVD 现在主要分为射频等离子体化学气相沉积（radio frequency plasma chemical vapor deposition，RFCVD）与甚高频等离子体化学气相沉积（very high frequency plasma enhanced chemical vapor deposition，VHFCVD），两者差异体现在射频频率。一般 RFCVD 沉积非晶硅均匀性较好，薄膜氢含量较高，但是沉积非晶硅薄膜悬挂键和 Si—Si 弱键较多，成膜质量不如 VHFCVD，并且对硅衬底的轰击也强于 VHFCVD。VHFCVD 沉积非晶硅均匀性略差于 RFCVD，但是薄膜质量较好，对衬底轰击较小，但是由于受制于等离子体驻波效应以及趋肤效应难以做成大面积反应腔室，因此 VHFCVD 的产能会受一定的限制。目前量产基本采用 PECVD，过程如图 3-30 所示。

图 3-30　非晶硅膜的沉积过程

（3）透明导电膜沉积

SHJ 电池与硅同质结电池相比，需要沉积 TCO 来输运电荷。TCO 一方面用作减反射膜，另一方面增加横向导电性。目前主流的 TCO 一般选用锡掺杂 In_2O_3，其特点是可见光透过率高（≥90%）、电阻率低（$7\times10^{-5}\Omega\cdot cm$）、化学稳定性好等。其次还有掺钨的 IWO 膜，钨的稳定价态为 +6，比锡能提供更多的自由载流子。因此在载流子浓度一致的情形下，钨掺杂量远小于锡掺杂量，较少的掺杂量减少了薄膜中的电离散射中心，使得 IWO 膜的载流子迁移率大幅度提升。另外，铝、硼、镓或铟等掺杂的 ZnO 膜电阻率可达 $10^{-4}\Omega\cdot cm$ 量级，在可见光区的平均透过率也能达 80% 以上，基本满足光电器件的要求，再加上价格低廉、无毒污染小、生长温度低等优点，具有良好的应用前景。TCO 薄膜制备工艺主要有溶胶-凝胶法、喷雾热解法、电化学沉积法以及化学气相沉积法与物理气相沉积法等，其中最常用的是磁控溅射技术和反应等离子体沉积镀膜两种方式。如图 3-31 所示，磁控溅射原理是在电场和磁场作用下，被加速的高能粒子 Ar^+ 轰击靶材，能量交换后，靶材表面的原子脱离原晶格而逸出，溅射粒子沉积到衬底表面并与氧原子发生反应而生成氧化物薄膜。控制

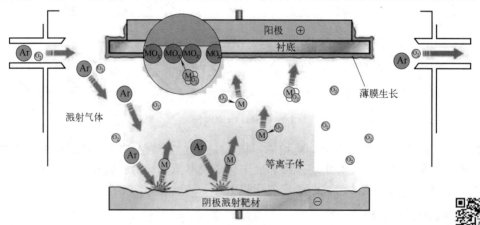

图 3-31　TCO 膜磁控溅射原理

功率可以改变溅射速率，从而控制膜厚，可以大面积镀膜。磁控溅射缺点是离子轰击影响了膜的性能。反应等离子体沉积原理如图 3-32 所示，反应等离子体沉积是日本住友重工的专利设备，采用的是直流电弧离子镀膜方式。氩等离子体枪产生的等离子体进入生长腔室后，由磁场引导轰击靶材，靶材升华产生的气体再沉积到衬底上。该方法的优点是离子损伤低、沉积温度低、沉积面积大和生长速率高。

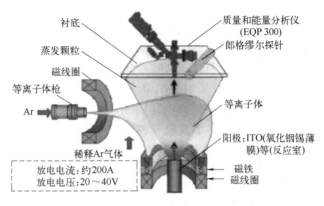

图 3-32　反应等离子体沉积离子反应镀膜原理

（4）电极制作

与硅同质结电池的电极相比，区别在于异质结电池的掺杂非晶硅膜对高温特别敏感，温度超过 250℃ 性能会大幅度退化，所以收集电流的电极材料是在低于 200℃ 的温度下烘干固化低温导电银浆。与同质结电池浆料要求类似，电极的高宽比、线电阻和接触电阻均影响电池的转换效率。但异质结浆料和高温银浆的区别主要在于线电阻和接触电阻均比高温浆料高，特别是线体电阻率高温银浆在 $(2\sim3)\times10^{-6}\Omega\cdot cm$，而低温银浆在 $(4\sim5)\times10^{-6}\Omega\cdot cm$，主要原因在于低温银浆固化温度低，银粉之间难以发生烧结形成致密结构。因而，异质结电池的银浆耗量较高，导致成本过高，影响了其发展。随着多主栅封装技术出现，或电镀技术的突破，未来异质结电池有望解决成本过高问题。

3.4.4　SHJ 太阳电池的优点

由于结构和材料的特性，异质结电池具有以下优点：

① 高转换效率。由于异质结接触电势差远高于普通电池，其开路电压可达 0.75V 以上，异质结硅太阳电池一直在刷新着量产太阳电池转换效率的世界纪录。

② 低温度系数。常规晶体硅电池的温度系数约为 $-0.45\%/℃$，而 SHJ 电池的温度系数约为 $-0.28\%/℃$。在温度较高时，SHJ 电池的电输出特性更好。另外，由于 SHJ 电池中非晶硅薄膜的存在，弱光性能也优于普通电池。

③ 光照稳定性好。SHJ 电池采用 n 型硅片作为衬底，不存在 p 型硅片中的 B-O 复合对，在光照一段时间后不会有 B-O 复合对引起的光致衰减问题。

④ 低温工艺。SHJ 电池的 p-n 结基于非晶硅薄膜，最高工艺温度约为 200℃，不需要常规晶体硅电池通过热扩散（约 900℃）形成 p-n 结，降低了硅片的热损失和形变。

⑤ 双面发电。异质结电池结构对称，正反面受光后都能发电，封装后制成双面发电组件，发电量提升，并适合更多的应用场景。

3.5 TOPCon 太阳电池

TOPCon 太阳电池指隧穿氧化层钝化接触太阳电池，其主要的结构特点是在硅基体背表面采用超薄氧化膜叠加重掺杂多晶硅薄膜的复合结构，形成钝化接触。

在 PERC 太阳电池制备过程中，为了有效地收集背面的光生载流子，通常需要采用激光技术在背面沉积的叠层 SiN_x 钝化膜上进行局部开槽，然后采用丝网印刷技术制作金属化电极用于导出电流。然而，金属电极和体硅之间的紧密接触不可避免地在界面处的带隙内形成大量电子俘获中心，这表现为金半接触处的复合电流密度（$J_{0,met}$）通常大于 $2000fA/cm^2$，占到整个 PERC 太阳电池载流子复合损耗的 50% 以上。尽管研究人员通过局部重掺杂、优化浆料和烧结工艺、减少金半接触面积等手段来降低 $J_{0,met}$，但仍然需要足够的金半接触面积来收集光生载流子。

为了能够将超低的表面复合速率损失和高效的光生电流提取结合起来，研究人员致力于研究各种钝化接触技术。早在 20 世纪 80 年代，Kwark Y 等就建议在金半接触区域下方使用覆盖氧化层的多晶硅薄膜来降低发射极复合；Green M 等则使用掺杂多晶硅作为金属电极应用到金属-绝缘层-半导体（metal insulator-semiconductor，MIS）太阳电池中，其得到的相对较高的开路电压证实了这种方法的可用性；斯坦福大学采用了基于半绝缘多晶硅（semi-insulated polysilicon，SIPOS）技术实现了 V_{oc} 超过 720mV 的太阳电池。

经过 20 多年的发展，2013 年，Fraunhofer ISE 在 n 型 Fz-Si 衬底上制备了基于 TOPCon 结构的前发射极太阳电池，并实现了 24.7% 的转换效率。初始 n-TOPCon 太阳电池结构是由湿化学法的 HNO_3 热氧化生长界面氧化物叠加 PECVD 制备的磷掺杂 SiC_x 薄膜形成的。随后 TOPCon 技术引起了广泛的关注和研究。2017 年，Glunz S 等在 TOPCon 太阳电池前表面引入选择性发射极技术，实现了 25.8% 的转换效率；2021 年，Richter A 等将 n-TOPCon 结构置于 p 型 c-Si 衬底背后作为后置型发射极，实现了 26.0% 的转换效率。此外，将 n 型和 p 型掺杂的 TOPCon 结构分别用作 IBC 太阳电池背面的电子和空穴选择性传输层，即得到叉指状隧穿氧化层钝化背接触（tunnel oxide passivated with interdigitated back contact，TBC）太阳电池。Haasea F 等使用激光选择性刻蚀的方法制备出转换效率达 26.1% 的 TBC 太阳电池。

3.5.1 TOPCon 太阳电池的结构及原理

图 3-33 展示了两种常见的 TOPCon 太阳电池的结构。这两种 TOPCon 太阳电池最核心的结构都是位于晶体硅太阳电池背面的钝化接触层，即一个由超薄隧穿氧化层和重掺杂多晶硅组成的复合结构（图 3-34）。由于金属电极不直接接触晶体硅，大幅降低了晶体硅太阳电池背面金属半导体接触复合，实现高 V_{oc}；而且这样的全面积钝化接触还使得光生载流子被正面 p-n 结分离后，只需要进行一维的向下输运即可抵达背面并被收集，这消除了 PERC 太阳电池中因为光生载流子的三维输运而导致的填充因子（FF）下降。

TOPCon 太阳电池结构中不同材料的协同作用以及钝化接触机理如下。

① 使用 SiO_2 材料作为晶体硅和掺杂多晶硅间的隔离层。SiO_2 材料是硅的天然氧化物，优异的晶格匹配带来了高质量的界面特性，可以有效填补晶体硅表面的悬挂键和缺陷，实现极佳的表面钝化性能。

② 光生载流子通过 SiO_2 层的方式有两种解释：主流观点认为，由于中间 SiO_2 隔离层

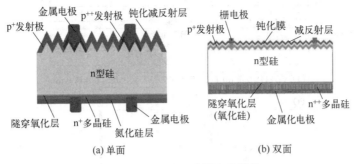

图 3-33　TOPCon 太阳电池结构

的厚度极薄（小于 <2nm），光生多数载流子有较高的概率以量子共振隧穿机制从吸收器透射过 SiO_2 层，并被重掺杂的多晶硅层收集、输送到金属电极。还有一种观点认为，在超薄 SiO_2 膜制备和/或后续热处理过程中很容易形成针孔，光生载流子经过针孔通过 SiO_2 层。一些研究人员通过导电原子力显微镜（c-AFM）证实了针孔传输的存在。总的来说，要根据 SiO_2 材料的密度、化学计量比、厚度和完整性等参数来确定光生载流子是以针孔传输为主还是以量子隧穿传输为主。

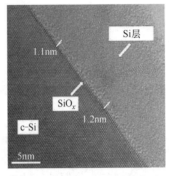

图 3-34　隧穿钝化接触结构的透射电子显微（TEM）图像

③ 重掺杂氢化多晶硅的作用：为了重排硅表面的自由电子和空穴的浓度分布，实现场效应钝化的作用，超薄 SiO_2 层上的氢化多晶硅层应该有足够高的杂质净掺杂。例如，n-TOPCon 结构中 P 原子的掺杂浓度通常大于 $1 \times 10^{21} cm^{-3}$。同时，为了增强化学钝化效果，会使用含有大量 H 的氢化多晶硅，多晶硅中的 H 可以迁移到体硅和 SiO_2 界面，填补悬挂键和缺陷。此外，氢化多晶硅的重掺杂引起的能带弯曲还增强了多数载流子隧穿过 SiO_2 的概率和选择通过率，提高了光生载流子的分离和提取效率。

由于双面太阳电池背面能够吸收地面反射光与漫射光，可进一步提高光伏发电效益，这也逐渐成为各类商业化晶体硅太阳电池的主流技术路线。因此，目前商业化的 TOPCon 太阳电池结构主要为图 3-33（b）所示的双面 TOPCon 结构。其结构特点为在背面重掺杂氢化多晶硅上先沉积一层具有减反射和增强钝化效果的氮化硅层，随后采用丝网印刷技术在氮化硅层上制作金属化电极。优势是：背面使用局部金半接触的栅线接触，有效地利用了背面吸光发电，同时降低了贵金属的使用量，是一种更适合商业化量产的电池结构。

3.5.2　TOPCon 太阳电池工艺

耐高温制程且可兼容大部分 PERC 产线设备的 TOPCon 太阳电池技术吸引了大批研究机构与企业的兴趣和投资。近年来，不论是科研院所制备的小尺寸 TOPCon 太阳电池，还是工业化生产的大尺寸 TOPCon 太阳电池，其转换效率都在快速进步。而且 TOPCon 器件作为平台技术，未来可与 IBC、钙钛矿等技术结合，转化效率极限值将进一步增加，潜力巨大。主流的 n-TOPCon 太阳电池工艺流程如图 3-35 所示。

（1）硼扩散

目前产业化的 n 型 TOPCon 太阳电池制备过程，前表面仍需要进行有效的硼原子掺杂以获得同质扩散的 p-n 结。根据硼源类型，硼扩散技术可以分为液态源 BBr_3 技术和气态源

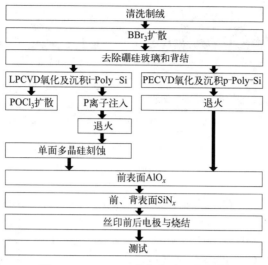

图 3-35　TOPCon 太阳电池工艺流程

LPCVD 指低压化学气相沉积（low pressure chemical vapor deposition）；-Poly-Si 为本征多晶硅；p-Poly-Si 为 p 型掺杂多晶硅

BCl_3 技术。

BBr_3 是无色透明的液体，熔点 $-46\,℃$，沸点 $91\,℃$，蒸气压高，可以获得较高的扩散表面浓度。使用时采用液态源扩散法，源蒸气用氮气带入反应腔室中。具体过程分为以下两个步骤。

第一步，将制绒硅片放入管式高温扩散炉中，在 $800\,℃$ 左右的工艺温度下，分别将携带 BBr_3 分子的 N_2 以及 O_2 通入腔室内。BBr_3 和 O_2 反应生成氧化硼（B_2O_3），熔点较低的 B_2O_3 以液态的形式大量附着在硅片表面，以恒定表面源扩散方式在硅片表面形成硼原子浓度非常高的薄层，称为预沉积过程。

$$2BBr_3 \xrightarrow{\text{高温}} 2B + 3Br_2 \tag{3-10}$$

$$4BBr_3 + 3O_2 \longrightarrow 2B_2O_3 + 6Br_2 \tag{3-11}$$

$$2B_2O_3 + 3Si \longrightarrow 4B + 3SiO_2 \tag{3-12}$$

第二步，停止 BBr_3 的通入，提高腔室温度到 $1000\,℃$ 左右，以有限表面源扩散的方式，高温和体表浓度差驱动着硼原子以间隙式扩散的方式向内部迁移，形成具有一定掺杂浓度和深度的 p-n 结，这一步称为推结过程。

该反应过程中产生的溴蒸气对硅片有腐蚀作用，故通常在扩散时需要通入少量的氧气或水蒸气，生成的 SiO_2 层可以保护硅不被溴蒸气腐蚀。其次，由于 B_2O_3 的沸点为 $1600\,℃$，液态 B_2O_3 源会造成扩散的不均匀。另外，在腔室内部温度较低处形成的硼硅玻璃会导致粘舟、粘壁，使石英管壁和石英舟上沉积的硼硅玻璃出现应力，石英管和石英舟很容易在硼扩散结束后的降温过程中遭受应力破损的状况。

气态源 BCl_3 的扩散反应原理为：

$$2BCl_3 \xrightarrow{\text{高温}} 2B + 3Cl_2 \tag{3-13}$$

$$4BCl_3 + 3O_2 \longrightarrow 2B_2O_3 + 6Cl_2 \tag{3-14}$$

$$2B_2O_3 + 3Si \longrightarrow 4B + 3SiO_2 \tag{3-15}$$

BCl_3 的沸点是 $12.5\,℃$，在常温下是气态。含 Cl 的 B_2O_3 呈颗粒状而非黏糊状，因此不会粘舟。Cl_2 对金属具有更强的氧化性，可以与硅片和石英管中的金属反应，对石英管无腐蚀性，大大延长了石英管的使用寿命。但缺点是，气体源本身危险性较高，扩散均匀性较差，B—Cl 键能更大，不易分解，利用率低。

不论 BBr$_3$ 扩散还是 BCl$_3$ 扩散，都存在一些共性问题：由于硼原子在高温下硅中的固溶度较低，因此需要更高的温度（950～1050℃），而长时间的高温工艺会对硅片的少子寿命产生不利影响；硼原子在氧化硅中的平衡浓度大于硅中的平衡浓度，这导致在 SiO$_2$/Si 接触界面中硅一侧的硼原子浓度下降，最终硼发射极的最大掺杂浓度较低，结深较深；高温氧化气氛推结过程中，硅片表面厚的氧化硅层阻止了 B$_2$O$_3$ 的进一步扩散，硼输运到硅表面的速度超过了扩散到硅中的速度，在硅片表面形成富硼层（BRL），这会严重降低发射极的电学性能；硼硅原子直径的差别使得硼掺杂容易形成位错，产生的缺陷会缩短体少子寿命。

（2） p-n 结隧穿 SiO$_2$ 层及掺杂多晶硅层的制备

TOPCon 太阳电池的特色和关键就是超薄 SiO$_2$ 层和掺杂多晶硅层的叠层结构。隧穿 SiO$_2$ 层和掺杂多晶硅层的制备方式多种多样，暂无统一的技术路线。

目前有多种方法制备 SiO$_x$ 膜层，按照制备反应环境可分为湿化学氧化制备（硝酸化学氧化）和干法制备（热氧化、PECVD、O* 和 ALD）两类。各种方法制备的 SiO$_x$ 的致密性不同，对扩散的阻止作用、电流的穿透作用都存在着差异。从致密度排序来看，ALD 制备的 SiO$_x$ 膜的钝化效果最佳，热氧化 SiO$_x$ 膜的钝化效果稍差于 ALD 制膜，但是优于 PECVD 制膜，湿法制备的氧化膜密度最差。

硝酸化学氧化制备 SiO$_2$ 膜的反应原理为：

$$Si+4HNO_3 \longrightarrow SiO_2+4NO_2+2H_2O \tag{3-16}$$

热氧化法制备 SiO$_2$ 膜的反应原理为：

$$Si+O_2 \xrightarrow{\text{高温}} SiO_2 \tag{3-17}$$

PECVD 法制备 SiO$_2$ 膜的反应原理为：

$$SiH_4+2N_2O \xrightarrow{\text{射频功率}} SiO_2+2N_2+2H_2 \tag{3-18}$$

ALD 法制备 SiO$_2$ 膜的反应原理如图 3-36 所示（以双叔丁基氨基硅烷作为硅源，臭氧作为氧源举例）：

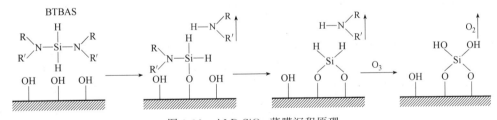

图 3-36 ALD SiO$_2$ 薄膜沉积原理

O* 法制备 SiO$_2$ 膜的反应机理是使用强活性的氧等离子体来氧化表面硅原子：

$$Si+2O^* \longrightarrow SiO_2 \tag{3-19}$$

ALD 和等离子体增强原子层沉积（plasma enhanced atomic layer deposition，PEALD）法可以沉积出致密度高、钝化性能高的 SiO$_2$ 薄膜，研究人员开发出两种在 TOPCon 结构上应用的技术路线。一种是时间分离型管式 PEALD 设备，将硅片插入石英舟内，送入到反应

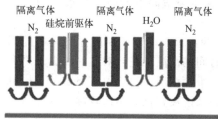

图 3-37 空间隔离型 ALD 设备运行

腔室中后，依次交替通入硅烷前驱体和 O_2。另一种是空间隔离型 ALD 设备（图 3-37），即硅片在一系列链式排布的腔室中通过，每一个腔室充斥着不同的反应气体，包括硅烷前驱体和 O_2。

目前，管式 PECVD、LPCVD、PEALD 和 PVD 法制备隧穿钝化接触结构在 TOPCon 行业中并存。按照硅烷的分解方式可以分为两类：其一是热分解硅烷的镀膜技术；其二是等立体辅助分解硅烷的镀膜技术。按照腔室加热方式可以分为两类：其一是热壁技术，包括 LPCVD、管式 PECVD 和管式 PEALD；其二是冷壁技术，包括板式 PECVD 和 PVD 技术。热壁技术主要是以石英管为腔壁，加热器在外部，虽然这种设计结构简单，但是薄膜会沉积到管壁上，膜厚到一定程度会导致石英管应力破损。而冷壁技术是载板加热，减少了腔壁的沾污，减少了维护成本。不同种类多晶硅薄膜沉积方法的特性比较见表 3-1。

表 3-1　不同种类多晶硅薄膜沉积方法的特性比较

方法		最大沉积速率/(Å/s①)	优点	缺点
LPCVD		0.8（本征）；0.5（掺杂）	工艺成熟、控制容易	难以原位掺杂，有绕镀，石英件沉积严重
PECVD	微波法	100	沉积速率高、可原位掺杂、无绕镀、冷壁	难以沉积超薄 SiO_2、非晶硅膜含氢量高、维护成本高
	管式	3	原位掺杂、无绕镀	热壁导致石英管沾污、非晶硅膜含氢量高
	板式	3	原位掺杂、无绕镀、冷壁	非晶硅膜含氢量高、易出现爆膜、维护成本高
管式 PEALD		>1.67	原位掺杂、绕镀小、SiO_2 膜质量高	热壁导致石英管和石墨舟沾污、含氢量高、易爆膜
PVD		3	原位掺杂、轻微绕镀、冷壁	技术成熟度有待验证

①1Å/s=0.1nm/s。

LPCVD 法沉积隧穿 SiO_2 层和 i a-Si：H 层的工艺相对成熟。具体步骤为：将硅片垂直插入石英舟内，在 LPCVD 设备的腔室加热到合适温度后，通入氧气，以热氧化的方式生成一层 1.5nm 左右的超薄 SiO_2 层；随后，降低腔室温度并通入硅烷（SiH_4），在 SiO_2 层的表面继续进行 i a-Si：H 薄膜的沉积，厚度约为 $160\mu m$。制备出来的常规 n 型多晶硅钝化膜的 J_0 在 $1\sim10fA/cm^2$，而 p 型多晶硅钝化膜的 J_0 在 $10\sim40fA/cm^2$ 范围。LPCVD 法沉积的多晶硅薄膜的钝化性能非常出色，但是由于沉积温度低，因此进行原位掺杂时会明显降低沉积速率。

n 型 TOPCon 太阳电池中，背面的 i a-Si：H 需要进行高浓度的磷原子掺杂，以获得具有场效应钝化和选择性提取电子功能的钝化接触结构。由于 i a-Si：H 层厚度较薄且磷原子在硅中扩散速率较快，常规的高温磷扩散工艺会导致大量的磷原子向内扩散穿越隧穿 SiO_2 层到体硅内部，破坏了 SiO_2 层的完整性和体硅掺杂浓度，还会降低正面硼浓度和均匀性。

因此，使用离子注入方法在 LPCVD 沉积完的 i a-Si：H 上进行磷注入是一种较为成熟的方法。离子注入技术可以在较宽的工艺窗口内精确调控掺杂原子分布，实现均匀、高质量的掺杂特性。不过，由于离子注入法是通过高能离子的碰撞作用将磷注入到 i a-Si：H 中的，这会造成大量的失效缺陷以及结构损伤。另外，掺杂非晶硅还需转变为掺杂多晶硅，以获得高质量的钝化性能。因此，在磷离子注入结束后，紧接着需要进行高温退火步骤来修复离子注入带来的结构损伤、激活磷原子以及转变晶型。

使用 PECVD 制备 TOPCon 电池中的多晶硅层是近两年的新技术方向，其可以减少工艺流程，且由于非晶硅薄膜后续要进行退火处理来转变晶型，对非晶硅薄膜质量的要求更低。使用 PECVD 在 n 型衬底上制备 n 型 TOPCon 结构 J_0 最低为 $0.8 fA/cm^2$。采用 PECVD 制备多晶硅膜的一大问题是含有大量的氢，这会在后续退火过程中导致膜的破裂。

2021 年，有报道使用磁控溅射的 PVD 法制备了原位掺杂的非晶硅薄膜，没有绕镀，不需要掺氧，只需后续进行退火即可。

（3）前表面钝化及减反射

背面 TOPCon 结构制备完成后，为了抑制硼发射极表面的载流子复合和光学反射，通常会在正面连续进行原子层沉积 Al_2O_3 薄膜与 PECVD 沉积 SiN_x：H 薄膜。具体步骤为：将去除绕镀多晶硅的硅片清洗干净，插入到 ALD 设备的石墨舟上。采用三甲基铝（TMA）和水（H_2O）分别作为铝和氧的前驱体源，在 250℃的腔室环境中进行热 ALD Al_2O_3 薄膜的生长。

整个的 ALD Al_2O_3 反应由以下两个半反应构成：

$$AlOH^* + Al(CH_3)_3^* \longrightarrow AlOAl(CH_3)_2^* + CH_4 \uparrow \qquad (3-20)$$

$$AlOAl(CH_3)^* + H_2O \longrightarrow AlOAlOH^* + CH_4 \uparrow \qquad (3-21)$$

随后，将硅片插入到 PECVD 设备的石墨舟上，在正面进行 SiN_x：H 薄膜的沉积。在 480℃左右的腔室温度下，通入 SiH_4 和 NH_3 作为反应气体，在设定程序下沉积一定厚度的 SiN_x：H 薄膜。覆盖在 ALD Al_2O_3 表面的 SiN_x：H 薄膜起到两个作用：一是利用 SiN_x：H 薄膜中大量的 H 原子，在 480℃的沉积温度下，H 原子可以扩散到 Al_2O_3/Si 的界面处，增强化学钝化效果；二是通过调整 SiN_x：H 薄膜沉积过程中的反应气体比例、时间等参数，来控制 SiN_x：H 薄膜的折射率梯度与厚度分布，合理的折射率和厚度的设计可大幅降低前表面反射率。

3.5.3　TOPCon 太阳电池发展方向

TOPCon 太阳电池的研发重点主要分两个方向。

一个方向是进一步提高背面 TOPCon 结构的表面钝化质量，主要包括三点：①优化隧穿 SiO_2 层的钝化质量和隧穿电流密度。热氧化隧穿 SiO_2 层具有高质量的表面钝化，但难以在大尺寸硅片上控制厚度和均匀性。湿法 HNO_3 氧化生长的超薄 SiO_2 层具有较好的均匀性，但是生成的 SiO_2 疏松且化学钝化效果差，并带来大量环保问题。研究人员开发出氧等离子体（oxygen plasma，O^*）直接对硅表面进行氧化或者使用 ALD 技术在晶体硅表面生长超薄 SiO_2 层，这些方法在精确控制 SiO_2 厚度的同时可以实现超低的 D_{it} 和 J_0。②优化掺杂多晶硅层的钝化质量。掺杂多晶硅的制备方式还没有统一的技术路线，可以使用 LPCVD 或者 PECVD 设备直接沉积原位掺杂的 p/n 型多晶硅，也可以在沉积本征多晶硅后再使用热扩散或离子注入方法进行杂质掺杂。需要注意的是，在增强掺杂多晶硅的场效应钝化和化学钝化性能时，应尽量减少掺杂多晶硅中的杂质原子对隧穿 SiO_2 层的破坏和渗透。③加强 TOPCon 结构的钝化性能。为减少 H 原子外溢造成的钝化衰减，研究人员在沉积完 TOPCon 结构后，会再覆盖一层致密的 PECVD SiN_x：H 保护膜。这类保护膜的材料特性、工艺窗口、钝化机理以及对金属化的影响都是值得研究的内容。

另一个方向在正面。由于 TOPCon 太阳电池的受光面仍为 PERC 太阳电池的延续，正面的金半接触复合、光学遮挡损失和反射损失同样限制了 TOPCon 太阳电池效率的进一步提升。研究内容包括两点：①降低正面复合速率。在金半接触区域，为了增加 p 型发射极和 Ag 浆间的接触性能，通常会在 Ag 浆中添加 Al。但是 Al 会刺透 p-n 结，导致高的金半接触复合损失，这可以通过优化硼扩工艺来降低金属穿刺效应。在非金半接触区域，需要引入新型表面钝化技术来降低表面复合，引入选择性发射极等手段来降低俄歇复合。②增强正面光学吸收。使用 9 主栅、12 主栅或者无主栅的电极图形化方案，降低金属栅线的遮挡损失。采用微纳黑硅纹理来提升太阳电池的全波段陷光能力和广角度吸收特性，降低 TOPCon 太阳电池的反射损失。

3.6 光伏组件技术

光伏组件是太阳电池经过封装工艺加工而成。封装除了可以保证光伏组件具有一定的机械强度外，还具有绝缘、防潮、耐候等方面的作用，具体包括以下几个方面。

① 有足够的机械强度，能抵抗风沙及冰雹，能在运输过程中经受所发生的震动和冲击。
② 有良好的绝缘性，能够保证组件在雷雨天气不被雷电击穿。
③ 有良好的密封性，能够保护组件抵抗水汽、潮气等的侵入。

为了保证长期使用的可靠性，封装后的光伏组件必须经过一系列严格的电气性能和安全性能检测，国内外已经制定了完善的晶体硅太阳电池组件的产品标准和检验标准，常用的有 IEC61215、IEC61730 等。

3.6.1 组件工艺流程

常规晶体硅光伏组件结构示意图如图 3-38 所示，采用密封材料（EVA）将上盖板［光伏玻璃（photovoltaic glass）］与太阳电池片和下盖板［光伏背板（photovoltaic panel）］黏结在一起，周边采用铝边框（aluminum frame）加固，背面安装接线盒（junction box）。

晶体硅光伏组件常规生产工艺流程如图 3-39 所示。在整个工艺流程中，电池的焊接和层压是最关键的两个工序，它们直接影响光伏组件的成品率、输出功率和可靠性。

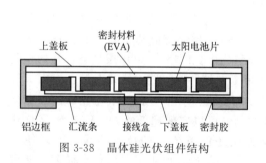

图 3-38　晶体硅光伏组件结构

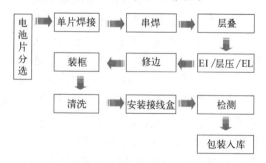

图 3-39　晶体硅光伏组件常规生产工艺流程
EL 指电致发光（electroluminescence）。

（1）电池片分选

尽管电池片在进入封装工序以前，已经按功率等参数进行分档，但为了避免有些电池片性能衰减后效率或电流值低于同档其它电池，造成组件效率损失，应根据其性能参数进行再次分选，将性能一致或相近的电池组合在一起，以提高组件输出功率。

（2）单片焊接

将焊带焊接到电池正面的主栅线上，以准备与其它电池串焊。焊带为镀锡铜带。目前焊接工序多采用自动焊接机，自动焊接有利于降低组件碎片率，提高焊接可靠性和一致性。

（3）串焊

串焊是指将若干焊接好的单个电池片从背面互相焊接成一个电池串。通常是 10 片或 12 片为一串。焊接时要求连接牢固，接触良好，间距一致，焊点均匀，表面平整，电池片间距控制在 (1.5 ± 0.5)mm。

（4）层叠

将一定数量的电池串串联成一个电路并引出正负电极，并将电池串、背板、EVA 和玻璃按照一定顺序进行叠放。铺设好后需进行一次 EL 检测，检查是否有漏焊、虚焊、隐裂及黑斑等问题。

（5）层压

层压是组件封装的关键工序，层压的好坏对于组件的使用寿命有直接影响。将层叠好的组件放入层压机内，通过抽真空将组件内的空气抽出，然后加热使 EVA 熔化，熔融的 EVA 在挤压的作用下流动，充满玻璃、电池片和背板之间的间隙，同时排出中间的气泡，从而将电池、玻璃和背板黏结在一起。

层压机一般包括上室和下室。层压时将铺设好的半成品放入层压机的下室加热。上室下室同时抽真空，达到真空度后上室逐渐充气加压。抽真空的目的是排出封装材料层与层之间的空气和层压过程中产生的空气，消除组件内的气泡。加压的目的是在层压机内部造成一个压力差，产生层压所需要的压力，有利于 EVA 在固化过程中更加紧密。

（6）修边

层压时 EVA 熔化后由于压力而向外延伸固化形成毛边，所以层压完毕后应将其切除。切除毛边后应再次进行 EL 检测，检验层压过程中产生的隐裂片和碎片，发现后应立即更换。

（7）装框

给组件安装铝边框可以增加组件的强度。边框与组件间的缝隙用硅胶填充，进一步密封组件，延长组件的使用寿命。目前也有些双玻组件采用了无边框的设计形式。

（8）安装接线盒

将组件背板的引出线连接到接线盒里对应的正负极，并把接线盒黏结在背板上。在接线盒中安装有旁路二极管，有效地缓解了热斑效应对整个组件性能造成的影响。

（9）检测

使用光伏组件模拟器对光伏组件的电性能进行测试，测试条件为标准条件，即：

AM1.5，25℃，1000W/m^2。

高压测试是在组件边框和电极引线间施加一定的电压，测试组件的耐压性和绝缘强度，以保证组件在恶劣的自然条件（雷击等）下不被损坏。

3.6.2 组件封装材料

光伏组件封装材料主要包括涂锡焊带、助焊剂（fluxing agent）光伏玻璃、密封材料、光伏背板、铝边框、密封胶（sealant）和接线盒等。

（1）涂锡焊带

太阳电池之间连接采用涂锡铜带，根据不同使用功能分为互联条和汇流条。互联条主要用于单片电池之间的连接。汇流条则主要用于电池串之间的相互连接和接线盒内部电路的连接。焊带一般都是以纯度大于99.9%的铜为基材，表面镀一层10～25μm的铅锡合金，以保证良好的焊接性能。

焊带要具有良好的导电性，降低串联电阻带来的功率损失。焊带要有优良的焊接性能，在焊接过程中保证焊接牢固，避免虚焊或过焊的现象，还要最大限度避免电池翘曲和破损。降低焊带的屈服强度可以提高组件焊接和连接的可靠性。

焊带按涂锡层分含铅焊带和无铅焊带，两种焊带的焊接温度不同。含铅焊带焊接温度为320～360℃，无铅焊带为370～430℃。

（2）助焊剂

当涂锡铜带暴露于空气中时，表面会氧化产生氧化物，影响焊接效果。因此焊带使用前需要去除氧化物，同时保证焊带表面不会再次形成氧化。

助焊剂主要有四大功能：①有助于热量传递，去除表面氧化物及污染物；②浸润被焊接金属表面，保护表面不再受氧化；③降低焊锡的表面张力，促进焊料的扩展和流动；④有助于提高焊接质量。

助焊剂在使用过程中应避免残留，若残留会腐蚀电池，降低电导性，影响EVA与电池的黏结，可能在主栅线产生连续性的气泡。

（3）光伏玻璃

光伏玻璃位于组件正面的最外层，在户外环境下，直接接收阳光照射。利用其高的透射率为电池片提供光能；利用其良好的物理性能为太阳电池组件提供良好的力学性能，保护组件不受水汽的侵蚀、阻隔氧气防止氧化，同时保障组件的耐高低温、良好的绝缘性和耐老化性能、耐腐蚀性能。

光伏玻璃使用低铁钢化压花玻璃，通常使用厚度为3.2mm。在太阳电池光谱响应的波长范围内（380～1100nm），透光率可达91%以上，对于大于1200nm的红外光有较高的反射率。

光伏玻璃要求铁含量低，一般低于0.015%，可增加玻璃的透光率；采用绒面结构，利用特制的压花辊，在超白玻璃表面压制出特制的金字塔形花纹，增加与EVA的黏合力，防止光污染；钢化是为了增加玻璃的强度，同时要求抗机械冲击强度要好；内部不允许有气泡、结石、裂纹。

为增强玻璃的透光性，引入镀膜钢化玻璃。以特种纳米涂料为主要原料经过高温处理而得到，可见光透光率可提高2.5%。

（4）密封材料

光伏封装胶膜（photovoltaic packaging film）按照基体材料可分为乙烯-醋酸乙烯共聚物（EVA）、聚烯烃弹性体（POE）、聚乙烯醇缩丁醛（PVB）胶膜等，当前胶膜市场仍然以 EVA 胶膜为主。POE 作为用于双玻组件中的新一代光伏胶膜材料备受关注。

EVA 是乙烯与醋酸乙烯酯（VA）共聚物。EVA 胶膜在一定的温度和压力下会产生交联和固化反应，使电池、玻璃和背板黏结成一个整体，不仅能提供坚固的力学防护，还可以有效保护电池不受外界环境的侵蚀。

EVA 的性能主要取决于熔融指数（MI）和 VA 的含量。VA 含量越大，则分子极性越强，EVA 本身的柔软性、黏结性、透光性越好。MI 越大，EVA 流动性越好，平铺性也越好。工艺常用的光伏封装 EVA 中约含 $28\%\sim33\%$ 的 VA，MI 为 $10\sim100$。

EVA 的性能对光伏组件的使用寿命及发电特性影响非常大。为了保证组件的可靠性，EVA 的交联度一般控制在 $75\%\sim95\%$。如果交联度太低，意味着 EVA 还没有充分反应，后续在户外使用过程中可能会继续发生交联反应，伴随产生气泡、脱层等风险。如果交联度太高，后续使用过程中总会出现龟裂，导致电池隐裂等情况的发生。

除了 VA、MI 和交联度之外，EVA 的收缩率、透光率、体积电阻率等也是衡量其是否能满足组件生产和使用要求的关键因素，耐黄变性能、吸水率、击穿电压等也需要经过考核。

POE 即聚烯烃弹性体，是新一代胶膜材料。作为一种热塑性弹性体，具有塑料和橡胶的双重优势，拥有高弹性、高强度、高伸长率等优异的力学性能和良好的低温性能。POE 最大的优点是其透水率仅为 EVA 和硅胶的 1/8 左右，能够有效阻隔水汽，更好地保护太阳电池，抑制组件的功率衰减，其高体电阻率和低透水率是提高组件抗 PID（电势诱导衰减）性能的重要特性之一。POE 玻璃黏结能力不如 EVA，容易引起界面失效，而且层压时间长，工艺窗口在层压过程容易引起气泡，造成外观不良。

（5）光伏背板

光伏背板位于光伏组件背面的最外层，是光伏组件的关键材料。组件的可靠性、使用寿命与背板质量密切相关。背板将组件内部与外界环境隔离，实现电绝缘，阻隔水汽，使组件能够在户外长时间可靠地运行。背板材料应具有良好的机械稳定性、绝缘性、阻水阻氧性、耐紫外、耐老化、耐高低温、耐腐蚀等性能，以及良好的散热性。

光伏背板通常为三层结构，分为外层、中间层和内层。背板外层要有良好的耐候性和耐久性，一般采用含氟材料或改性的聚对苯二甲酸乙二醇酯（PET）。背板中间层要有良好的力学性能、电绝缘性能和阻隔性能，一般常用 PET 聚酯材料。背板内层要保证背板与密封材料的可靠黏结，需要具备优异抗紫外能力、较高的光反射率和一定黏结强度。

由于含氟树脂在耐候性、抗紫外性、阻燃性和抗腐蚀性等方面都具有明显优势，因此，含氟背板可以更好地保证光伏电池的户外使用可靠性。目前市面上主流含氟背板使用的是氟系的 PVF（聚氟乙烯）膜和 PVDF（聚偏二氟乙烯）膜。然而含氟材料回收难，存在环境污染的问题，氟碳聚合物具有坚固的化学结构，填埋甚至在千年内都无法降解该成分，如果焚烧则会产生无色、有刺激性气味、有毒的氟化氢气体。因此，无氟背板应运而生，但其耐候性、长期户外使用的安全可靠性有待提升。

光伏背板按照其生产工艺可以分为复合型背板、涂覆型背板、共挤型背板。复合型背板的三层材料一般单独成膜，然后通过胶水加三层复合。涂覆型背板一般将中间 PET 的上下两面使用涂层进行涂覆，采用的涂层多为含氟涂层。共挤型背板通过将数层聚合物材料同时从挤出机的模头挤出成型制成，一般要求这几种材料的加工性能相近。

（6）接线盒

接线盒是保证整个光伏发电系统高效、可靠运行的基础，由于光伏电站运营环境的特殊性，接线盒常年暴露在室外使用，其产品应具有抗老化、防渗透、耐高温、耐紫外线的特性，能够适应各种恶劣环境条件下的使用要求。光伏接线盒主要为光伏组件发电提供连接和保护功能。

接线盒作为连接器，起到连接光伏组件与逆变器等控制装置的桥梁作用。接线盒内部通过接线端子和连接器将光伏组件产生的电流引出并导入到用电设备中。为了尽量减小接线盒对组件功率的损耗，接线盒所用的导电材料要求电阻小，和汇流带引出线的接触电阻要小。

接线盒的保护作用包括三部分：一是通过旁路二极管防止热斑效应，保护电池片及组件；二是通过特殊材料密封设计防水防火；三是通过特殊的散热设计降低接线盒的工作温度，减小旁路二极管的温度，进而降低其漏电流对组件功率的损耗。

光伏组件在运行过程中会产生热斑效应，在一定条件下一串联支路中被遮蔽的太阳电池，将被当作负载消耗其它有光照的太阳电池所产生的能量，被遮蔽的太阳电池将会发热。热斑使组件发热或局部发热，热量聚集导致组件不良或损坏。热斑处电池片受到损伤，降低组件功率输出；会使焊点融化，破坏封装材料，严重降低组件的使用寿命，甚至导致组件报废，对电站发电等安全造成隐患。

为了防止太阳电池由于热斑效应而遭受破坏，最好在组件的正负极间并联一个旁路二极管，以增加方阵的可靠性。通常情况下，旁路二极管处于反偏压，不影响组件正常工作。旁路二极管的工作原理是将二极管与若干片电池并联，在组件运行过程中，当组件中的某片或者几片电池片受到乌云、树枝、鸟粪等遮挡物遮挡而发生热斑时，接线盒中的旁路二极管利用自身的单向导电性能给出现故障的电池组串提供一个旁路通道，电流从二极管流过，从而有效维护整个组件性能，得到最大发电功率。

（7）铝边框

组件的边框与有机硅胶结合，将电池片、玻璃、背板等原辅料封装保护起来，使得组件得到有效保护，同时由于铝边框的保护，组件在运输、移动过程中更加安全和方便。

组件原辅料中，钢化玻璃受力不均匀容易产生爆碎，铝边框机械强度高，与有机硅胶结合，可以缓冲外力冲击，承受较大的外力，有效保护钢化玻璃及其封装的电池。在搬运及装箱运输过程中，更加方便更加安全。

组件工作环境各不相同，有可能会遇到雷雨天气，由于组件暴露在环境中，使得组件位置相对突出，容易被闪电击中。铝边框表面经过阳极氧化工艺处理，有一层致密的氧化膜，其不但有较高的耐磨性，还有非常优异的绝缘性，可以有效提高整个组件的耐压性能，有效保护组件内部脆弱的电池。

（8）密封胶

光伏组件的边框密封、接线盒黏结、接线盒灌封、汇流条密封等位置均需要使用密封胶，一般采用硅酮胶，不仅能满足长期的耐老化性能，而且还具有优异的黏结性能，对组件、系统的强度和安全有着非常重要的作用。硅酮胶根据使用时的固化方式可分为单组分密封胶和双组分密封胶。

3.6.3 高效组件技术

光伏制造产业链各环节均有各自提升发电效率的不同手段：在硅料、长晶切片环节主要通过物理方式提升材料纯度；电池片环节则通过各种镀膜、掺杂工艺提升效率；组件环节则通过各种不同的封装工艺在既有的电池片效率前提下，尽量提升组件的输出功率或增加组件全生命周期内的单瓦发电量。

高效组件技术是在既有的电池片效率前提下，在组件封装环节，使用不同工艺来提升组件输出功率或增加其全生命周期中单瓦发电量的技术手段，主要包括：半片（halve）技术、叠瓦（pile up）技术、多主栅（multi-busbar，MBB）技术、无主栅（busbar-free）技术等。

（1）半片技术

半片技术指将标准规格电池片激光均割成两片，切片后连接起来的技术。整个组件的电池片被分为两组，上半部分与下半部分各自串联连接，然后通过3合1接线盒并联连接，因为半片组件的独特电气结构，接线盒被安置在组件背面正中央。电池片切半，主栅的电流降低为原来的1/2，内部损耗降低为整片电池的1/4，进而提升组件功率。半片组件相比常规组件，在阴影遮挡及异物遮挡方面有着明显的优势。

（2）叠瓦技术

叠瓦技术是一种独特的电池片连接技术，将太阳电池切片后，用特殊的专用导电胶材料将电池片焊接成串，每片切割过后的电池在组装时会有部分重叠，充分利用了组件内的间隙，该项技术取代了传统技术中的焊带，电池片采用前后叠片的方式连接，在传统技术的基础上提升电池片间的连接力，保障电池连接的可靠性，表面没有金属栅线，电池片间也没有间隙，充分利用了组件表面可使用的面积，减少传统金属栅线的线损，因此，大幅提升了组件的转换效率。

（3）多主栅技术

多主栅技术是通过提高太阳电池主栅数目，缩短电流在细栅上的传导距离，有效减少电阻损耗，提高电池效率，进一步提升组件功率输出。电池片主栅数量经历从2BB、3BB、4BB到目前市场主流MBB的演变。MBB技术具有高功率、高可靠、低成本的特点。

① 高功率：从光学角度讲，由于圆形焊带的遮光面积更小，使电池受光面积更大从而提升功率；从电学角度讲，由于电流传导路径缩短减少了内部损耗从而提升功率。

② 高可靠：由于栅线分布更密，多主栅组件的抗隐裂能力更强。通过标准5400Pa的机械载荷测试，隐裂造成常规5BB组件功率约有0.5%的衰减，而多主栅只有0.1%的衰减。

③ 低成本：多主栅技术可通过降低银浆用量很好地控制成本。组件功率的上升可以抵消焊带和EVA的成本增加，组件功率的增加使组件获得增益。

（4）无主栅技术

无主栅技术使用的太阳电池正面仅印刷细栅线，通过不同的方法将多条垂直于细栅的栅线（主栅）覆盖在其上，形成交叉的导电网格结构。无主栅电池的优势主要在于通过减少遮挡和电阻损失增加组件功率，通过使用铜线代替银主栅降低成本。由于铜线的截面为圆形，制成组件后可以将有效遮光面积减少30%，同时减少电阻损失，组件总功率提高3%。由于30条主栅分布更密集，主栅和细栅之间的触点多达2660个，在硅片隐裂和微裂部位电流传导的路径更加优化，因此由于微裂造成的损失被大大减小，产线的产量可提高1%。更为重要的是由于主栅材料采用铜线，电池的银材料用量可以减少80％。

习题

1. 高效晶体硅太阳电池有哪些类型？结构特点如何？
2. 简述晶体硅太阳电池制绒的目的及工艺原理。
3. 简述扩散工艺原理及刻蚀方法。
4. 简述选择性发射极的原理和作用。
5. 简述减反射膜的减反射原理及特性。
6. 简述晶体硅太阳电池钝化原理和技术。
7. 简述丝网印刷的目的及烧结原理。
8. 简述光（电）注入退火增效机理。
9. 简述本征非晶硅在异质结电池结构中的作用机理。
10. 简述 TOPCon 太阳电池的钝化接触机理。
11. 简述提高太阳电池转换效率的方法。
12. 简述提高光伏组件转换效率的方法。

参考文献

[1] Xiao S，Xu S. High-efficiency silicon solar cells：materials and devices physics[J]. Critical Reviews in Solid State and Materials Sciences，2014，39(4)：277-317.

[2] Zhao J，Wang A，Green M A. 24.5％ efficiency silicon PERT cells on MCZ substrates and 24.7％ efficiency PERL cells on FZ substrates[J]. Progress in Photovoltaics：Research and Applications，1999，7 (6)：471-474.

[3] Yoshikawa K，Kawasaki H，Yoshida W，et al. Silicon heterojunction solar cell with interdigitated back contacts for a photoconversion efficiency over 26％[J]. Nature Energy，2017，2(5)：1-8.

[4] Lin H，Yang M，Ru X，et al. Silicon heterojunction solar cells with up to 26.81％ efficiency achieved by electrically optimized nanocrystalline-silicon hole contact layers[J]. Nature Energy，2023，8：789-799.

[5] Allen T G，Bullock J，Yang X，et al. Passivating contacts for crystalline silicon solar cells[J]. Nature Energy，2019，4(11)：914-928.

[6] Richter A，Müller R，Benick J，et al. Design rules for high-efficiency both-sides-contacted silicon solar cells with balanced charge carrier transport and recombination losses[J]. Nature Energy，2021，6(4)：429-438.

[7] 杨金焕，袁晓，季良俊. 太阳能光伏发电应用技术[M]. 北京：电子工业出版社，2017.

[8] 丁建宁. 高效晶体硅太阳能电池技术[M]. 北京：化学工业出版社，2019.

[9] 沈文忠，李正平. 硅基异质结太阳电池物理与器件[M]. 北京：科学出版社，2014.

[10] 沈辉，徐建美，董娴. 晶体硅光伏组件[M]. 北京：化学工业出版社，2019.

第 4 章

薄膜太阳电池原理与制备技术

4.1 薄膜太阳电池概述

通常，晶体硅太阳电池吸收层的厚度超过 100 微米，其器件不依赖于玻璃、陶瓷、金属、聚合物等载体的支撑。与此不同，碲化镉、铜铟镓硒（CuInGaSe，CIGS）、砷化镓、有机无机杂化钙钛矿、非晶硅等薄膜太阳电池，吸收层厚度仅数微米或更薄，需要玻璃、陶瓷等衬底的支撑。此外，有机无机杂化钙钛矿、非晶硅等薄膜太阳电池的工艺温度很低，可使用聚萘二甲酸乙二醇酯（PEN）、聚对苯二甲酸乙二醇酯（PET）等聚合物作为衬底。除了是否依赖衬底的支撑外，碲化镉、CIGS、钙钛矿等薄膜太阳电池的制备工艺流程与晶体硅太阳电池的还存在显著差异。前者可在面积数平方米的衬底上依次直接沉积多层薄膜，结合激光刻划串联集成工艺，实现大面积组件的制备。后者使用面积不到 0.05 平方米的硅片，所制备出的晶体硅太阳电池，可依据其电性能分选后再组合封装形成平方米面积的组件。因此，晶体硅太阳电池及组件的制造产线，关键工艺环节可选择适配不同厂商的设备，具有可离散组合的特点；而薄膜太阳电池组件的制造产线，受限于衬底面积和具体技术路线的差异，工艺设备的可离散组合的程度较低。

由于薄膜太阳电池组件可使用不锈钢、聚酰亚胺、PEN 等作为柔性衬底，其组件的透光率可在 20%～80% 或更宽范围内调控，可实现非平面异形大面积建筑用构件的高良率封装，可使用类半导体工艺与电容或其它储能器件集成而形成光储一体化微纳能源系统，因此在光伏建筑一体化、消费电子、物联网等领域具有晶体硅太阳电池难以取代的应用优势。

按照吸收层分类，薄膜太阳电池主要有碲化镉、CIGS、砷化镓、非晶硅、钙钛矿等。其中，碲化镉薄膜太阳电池是所有薄膜太阳电池中量产和应用规模最大的；CIGS 薄膜太阳电池的小面积器件光电转换效率最高，但制造工艺复杂，影响了大面积组件的量产良率，限制了其应用规模；砷化镓薄膜太阳电池具有最高的光电转换效率，其多结串联叠层器件广泛用于对质量比功率和面积比功率要求很高的航天领域；钙钛矿薄膜太阳电池近年来发展迅速，具有低成本优势，但稳定性还有待解决。

本章主要介绍碲化镉、CIGS、砷化镓、非晶硅和钙钛矿多晶薄膜材料的基本物理化学性质，以及将其应用到太阳电池上的器件结构和典型制备工艺。并分析限制各类薄膜太阳电池发展的主要因素。

4.2 碲化镉薄膜太阳电池

4.2.1 碲化镉材料的性质

碲化镉（CdTe）是 ⅡB-ⅥA 族化合物半导体，其特点为：禁带宽度约 1.5eV，与

AM1.5 太阳光谱适配，单结器件的理论光电转换效率高；具有直接禁带结构，带边吸收系数高达 $10^5 \mathrm{cm}^{-1}$，吸收层厚度仅需约 $1\mu\mathrm{m}$ 即可充分吸收太阳辐射光谱中能量超过其带隙的光子；可实现 n 型或 p 型导电的掺杂调控，掺入ⅡA族或ⅦA族元素实现 n 型导电，掺入ⅠA族或ⅤA族元素可实现 p 型导电。

常压下，CdTe 的熔点为 1092℃，远高于 Cd 的 321℃ 和 Te 的 450℃。且相同温度下，CdTe 的饱和蒸气压也远高于 Cd 和 Te 的。因此，CdTe 在远低于其熔点的温度（约500℃）就开始升华，升华过程如式（4-1）所示。依据此升华特性，发展了气相输运沉积（vapor transporation deposition，VTD）、近空间升华（close space sublimation，CSS）、真空热蒸发沉积等制备 CdTe 薄膜的低温物理气相沉积技术。

$$\mathrm{Cd} + \frac{1}{2}\mathrm{Te_2} \Longleftrightarrow \mathrm{CdTe} \tag{4-1}$$

常压下，碲化镉晶体通常为面心立方闪锌矿结构，晶格常数为 6.481Å（1Å＝0.1nm），键长为 2.806Å。不同技术制的碲化镉多晶薄膜一般为立方闪锌矿结构。随制备工艺条件的变化，碲化镉多晶薄膜可呈现六方纤锌矿结构。尽管目前开路电压最高的碲化镉薄膜太阳电池的吸收层是单晶结构，但最高光电转换效率的器件的吸收层仍然是多晶结构薄膜。虽然碲化镉薄膜太阳电池可以实现 p 型和 n 型导电掺杂，但目前光电转换效率最高和实现了规模量产的均为 p 型导电吸收层。p 型碲化镉吸收层的薄膜太阳电池，Cd 空位（V_{Cd}）、Cu 替位（Cu_{Cd}）、V_{Cd}-Cl_{Te} 等缺陷对器件性能有较大影响。

4.2.2 高效碲化镉薄膜太阳电池的结构

碲化镉薄膜太阳电池典型结构如图 4-1 所示，主要包括透明导电层（TCO）、高阻层（HRT）、窗口层、吸收层、背接触过渡层和背电极。按衬底相对于膜层的位置，碲化镉薄膜太阳电池可分为上衬底结构和下衬底结构。前者指衬底与透明导电薄膜接触，入射光先到达衬底再到达薄膜；后者指衬底与背电极薄膜接触，入射光没有经过衬底而直接到达薄膜。上衬底结构的碲化镉薄膜太阳电池要求所使用衬底的透光性足够高，且能耐受薄膜沉积中的高温过程。通常，上衬底结构的碲化镉薄膜太阳电池大多使用钠钙玻璃作为衬底，也有使用透明聚酰亚胺薄膜衬底的研究报道。目前报道的高效率的碲化镉太阳电池多采用自上而下沉积的上衬底结构（参见图 4-2）。

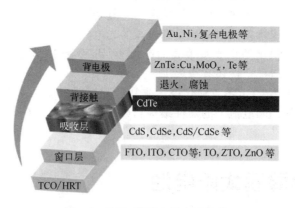

图 4-1　CdTe 薄膜太阳电池结构

FTO—SnO_2：F；ITO—In_2O_3：Sn；CTO—Cd_2SnO_4；TO—SnO_2；ZTO—Zn_2SnO_4

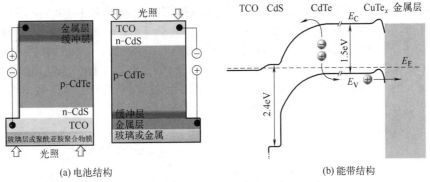

(a) 电池结构　　　　　　　　　　　　　(b) 能带结构

图 4-2　CdS/CdTe 太阳电池

（a）图左边为自上而下结构，右边为自下而上结构

CdTe 薄膜太阳电池工作过程中，太阳光照射在玻璃面，先经过透明导电薄膜和 CdS 窗口层，之后到达吸收层。根据朗伯-比尔定律，光子能量高于 CdS 带隙能的短波段太阳光（波长小于 500nm）将大部分被 CdS 窗口层吸收。而 CdS 层中的少子寿命较短，光生电子空穴复合较快，对光生电流没有贡献，将该部分光子的吸收称为寄生吸收。透过 CdS 窗口层的能量大于 CdTe 吸收层禁带宽度的光子被其吸收，产生光生电子和空穴对，是形成光电流的主要来源。CdTe 吸收层产生的电子和空穴对在 p-n 结内建电场作用下被分离并做漂移运动，电子向 TCO 方向移动，空穴向金属电极方向移动，在电池两端形成电压，即为光生电压，并通过外电路，产生定向运动的光生电流。其中，如果 CdTe 较厚，未被充分耗尽，在碲化镉和背接触区会存在电中性区，载流子在此区域作扩散运动。

$Mg_xZn_{1-x}O$（MZO）材料相比 CdS 具有更大的禁带宽度，采用 MZO 替代 CdS 用于窗口层有利于抑制或降低窗口层的寄生吸收，从而提高器件在短波段的响应。此外，MZO 的禁带宽度和电子亲和势调控范围广，可构建合适的窗口层和吸收层的界面能带结构，减小界面复合；MZO 的高温稳定性好，不会像 CdS 和 CdTe 界面产生针孔，可以高温沉积大晶粒尺寸的 CdTe 薄膜，利于延长吸收层少子寿命；总之，MZO 不仅利于提高电池的短路电流密度，还有利于获得较高的开路电压。

美国科罗拉多州立大学（CSU）在使用 MZO 替代 CdS 用于 CdTe 太阳电池方面取得较好成效。2016 年 CSU 报道了基于 MZO/CdTe 结构的电池短路电流密度达到 $26.8mA/cm^2$。如图 4-3 所示，CSU 以 MZO 为窗口层，使用 CdSeTe/CdTe 吸收层，于 2018 年将短路电流密度提高到 $28.4mA/cm^2$，并获得效率 19.1% 的高效碲化镉太阳电池。

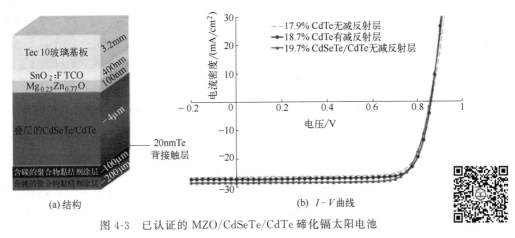

(a) 结构　　　　　　　　　　　　(b) I-V 曲线

图 4-3　已认证的 MZO/CdSeTe/CdTe 碲化镉太阳电池

在 AM1.5 光谱辐照下，理论太阳电池最优吸收层禁带宽度为 1.40eV，理论转换效率可以达到约 33.7%。CdTe 的禁带宽度约 1.50eV，在 CdTe 中引入适当的 Se 组分可将带隙调制到约 1.40eV。研究发现在 CdTe 吸收层前界面引入 CdSe 层，通过后续沉积 CdTe 层以及退火的高温过程中，CdSe 会与 CdTe 发生互扩散形成 CdSeTe 的化合物，可以有效拓展器件在长波段（约 900nm）的光谱响应，引入 CdSe 层的 CdTe 器件的 J-V 和外量子效率（external quantum efficiency，EQE）测试结果如图 4-4 所示。

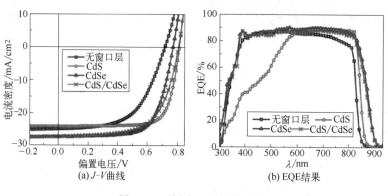

图 4-4 不同窗口层结构器件

2017 年美国 CSU 大学的 Swanson 等通过自主设计的近空间升华系统，通过控制 CdTe 源与 Se 源的升华温度，制备得到不同 Se 含量的 CdSeTe 薄膜，采用 CdSeTe/CdTe 复合吸收层的器件，在长波处的光谱响应较 CdTe 为吸收层器件有明显的拓宽，增加 CdSeTe 层厚度，器件对长波光子的响应也明显得到提升，器件的量子效率结果如图 4-5 所示。但是随着 CdSeTe 层厚度的增加，器件在 400～800nm 波段的量子效率逐渐下降，说明制备的 CdSeTe 层内部具有较多的缺陷态，严重限制了其中载流子的输运。

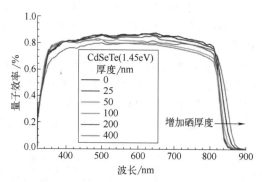

图 4-5 CdSeTe 层厚度对 CdSeTe/CdTe 复合吸收层器件量子效率的影响
其中 CdSeTe 层的禁带宽度为 1.45eV

2018 年，Munshi 等采用 CdSe 和 CdTe 的混合粉末作为原材料，采用近空间升华法制备 CdSeTe 层，CdSeTe/CdTe 复合吸收层器件的转换效率达到 19.1%，器件 J_{SC} 超过 28mA/cm^2，器件的 EQE 结果和性能关键参数如图 4-6 所示。值得注意的是，即使在器件内引入了窄带隙的 CdSeTe 层（E_g 约 1.41eV），器件的 V_{OC} 并没有明显降低，时间分辨的光致荧光（time-resolved photoluminescence，TRPL）光谱表明复合吸收层内部具有较长的载流子寿命，这被认为是基于含 Se 吸收层器件获得较高 V_{OC} 的主要原因。

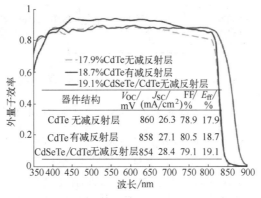

器件结构	V_{OC}/mV	J_{SC}/(mA/cm^2)	FF/%	E_{ff}/%
CdTe 无减反射层	860	26.3	78.9	17.9
CdTe 有减反射层	858	27.1	80.5	18.7
CdSeTe/CdTe无减反射层	854	28.4	79.1	19.1

图 4-6　不同吸收层结构器件的 EQE 曲线及其性能参数

　　总之，无论是采用哪种方法，都是为了在器件内部引入窄带隙的 CdSeTe 层，以优化器件对太阳光谱的吸收利用，提高器件的转换效率。其中，制备得到高品质的含 Se 吸收层是 CdTe 太阳电池转换效率提升的关键。2018 年 CSU 大学发布了制备高效 CdTe 太阳电池的研究计划路线，并介绍了他们自 2014 年来电池结构的改变（见图 4-7）。其中第一个重要改进是采用 MZO 替换 CdS 缓冲层（buffer layer）；第二个重要进步是采用 Te 背接触；第三个突破是在沉积 CdTe 前引入 CdSeTe 吸收层，它相对于 CdTe 禁带宽度更小，少子寿命长，这样不仅利于提高短路电流密度还利于提高开路电压。目前他们正在进一步减小吸收层的禁带宽度并精细化优化渐变带隙吸收层，此外还对 CdTe 进行ⅤA 族元素掺杂提高其载流子浓度和延长少子寿命。未来计划采用多结 CdTe 太阳电池结构制备 30％转换效率的碲化镉太阳电池。这些电池和计划均是建立在 MZO 窗口层和含 Se 吸收层的基础之上，因此 MZO/CdSeTe/CdTe 是目前 CdTe 太阳电池领域公认的高效器件的典型结构。

图 4-7　CSU 大学碲化镉太阳电池研究计划路线

4.2.3　高效碲化镉薄膜太阳电池的制备技术

　　MZO/CdSeTe/CdTe 为目前新型高效 CdTe 薄膜太阳电池的典型结构，因此本节以 MZO/CdSeTe/CdTe 太阳电池的制备为例介绍高效 CdTe 太阳电池的制备过程，其典型的工艺流程如图 4-8 所示。

　　MZO 缓冲层通常采用磁控溅射法（magnetron sputtering）沉积，可采用 MZO 单靶溅

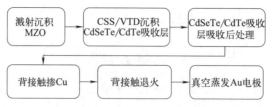

图 4-8　在玻璃/TCO 上制备 MZO/CdSeTe/CdTe 太阳电池的工艺流程

射或采用 MgO 与 ZnO 双靶共溅射两种方法沉积 MZO 层。其中，不论哪种方法沉积，MZO 中的 Mg 原子分数需要控制在约 23%，以保证其带隙约为 3.75eV，此时获得的器件性能更好。MZO 作为缓冲层，需要具有高载流子浓度，然而刚沉积的 MZO 呈弱 n 型。研究发现，通过在真空下对 MZO 进行快速退火能提高 MZO 的电导率及载流子浓度，从而提升器件性能。此外，实验研究还发现，在 MZO 上沉积 Cd(Se)Te 吸收层以及后续 CdCl$_2$ 后处理的过程中如果存在氧气氛，器件的 I-V 曲线则会出现明显的 s-kink，性能显著下降。这是由于 MZO 是基于氧空位导电，其在有氧环境中会使氧空位减小，从而使载流子浓度降低，导电性变差。因此，基于 MZO 窗口层的高效 CdTe 器件的吸收层沉积及后续 CdCl$_2$ 热处理过程需要尽可能地在无氧环境下进行。

高效 CdTe 太阳电池的吸收层都是采用高温沉积。虽然除了物理气相沉积法制备 Cd(Se)Te 吸收层外，也可采用电化学沉积、磁控溅射、金属氧化物化学气相沉积、丝网印刷、喷涂热分解等多种技术沉积 CdTe 薄膜，且均能制备出效率超过 10% 以上的 CdTe 薄膜太阳电池。然而，CSS 和 VTD 制备 Cd(Se)Te 薄膜时的衬底温度高，获得的薄膜结晶质量和器件性能好，是目前高效器件的主要制备方法。并且 CSS 和 VTD 的沉积速率快、原材料利用率高，可实现大面积组件的低成本制造，是目前主要的量产技术。

刚沉积的 Cd(Se)Te 薄膜存在大量的深能级缺陷，需要进行后处理以实现深能级缺陷钝化，从而延长载流子寿命。一般认为氧、氯是有效 p 型杂质，可以钝化晶界缺陷，降低晶界势垒。值得注意的是，虽然氯是ⅦA 族元素，CdTe 中掺 Cl 会形成浅施主缺陷 Cl$_{Te}$，但 Cl$_{Te}$ 容易与 CdTe 中的 Cd 空位缺陷（V$_{Cd}$）结合形成 Cl$_{Te}$-V$_{Cd}$ 浅受主复合物缺陷，因此氯是 CdTe 薄膜的有效 p 型掺杂剂。其中，CdTe 薄膜中 V$_{Cd}$ 的形成是因为物理气相沉积 CdTe 薄膜的过程中 Cd 和 Te 元素的饱和蒸气压以及沉积速率差异，通常获得的 CdTe 薄膜是富 Te 的，从而会存在 V$_{Cd}$。常用的 CdCl$_2$ 后处理方法有：湿法涂敷 CdCl$_2$ 甲醇溶液，烘干后在 400～450℃ 含氧气氛中处理 30～60min；使用热升华形成的 CdCl$_2$ 或 HCl、Cl$_2$ 等气相氯化物获得含氯化物环境，然后在含氧气氛下进行适当热处理。

对于 CdSeTe/CdTe 吸收层热处理，还能促进界面互扩散。互扩散程度、扩散深度除了取决于 CdTe 层的沉积温度之外，还取决于后续的热处理温度。适度的 CdSeTe/CdTe 界面互扩散是获得高效 CdTe 太阳电池的关键：一方面能避免孔洞的出现，并抑制缺陷的形成；另一方面，能形成渐变的梯度带隙，增强光吸收的同时促进光生载流子的输运。

CdTe 薄膜的功函数约为 5.7eV，比除了铂之外的金属的功函数都高。如果直接在 CdTe 薄膜上制备金属背电极，就会在 CdTe 薄膜和背电极之间形成一个和主结方向相反的肖特基结，产生 roll-over 现象，降低器件填充因子和开路电压。解决这个问题的方法主要有两个：一是对 CdTe 薄膜进行高掺杂，但由于 CdTe 薄膜具有自补偿效应，对 CdTe 薄膜的高掺杂难以实现；二是在 CdTe 薄膜和背电极之间制备一层 p$^+$ 型半导体材料作为背接触层，从而与背电极之间形成薄的肖特基势垒，光生空穴可以通过隧穿效应被背电极收集。因此背接触技术一直以来都是提高 CdTe 薄膜太阳电池开路电压的重要且不可或缺的技术之一。

背接触材料按含 Cu 与否可分为含 Cu 和不含 Cu 背接触两大类。其中含 Cu 背接触主要包括 ZnTe：Cu 和 Cu_xTe 两类材料，不含 Cu 背接触材料主要包括炭材料、过渡金属氧化物和金属碲化物三类。其中，ZnTe：Cu 是最常用的背接触材料之一，主要采用双源共蒸发法或溅射法制备。ZnTe：Cu 背接触中 Cu 的摩尔浓度约为 6%，背接触层厚度在 $70\sim200nm$ 范围内。在背接触掺 Cu 后还需要在一定温度下（$240\sim360℃$）进行热处理，以获得 Cu_{Cd} 缺陷，从而提升载流子浓度。在背接触处理完成后，通过真空蒸发一层 Au 电极（约 100nm）后，即完成 CdTe 太阳电池的制备。

4.2.4　限制碲化镉薄膜太阳电池效率的因素

虽然碲化镉薄膜太阳电池的研究和应用取得了长足进步，是目前唯一实现吉瓦（GW）级规模量产应用的薄膜太阳电池，但与带隙相近的砷化镓薄膜太阳电池相比，器件性能还有很大提升空间。吸收层中导入硒元素，形成适当的 V 型能隙吸收层，改善器件的短波响应、拓展长波响应范围，使短路电流密度超过了 $31mA/cm^2$，制备出效率 22.1% 的小面积碲化镉薄膜太阳电池。CdTe 器件的短路电流密度虽然已接近理论极限，但开路电压和填充因子与理论极限值的差距还较大。器件的开路电压和填充因子主要受载流子寿命和载流子浓度的影响，由于 CdTe 属于 ⅡB—ⅥA 族材料存在很强的自补偿效率，难以进行高效掺杂，在提升载流子浓度的同时延长载流子寿命，这也是限制 CdTe 太阳电池效率发展的主要因素。近年研究表明，在 CdTe 中掺杂 ⅤA 族元素并进行合理的活化处理有望解决这一问题。

4.3 CIGS 太阳电池

4.3.1　CIGS 太阳电池材料性质

（1）结构和成分

$CuInSe_2$ 和 $CuGaSe_2$ 具有黄铜矿结构。黄铜矿结构是一种类金刚石结构，与闪锌矿结构相似，不同的是 ⅠB 族（Cu）和 ⅢA 族（In 或 Ga）有序地替代闪锌矿中 ⅡB 族（Zn）的位置。$CuInSe_2$ 能与 $CuGaSe_2$ 以任意比例合金化，从而形成 $Cu(InGa)Se_2$。

热力学分析表明，$CuInSe_2$ 固态相变温度分别为 665℃ 和 810℃，而熔点为 987℃。低于 665℃ 时，CIS 以黄铜矿结构晶体存在。当温度高于 810℃ 时，呈现闪锌矿结构。温度介于 665℃ 和 810℃ 之间时为过渡结构。CIS 两种典型结构如图 4-9 所示。在 CIS 晶体中每个阳离子（Cu、In）有四个最近邻的阴离子（Se）。以阳离子为中心，阴离子位于体心立方的四个不相邻的角上。同样，

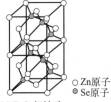

图 4-9　闪锌矿和黄铜矿晶格结构

每个阴离子（Se）的最近邻有两种阳离子，以阴离子为中心，2 个 Cu 离子和 2 个 In 离子位于四个角上。由于 Cu 和 In 原子的化学性质完全不同，导致 Cu—Se 键和 In—Se 键的长度和离子性质不同。以 Se 原子为中心构成的四面体也不是完全对称的。为了完整地显示黄铜矿晶胞的特点，黄铜矿晶胞由 4 个分子构成，即包含 4 个 Cu、4 个 In 和 8 个 Se 原子，相当于两个金刚石单元。室温下，CIS 材料晶格常数 $a=0.5789nm$、$c=1.1612nm$，c 与 a 的比值为 2.006。Ga 部分替代 $CuInSe_2$ 中的 In 便形成 $CuIn_xGa_{1-x}Se_2$。由于 Ga 的原子半径小于

In，随 Ga 含量的增加黄铜矿结构的晶格常数变小。如果 Cu 和 In 原子在它们的子晶格位置上任意排列，这对应着闪锌矿结构，如图 4-9 (a) 所示。

　　CIS 和 CIGS 分别是三元和四元化合物材料。他们的物理和化学性质与其结晶状态和组分密切相关。相图正是这些多元体系的状态随温度、压力及其组分的改变而变化的直观描述。与之相关的相图包括 In-Se、Cu-Se、Ga-Se 和 $Cu_2Se\text{-}In_2Se_3$、$Cu_2Se\text{-}Ga_2Se_3$、$In_2Se_3\text{-}Ga_2Se_3$ 等许多二组分相图。

　　四元化合物 CIGS 热力学反应较为复杂，目前对于 CIGS 相图的理解仍然只能基于图 4-10 所示的 $Cu_2Se\text{-}In_2Se_3\text{-}Ga_2Se_3$ 体系相图（550～810℃）。此相图指出了获得高效率 CIGS 电池的相域 [10％～30％（原子分数）Ga]，与目前实际器件中约 25％（原子分数）Ga 含量基本一致。室温下，随着 Ga 与 In 比例在贫 Cu 薄膜中的增大，单相 α-CIGS 存在的区域出现宽化现象。这是由于 Ga 的中性缺陷对（$2V_{Cu}+Ga_{Cu}$）比 In 缺陷对（$2V_{Cu}+In_{Cu}$）具有更高的形成能。同时 α 相、β 相和 δ 相也在该相图中出现。

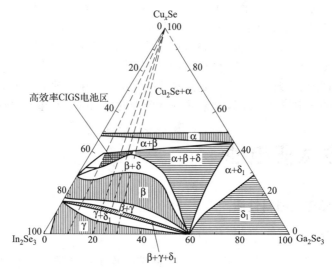

图 4-10　$Cu_2Se\text{-}In_2Se_3\text{-}Ga_2Se_3$ 相图
α—黄铜矿 CIGS；β—有序缺陷化合物；γ—层状结构；δ—闪锌矿 CIGS；$δ_1$—闪锌矿 Ga_2Se_3

（2）光学性质

　　CIGS 材料是一种直接带隙的半导体，吸收系数 α 高达 $10^5 cm^{-1}$。CIGS 薄膜带隙与 Ga 和 In＋Ga 的原子数比值直接相关，同时也和 Cu 的含量有关。当薄膜中 Ga 原子含量为 0 时，即 $CuInSe_2$ 薄膜，带隙为 1.02eV；当薄膜中 Ga 原子含量为 100％时，即 $CuGaSe_2$ 薄膜，带隙为 1.67eV；带隙随 Ga 和 In＋Ga 的原子数比值在 1.02～1.67eV 变化。假设薄膜中 Ga 的分布是均匀的，则带隙与薄膜 Ga 原子含量的关系式如下：

$$E_{g_{CIGS}}(x)=(1-x)E_{g_{CIS}}+xE_{g_{CGS}}-bx(1-x) \tag{4-2}$$

　　式中，b 为弯曲系数，数值在 0.15～0.24eV；x 为 Ga 与（In＋Ga）的原子数比值。

（3）电学性质

　　CIGS 薄膜的导电类型与薄膜成分直接相关。CIGS 偏离化学计量比的程度可以表示如下：

$$\Delta x = \frac{[Cu]}{[In+Ga]} - 1 \qquad (4-3)$$

$$\Delta y = \frac{2[Se]}{[Cu]+3[In+Ga]} - 1 \qquad (4-4)$$

Δx 表示化合物中金属原子比的偏差；Δy 表示化合物中化合价的偏差。[Cu]、[In] 和 [Se] 分别表示相应组分的原子分数。根据 Δx 和 Δy 的值可以初步分析 CIGS 中存在的缺陷类型和导电类型。

① 当材料中 Se 含量低于化学计量比时，$\Delta y < 0$，晶体中缺 Se 就会生成 Se 的空位。在黄铜矿结构的晶体中，Se 原子的缺失使得离它最近的一个 Cu 原子和一个 In 原子的一个外层电子失去了共价电子，从而变得不稳定。这时 V_{Se} 相当于施主杂质，向导带提供自由电子。当 Ga 部分取代 In，由于 Ga 的电子亲和势大，Cu 和 Ga 的外层电子相互结合形成电子对，这时 V_{Se} 就不会向导带提供自由电子。所以 CIGS 的 n 型导电性随 Ga 含量的增加而下降。

② 当 CIS 中缺 Cu，即 $\Delta x < 0$，$\Delta y = 0$ 时，晶体内形成 Cu 空位 V_{Cu^0}，或者 In 原子替代 Cu 原子的位置，形成替位缺陷 In_{Cu}。Cu 空位有两种状态：一是 Cu 原子离开晶格点，形成的是中性的空位，即 V_{Cu^0}；另一种是，Cu^+ 离开晶格点，将电子留在空位上，形成 -1 价的空位 V_{Cu^-}。此外，替位缺陷 In_{Cu} 也有多种价态。Δx 和 Δy 取不同值时，CIS 中点缺陷的种类和数量有所不同，各种点缺陷见表 4-1。表中还列出了各种点缺陷的生成能、能级在禁带中的位置和电性能。

表 4-1 点缺陷信息

电缺陷类型	生成能/eV	在禁带中的位置/eV	电性质
V_{Cu^0}	0.60		
V_{Cu^-}	0.63	$E_V+0.03$	受主
V_{In^0}	3.04		
V_{In^-}	3.21	$E_V+0.17$	受主
$V_{In^{2-}}$	3.62	$E_V+0.41$	受主
$V_{In^{3-}}$	4.29	$E_V+0.67$	受主
Cu_{In^0}	1.54		
Cu_{In^-}	1.83	$E_V+0.29$	受主
$Cu_{In^{2-}}$	2.41	$E_V+0.58$	受主
$In_{Cu^{2+}}$	1.85		
In_{Cu^+}	2.55	$E_C-0.34$	施主
In_{Cu^0}	3.34	$E_C-0.25$	施主
Cu_i^+	2.04		
Cu_i^0	2.88	$E_C-0.20$	施主
V_{Se}	2.40	$E_C-0.08$	施主

研究认为 CIS 中施主缺陷能级有五种，受主缺陷能级有六种，它们都处于 CIS 的禁带中。Cu 空位的生成能很低，容易形成，它的能级在 CIS 价带顶上部 30meV 的位置，是浅受主能级。此能级在室温下即可激活，从而使 CIS 材料呈现 p 型导电。V_{In} 和 Cu_{In} 也是受主

型点缺陷，而 In_{Cu} 和 Cu_i 是施主型点缺陷。在一定条件下，能起作用的受主型点缺陷的总和若大于同一条件下能起作用的施主型点缺陷的总和，则 CIS 材料为 p 型，否则为 n 型。因此，通过调节 CIGS 材料的元素配比便可改变其点缺陷，从而调控其导电类型。

（4）能带结构

CIGS 薄膜太阳电池的 p-n 结是由 p 型 CIGS 膜和 n 型 ZnO/CdS 双层膜组成的反型异质结（inverted heterojunction）。目前常用的能带图 p 型区只有 CIGS 薄膜，而 n 型区则相当复杂，不仅有 n^+-ZnO、i-ZnO 和 CdS，而且还含有表面反型的 CIGS 薄层。

研究表明，高效 CIGS 薄膜太阳电池的 CIGS 吸收层表面都是贫 Cu 的，它的化学配比

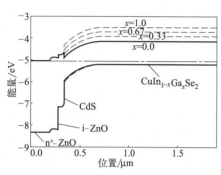

图 4-11 CIGS 薄膜电池
p-n 结能带图（不同 Ga 含量）

与体内不同，可能变为 $CuIn_3Se_5$、$Cu(In，Ga)_3Se_5$，或类似的富 In、Ga 的有序空位化合物（OVC）。不少研究小组测出 OVC 层是 n 型的，它的禁带宽度比 CIS 的大 0.26eV，而且禁带的加宽主要是由价带下移而导带基本不变，因此得到图 4-11 所示的能带结构。从图中可以看出，一个由 CIS 组成的同质 p-n 结深入到 CIS 内部而远离有较多缺陷的 CdS/CIS 界面，从而降低了界面复合率。同时，吸收层附近价带的下降形成一个空穴的传输势垒，使界面处空穴浓度减小，也降低界面复合。因此，CIGS 表面缺 Cu 层的存在有利于太阳电池性能的提高。

4.3.2 CIGS 薄膜太阳电池的结构及制备技术

图 4-12、图 4-13 分别给出了 CIGS 薄膜太阳电池的能带图和典型结构。除玻璃或其它柔性衬底材料以外，还包括底电极 Mo 层、CIGS 吸收层、CdS 缓冲层（或其它无镉材料）、i-ZnO 和 Al-ZnO 窗口层、MgF_2 减反射层以及顶电极 Ni-Al 等七层薄膜材料。

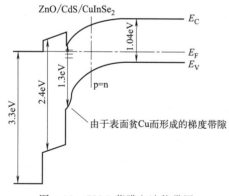

图 4-12 CIGS 薄膜电池能带图

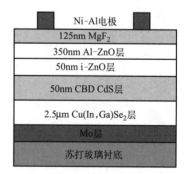

图 4-13 CIGS 电池的典型结构
（CBD 为化学浴沉积）

4.3.2.1 CIGS 薄膜的制备方法

CIGS 有多种沉积方法。判断能否成为商业生产组件中最有前途的技术，其首要的标准就是沉积技术必须在成本低的同时保持高沉积速率、高成品率且工艺重复性好。大面积组分均匀是高成品率的关键。器件要求 CIGS 层应该至少 $1\mu m$ 厚，相应的成分范围由相图决定。

电池或组件生产中，CIGS 层通常沉积在镀有 Mo 的玻璃衬底（glass substrate）上，即使包括金属或塑料膜在内的其它衬底材料也被采用，在工艺上而且可能还具有某些优势。CIGS 的沉积方法可以分为三大类，即多元共蒸发法、金属预制层后硒化法以及非真空沉积方法。对于实验室规模和大规模生产，不同沉积技术之间的选择标准可能不同。对于实验室规模，主要重点是精确控制 CIGS 薄膜成分和细胞效率。对于工业生产，除了效率之外，低成本、可重复性、高通量和工艺公差也非常重要。

（1）多元共蒸发法

多元共蒸发法是沉积 CIGS 薄膜使用最广泛和最成功的方法，用这种方法成功地制备了最高效率的 CIGS 薄膜电池。典型共蒸发沉积系统中，Cu、In、Ga 和 Se 蒸发源提供成膜时需要的四种元素。原子吸收谱（AAS）和电子碰撞散射谱（EEIS）等用来实时监测薄膜成分及蒸发源的蒸发速率等参数，对薄膜生长进行精确控制。

高效 CIGS 电池的吸收层沉积时衬底温度高于 530℃，最终沉积的薄膜稍微贫 Cu，Ga 和 In＋Ga 的原子数比值接近 0.3。沉积过程中 In 和 Ga 蒸发流量的比值对 CIGS 薄膜生长动力学影响不大，而 Cu 蒸发速率的变化强烈影响薄膜的生长机制。根据 Cu 的蒸发过程，共蒸发工艺可分为一步法、两步法和三步法。因为 Cu 在薄膜中的扩散速度足够快，所以无论采用哪种工艺，在薄膜中 Cu 基本呈均匀分布。相反 In、Ga 的扩散较慢，In 和 Ga 流量的变化会使薄膜中ⅢA族元素存在梯度分布。在三种方法中，Se 的蒸发总是过量的，以避免薄膜缺 Se。过量的 Se 并不化合到吸收层中，而是在薄膜表面再次蒸发。所谓一步法就是在沉积过程中，保持 Cu、In、Ga、Se 四蒸发源的流量不变，沉积过程中衬底温度和蒸发源流量变化如图 4-14（a）所示。这种工艺控制相对简单，适合大面积生产。不足之处是所制备的薄膜晶粒尺寸小且不形成梯度带隙。

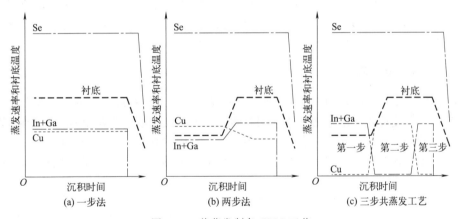

图 4-14　共蒸发制备 CIGS 工艺

使用两步法工艺进行 CIGS 薄膜沉积的衬底温度、源蒸发速率与沉积时间的变化曲线如图 4-14（b）所示。首先在衬底温度为 400～450℃时，沉积一层富 Cu 的 CIGS 薄膜（即单位时间内蒸发的 Cu 原子数与 In＋Ga 原子数比值大于 1），所制备的薄膜电阻率低、晶粒尺寸较小；之后在衬底温度为 500～550℃下沉积一层贫 Cu 的 CIGS 薄膜（即单位时间内蒸发的 Cu 原子数与 In＋Ga 的原子数比值小于 1），所制备的薄膜电阻率较高、晶粒尺寸较大。与一步法相比，使用"两步法"制备的薄膜晶粒尺寸更大。

使用三步法进行 CIGS 薄膜沉积的工艺过程如图 4-14（c）所示。以组分为 $CuIn_{0.7}Ga_{0.3}Se_2$ 的薄膜沉积为例。首先由薄膜厚度和原子组分，分别计算出需要沉积到衬底上的 Cu、In、Ga、Se 等元素原子的数量，在衬底温度为 250～300℃时，保持 In、Ga、Se 源的蒸发速率满足 $V_{Se}/(V_{In}+V_{Ga})>3$，共蒸发形成 $(In_{0.7}Ga_{0.3})_2Se_3$ 预制层，预制层的原子数量为预期的 90%；其次，在衬底温度为 550～580℃时蒸发 Cu、Se，直至所形成的薄膜略微富 Cu；最后，保持衬底温度为 550～580℃，蒸发 In、Ga、Se，调控蒸发速率，形成最终化学计量比接近 $CuIn_{0.7}Ga_{0.3}Se_2$ 的薄膜。与一步法和二步法相比，使用三步法制备的 CIGS 薄膜晶粒尺寸大、表面平整度高、晶粒紧凑且存在着 Ga 的双梯度带隙。

（2）金属预制层后硒化法

后硒化工艺的优点是易于精确控制薄膜中各元素的化学计量比、膜的厚度和成分的均匀分布，且对设备要求不高，已经成为目前产业化的首选工艺。后硒化工艺的简单过程是先在覆有 Mo 背电极的玻璃上沉积 Cu-In-Ga 预制层，后在含硒气氛下对 Cu-In-Ga 预制层进行后处理，得到满足化学计量比的薄膜。与蒸发工艺相比，后硒化工艺中，Ga 的含量及分布不容易控制，很难形成双梯度结构。因此有时在后硒化工艺中加入一步硫化工艺，掺入的部分 S 原子替代 Se 原子，在薄膜表面形成一层宽带隙的 $Cu(In,Ga)S_2$。这样可以降低器件的界面复合，提高器件的开路电压。

（3）非真空沉积方法

高生产成本和复杂的真空工艺导致了简单和低成本的非真空解决方案方法的发展。非真空技术是 CIGS 制造的第三种方法，这种技术可以消除真空蒸发过程。非真空技术基本上是一个两步过程，涉及在低温下沉积前驱体，然后在硫族气氛中进行高温退火。与基于真空的技术相比，非真空技术的主要优点是：①降低材料成本和更好的材料利用率；②低成本投资；③更好的化学计量控制；④低能量输入；⑤高通量；⑥卷对卷兼容的加工。非真空技术可分为化学水浴（CBD）/化学沉积/电沉积，颗粒沉积（固体颗粒在溶剂中形成墨水）/喷墨打印和喷涂/旋涂。非真空技术会产生不均匀、密度较低的薄膜和污染，并且在薄膜中产生分级化学成分更具挑战性。

4.3.2.2 Mo 背接触层

背接触层（back contact layer）是 CIGS 薄膜太阳电池的最底层，它直接生长于衬底上。在背接触层上直接沉积太阳电池的吸收层材料。因此背接触层的选取必须要求与吸收层之间有良好的欧姆接触，尽量减少两者之间的界面态。同时背接触层作为整个电池的底电极，承担着输出电池功率的重任，因此它必须要有优良的导电性能。从器件的稳定性考虑还要求背接触层既要与衬底之间有良好的附着性，又要求它与其上的 CIGS 吸收层材料不发生化学反应。经过大量的研究和实践证明，金属 Mo 是 CIGS 薄膜太阳电池背接触层的最佳选择。由于 Mo 和 CIS 之间形成了 0.3eV 的低势垒，可以认为是很好的欧姆接触。Mo 薄膜一般采用直流磁控溅射的方法制备。在溅射的过程中，Mo 膜的电学特性和应力与溅射气压直接相关。Ar 气压强低，Mo 膜呈压应力，附着力不好，但电阻率小；Ar 气压强高，Mo 膜呈拉应力，附着力好，但电阻率高。所以，先在较高 Ar 气压下沉积一层具有较强附着力的 Mo 膜，然后在低气压下沉积一层电阻率小的 Mo 膜，这样在增强附着力的同时降低背接触层的电阻，可以制备出适合 CIGS 薄膜电池应用的 Mo 薄膜。Mo 的结晶状态与 CIGS 薄膜晶体的形貌、成核、生长和择优取向等有直接的关系。一般来说，希望 Mo 层呈柱状结构，以利于玻璃衬底中的 Na 沿晶界向 CIGS 薄膜中扩散，也有利于生长出高质量的 CIGS 薄膜。

4.3.2.3 CdS 缓冲层

高效率 Cu(In,Ga)Se$_2$ 电池大多在 ZnO 窗口层和 CIGS 吸收层之间引入一个缓冲层。目前使用最多且得到最高效率的缓冲层是 ⅡB-ⅥA 族化合物半导体 CdS 薄膜。它是一种直接带隙的 n 型半导体，其带隙宽度为 2.4eV。它在低带隙的 CIGS 吸收层和高带隙的 ZnO 层之间形成过渡，减小了两者之间的带隙台阶和晶格失配，调整导带边失调值，对于改善 p-n 结质量和电池性能具有重要作用。由于沉积方法和工艺条件的不同，所制备的 CdS 薄膜具有立方晶系的闪锌矿结构和六角晶系的纤锌矿结构。这两种结构均与 CIGS 薄膜之间有很小的晶格失配。CdS 层还有两个作用：①防止射频溅射 ZnO 时，对 CIGS 吸收层的损害；②Cd、S 元素向 CIGS 吸收层中扩散，S 元素可以钝化表面缺陷，Cd 元素可以使表面反型。CdS 薄膜可用蒸发法和化学水浴法（CBD）制备。CBD 法得到广泛的应用。它具有如下一些优点：①为减少串联电阻，缓冲层应尽量薄，而为了更好地覆盖粗糙的 CIGS 薄膜表面，使之免受大气环境温度的影响，免受溅射 ZnO 时的辐射损伤，要求 CdS 层要致密无针孔。蒸发法制备的薄膜很难达到这一要求，CBD 法却可以做出既薄又致密、无针孔的 CdS 薄膜。②CBD 法沉积过程中，氨水可溶解 CIGS 表面的自然氧化物，起到清洁表面的作用。③Cd 离子可与 CIGS 薄膜表面发生反应生成 CdSe 并向贫 Cu 的表面层扩散，形成 Cd$_{Cu}$ 施主，促使 CdS/CIGS 表面反型，使 CIGS 表面缺陷得到部分修复。④CBD 工艺沉积温度低，只有 60～80℃，且工艺简单。化学水浴法中使用的溶液一般是由镉盐、硫脲和氨水按一定比例配制而成的碱性溶液，有时也加入铵盐作为缓冲剂。其中镉盐可以是氯化镉、醋酸镉、碘化镉和硫酸镉，这就形成了 CBD 法制备 CdS 薄膜的不同溶液体系，但其反应机理是基本相同的。一般是在含 Cd^{2+} 的碱性溶液中硫脲分解成 S^{2-}，它们以离子接离子的方式凝结在衬底上。将玻璃/Mo/CIGS 样片放入上述溶液中，溶液置于恒温水浴槽中，从室温加热到 60～80℃并施以均匀搅拌，大约 30min 便可完成。

CdS 材料存在着明显的绿光（$h\nu > 2.42eV$）吸收，显然不利于短波谱段的光生电流收集。随 CdS 层厚度或 CdS 薄膜中缺陷密度（$> 10^{17} cm^{-3}$）的增加，不仅会降低短路电流密度 J_{SC}，还会使 CuInSe$_2$ 和低 Ga 含量 CIGS 电池出现明显的 J-V 扭曲（crossover）现象。薄化 CdS 层（$\leqslant 50nm$）可以基本消除 J-V 扭曲，从而提高填充因子值。另外，工艺过程中含 Cd 废水的排放以及报废电池中 Cd 的流失均造成环境污染，这无疑是使用 CdS 缓冲层的缺点。

4.3.2.4 氧化锌（ZnO）窗口层

在 CIGS 薄膜太阳电池中，通常将生长于 n 型 CdS 层上的 ZnO 称为窗口层。它包括本征氧化锌（i-ZnO）和铝掺杂氧化锌（Al-ZnO）两层。ZnO 在 CIGS 薄膜电池中起重要作用。它既是太阳电池 n 型区与 p 型 CIGS 组成异质结成为内建电场的核心，又是电池的上表层，与电池的上电极一起成为电池功率输出的主要通道。作为异质结的 n 型区，ZnO 应当有较长的少子寿命和合适的费米能级位置。而作为表面层则要求 ZnO 具有较高的电导率和光透过率。因此 ZnO 分为高、低阻两层。由于输出的光电流是垂直于作为异质结一侧的高阻 ZnO，但却横向通过低阻 ZnO 而流向收集电极，为了减小太阳电池的串联电阻，高阻层要薄而低阻层要厚。通常高阻层厚度取 50nm，而低阻层厚度选用 300～500nm。ZnO 是一种直接带隙的金属氧化物半导体材料，室温时禁带宽度为 3.4eV。自然生长的 ZnO 是 n 型，与 CdS 薄膜一样，属于六方晶系纤锌矿结构。因此 ZnO 和 CdS 之间有很好的晶格匹配。由于 n 型 ZnO 和 CdS 的禁带宽度都远大于作为太阳电池吸收层的 CIGS 薄膜的禁带宽度，太阳光中能量大于 3.4eV 的光子被 ZnO 吸收，能量介于 2.4eV 和 3.4eV 之间的光子会被 CdS 层吸收。只有能量大于 CIGS 禁带宽度而小于 2.4eV 的光子才能进入 CIGS 层并被它吸收，对光电流有贡献。这就是异质结的"窗口效应"。如果，ZnO 和 CdS 很薄，可有部分高能光子穿过此层进入 CIGS 中，可以看出，CIGS 太阳电池似乎有两个窗口。由于薄层 CdS 被更高带隙且均为 n 型的 ZnO 覆盖，所以 CdS 层很可能完全处于 p-n 结势垒区之内使整个电池的窗口层从 2.4eV 扩大到 3.4eV，从而使电池的光谱响应得到提高。ZnO 的制备方法很多，其中磁控溅射方法具有沉积速率高、重复性和均匀性好等特点，成为当今科研和生产中使用最多、最成熟的方法。

4.3.2.5 顶电极和减反射膜

CIGS 薄膜太阳电池的顶电极采用真空蒸发法制备 Ni-Al 栅状电极（gate electrode）。Ni 能很好地改善 Al 与 ZnO：Al 的欧姆接触。同时，Ni 还可以防止 Al 向 ZnO 中的扩散，从而提高电池的长期稳定性。整个 Ni-Al 电极的厚度为 $1 \sim 2\mu m$，其中 Ni 的厚度约为 $0.05\mu m$。

太阳电池表面的光反射损失大约为 10%。为减少这部分光损失，通常在 ZnO：Al 表面上用蒸发或者溅射方法沉积一层减反射膜。在选择减反射材料时要考虑以下一些条件：降低反射系数的波段，薄膜应该是透明的；减反射膜能很好地附着在基底上；要求减反射膜要有足够的力学性能，并且不受温度变化和化学作用的影响。在满足上述条件后，减反射膜在光学方面有如下一些要求。

① 薄膜的折射率 n_i 应该等于基底材料折射率 n 的平方根，即 $n_i = n^{1/2}$。对 CIGS 薄膜电池来讲，ZnO 窗口层的折射率为 1.9，故减反射层的折射率应为 1.4 左右，MgF_2 的折射率为 1.39，满足 CIGS 薄膜电池减反射层的条件。

② 薄膜的光学厚度应等于该光谱波长的 1/4，即 $d = \lambda/4$。

目前，仅有 MgF_2 减反射膜广泛应用于 CIGS 薄膜电池领域，并且在最高效率 CIGS 薄膜电池中得到应用。

4.3.3 CIGS 太阳电池的发展潜力及局限

影响 CIGS 太阳电池效率的因素有几个，包括化学计量、晶粒尺寸、表面形貌、吸收层及其与 Mo 和 CdS 的界面中的缺陷。CIGS 膜中小于 50nm 的粗糙度导致 CIGS/CdS 界面处的表面积较小，因此界面处的复合和饱和电流均减少。然而，更平滑的膜的一个缺点是来自薄膜的反射增加。

通过带隙工程可以提高收集效率。CIGS 膜中作为深度的函数的 Ga 梯度提高了 V_{oc}、J_{sc} 和效率。J_{sc} 的改善是由于陷波结构提供的准电场（即朝向背接触的导带能量逐渐增加）将自由电子从 CIGS 中性区扫掠到 p-n 结，从而增加 J_{sc}。通过使用前沿梯度，可以减少 p-n 结处的热化和复合过程中的能量损失。然而，据报道，由于缺陷密度的增加，高 Ga 的 CIGS 的质量低于低 Ga 的 CIGS。

标准 CIGS 厚度为 $1.6\mu m$，厚度达约 $1\mu m$ 时，效率较高。厚度超过 $1\mu m$ 时，由于 V_{oc}、J_{sc} 和 FF 损失，观察到效率严重下降。退化与光学损耗和分流等有关。

为了改善 J_{sc}，需要宽带隙窗口层来增强到吸收层的光传输，以产生更多的光生载流子。因此，由于 Zn(O,S) 的带隙比 CdS 的带隙高，所以使用 Zn(O,S) 窗口层代替 CdS。此外，空间电荷区中 Ga 浓度的增加提高了 V_{oc}。

一般来说，J_{sc} 可以通过减少 CdS 层厚度和改善 TCO 特性（如导电性、透明度和环境稳定性）来改善。随着 CdS 缓冲层厚度的增加，电池性能降低（例如 V_{oc} 下降）。为了增强 FF，应降低电池的寄生漏电流、接触电阻和串联电阻。通过提高 CIGS 吸收层的结晶度和密度，可以减少寄生漏电流。在 CIGS 太阳电池中，电子不均匀性是效率限制的关键因素。

对于 1.14eV 的 CIGS 带隙，理论效率极限为 33.5%。在不久的将来，电池效率可以达到 25%。使用以下方法可以实现对当前值（22.8%）的改进：①改善 CIGS 吸收层性能，例如通过使用创新的掺杂方法来最大化吸收高 J_{SC}；②通过在 CIGS 层的两侧采用表面钝化来降低缺陷密度，以减少导致高 V_{oc} 的界面处的复合损耗；③使用无镉大带隙窗口层获得高 J_{SC}；④利用电池背面的反射层将未使用的光重定向回吸收层以产生电子-空穴对；等。

在 CIGS 小面积电池转换效率已经超过 20% 以后，为进一步提高电池效率，需要研究以下一些基础问题：①CIGS 中的缺陷态起源及其化学和电学性能；②多晶 CIGS 中许多晶界和自由表面的本质及作用；③电池的多层结构中各层的作用；④Na 元素的作用机理；⑤异质结能带结构的调整及其影响。

进行这些基础研究需要有一些新的测试手段，包括电子束诱导电流（electron-beam-induced currents）方法来测试均匀性，用微区光致发光（PL）、微区 Raman 和导纳谱等来更好地理解材料中的复合机制等。

从实验研究到大面积组件的产业化生产会遇到许多需要解决的技术问题。目前最先进的生产工艺制作的 CIGS 组件效率也要比小面积电池低 3～4 个百分点以上。相关导致大面积组件效率低于小面积器件的因素包括：子电池集成为组件相关的功率损失、薄膜面积变大后均匀性相关的功率损失等。

CIGS 薄膜太阳电池经过近 30 年的研究和发展，其光电转换效率已经超过所有已知的其它薄膜电池。对高效电池的最大贡献莫过于对吸收层 CIGS 材料的成膜机理、导电机制等基础物理问题的科学认识和器件结构中各层薄膜的合理组合。由于 CIGS 太阳电池在结构和原理上相对比较复杂，而此材料的基础研究又相对薄弱，致使目前的许多成熟工艺技术都是经验性的。因此电池产业化进程相对缓慢，目前 CIGS 不但在太阳电池中占很小比重，即使在薄膜电池中亦占比不大。这为我们提供了广大的发展空间和机遇。我们应采取有力措施突破技术壁垒，突破设备难关走出一条 CIGS 健康发展的中国之路。CIGS 薄膜太阳电池的研究发展和迅速产业化必将促进以 CIGS 材料为代表的黄铜矿结构材料学的发展，反之黄铜矿材料科学研究的进展也必将促进 CIGS 光伏科学和产业化更为迅猛的发展。CIGS 光伏产业和黄铜矿结构材料科学同步发展的良性循环的黄金时代即将到来。几十年来，CIGS 薄膜太阳电池得到迅速的发展。目前已开始了产业化的新里程。随着研究工作的深入，新工艺、新技术还会不断出现，电池性能还会进一步提高。与此同时，与 CIGS 相关的材料物理和器件物理的研究也会有新的进展。这些基础研究工作又会促进 CIGS 薄膜电池向更高水平前进。

4.4　砷化镓太阳电池

4.4.1　砷化镓材料的主要性质

GaAs 是一种典型的 ⅢA-ⅤA 族化合物半导体材料，属于闪锌矿晶体结构。GaAs 材料主要具有以下性质。

① GaAs 具有直接带隙能带结构，其在 300 K 下的带隙宽度 $E_g=1.42$eV，处于太阳电池材料所要求的最佳带隙宽度范围。在动量空间的 Γ 点，动量 $hk=0$，价带顶 $E_V=0$，导带底 $E_C=0$。在绝对零度（$T=0$K）时，价带被填满，而导带底 E_C 以上能带都空缺。

GaAs 吸收能量大于带隙（$E > E_g$）的光子后，价带顶 E_V 的电子可以直接跃迁到导带底 E_C。不需要吸收声子改变电子的动量 k，这与间接带隙半导体 Si 不同。

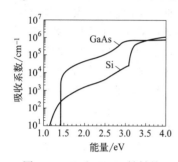

图 4-15　Si 和 GaAs 材料的光吸收系数随光子能量的变化

② GaAs 材料具有大的光吸收系数。GaAs 的光吸收系数，在光子能量超过其带隙宽度后，跃升到 $10^4\,\text{cm}^{-1}$ 以上，如图 4-15 所示。经计算，当光子能量大于其 E_g 的太阳光进入 GaAs 后，仅经过 $3\mu\text{m}$，95% 以上的这一光谱段的太阳光都可以被 GaAs 吸收。而 Si 的光吸收系数在光子能量大于其带隙宽度（$E_g = 1.12\text{eV}$）后是缓慢上升的，在太阳光谱很强的可见光区，它的吸收系数都比 GaAs 的小一个数量级以上。因此，Si 材料需要厚达数十甚至上百微米才能充分吸收太阳光，而 GaAs 太阳电池的有源层厚度只需要 $3 \sim 5\mu\text{m}$。

③ GaAs 材料具有很高的辐射阻率，因此 GaAs 基系太阳电池具有较强的抗高能粒子辐照性能。辐照实验结果表明，经过 1MeV 高能电子辐照，即使其剂量达到 $1 \times 10^{15}\,\text{cm}^{-2}$ 之后，GaAs 太阳电池的能量转换效率仍能保持原值的 75% 以上，而先进的高效空间 Si 太阳电池在经受同样辐照的条件下，其转换效率只能保持其原值的 66%。

④ GaAs 材料的温度系数高于 Si，因此 GaAs 基太阳电池能在较高的温度下正常工作。在较宽的温度范围内，电池效率随温度的变化近似是线性关系，GaAs 电池效率的温度系数约为 $-0.23\%/\text{℃}$，而 Si 电池效率的温度系数约为 $-0.48\%/\text{℃}$。GaAs 电池效率随温度的升高降低比较缓慢，因而可以工作在更高的温度范围。如，当温度升高到 200℃，GaAs 太阳电池效率下降近 50%，而硅太阳电池效率下降近 75%。这是因为 GaAs 的带隙较宽，要在较高的温度下才会产生明显的载流子的本征激发，因而 GaAs 材料的暗电流密度随温度的增高增长较慢，这就使与暗电流密度有关的 GaAs 太阳电池的开路压 V_{oc} 减小较慢，因而效率降低较慢。

⑤ GaAs 材料的密度较大（5.32g/cm^3），为 Si 材料密度（2.33g/cm^3）的两倍多。

⑥ GaAs 材料的机械强度较弱，易碎。

⑦ GaAs 材料价格昂贵，约为 Si 材料价格的 10 倍。

⑧ 与 Si 一样，GaAs 的电子迁移率 μ_n 比空穴迁移率 μ_p 高很多。其少子迁移率、少子扩散系数和少子扩散长度随掺杂浓度的变化如表 4-2 所示。

⑨ GaAs 的电阻率 ρ 也与掺杂浓度 N_a（受主杂质掺杂浓度）、N_d（施主杂质掺杂浓度）有关。p 型 GaAs 的电阻率 $\rho \approx \dfrac{10^{15}}{N_a}\Omega \cdot \text{cm}$，而 n 型 GaAs 的电阻率 $\rho \approx \dfrac{10^{16}}{N_d}\Omega \cdot \text{cm}$

表 4-2　掺杂浓度 N_a、N_d 对 GaAs 少子迁移率 μ_n、μ_p，少子扩散系数 D_n、D_p 和少子扩散长度 L_n、L_p 的影响

掺杂浓度 N_a、N_d	p 型 GaAs			n 型 GaAs		
	电子迁移率 μ_n/ $[\text{cm}^2/(\text{V}\cdot\text{s})]$	电子扩散系数 $D_n/(\text{cm}^2/\text{s})$	电子扩散长度 $L_n/\mu\text{m}$	空穴迁移率 μ_p/ $[\text{cm}^2/(\text{V}\cdot\text{s})]$	空穴扩散系数 $D_p/(\text{cm}^2/\text{s})$	空穴扩散长度 $L_p/\mu\text{m}$
低	5000	130	100	400	100	10
高，$>10^{18}\,\text{cm}^{-3}$	1000	25	5	<100	2	0.5

4.4.2 砷化镓太阳电池的制备技术

(1) 液相外延技术

在ⅢA-ⅤA族化合物太阳电池研究初期，人们普遍采用液相外延（liquid phase epitaxy，LPE）技术来制备 GaAs 及其它相关化合物太阳电池，获得了效率高于 20% 的 GaAs 太阳电池。

LPE 技术的原理如下：金属 Ga 与高纯 GaAs 多晶或单晶材料在高温下（约 800℃）形成饱和溶液（称为母液），然后缓慢降温，在降温过程中母液与 GaAs 单晶衬底接触；由于温度降低，母液变为过饱和溶液，多余的 GaAs 溶质在 GaAs 单晶衬底上析出，沿着衬底晶格取向外延生长出新的 GaAs 单晶层。液相外延生长系统由外延炉、石英反应管、石墨生长舟、氢气发生器以及真空机组组成（图 4-16）。

LPE 技术的优点：①这是一种近似热平衡条件下的外延生长技术，因而生长出的外延层的晶格完整性很好；②由于在外延生长过程中杂质在固/液界面存在分凝效应，所以生长出的 GaAs 外延层的纯度很高；③设备简单，价格便宜，生长工艺也相对简单；④安全，毒性较小。

LPE 技术的缺点：①难以实现多层复杂结构的生长。因为液相外延生长受相图和溶解度等因素的限制，有许多异质结构不能用 LPE 技术生长出来。比如很难在 Si 衬底上和 Ge 衬底上外延 GaAs。因为 Si 或 Ge 在 Ga 母液中的溶解度非常大，在外延生长的高温下，Si 或 Ge 衬底几乎完全被 Ga 母液溶解，因而不能实现 GaAs/Si 或 GaAs/Ge 的外延生长。即便换成 Sn 作母液，情况改善也不多。②LPE 生长的外延层的厚度不能精确控制，厚度均匀性较差，小于 $1\mu m$ 的薄外延层生长困难。③LPE 外延片的表面形貌不够平整。

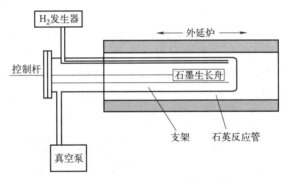

图 4-16 液相外延生长系统的结构

(2) 金属有机化学气相沉积技术

金属有机化学气相沉积（MOCVD）技术，也称金属有机气相外延（metal organic vapor phase epitaxy，MOVPE）技术，是目前研究和生产ⅢA-ⅤA族化合物太阳电池的主要技术手段。

MOCVD 的工作原理：在真空腔体中用携带气体 H_2 通入三甲基镓（trimethyl Gallium，TMGa）、三甲基铝（trimethyl Aluminium，TMAl）、三甲基铟（trimethyl Indium，TMIn）等金属有机化合物气体和砷烷（AsH_3）、磷烷（PH_3）等氢化物，在适当的温度条件下，这些气体进行多种化学反应，生成 GaAs、GaInP 和 AlInP 等ⅢA-ⅤA族化合物，并在 GaAs 衬底或 Ge 衬底上沉积，实现外延生长。MOCVD 生长系统的结构示意图如图 4-17 所示。

MOCVD技术的优点：①用MOCVD技术生长出的外延片表面光亮，各层的厚度均匀，浓度可控，因而研制出的太阳电池效率高，成品率也高；②用MOCVD技术容易实现异质外延生长，可生长出各种复杂的太阳电池结构，因而有潜力获得更高的太阳电池转换效率。因为在同一次MOCVD生长过程中，只需通过气源的变换，便可以生长出不同成分的多层复杂结构，增大了电池设计的灵活性，使多结叠层电池结构的生长成为可能。

MOCVD技术的缺点：①同LPE技术相比较，此技术设备和气源材料的价格昂贵，技术复杂；②这种气相外延生长使用的各种气源，包括各种金属有机化合物以及砷烷（AsH_3）、磷烷（PH_3）等氢化物都是剧毒物质，因而MOCVD技术具有一定的危险性。

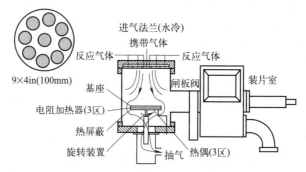

图 4-17　立式 MOCVD 设备（1in＝2.54cm）

（3）分子束外延技术

分子束外延（molecular beam epitaxy，MBE）技术是另一种先进的ⅢA-ⅤA族化合物材料生长技术。

MBE技术的工作原理：在一个超高真空的腔体中（$<10^{-10}$Torr，1Torr＝1.33322×10^2Pa），用适当的温度分别加热各个原材料，如Ga和As，使其中的分子蒸发出来，这些蒸发出来的分子在它们的平均自由程的范围内到达GaAs或Ge衬底并进行沉积，生长出GaAs外延层。图4-18为用于ⅢA-ⅤA族材料生长的MBE设备的示意图。

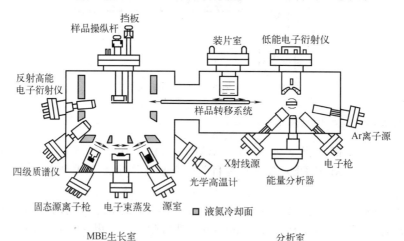

图 4-18　用于ⅢA-ⅤA族材料生长的 MBE 设备

MBE技术的优点：①生长温度低，生长速度慢，可以生长出极薄的单晶层，甚至可以实现单原子层生长；②MBE技术很容易在异质衬底上生长外延层，实现异质结构的生长；

③MBE 技术可严格控制外延层的层厚、组分和掺杂浓度；④MBE 生长出的外延片的表面形貌好，平整光洁。

MBE 技术的缺点：①MBE 的设备复杂，价格昂贵；②生长速率太慢，不易产业化；③可能与 MBE 的生长机制是非平衡过程有关，它在太阳电池研究领域的应用比 MOCVD 技术要少得多，并且 MBE 制备的太阳电池的效率也不如 MOCVD 制备的太阳电池的效率高。

4.4.3　高效砷化镓薄膜太阳电池的结构

（1）$Al_x Ga_{1-x} As/GaAs$ 异质结构

高的表面复合速率大大降低了 GaAs 太阳电池的短路电流 I_{SC}；同时，由于 GaAs 没有像 SiO_2/Si 那样好的表面钝化层，不能用简单的钝化技术来降低 GaAs 表面复合速率。直到 1973 年，Hovel 等提出在 GaAs 表面生长一薄层 $Al_x Ga_{1-x} As$ 窗口层后，这一困难才得以克服。当 $x=0.8$ 时，$Al_x Ga_{1-x} As$ 是间接带隙材料，$E_g = 2.1eV$，对光的吸收很弱，大部分光将透过 $Al_x Ga_{1-x} As$ 层进入到 GaAs 层中，$Al_x Ga_{1-x} As$ 层起到了窗口层的作用。由于 $Al_x Ga_{1-x} As/GaAs$ 界面晶格失配小，界面态的密度低，对光生载流子的复合较少；而且 $Al_x Ga_{1-x} As$ 与 GaAs 的能带带阶主要发生在导带边，即 $\Delta E_C \gg \Delta E_V$，如果 $Al_x Ga_{1-x} As$ 为 p 型层，那么 ΔE_C 可以构成少子（电子）的扩散势垒，从而减小光生电子的反向扩散，降低表面复合。同时 ΔE_V 不高，基本上不会妨碍光生空穴向 p 边的输运和收集。

1994 年俄罗斯约飞技术物理所的 V. M. Andreev 等报道，他们用 LPE 技术研制的 GaAs 太阳电池，在 AM0 光谱、100 倍的聚光条件下，效率高达 24.6%。而 1995 年西班牙 Cuidad 大学的 Estibaliz Ortiz 等研制的 LPE-GaAs 太阳电池，在 AM1.5 光谱、600 倍聚光条件下，效率高达 25.8%。图 4-19 示出了 Estibaliz Ortiz 等研制的 $Al_x Ga_{1-x} As/GaAs$ 异质结构太阳电池的结构。

正面接触p	$Al_{0.85} Ga_{0.15} As p^+$	$W_W = 150nm$	窗口层
GaAs(Mg)p^+	$W_{AE} = 0.1 \mu m$		重掺发射极
GaAs(Mg)p	$W_E = 0.9 \mu m$		发射极
GaAs(Te)n	$W_B = 3 \mu m$		基区
GaAs(Te)n^+	$W_{Buffer} = 5 \mu m$		过渡层
GaAs(Te)n			衬底
背面接触n			

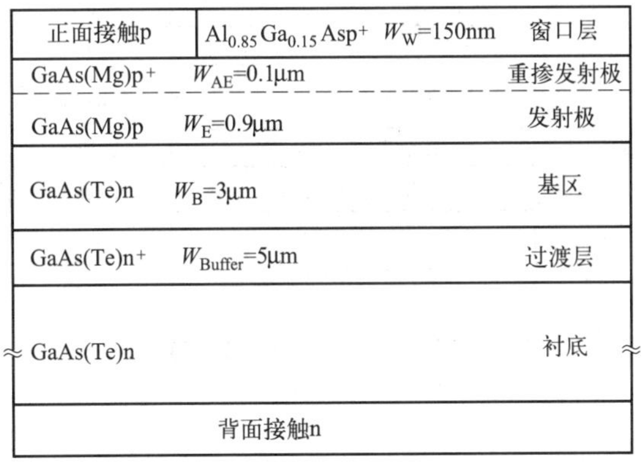

图 4-19　高效 $Al_x Ga_{1-x} As/GaAs$ 异质结构太阳电池的结构

（2）AlAs/GaAs 异质结构

在 n 型 AlAs 和 p 型 GaAs 制作"真"异质结，这种电池的效率也超过了 18%，AlAs 的间接带隙较大，因此顶层相当于一个窗口，允许大部分入射光透过并在体区内被吸收。AlAs 和 GaAs 电子亲和力的失配，导致异质结的导带能量产生一个尖峰。将 AlAs 层制成重掺杂层，这种尖峰的不利影响便可减至最小。

（3） GaAs/Ge 异质结构

由于 GaAs 材料存在密度大、机械强度差、价格贵等缺点，使得 GaAs 太阳电池的空间应用受到限制。人们想寻找一种廉价材料来替代 GaAs 衬底，形成 GaAs 异质结太阳电池，以克服上述缺点。虽然 Si 具有各种优点，但由于 GaAs 与 Si 两者的晶格常数相差太大；热膨胀系数相差两倍，也很难生长出晶格完整性好的 GaAs 外延层；而且，即便在 Si 衬底上生长出了 GaAs 外延层，但当生长出的 GaAs 外延层的厚度大于 $4\mu m$ 时，便会出现龟裂。由于在 Si 上生长 GaAs 存在诸多困难，研究者们将注意力转向了 Ge 衬底。Ge 的晶格常数（5.646Å）与 GaAs 的晶格常数（5.653Å）相近，热膨胀系数两者也比较接近，所以容易在 Ge 衬底上实现 GaAs 单晶外延生长。Ge 衬底不仅比 GaAs 衬底便宜，而且机械牢度是 GaAs 的两倍，不易破碎，从而提高了电池的成品率。多晶 Ge 衬底上生长的 p^+/n-GaAs 太阳电池结构图如图 4-20 所示。

MOCVD-GaAs/Ge 电池在空间任务中已获得日益广泛的应用。德国的 TEMPO 数字通信卫星，采用 80000 片 GaAs/Ge 电池（每片 43mm×43mm）组成三块太阳电池阵列，电池效率为 18.3%。美国的"火星地表探测者"两翼共有四块太阳电池阵列，其中，两块用 GaAs/Ge 电池组成，两块用高效 Si 电池组成。每块太阳电池阵列面积为 $(1.85×1.7)$ m^2，GaAs/Ge 电池效率为 18.8%，Si 电池效率为 15%。1996 年，美国的"火星探路者"在火星上登陆，它的供电系统由三块 GaAs/Ge 电池阵列与可充电银/锌电池组成。电池的工作时间超过了预期工作寿命（30 天）。

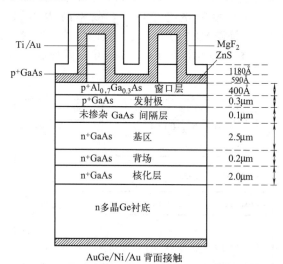

图 4-20 多晶 Ge 衬底上生长的 p^+/n-GaAs 太阳电池结构

4.4.4 限制砷化镓薄膜太阳电池转换效率的因素

（1）表面复合的问题

直接带隙半导体 GaAs 的吸收系数 a 较大，发射极和空间电荷区的光生载流子较多，这与晶体硅太阳电池不同。砷化镓太阳电池发射极和空间电荷区的光生电流 J_{ph} 不能忽略，前表面的表面复合和空间电荷区的陷阱复合都很重要。而 GaAs 表面复合速率很高，严重影响了短波响应，降低了电池的短路电流 I_{SC}。

（2）串联电阻的问题

串联电阻 R_s 是所有太阳电池共同的问题。为了尽可能地减小表面遮蔽，扩大前表面的受光面积，前接触的面积不能太大。但是，前接触的面积又不能太小，以免增加串联电阻 R_s。为了使聚光系数 $X=100$ 的砷化镓聚光太阳电池实现最佳转换效率，要求比接触电阻 $R<10^{-3}\,\Omega\cdot cm$。砷化镓聚光太阳电池不但需要高金属化的栅线设计，还需要窗口层或重掺杂发射极形成的前表面场。

（3）基极和衬底晶格常数匹配问题

因为 GaAs 的 p-n 结很薄，需要生长在衬底上，实现机械稳定。而生长衬底需要与 GaAs 晶体的晶格常数匹配，以避免在背表面引入过多的晶格缺陷。最理想的衬底是 GaAs 晶体，但是成本太高，难以接受。如果将 GaAs 制备在 Si 衬底上，晶格常数不匹配会降低材料纯度。工业生产常用晶格常数相似的 Ge 作为生长 GaAs 的衬底。虽然 Ge 晶格常数与 GaAs 相近，但是 Ge 属于稀有金属，在自然界的储量有限，如果砷化镓太阳电池用 Ge 作为衬底进行大规模生产，最终会造成 Ge 的短缺，并提高 Ge 的价格。

（4）制备方法的问题

最初，单晶 GaAs 太阳电池主要采用 LPE 技术制备，但 LPE 技术难以实现厚度的精确控制、难以进行多层结构生长，同时也难以进行 Ge 衬底异质外延。因此，限制了 GaAs 太阳电池的进一步研究。目前，GaAs 太阳电池的研究及生产主要采用 MOCVD 技术。随着 MOCVD 技术日趋成熟，GaAs 太阳电池有了一个飞跃性的发展，研制出了多结太阳电池，并且可以在 Ge 衬底上进行异质外延，实现了 AM0 下 GaInP/InGaAs/Ge 3 结型结构的太阳电池效率接近 30%。但是，除了成本的问题以外，原材料特别是 VA 族氢化物含有剧毒，限制了此方法的使用。另一方面，MBE 技术也应用于 GaAs 相关太阳电池的研究，其能够在原子尺度上进行外延，但蒸气压高的原材料生长难以实现，而且费用也昂贵，限制了其在 GaAs 相关太阳电池方面的研究。三项制备方法的比较如表 4-3 所示。

表 4-3　应用于 GaAs 太阳电池的三种方法的性能比较

项目	LPE	MOCVD	MBE
起始年代	1963	1968	1967
特点	从衬底上的过度饱和溶液进行生长	使用金属有机化合物作为生长源	在极高真空环境下沉积外延
限制条件	有限的衬底面积，很难控制薄层生长，难以在 Ge 衬底上外延	源材料特别是 VA 族氢化物剧毒	很难生长具有高蒸气压的材料
生长速率/（μm/min）	0.1～10	0.005～1.5	0～0.05
最小厚度/nm	50	2	0.5
均匀性	好	好	好
表面晶体质量	差	好	好
界面陡峭度	差	好	非常好
掺杂范围/cm^{-3}	$10^{14}\sim10^{19}$	$10^{14}\sim10^{20}$	$10^{14}\sim10^{19}$
工艺产量	低（适合小规模生产）	高（适合大规模生产）	非常低

GaAs 太阳电池具有效率高、抗辐照性能好、耐高温、可靠性好等优点，不仅地面太阳电池适用，同时也符合空间环境对太阳电池的要求。目前，GaAs 太阳电池在空间科学领域已逐渐取代 Si 太阳电池，成为空间能源的重要组成部分。然而，除了本章中提到的限制因素以外，GaAs 材料仍还存在一些缺点：镓的资源有限，使得 GaAs 材料的成本较高；同时，砷的毒性问题，使得将其应用于大型太阳电池系统时，应仔细注意其对环境的影响。

4.5 钙钛矿太阳电池

4.5.1 铅卤钙钛矿材料的主要性质

有机-无机金属卤化物钙钛矿是一类具有高光电转换效率和低生产成本潜力的太阳电池材料。"钙钛矿"这个名字来源于 1839 年俄罗斯矿物学家列夫·佩洛夫斯基命名的矿物钛酸钙

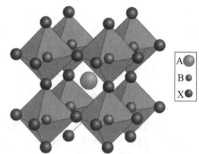

图 4-21　钙钛矿的晶体结构

（$CaTiO_3$）材料，泛指具有 ABX_3 型晶体结构的一类材料。其晶体结构如图 4-21 所示，较大的 A 位阳离子占据与 12 个 X 位阴离子共享的立方八面体位置，而较小的 B 位阳离子占据与 6 个 X 位阴离子共享的八面体位置。在过去的很长一段时间里，被研究最多的钙钛矿材料是氧化物，因为它们具有铁电性或超导现象的电性质，卤化物钙钛矿很少受到关注。直到 2009 年，Miyasaka 课题组首次利用有机-无机杂化钙钛矿（$CH_3NH_3PbI_3$ 或 $CH_3NH_3PbBr_3$）作为光敏化层制备了液态的染料敏化太阳电池（DSSCs）。他们采用 $TiO_2/CH_3NH_3PbI_3$ 或 $TiO_2/CH_3NH_3PbBr_3$ 作为阳极，FTO/Pt 作为阴极，获得了 3.81% 的光电转换效率。由于光伏性能低和对液体电解质的极不稳定性，人们对甲基铵卤化铅钙钛矿材料的关注很少。两年后，Park 的研究小组报告了 6.5% 的 $CH_3NH_3PbI_3$ 钙钛矿太阳电池，它在电解质中稍为稳定。然而，由于有机-无机卤化物钙钛矿在极性液体电解质中的溶解问题，直到 2012 年引入空穴传输材料 spiro-OMeTAD 开发出一种相对长期稳定的钙钛矿太阳电池，这一结果才被引用。具有 9.7% 转换效率的固态钙钛矿太阳电池引发了关于钙钛矿太阳电池的大量研究。在十年左右的时间里，其光电转换效率一路攀升，已经跨越 25%（最高 25.8%），成为光伏界的一颗新星。

对于半导体光电器件，其工作过程涉及载流子的产生、激子的解离，以及光生电荷的扩散与复合，调控这些过程会对器件性能产生影响。材料光吸收效率与材料电子结构更相关。对于 ABX_3 型的钙钛矿晶体来说，其电子能带结构由 X 位卤素原子的 P 轨道和 B 位金属原子的 P 轨道的交叠来决定。尽管 A 位阳离子被认为不会对能带结构的变化起到直接影响，但是由于位于无机八面体间隙的 A 位阳离子尺寸改变会使得晶格发生形变，B—X 键的键长发生扩张或收缩，材料的带隙进而发生改变，决定半导体材料的光吸收区间。以最常见的甲胺铅碘钙钛矿 $MAPbI_3$ 为例，其光吸收波长范围为 $300\sim800nm$，光吸收系数高达 10^5，因此制备的钙钛矿薄膜仅需 500nm 左右的厚度就可以实现对太阳光可见光波段的完全吸收，这说明在较弱的辐照强度下，钙钛矿活性层能够有效吸收太阳光。与此同时，减小光吸收活性层的厚度也有助于减少载流子复合从而促进载流子的有效收集，有利于实现更薄的、更高效的、更经济的太阳电池。同时，通过改变前驱体来调控 A、B、X 位离子的这一手段也在钙钛矿材料和器件的性能提升研究中被广泛应用，体现出其成分和带隙可调的优异特性。图

4-22 中展示了改变 $FAPbI_yBr_{3-y}$ 中的 I 与 Br 比例得到的钙钛矿薄膜以及对应的光吸收谱和荧光发射谱及光学性质的变化，随着 Br 配比的增大（$y：1{\rightarrow}0$），薄膜的带隙从 1.43eV 增大到 2.23eV。钙钛矿电池的高效率与高吸收系数和直接的带隙跃迁，以及低有效质量、长扩散长度和自由电子和空穴相对较高的载流子迁移率有关。

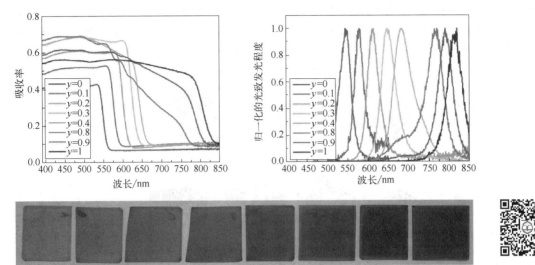

图 4-22　I 与 Br 比例变化的钙钛矿薄膜光学性质

4.5.2　铅卤钙钛矿薄膜的制备技术

目前，钙钛矿薄膜的制备方法主要包括溶液法与气相沉积工艺。旋涂通常用于在小面积基底上沉积钙钛矿。通过溶液法沉积钙钛矿薄膜主要有两种方法：一步溶液旋涂法和两步溶液旋涂法。一步溶液旋涂法的制备过程是将 PbI_2 和 MAI 等前驱体材料以一定的配比混合后形成一定浓度的钙钛矿前驱体溶液，之后通过旋涂将前驱体溶液沉积在衬底表面形成湿膜，之后加热衬底将湿膜烤干获得钙钛矿薄膜。一步溶液旋涂法中钙钛矿薄膜的生长过程主要是溶液旋涂在衬底表面以后达到过饱和，钙钛矿胶体微粒结晶成核，在受热以后，多余的溶剂挥发，同时伴随晶粒进一步生长。但是一步溶液旋涂法面临着前驱体溶液里的碘化铅和碘甲胺由于溶解度的差异会造成析出量不同的问题，因此结晶过程中，会产生明显的偏析。早期一步溶液旋涂法获得的钙钛矿薄膜结晶质量和致密性都很差，如何获取光滑、致密、晶粒较大的钙钛矿薄膜成为了人们关注的重要问题。2014 年，韩国的 Seok 课题组报道了一种基于反溶剂的一步法，其制备工艺流程示意图见图 4-23（a），简单来说即在钙钛矿前体溶液旋涂的过程中，迅速滴下诸如乙酸乙酯、氯苯（chlorobenzene，CB）或甲苯这样的非极性溶剂作为反溶剂，它们可以使钙钛矿胶体从溶剂中析出，由于此种工艺能够获取结晶性好和致密度高的钙钛矿薄膜，同时可重复性良好，因此被大多数课题组作为制备方法并加以调整。然而，反溶剂法对反溶剂的滴加时刻非常敏感，这就需要大量的经验性尝试来优化和调整工艺。Vaynzof 等的研究指出，滴加反溶剂的持续时间会对薄膜的质量起到非常大的影响，这也是难以人为精准调控的一个变量。反溶剂工程已被广泛用于控制钙钛矿晶体的生长。在两步溶液旋涂法中，钙钛矿膜通过沉积在预沉积的碘化铅膜上而形成。在准备溶液时并不需要混合各个组分形成前驱体溶液，只需要将每个组分的溶液分别涂覆在基底上即可。先将 PbI_2 溶液旋涂在基底上，加热促使其结晶得到 PbI_2 薄膜，之后有机铵盐的溶液以旋涂或者浸泡的方式附着在衬底上与 PbI_2 反应。值得一提的是，将碘化铅衬底浸泡在有机铵盐溶液来生长钙钛矿薄膜的过程属于固-液反应，固-液反应一般比较剧烈，动力学过程难以控制，因此生长的钙钛矿薄膜的致密性和均匀性不好。而旋涂有机铵盐溶液后加热结晶的方法属于固相反应，也被称为互扩散法，这种方法相对可控，但一般来说，两步溶液旋涂法存在的最大问题是，生长过程中碘化铅层和有机铵盐的溶液之间的反应在短时间内很难完全进行，需要延长生长时间，并且薄膜内部的碘化铅仍会有残留。图 4-23（b）为典型的两步溶液旋涂制备工艺的过程。

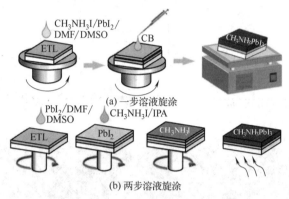

图 4-23 一步溶液旋涂和两步溶液旋涂

DMF 为二甲基甲酰胺；DMSO 为二甲基亚砜；ETL 为电子传输层；IPA 为异丙醇

无论是一步溶液旋涂法还是两步溶液旋涂法，受限于旋涂工艺，它们都存在着无法大面积生产的限制，并不适合生产太阳电池组件。此外，以旋涂为主的溶液法工艺虽然简单，但是对原材料的浪费十分严重，在降低成本方面有待改进。诸如 $MAPbI_3$、$FAPbI_3$ 这类的有机-无机杂化钙钛矿材料由于晶格很软容易被外界作用破坏，有机组分很容易挥发，因此并不适合磁控溅射和激光脉冲沉积工艺，更多地采用的是热蒸发工艺进行此类钙钛矿薄膜的制备。气相沉积法作为薄膜材料大面积制备的主要方法，备受产业界青睐，主要包括热蒸发、磁控溅射、化学气相沉积、原子层沉积等方法。与溶液旋涂法相比，气相沉积方法具有几个独特的优势：①溶液法中有机溶剂被普遍使用，毒性问题和处理问题对大规模生产构成了很大的阻碍。此外，高沸点的溶剂即使在退火后也会在钙钛矿薄膜中残留，造成不稳定的风险。在气相沉积过程中不使用溶剂（基于蒸汽）或较少的溶剂（蒸汽辅助），解决了这些与溶剂有关的问题。②加工的可扩展性。与液相（外力驱动）相比，反应物（即有机卤化物）在气相（扩散或压力驱动）中的分子扩散速率明显更快，在反应室中产生具有均匀分压的有机卤化物蒸气，从而使钙钛矿薄膜具有大面积的均匀性和高批次的可重复性。

4.5.3 限制铅卤钙钛矿薄膜太阳电池转换效率的因素

高光电转换效率的钙钛矿太阳电池与薄膜质量和器件结构直接相关。当太阳电池处于工作状态时，入射光子（$h\nu > E_g$）被材料吸收。电子从价带被激发到传导带，然后光产生的电子-空穴对被内置电场分离成电子和空穴。经过扩散、传输和提取过程，电子和空穴分别被负极和正极所收集。上述过程是基于理想状态下的，事实上，电荷将经历另一个过程——复合，包括俄歇复合、肖克利-雷德-霍尔（SRH）复合、表面和界面复合，所有这些都是非辐射复合。开路电压（V_{oc}）是由电子和空穴的准费米级的分裂产生的，而由陷阱辅助的非辐射复合引起的额外电荷路径是开路损耗的根本来源。迄今为止，$MAPbI_3$ 及其相关材料主要是通过低温溶液法合成的。这一过程不可避免地会产生许多不同类型的缺陷，包括热力学稳定的点缺陷、界面、表面和晶界（GB）等。在钙钛矿中经常发现的零维点缺陷包括 Pb^{2+} 空位（V_{Pb}）、I-空位（V_I）、间隙 I^{3-}、间隙 Pb^{2+} 和 Pb-I 反位离子（Pb_I，I_{Pb}）。点缺陷是捕获电子或空穴的复合中心，从而与非辐射复合过程相关联。虽然浅能级缺陷捕获的载流子相比导带（价带）中的载流子有部分能量损失，但是由于浅能级缺陷靠近导带或价带，其捕获的电子可通过光吸收激发到导带中，所以点缺陷所导致的浅能级缺陷对钙钛矿材料的光伏性能影响较小。钙钛矿材料中的深能级缺陷包括未配位的铅离子、卤素离子、晶界以及晶体退火和生长过程中的一些表界面缺陷等等。不同于浅能级缺陷，被深能级缺陷捕获的电子或空穴无法逃逸且通过非辐射复合湮灭，造成电池器件性能的下降。了解和控制缺陷以抑制非辐射电荷复合对于进一步提高钙钛矿电池效率至关重要。钙钛矿太阳电池的工作原理如图 4-24 所示。

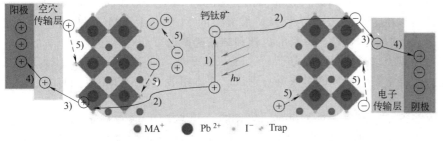

图 4-24　钙钛矿太阳电池的工作原理
1）电荷解离，2）电荷扩散，3）电荷传输，4）电荷提取，5）电荷复合

　　由于钙钛矿光吸收层是钙钛矿太阳电池中的关键元素，因此必须开发一个针对高质量的钙钛矿薄膜的最佳制造工艺。在溶液法制备钙钛矿薄膜的情况下，由于钙钛矿主溶剂［二甲基甲酰胺、二甲基亚砜、二甲基乙酰胺（DMAc）等］的缓慢蒸发，传统的旋涂过程通常会产生有限程度的过饱和，从而导致异质核的低密度。另一方面，作为溶液过饱和度的函数，晶体生长速度相对较快，在表面能较高的区域产生快速溶质沉淀。形核速率和生长速率的不平衡加速了大型树枝状钙钛矿结构在有限晶核上的生长，这对钙钛矿电池的性能是有害的。为了形成覆盖性好的致密钙钛矿结晶，在晶体生长开始之前达到高的成核速率是至关重要的。一般来说，快速成核后缓慢晶体生长是形成高质量钙钛矿薄膜的必要条件，能够实现高的表面覆盖率和低的缺陷密度。优化成核-生长过程的最有效途径是通过成核调控，包括溶液化学工程、界面工程、工艺处理（反溶剂、气体辅助、溶剂退火）等。这些处理的基本思想是同时抑制晶体生长和促进成核。

　　反溶剂法是典型的引发钙钛矿前驱体溶液快速成核的策略。反溶剂处理需要一种非极性溶剂，它与主溶剂混溶，但不溶于钙钛矿。在旋涂过程中引入反溶剂会立即去除多余的溶剂，并减少在前驱体湿膜中的溶解度，诱发前驱体溶液的瞬间过饱和并且快速成核。它有助于在形成的层的表面（固体/反溶剂/空气界面）触发均匀的成核，具有良好的表面覆盖率和可重复性。基于这一策略，其它反溶剂替代品［甲苯（Tol）、氯仿（CF）等］相继被报道，与不同的钙钛矿成分和主溶剂组合相协调。为了更合理地选择反溶剂，研究者们系统地比较了一系列具有不同介电常数和其它物理化学性质的溶剂。结果显示，具有较高沸点、与主溶剂更好的混溶性和高介电常数（>5，Tol 和 CB）的反溶剂倾向于更均衡的成核、更光滑和覆盖度更高的薄膜。此外，为了实现环境友好型生产，人们进一步提出了绿色抗溶剂，如正己烷、乙醚（DE）、茴香醚、乙酸乙酯（EA）、乙酸甲酯（MA）等，以取代过往使用的有毒的反溶剂。其它有代表性的诱导过饱和的方法除溶剂退火外还包括气体辅助沉积和真空闪蒸工艺。Huang 等在旋涂过程中在半湿的薄膜上引入流动的氩气，以加快溶剂的蒸发和迅速形成过饱和。更多晶核的快速形成，使钙钛矿晶体从表面覆盖率低的树枝状结构转变为密集的晶粒。通过这种气体辅助沉积法制备的钙钛矿电池显示出明显改善的光伏效率，超过了传统的旋涂工艺，而且可重复性也得到了极大的改善。真空闪蒸方法，通过将半湿润的过氧化物薄膜置于真空室中，实现了溶剂的快速、可控地去除，从而促进了溶质的快速过饱和，产生了更加均匀、表面完全覆盖、没有针孔的薄膜，晶粒大大超过了传统沉积方法制备的薄膜的晶粒尺寸。

形成路易斯酸碱加合物是一种简单而有效的策略，可以延缓钙钛矿的结晶，其中，碱是一个电子对供体，而酸是一个电子对受体。具有氧、硫和氮的单齿或双齿配体可以作为电子对供体，与 PbX_2 形成加合物。由于 DMSO 与 DMF 相比具有更强的路易斯碱性，在竞争反应中钙钛矿前驱体转化为钙钛矿晶体结构之前会形成 PbI_2-DMSO-MAI 的中间相，Park 等通过红外光谱测量证明了在含有 DMSO 的钙钛矿溶液中的 MAI-PbI_2-DMSO 中间相，有效地改善了制备所得薄膜的质量。钙钛矿薄膜的成核和结晶速率也可通过其它溶剂和添加剂来进行调控，例如能与铅离子进行螯合的大分子（1，8-二碘辛烷）或者小分子（HBr）。溶剂退火处理包括热退火过程中在薄膜周围引入可与钙钛矿前体相溶（或部分相溶）的溶剂，可增大晶粒尺寸。

钙钛矿型太阳电池近年来取得了显著进展，效率迅速提高，从 2009 年的约 3% 提高到今天的 25% 以上。虽然钙钛矿型太阳电池在很短的时间内就变得非常高效，但在它们成为具有竞争力的商业技术之前仍然存在许多挑战，需要更多的努力来克服目前的障碍。使钙钛矿电池快速进入产业化阶段除了对缺陷的原位表征提供关键信息，以了解其性质和来源之外，探索具有成本效益和高效的大规模生产路线是商业化生产的前提条件。开发可回收的导电氧化物和金属电极的回收工艺，同时合理解决有毒的铅的使用，也是至关重要的。面对所有这些挑战，钙钛矿电池有巨大的潜力来彻底改变现有的光伏产业。

4.6 非晶硅薄膜太阳电池

由于太阳光本身具有弥散性，往往需要大面积的太阳电池器件，才能充分获得能量从而满足人类的需求。大面积的太阳电池器件往往制造成本不菲，而薄膜太阳电池凭借着多样化的制备工艺、高原材料的利用率等使得大面积太阳电池器件的制造成本大大降低。其中非晶硅（a-Si，amorphous silicon）薄膜太阳电池凭借着较高的光吸收系数、灵活的制备工艺、原料获取简单且可以与其它电池形成叠层器件等优势受到业界的关注。

4.6.1 非晶硅材料的物理特性

（1）非晶硅基薄膜材料的结构

晶体硅中硅原子的键为 sp^3 共价键，原子排列为正四面体结构，具有严格的晶格周期性和长程有序性。而非晶硅中原子的键合也为共价键，原子的排列基本上保持 sp^3 键结构，只是键长和键角略有变化，这使非晶硅中原子的排列在短程有序的情况下，丧失了严格的周期性和长程有序性。

晶体硅的 X 射线衍射谱和电子衍射谱呈现明亮的点状（单晶）或环状（多晶）。而非晶硅的 X 射线衍射谱和电子衍射谱呈现两圈模糊的晕环,表明非晶硅中短程序的保持范围大体在最近邻和次近邻原子之间。

图 4-25 给出非晶硅的三维原子结构模型,每个硅原子与其它 4 个硅原子成键,其结构特征由 5 个几何结构参数及一个环状结构"参数"决定。这 5 个几何结构参数分别是:最近邻原子间距(Si—Si$_1$),即键长 r_1,键角 θ;次近邻原子间距(Si—Si$_2$)r_2;第 3 近邻原子间距(Si—Si$_3$)r_3 和二面角 φ。这里 φ 是指由 Si—Si$_1$ 键和 Si—Si$_2$ 键构成的晶面与 Si$_1$—Si$_2$ 和 Si$_2$—Si$_3$ 键面之间的夹角,所以称为二面角。为清晰起见,图示的 φ 选取了另一组参考原子。关于环状结构"参数",图中显示一个五环结构。在晶体硅中硅原子是呈六环结构排列,只有在非晶硅中才有五环或七环结构生成。

(2)非晶硅薄膜材料的光学特性

一种材料的光学性质,从本质上说是光子与电子相互作用的宏观反映,在此过程中总伴随着电子在不同能量状态之间的跃迁。晶态半导体电子的跃迁遵守准动量守恒的选择定则,并且电子通过间接跃迁和直接跃迁的方式在禁带之间进行跨越。但是在非晶态半导体中,由于晶格排列的长程无序性,电子态没有确定的波矢,电子的跃迁不再受动量守恒定律的限制。所以非晶态半导体和晶态半导体的吸收光谱也有所不同。图 4-26 为非晶硅薄膜的吸收光谱。根据非晶硅薄膜对不同光子的吸收差别,其吸收光谱可分为本征吸收区、带尾吸收区和次带吸收区三个区域。

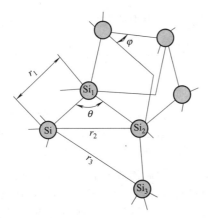

图 4-25 非晶硅的三维原子结构模型和相关参数

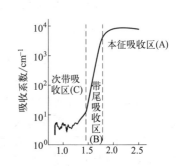

图 4-26 非晶硅薄膜的吸收光谱

本征吸收(A 区)是由电子吸收能量大于光学带隙的光子从价带跃迁到导带而引起的吸收。本征吸收的长波限,也称吸收边,就是光学带隙 E_g,它比由电导激活能确定的迁移率带隙稍小些,因为迁移率边位于更高态密度的能量位置。内光电发射测量表明两者的差值约为 0.16eV。

非晶硅薄膜的吸收系数 α 随光子能量 $h\nu$ 的变化关系,在吸收边附近遵循 Tauc 规律:

$$(\alpha h\nu)^{1/2} = B(E_g - h\nu) \tag{4-5}$$

式中,α 为吸光指数;h 为普朗克常数;B 为与光子的能量无关而只与材料性质有关的常数,一般在 $10^5 \sim 10^6$;ν 为频率;E_g 为半导体禁带宽度。实验上,常利用光透射谱来导出非晶硅薄膜的复折射率,再由上式计算出 Tauc 光学带隙 E_g。光学带隙的大小随制备方法和工艺条件的不同而不同,主要受化学组分、工艺条件和掺杂等因素的影响。

带尾吸收(B 区)相应于电子从价带扩展态到导带尾态或从价带尾态到导带扩展态的跃

迁。在这一区域，$1 < \alpha < 10^3 \text{cm}^{-1}$，$\alpha$ 与 $h\nu$ 呈指数关系，$\alpha \propto (h\nu/E)$，所以也称指数吸收区。这一指数关系来源于带尾态的指数分布，特征能量 E 与带尾结构有关，它标志着带尾的宽度和结构无序的程度，E 越大，带尾越宽，结构越无序。E 也称为 Urbach 能量，而指数分布的带尾也称为 Urbach 带尾。这是因为 F. Urbach 在 1953 年首先发现，无序固体中电子从价带尾跃迁到导带尾的光吸收系数随光子能量呈指数变化，并指出它起源于电子带尾态密度的指数分布。

次带吸收（C 区），$\alpha < 10 \text{cm}^{-1}$，相应于电子从价带到带隙态或从带隙态到导带的跃迁。这部分光吸收能提供带隙态的信息。在 C 区，若材料的 α 在 1cm^{-1} 以下，则表征该材料具有很高的质量。

4.6.2 非晶硅薄膜材料的制备方法

为了改善薄膜质量和提高薄膜沉积速率，多年来人们研究了许多种类非晶硅薄膜的沉积方法，目前由于非晶硅薄膜在沉积的过程中会有大量的缺陷形成，通常加入氢减少缺陷，这种氢和非晶硅的合金称为非晶硅合金或氢化非晶硅（a-Si：H）。制备氢化非晶硅薄膜的方法主要可分为两大类：化学气相沉积法和物理气相沉积法。所谓化学气相沉积法，就是在真空条件下，将含有 Si 的前驱物气体分解，然后把分解出来的 Si 原子或者含 Si 的基团沉积到衬底上。而物理气相沉积法，则是在真空条件下，通过溅射含有 Si 的靶材得到 Si 原子，然后在基片上生长氢化非晶硅薄膜。

当前，成功地应用于非晶硅基薄膜太阳电池制备过程中的沉积方法主要是各种各样的化学气相沉积法，主要包括等离子体增强化学气相沉积法、热丝化学气相沉积法、光诱导化学气相沉积法，下面将分别分析这些方法的原理、结构、优缺点等。

（1）等离子体增强化学气相沉积法

等离子体增强化学气相沉积（PECD）法是迄今为止实验室和大规模产业沉积氢化非晶硅薄膜使用最普遍的沉积方法，此方法是利用低温等离子体作为能量源，样品置于低气压辉光放电的阴极上。利用辉光放电使样品升温到预定的温度，然后通入适量的反应气体，气体经一系列化学反应和等离子体反应，在样品表面形成固态薄膜。利用 PECVD 法制备本征非晶硅薄膜，主要采用氢气或氦气、氩气等惰性气体稀释的硅烷气体或高纯硅烷气体的热分解。

非晶硅薄膜的形成主要经历三个过程：①电子与反应气体发生初级反应，形成离子和活性基团的混合物；②各种产物向薄膜生长表面和管壁扩散运输，同时发生各反应物之间的次反应；③到达生长表面的各种初级反应和次级反应物被吸附并与表面发生反应，同时伴随有气相分子物的再放出。

根据激发源的不同，PECVD 法分为直流等离子体增强化学气相沉积（DC-PECVD）法、射频等离子体增强化学气相沉积（RF-PECVD）法、超高频等离子体增强化学气相沉积（VHF-PECVD）法等。

（2）热丝化学气相沉积法

热丝化学气相沉积（HWCVD）法是一种低温沉积薄膜的制备技术，可分为三个主要过程：①反应气体在热丝处的分解过程；②反应基元向衬底的输运过程；③基元在衬底表面的吸附生长过程。在沉积过程中，热丝被加热到 1400℃ 以上的高温，纯 SiH_4 或 SiH_4 与 H_2 的混合气体被引入腔体，SiH_4 在热丝表面被热分解，主要生成 Si 原子和 H 原子，这些原子在到达衬底表面之前，还要通过一系列的气相反应过程。HWCVD 方法的优势：①沉积速率高；气体分子为热分解，不存在电场加速的高能粒子轰击薄膜对其产生的伤害。②可以通过扩大接触反应面积（多灯丝或者灯丝网）和提供适当大小的通气气源面积实现大面积生长。③热丝分解过程所产生的大量的高能量原子 H 不仅可以夺走 SiH_3 中的 H，使 Si—Si 相结合的机会增加，促进薄膜的晶化，而且同时也降低了薄膜中的 H 含量，使薄膜在光致衰减效应方面比较稳定。同时，HWCVD 方法也存在一些缺点，如加热丝容易老化，寿命较短；加热丝可能对所沉积的薄膜产生污染；大面积沉积时薄膜材料均匀性不容易控制；等。

（3）光诱导化学气相沉积法

光诱导化学气相沉积（photoinduced chemical vapor deposition, PICVD）法是利用紫外光子能量对反应气体分子进行分解，得到电子、正离子和各种中性粒子，这些粒子和离子扩散到衬底表面而沉积形成固态的薄膜材料的方法。PICVD 方法的优点在于，由于反应过程中不存在电场，正离子不会被加速获得高能量，所以不会对基片及薄膜造成轰击损伤，因此利用此方法沉积的薄膜中缺陷态密度较低。同时，PICVD 方法也存在不足，主要有两个方面：一是常利用的紫外线激励光源为水银灯，存在水银的污染问题；二是反应速度太慢，不适合大规模化生产。

4.6.3　非晶硅薄膜太阳电池的结构

在常规的单晶和多晶太阳电池中，通常是用 p-n 结结构。由于载流子的扩散长度很长，所以电池中载流子的收集长度取决于所用硅片的厚度。但对于非晶硅薄膜电池，材料中载流子的迁移率和寿命都比在相应的晶体材料中低很多，载流子的扩散长度也比较短。如果选用通常的 p-n 结的电池结构，光生载流子在没有扩散到结区之前就会被复合。如果用很薄的材料，光的吸收率会很低，相应的光生电流也很小。为了解决这一问题，硅基薄膜电池采用 p-i-n/n-i-p 结构。其中，p 层和 n 层分别是硼掺杂和磷掺杂的材料；i 层是本征材料。

（1）p-i-n 单结非晶硅薄膜太阳电池

p-i-n 结构的电池一般沉积在玻璃衬底上，以 p、i、n 的顺序连续沉积各层而得。此时由于光是透过玻璃入射到太阳电池的，所以人们也将玻璃称为衬顶（superstrate）。在玻璃衬底上先要沉积一层透明导电膜。在透明导电膜上依次沉积 p 层、i 层和 n 层，其中 p 层通常采用非晶碳化硅合金（a-SiC：H）。由于非晶碳化硅合金的禁带宽度比非晶硅宽，其透过率比通常的 p 型非晶硅高，所以 p 型非晶碳化硅合金也叫窗口材料（window material）。为了降低 p-n 界面缺陷态密度一般采用一个缓变的碳缓冲层，这样可以有效地降低界面态密度，提高填充因子。在缓冲层上面可以直接沉积本征非晶硅层，然后沉积 n 层。在沉积完非晶硅层后，背电极可以直接沉积在 n 层上。常用的背电极是铝（Al）和银（Ag）。为了提高光在背电极的有效散射并降低 n 层/电极界面的吸收，在沉积背电极之前可以在 n 层上沉积一层氧化锌（ZnO）。氧化锌有三个作用：首先它有一定的粗糙度，可以增加光散射；其次它可以起到阻挡金属离子扩散到半导体中的作用，从而降低由金属离子扩散所引起的电池短路；最后它还可用于有效地改变 n 层/电极界面层的等离子体频率，从而降低界面的吸收。

（2）n-i-p 单结非晶硅薄膜太阳电池

与 p-i-n 结构相对应的是 n-i-p 结构。这种结构通常是沉积在不透明的衬底上，如不锈钢和塑料。由于非晶硅基薄膜中空穴的迁移率比电子的要小近两个数量级，所以非晶硅基薄膜电池的 p 区应该生长在靠近受光面的一侧。以不透光的不锈钢衬底为例，制备电池结构的最佳方式应该是 n-i-p 结构,即首先在衬底上沉积背反射膜。常用的背反射膜包括银/氧化锌(Ag/ZnO)和铝/氧化锌(Ag/ZnO)。在背反射膜上依次沉积 n 型、i 型和 p 型非晶硅材料,然后在 p 层上沉积透明导电膜。常用的透明导电膜是氧化铟锡(indium tin oxide,ITO)。由于 ITO 膜的表面电导率通常不如在玻璃衬底上的透明导电膜的表面电导率高,加上为达到减反射作用,ITO 很薄,厚度一般仅为 70nm,所以要在 ITO 面上添加金属栅线,以增加光电流的收集率。

(3)多结非晶硅薄膜太阳电池

由于太阳光具有很宽的光谱,对于太阳电池有用的光谱区覆盖紫外线、可见光和红外线。显然用一种禁带宽度的半导体材料不能有效地利用所有太阳光子的能量。一方面对于光子能量小于半导体禁带宽度的光在半导体中的吸收系数很小,对太阳电池的转换效率没有贡献;另一方面对光子能量远大于禁带宽度的光,有效的能量只是禁带宽度的部分,大于禁带宽度的部分能量通过热电子的形式损失掉。基于这种原理,利用多结电池可以有效地利用不同能量的光子。在以非晶硅为吸收材料的太阳电池中,多采用双结或三结的电池结构。利用多结电池,除可以提高对不同光谱区光子的有效利用外,还可以提高太阳电池的稳定性。

4.6.4 影响非晶硅薄膜太阳电池转换效率的因素

非晶硅薄膜太阳电池的光电转换效率低,很大程度上要归因于非晶硅自身的低空穴迁移率。并且非晶硅材料自身的光学带隙约为 1.7eV,导致非晶硅本身对于太阳辐射光谱的长波段响应不敏感。即波长大于 750nm 的光子,即使利用陷光技术也无法有效地利用太阳光。而在制备氢掺杂的非晶硅薄膜过程中,也存在光致衰退效应。氢化非晶硅薄膜经较长时间的强光照射或电流通过时,由于 Si—H 键很弱,H 很容易失去,形成大量的 Si 悬挂键,从而使薄膜的电学性能下降,而且这种失 H 行为还是一种链式反应,失去 H 的悬挂键又吸引相邻键上的 H 原子,使其周围的 Si—H 键松动,致使相邻的 H 原子结合为 H_2,便于形成 H_2 的气泡。其光电转换效率会随着光照时间的延续而衰减,这样将大大影响太阳电池的性能。

器件结构中的透明导电膜、窗口层性质(包括窗口层光学带隙宽度、窗口层导电率及掺杂浓度、窗口层激活能、窗口层的光透过率)、各层之间界面状态(界面缺陷态密度)及能隙匹配、各层厚度(尤其 i 层厚度)以及太阳电池结构等同样也限制非晶硅薄膜电池的转化效率。

4.6.5 非晶硅薄膜电池的发展方向

非晶硅薄膜电池的长远发展方向是很明确的,在充分利用其独特的优势外,主要是要克服产品开发、生产和销售方面存在的问题。首先是进一步提高电池的效率。其中,利用微晶硅电池作为多结电池的底电池可以进一步提高电池的效率,降低电池的光诱导衰退。非晶硅和微晶硅多结电池板的稳定效率在 10% 以上。如果微晶硅大面积高速沉积方面的技术难题可以在较短的时间里得到解决,预计在不远的将来,非晶硅和微晶硅相结合的多结电池将成为硅基薄膜电池的主要产品。非晶硅和微晶硅多结电池可以沉积在玻璃衬底上,也可以沉积在柔性衬底上,因此无论是玻璃衬底还是柔性衬底的硅薄膜电池都可以采用非晶硅和微晶硅多结电池结构。在提高电池转换效率的同时,增加生产的规模是降低生产成本的重要途径。随着生产规模的增加,单位功率的成本会随之降低,相应的原材料的价格也随之降低。另外,开发新型封装材料和优化封装工艺也是降低成本的重要研究和开发方向。

习题

1. 简述碲化镉薄膜太阳电池的结构特点及与其材料物性的关系。
2. 简述碲化镉薄膜太阳电池主要制造技术。
3. 简述铜铟镓硒薄膜太阳电池的结构特点及与其材料物性的关系。
4. 简述铜铟镓硒薄膜太阳电池主要制造技术。
5. 简述砷化镓薄膜太阳电池的结构特点及与其材料物性的关系。
6. 简述砷化镓薄膜太阳电池主要制造技术。
7. 简述有机-无机杂化钙钛矿薄膜太阳电池的结构特点及与其材料物性的关系。
8. 简述有机-无机杂化钙钛矿薄膜太阳电池主要制造技术。

参考文献

[1] Luque A，Hegedus S. Handbook of photovoltaic science and engineering[M]. 2th ed. Hoboken：John Wiley & Sons，Ltd,2011.

[2] Scheer R，Schock H W. Chalcogenide photovoltaics：physics，technologies，and thin film devices[M]. Woinem：Wiley-VCH Verlag GmbH & Co. KGaA，2011.

[3] 丁建宁.新型薄膜太阳能电池[M].北京：化学工业出版社,2018.

[4] 肖旭东,杨春雷.薄膜太阳能电池[M].北京：科学出版社,2014.

[5] Murri R. Silicon based thin film solar cells[M]. Ichikawa：Bentham Science Publishers，2013.

[6] 纳尔逊.薄膜太阳能电池[M].高扬,译.上海：上海交通大学出版社,2014.

[7] 刘恩科,朱秉升,罗晋生.半导体物理学[M].8版.北京：电子工业出版社,2023.

第 5 章

锂离子电池正极材料制备技术

5.1 正极材料概述

5.1.1 正极材料的发展历程

回顾社会文明和科学技术的发展，每一次革命性的进步均伴随着能源结构的变化。2019年化学界的最高荣誉——诺贝尔化学奖颁发给了锂离子电池领域的 3 位科学巨匠：美国 John B Goodenough 教授、Stanley Whittingham 教授和日本的 Akira Yoshino 教授，以表彰他们为锂离子电池发展做出的里程碑式贡献。

1980 年，Goodenough 提出层状结构材料 $LiCoO_2$ 可以实现锂离子的可逆嵌入脱出。后来，索尼公司成功将其商业化。

1983 年 Thackeray 和 Goodenough 合成了尖晶石结构的锰 $LiMn_2O_4$ 正极材料，并实现其商业化应用。

2001 年日本科学家 Tsutomu Ohzuku 报道合成 $LiNi_{1/3}Co_{1/3}Mn_{1/3}O_2$ 三元正极材料的研究成果，从此开启了多元正极材料的研究和产业化热潮。Ni 和 Mn 替代 Co 不仅是科学的进步，同时使得锂离子电池商业化应用的市场前景也更加广阔。

1997 年 Goodenough 课题组又首次报道磷酸铁锂材料具有可逆性的嵌入脱出 Li^+ 的特性。1997 年 4 月 23 日美国德克萨斯州立大学申请了"可充电锂二次电池正极材料"专利。纯磷酸铁锂材料导电性差，所制造的电池容量低、衰减快。难以实用化。2000 年加拿大魁北克水力公司首先申请了导电剂包覆磷酸铁锂（包括利用碳包覆）的专利，使得磷酸铁锂的容量大大提高，循环寿命达到 2000 次以上，又使得锂离子电池在动力汽车和规模化储能领域的应用成为现实，从此开启了磷酸铁锂的产业化应用。

在"碳中和"和"碳达峰"的双碳目标下，锂离子电池及材料将在动力电池和储能领域得到更大规模规应用。不仅成为全球新的经济增长点，同时助推全球经济的快速、健康和绿色发展。

5.1.2 正极材料的种类

锂离子电池的正极材料是指在锂离子电池中相对于负极材料具有较高的电极电位，在充放电过程中锂离子可以进行可逆的嵌入和脱出的一类电极材料。正极材料是决定锂离子电池性能的关键材料之一。根据正极材料的结构，它们大致可以分为以下几类，如图 5-1 所示。

① 层状结构正极材料：$LiMO_2$（M＝Co、Ni、Mn 中一种或多种），典型的层状正极材料有钴酸锂

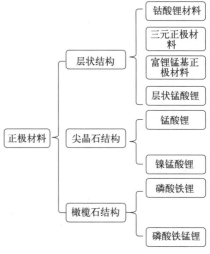

图 5-1　正极材料分类

（$LiCoO_2$）和三元材料（$LiNi_xCo_yMn_{1-x-y}O_2$）。

② 尖晶石结构正极材料：$LiMn_2O_4$（M＝Mn、Ni 中一种或多种），典型材料有锰酸锂（$LiMn_2O_4$）和镍锰酸锂（$LiNi_{0.5}Mn_{1.5}O_4$）。

③ 橄榄石结构正极材料：$LiMPO_4$（M＝Fe、Mn、Co、Ni、V），典型的橄榄石结构正极材料有磷酸铁锂（$LiFePO_4$）和磷酸铁锰锂（$LiMn_xFe_{1-x}PO_4$）。不同正极材料具有不同的特点，如表 5-1 所示。

表 5-1 主要正极材料的特征与性能对比

中文名称	磷酸铁锂	钴酸锂	锰酸锂	三元镍钴锰
化学式	$LiFePO_4$	$LiCoO_2$	$LiMn_2O_4$	Li（Ni，Co，Mn）O_2
晶体结构	橄榄石结构	层状结构	尖晶石结构	层状结构
空间点群	$Pmnb$	$R\bar{3}m$	$Fd3m$	$R3m$
锂离子扩散系数/（cm^2/s）	$10^{-16} \sim 10^{-14}$	$10^{-12} \sim 10^{-11}$	$10^{-14} \sim 10^{-12}$	$10^{-11} \sim 10^{-10}$
理论密度/（g/cm^3）	3.6	5.1	4.2	4.8～5.0
理论比容量/[（mA·h）/g]	170	274	148	273～285
实际比容量/[（mA·h）/g]	140～160	135～150	100～120	155～220
平均电压/V	3.4	3.7	3.8	3.6
电压范围/V	3.0～3.7	3.0～4.5	3.0～4.3	2.5～4.5
循环性/次	2000～6000	500～1000	500～2000	800～2000
安全性能	好	差	良好	一般
主要应用领域	电动汽车及规模化储能	传统 3C（计算机、通信与消费电子产品）电子领域	电动工具、电动自行车	3C 电子产品及电动汽车

5.2 锂离子电池正极材料的结构与电化学特征

5.2.1 层状结构正极材料

5.2.1.1 氧化钴锂正极材料

氧化钴锂（lithium cobalt oxide，$LiCoO_2$），又称钴酸锂，是最早实现商业化的正极材料之一。$LiCoO_2$ 晶体具有层状的 α-$NaFeO_2$ 型结构，属于六方晶系中 $R\bar{3}m$ 空间点群，如图 5-2 所示。在晶体的（111）晶面上，Li^+ 占据 3a 位，Co^{2+} 占据 3b 位，形成的层状二维通道十分有利于 Li^+ 的脱嵌。理想层状 $LiCoO_2$ 的晶格参数为：$a=2.816(2)$Å，$c=14.08(1)$Å。c/a 的值应大于 4.9。

$LiCoO_2$ 的电化学特征：$LiCoO_2$ 的理论比容量高达 274mA·h/g，$LiCoO_2$ 在充电过程中，随着 Li^+ 不断地脱出发生相变同时晶胞参数也发生变化。

图 5-3 为 $LiCoO_2$ 的循环伏安曲线。从图中可以看出，当扫描范围为 2.8～4.6V 时，在 3.93V 和 3.85V 附近存在一对强烈的氧化还原峰，此对峰对应的是 Co^{3+}/Co^{4+} 的氧化还原。而在 4.05～4.2V 范围内存在两对弱小的氧化还原峰，此处对应的是 $LiCoO_2$ 六方→单斜→六方的相变过程。当充电电压超过 4.5V 时，又出现一对强烈的氧化还原峰，Co^{3+} 进一步被氧化成 Co^{4+}。

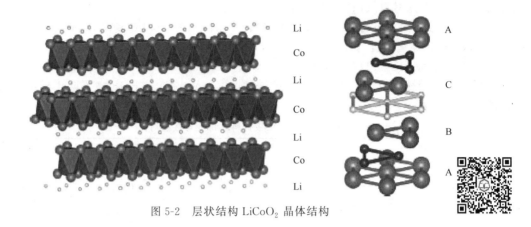

图 5-2 层状结构 $LiCoO_2$ 晶体结构

实际应用时，为了保持其结构稳定性，$LiCoO_2$ 的充电截止电压都控制在 4.2V 以下。在相对较低的电压下 $LiCoO_2$ 中只有 0.5 个左右的 Li^+ 脱嵌，避免了 Li^+ 的过度脱出生成更多强氧化性 CoO_2，引起电解液发生分解反应，加速对主体材料的腐蚀，造成较大的不可逆容量损失。所以其实际比容量在 150mA·h/g 左右。

5.2.1.2 镍钴锰酸锂正极材料

镍钴锰酸锂（lithium nickel cobalt manganese oxide，$LiNi_{1-x-y}Co_xMn_yO_2$，NCM），又称三元正极材料，最早可追溯到 20 世纪 90 年代对 $LiCoO_2$、$LiNiO_2$ 掺杂效应研究和减少金属钴用量的研究；之后经 Ohzuku 等发展，如今已经市场化。其结构与钴酸锂的结构类似，由于 Ni、Co 和 Mn 三种元素的化学性质较接近、其离子半径也相近，因而很容易形成 $LiNi_{1-x-y}Co_xMn_yO_2$ 型固溶体，即 $LiCoO_2$ 结构中部分 Co 的位置被 Ni 和 Mn 所替代，却仍然保持着 $LiCoO_2$ 的空间结构。三元材料组成见图 5-4。

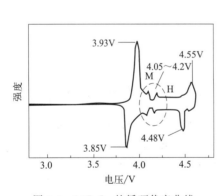

图 5-3 $LiCoO_2$ 的循环伏安曲线

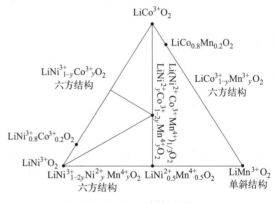

图 5-4 三元材料组成

由于 Ni 和 Mn 的替代，使得三元材料的电化学性能发生了较明显的变化，并且三种元素比例不同，材料所表现出来的电化学性能也有较明显的区别。相比于 $LiCoO_2$，三元材料中 Ni 是提供容量的活性元素，Co 可以降低电化学极化并提高材料的倍率性能，Mn 则对材料的热稳定和结构稳定提供保证。在低镍型三元材料中的 Co 与 $LiCoO_2$ 中的 Co 一样，表现为 +3 价，而 Ni 和 Mn 则分别为 +2 价和 +4 价。在高镍型材料中，Co 为 +3 价，Ni 为 +2/+3 价，Mn 元素依然为 +4 价。在充放电过程中，Ni^{2+}、Ni^{3+} 和 Co^{3+} 发生氧化，Mn 元素的化合价基本保持不变，主要起到一个稳定材料结构的作用，而电极材料容量的贡献则主要来自低价态的 +2 价 Ni 和部分 +3 价的 Co。Ni-Co-Mn 之间的协同效应使三元材料集合了三种单组分材料的优点于一身，其不仅具有较高的比容量，而且用 Ni 和 Mn 来替代昂贵的 Co，大大降低了材料的成本，此外，材料的安全性能也相对较好。早期的三元材料为 $LiNi_{1/3}Co_{1/3}Mn_{1/3}O_2$，其镍、钴和锰三种金属元素的比例为 1:1:1，又简称 111 型。目前市场上的三元正极材料按镍钴锰的元素比例可分为 $LiNi_{1/3}Co_{1/3}Mn_{1/3}O_2$、$LiiNi_{0.5}Co_{0.2}Mn_{0.3}O_2$、$LiiNi_{0.6}Co_{0.2}Mn_{0.2}O_2$ 和 $LiNi_{0.8}Co_{0.1}Mn_{0.1}O_2$ 几种型号。

5.2.1.3 富锂正极材料

富锂正极材料（lithium-rich layered oxide materials）其分子式可写为 $x Li_2MnO_3 \cdot (1-x) LiMO_2$（M=Ni、Co、Mn），由 Li_2MnO_3 和 $LiMO_2$ 两组分按照不同比例复合而来。M 可以是一种过渡金属元素，也可以是几种过渡金属的固溶体。理想的 $LiMO_2$ 和 Li_2MnO_3 的结构如图 5-5 所示。$LiMO_2$ 是与 $LiCoO_2$ 相同的 α-$NaFeO_2$ 层状结构，属于 $R\bar{3}m$ 空间群。而 Li_2MnO_3 则是类似于 α-$NaFeO_2$ 的层状结构，其中 O^{2-} 呈立方密堆积，α-$NaFeO_2$ 中的 Na^+ 位被 Li^+ 占据，Fe^{3+} 的位置分别被 1/3 的 Li^+ 和 2/3 的 Mn^{4+} 占据，形成了 $LiMn_2$ 层。

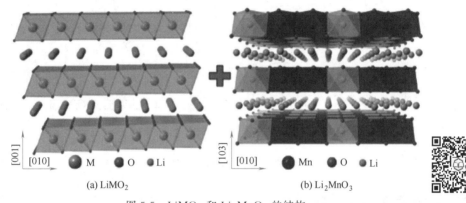

图 5-5 $LiMO_2$ 和 Li_2MnO_3 的结构

富锂型正极材料具有能量密度高、成本低等优势，具备发展前景，但由于首次充放电效率低、结构稳定性差等仍未被市场化。

5.2.2 尖晶石型正极材料

5.2.2.1 锰酸锂正极材料

锰酸锂（lithium manganate，$LiMn_2O_4$）是典型的尖晶石结构正极材料，属于立方晶系 $Fd\bar{3}m$ 空间点群，其晶体结构如图 5-6 所示，氧原子呈面心立方密堆积，锰原子则交替位于氧原子密堆积成的八面体中心（16d），锂离子位于四面体中心（8a）。四面体的一面与一个空的八面体（16c）连在一起构成了互相连通的三维隧道结构，供锂离子迁移。锰酸锂中 Li^+ 的扩散系数达 $10^{-14} \sim$

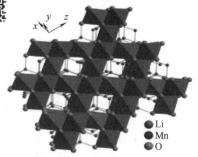

图 5-6 尖晶石型 $LiMn_2O_4$ 晶体结构

$10^{-12}\,\mathrm{cm}^2/\mathrm{s}$。充电时，$\mathrm{Li}^+$ 从 $8a$ 位置脱出，Mn^{3+} 氧化为 Mn^{4+}，$\mathrm{LiMn}_2\mathrm{O}_4$ 的晶格发生各向同性收缩，晶格常数从 8.24Å 逐渐收缩到 8.05Å（2.5%）；放电则反之，整个过程中尖晶石结构保持立方对称，没有明显的体积膨胀或收缩。

$\mathrm{LiMn}_2\mathrm{O}_4$ 的理论容量为 $148\mathrm{mA\cdot h/g}$，实际容量一般为 $100\sim120\mathrm{mA\cdot h/g}$。如图 5-7 所示，尖晶石 $\mathrm{Li}_x\mathrm{Mn}_2\mathrm{O}_4$（$0<x<1$）的充放电曲线在 4V 区域的平台有明显的两个阶段，对应循环伏安曲线 4V 区域两对氧化还原峰。以放电为例，两个阶段分别对应 $0<x<0.5$ 和 $0.5<x<1$ 的嵌锂过程。其中，在 $0<x<0.5$ 时，$\mathrm{Li}_{0.5}\mathrm{Mn}_2\mathrm{O}_4$ 和 $\lambda\text{-}\mathrm{MnO}_2$ 两个立方相共存，平台特征明显；而 $0.5<x<1$ 时 Li^+ 随机地占据均一相的 $8a$ 位置，呈现倾斜的连续曲线特征。

当 Li^+ 继续嵌入时，$\mathrm{Li}_x\mathrm{Mn}_2\mathrm{O}_4$（$1<x<2$）在 3V 区域形成另一个电位平台，该平台与 4V 区域的相差较大，如图 5-7 所示。此时 Li^+ 嵌入尖晶石结构八面体 $16c$ 的空位并向四方结构转变，这就是所谓的 Jahn-Teller 形变。变形使 c/a 值增加 16%，巨大的体积变化产生的微应力使尖晶石材料很难保持结构完整性，不能承受锂离子多次的嵌入或脱出，循环时容量会迅速衰减，因此 $\mathrm{LiMn}_2\mathrm{O}_4$ 的应用主要在 4V 区域内。

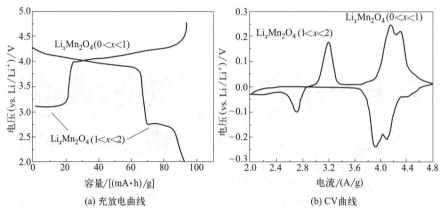

(a) 充放电曲线　　　　　　　　(b) CV 曲线

图 5-7　锰酸锂的充放电及 CV 曲线

5.2.2.2　镍锰酸锂正极材料

镍锰酸锂（lithium nickel manganese oxide，$\mathrm{LiNi}_{0.5}\mathrm{Mn}_{1.5}\mathrm{O}_4$）正极材料，实际是由 Ni^{2+} 掺杂 $\mathrm{LiMn}_2\mathrm{O}_4$ 得到的一种固溶体，两者的晶体结构相同，Mn 和 Ni 元素按照 $3:1$ 的比例分别占据八面体中心位置。由于制备条件的不同，会得到两种结构的 $\mathrm{LiNi}_{0.5}\mathrm{Mn}_{1.5}\mathrm{O}_4$，分别是面心立方的无序型和简单立方的有序型。同 $\mathrm{LiMn}_2\mathrm{O}_4$ 相比，$\mathrm{LiNi}_{0.5}\mathrm{Mn}_{1.5}\mathrm{O}_4$ 发生电化学反应时的氧化还原电对 $\mathrm{Mn}^{4+}/\mathrm{Mn}^{3+}$ 变为 $\mathrm{Ni}^{3+}/\mathrm{Ni}^{2+}$，所以氧化还原电位也由 4.1V 提升至 4.7V。在理论比容量几乎不变的情况下，更高的放电电位不仅可以提高材料的能量密度，且适合匹配相对较高电位的负极材料。

5.2.3　橄榄石型正极材料

5.2.3.1　磷酸铁锂正极材料

橄榄石型 LiMPO_4（M＝Fe、Mn、Co、Ni）正极材料在晶体学上属于正交晶系，空间点群为 *Pnma* 或者 *Pmnb*，最典型的橄榄石型正极材料为磷酸铁锂（lithium iron phosphate），又称磷酸亚铁锂，分子式 LiFePO_4，简称 LFP。

$LiFePO_4$ 的结构特征如图5-8所示，是空间构型为 *Pnma* 型晶体结构。O原子以稍微扭曲的六方最密堆积排列，P原子占据四面体中心，构成 PO_4 四面体；Fe和Li原子占据八面体的 $4a$ 和 $4c$ 位，分别构成 FeO_6 和 LiO_6 八面体。整个晶体由 FeO_6 八面体和 PO_4 四面体构成空间骨架。其各项晶胞参数分别为 $a=6.008\text{Å}$、$b=10.334\text{Å}$、$c=4.693\text{Å}$。

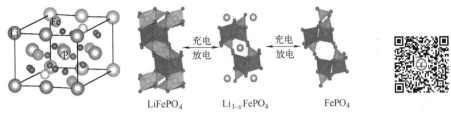

图5-8　$LiFePO_4$ 的晶体结构

$LiFePO_4$ 相对金属锂的电极电位约为 3.4V，理论容量为 170mA·h/g。锂离子的脱出和嵌入是沿晶体中 [010] 晶向进行一维扩散的。在完成脱锂后，$LiFePO_4$ 变为 $FePO_4$，当 Li^+ 从 $LiFePO_4$ 中脱出后，晶格常数 a、b 会略微减小，c 则稍稍增大，最终体积缩小 6.81%，另外，$LiFePO_4$ 和 $FePO_4$ 在结构上具有相似性，因此 $LiFePO_4$ 在充放电过程中结构很稳定，循环性能较好。$LiFePO_4$ 充放电曲线的平台很长，说明 $LiFePO_4$ 的正极脱、嵌锂的反应是两相反应，图5-9为磷酸铁锂充放电过程的相变示意图。

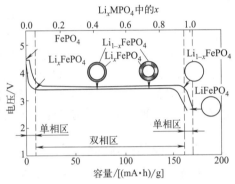

图5-9　$LiFePO_4$ 的充放电结构

充电时，Li^+ 从 FeO_6 层间迁移出来，Fe^{2+} 被氧化为 Fe^{3+}，放电过程进行还原反应，与上述过程相反，反应如下。

充电反应：　　$LiFePO_4 - xLi^+ - xe^- \longrightarrow xFePO_4 + (1-x)LiFePO_4$　　　　　(5-1)

放电反应：　　$FePO_4 + xLi^+ + xe^- \longrightarrow xLiFePO_4 + (1-x)FePO_4$　　　　　(5-2)

一般认为，Li^+ 在 $LiFePO_4/FePO_4$ 界面间的扩散成为正极嵌锂/脱锂反应的控制步骤，电流密度、电极反应温度、晶粒大小以及导电性能均会对其扩散速度产生影响，从而影响材料性能。

5.2.3.2　磷酸铁锰锂正极材料

尽管 $LiFePO_4$ 材料有较高的放电比容量、优异的循环稳定性和安全性，但是其放电平台的电压相对较低，加之材料的振实密度和压实密度也都较低，导致其整体的能量密度并不高。$LiMnPO_4$ 具有与 $LiFePO_4$ 相近的晶体结构，且具有较高的放电电压平台，但是 $LiMnPO_4$ 晶体本身的电子导电率差，近乎是绝缘体，也就阻碍了 $LiMnPO_4$ 实用化。然而，将 $LiFePO_4$ 与 $LiMnPO_4$ 两种材料复合形成单一的固溶体——磷酸铁锰锂（lithium manganese iron phosphate），$LiMn_xFe_{1-x}PO_4$（$0<x<1$），一方面使得材料的工作电压在 $3.4\sim4.1$V（vs. Li^+/Li）之间，可以提高材料的能量密度，另一方面由于 Mn^{2+} 半径略大于 Fe^{2+}，形成晶格缺陷可以扩大 Li^+ 的迁移通道，增加材料的离子电导率，提高材料的倍率性能。

$LiMn_xFe_{1-x}PO_4$ 正极材料在充放电时将会包含两个区域：一个是在 $4.0\sim4.1$V 之间，

对应的是 Mn^{3+}/Mn^{2+} 电对反应；另一个在 3.5～3.6V 之间，对应着 Fe^{3+}/Fe^{2+} 的反应。x 值的大小决定了以上两个平台的相对长短。若要有效提高材料的能量密度就需要增加 4V 平台的长度，即提高 Mn 含量，但纯相的 $LiMnPO_4$ 在充放电过程中并没有展现出理想的电化学活性。所以 $LiMn_xFe_{1-x}PO_4$ 材料的锰铁摩尔比是很重要的，需要兼顾材料的能量密度和倍率性能。

5.3　三元正极材料制备技术

5.3.1　概述

直接高温固相法早期应用于三元正极材料的产业化中，即以镍、钴和锰的氧化物、碳酸盐或草酸盐为原料，与锂盐配料后直接高温合成三元正极材料。直接高温固相法由于存在多种原料的配料与混合，难以保证其均匀性，导致产品性能欠缺。后来逐渐采用共沉淀（coprecipitation）法合成镍钴锰的前驱体，再与锂盐配料、混匀后高温合成三元正极材料。共沉淀合成三元前驱体可以实现镍钴锰任意比例的可控制备，以及在原子、分子水平的均匀混合，所制得的三元正极材料形貌、颗粒尺寸也可以根据需要进行调节，所得三元正极材料的物理性能和电化学性能均优于直接高温固相法。三元前驱体主要有镍钴锰氢氧化物、草酸盐或碳酸盐三种类型，目前产业化中使用最多的是镍钴锰氢氧化物前驱体。

5.3.2　三元前驱体的合成

共沉淀合成镍钴锰氢氧化物前驱体是目前主流的生产工艺，即以镍、钴和锰的硫酸盐为原料，通过与 NaOH 和氨水的共沉淀反应合成氢氧化物前驱体。

5.3.2.1　共沉淀法合成三元前驱体的理论基础

（1）金属氢氧化物沉淀与 pH 值的关系

在稀溶液中，当金属离子 M^{m+} 沉淀为氢氧化物时，沉淀反应的通式是：

$$M^{m+} + mOH^- \longrightarrow M(OH)_m \tag{5-3}$$

当反应达成平衡时，根据溶度积原理：

$$[M^{m+}][OH^-]^m = K_{sp} \tag{5-4}$$

则有

$$pOH = \frac{1}{m}(pK_{sp} - pM) \tag{5-5}$$

由于

$$pOH = pK_w - pH \tag{5-6}$$

则有

$$pH = pK_w - \frac{1}{m}(pK_{sp} - pM) \tag{5-7}$$

$$pM = pK_{sp} + mpH - mpK_w \qquad (5-8)$$

式（5-8）即为沉淀过程中溶液里金属离子浓度与 pH 值的关系式。式中，M 为金属浓度；K_{sp} 为沉淀平衡常数；K_w 为水的离子积常数；m 为离子价态。若用 M^o 和 M^e 分别表示沉淀开始时和沉淀终了时的金属离子浓度，则开始沉淀时的 pH 值为：

$$pH^o = pK_w - \frac{1}{m}(pK_{sp} - pM^o) \qquad (5-9)$$

沉淀终了时的 pH 值为：

$$pH^e = pK_w - \frac{1}{m}(pK_{sp} - pM^e) \qquad (5-10)$$

整个沉淀过程中溶液 pH 值的变化区间为：

$$\Delta pH = pH^e - pH^o = \frac{1}{m}\Delta pM \qquad (5-11)$$

式（5-11）中，ΔpH 为沉淀终了时溶液 pH 值与沉淀开始时溶液 pH 值之差；ΔpM 为两者 pM 之差，表示金属离子浓度的变化范围。

从式（5-8）和式（5-11）可以看出，在金属氢氧化物沉淀过程中，溶液的 pH 值与金属离子的电荷、沉淀的溶度积常数及金属离子的浓度有关，沉淀过程中溶液 pH 值的变化区间与金属离子浓度的变化范围（ΔpM）成正比，而与电荷数（m）成反比。

用式（5-9）及式（5-10）计算出的常见氢氧化物沉淀的 pH^o 值及 pH^e 值见表 5-2。

表 5-2　某些氢氧化物开始沉淀、沉淀完全的 pH 值

氢氧化物	$pH^o c^o =$ 1mol/L	$pH^o c^o =$ 0.01mol/L	$pH^e c^e =$ 10^{-6}mol/L	氢氧化物	$pH^o c^o =$ 1mol/L	$pH^o c^o =$ 0.01mol/L	$pH^e c^e =$ 10^{-6}mol/L
Cd(OH)$_2$	7.20	8.20	10.20	Mn(OH)$_2$	7.64	8.64	10.64
Co(OH)$_2$	6.65	7.65	9.65	Ni(OH)$_2$	6.65	7.65	9.65
Co(OH)$_3$	−0.57	0.10	1.43	Pb(OH)$_2$	6.54	7.54	9.54
Cu(OH)$_2$	4.17	5.17	7.17	Sn(OH)$_2$	0.08	1.08	3.08
Fe(OH)$_2$	6.45	7.45	9.45	TiO(OH)$_2$	−0.50	0.50	2.50
Fe(OH)$_3$	1.53	2.20	3.53	Zn(OH)$_2$	5.54	6.54	8.54
Mg(OH)$_2$	8.63	9.63	11.63	Al(OH)$_3$	3.30	3.70	5.03

金属氢氧化物（或水合金属氧化物）在水溶液中的溶解度视酸度而定，能在一个较大的范围内变化。因此，调节氢离子浓度到一定值，可使某些金属离子定量沉淀而使另一些离子留在溶液中。在三元材料前驱体的制备过程中，主要发生如下沉淀反应（M＝Ni、Co 及 Mn）：

$$MSO_4 + 2NaOH \longrightarrow M(OH)_2\downarrow + Na_2SO_4 \qquad (5-12)$$

由于 Ni、Co 的溶度积相近，在制备 Ni、Co 二元氢氧化物沉淀时，Ni、Co 分布相对较均匀，但制备均匀的三元氢氧化物共沉淀时，Mn 与 Ni、Co 的溶度积相差 2 个数量级，均匀共沉淀相对较难。这就需要严格控制合成条件，使其达到均匀共沉淀。

（2）过饱和度、成核与生长

若溶液的浓度 c 超过平衡浓度 c_{eq}，则这种溶液称为过饱和溶液。为了能够产生结晶，必须形成过饱和溶液，也就是说过饱和度是结晶过程的推动力。

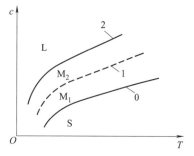

图 5-10　溶液状态
S：稳定区；M_1、M_2：第一和第二介稳区；
L：不稳定区；0：溶解度曲线；
1、2：第一和第二介稳限曲线

如图 5-10 所示，溶液至少可能存在三种状态：稳定态、介稳态和不稳定态。稳定态及其相应区域的溶液浓度等于或低于平衡浓度。介稳态又分为两个区域：第一个区域为 M_1 区域，位于曲线 1 和曲线 0 之间，溶液可长时间保持稳定，如加入晶核后，溶质在晶核周围聚集、排列。第二个区域为 M_2，位于曲线 2 和曲线 1 之间，这个区域有能自发成核的浓度，但需要一定时间才能发生。当溶液浓度超过曲线 2 的浓度进入 L 区，L 区为不稳定区，这个区域内任意一点溶液均能自发形成结晶，晶体生长速度快，形成大量的细小结晶，晶体质量差。因此，工业生产中通常加入晶种，并将溶质浓度控制在 M_1 区域，以利于大而整齐的晶体形成。

晶核的形成可以分为均相成核和非均相成核。此外，成核速率是决定结晶产品粒度分布的首要动力学因素，成核速率是指单位时间内在单位体积溶液中生成新核的数目。如果成核速率过大，将会使得晶核数量多，晶体粒度小。因此，要合成粒度较大晶体时需要避免过度成核，均相成核速率可以用下式表示：

$$N = A \exp\left[-\frac{16\pi\sigma^3 M^2}{3K^2 T^3 (\ln s)^2}\right] \tag{5-13}$$

式中，N 为成核速率；T 为绝对温度；M 为晶体摩尔质量；σ 为晶核表面张力；s 为过饱和度；K 为玻尔兹曼常数；A 为指前因子。上式把成核速率、过饱和系数和结晶物质的物理性质联系在了一起。通过该式可以看出，随着过饱和度的增大，新相粒子数急剧增大，并随着它的减小而趋于零。反应温度的升高，也有利于快速成核。因此，在共沉淀反应中应该选择合适过饱和度以及反应温度，避免过度成核。

（3）同离子效应与盐效应

在沉淀反应中有与难溶物质具有共同离子的电解质存在，使难溶物质的溶解度降低的现象就称为沉淀反应的同离子效应。例如在 AgCl 饱和溶液中加入 NaCl，由于含有相同 Cl^-，使 AgCl 溶解度降低。同离子效应的存在可以在一定程度上减少沉淀的溶解。在三元前驱体生产过程中通过提高终点 pH 值可降低溶液中镍钴锰的含量。

合理地利用同离子效应将沉淀剂过量可增加沉淀的完全程度，但如果过量的沉淀剂能与金属离子形成络合物，则会引起沉淀的溶解。

在难溶电解质溶液中，加入一种与难溶电解质无共同离子的电解质，将使难溶电解质的溶解度增大。这种由于加入了易溶的强电解质而增大难溶电解质溶解度的现象称作盐效应。如在 0.1mol/L 的 HAc 弱电解质溶液中，加入 0.1mol/L 强电解质 NaCl 后，使得溶液中 H^+、Ac^- 被带异电荷的 Na^+、Cl^- 所牵制，则 H^+、Ac^- 结合成 HAc 的机会减小，溶液中自由 H^+、Ac^- 浓度适当增加，则 HAc 的解离度略有增大（可从 1.34% 增大到 1.68%）。在发生同离子效应时，由于也外加了强电解质，所以也伴随有盐效应的发生，只是这时同离子效应远大于盐效应，所以可以忽略盐效应的影响。当强电解质浓度大于 0.05mol/L，同离子效应和盐效应需同时考虑。

（4）络合效应与络合沉淀法

若溶液中存在络合剂，它能使生成沉淀的离子形成络合物。一般络合物是不直接发生沉淀反应的，因此会使沉淀物的溶解度增大，甚至不产生沉淀，这种现象称为络合效应。

络合沉淀法是将 M 混合溶液先与络合剂（如氨水、柠檬酸、乙二胺等）络合形成络合物，然后在碱的作用下，络合物溶液中的 M 离子释放出来形成沉淀。采用络合沉淀法在一定程度上可降低结晶过程中的成核速率，提高样品的堆积密度。

5.3.2.2 三元前驱体制备工艺及设备

三元前驱体生产的主要流程如图 5-11 所示，主要原料包含硫酸镍、硫酸钴、硫酸锰、氢氧化钠和氨水，为了避免金属离子被氧化，整个前驱体制备过程需要在惰性气体的保护下进行。

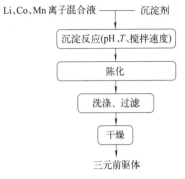

图 5-11　三元前驱体工艺流程

（1）前驱体合成

前驱体生产工艺可分为间歇法和连续法两种。间歇法是指在反应过程中，物料在同一反应釜内沉淀反应后晶体继续长大，直至粒径达到要求。连续法则是在反应过程中，同时进料和出料，反应浆料通过溢流管不断溢出到陈化釜陈化。间歇法由于使用同一批原料，原料配比、加料速度、反应温度和时间等工艺条件较为一致，生产出的前驱体粒径分布窄，质量可控，但存在生产连续性差、批次稳定性差和生产效率低等缺点。连续法生产产率更高，并且批次稳定性好，但由于一边进料一边出料，物料在反应釜内停留时间分布较宽，生产出的前驱体粒径分布也更宽。

三元前驱体合成过程中，以镍钴锰的硫酸盐为原料通过共沉淀法合成三元前驱体的反应方程式如下：

$$M^{2+} + nNH_3 \longrightarrow [M(NH_3)_n]^{2+} \tag{5-14}$$

$$[M(NH_3)_n]^{2+} + 2OH^- \longrightarrow M(OH)_2 + nNH_3 \tag{5-15}$$

从以上方程式可以看出金属盐首先与氨水络合形成络合物，然后通过置换形成氢氧化物沉淀。该工艺的优点是可以比较容易地控制前驱体的粒径、比表面积、形貌和振实密度。

反应釜是三元前驱体反应核心设备，反应釜的大小、搅拌器形式、挡板数量及尺寸、有无导流筒和进料位置等结构特征均影响沉淀反应中粒子的成核、生长以及团聚等动力学过程，从而影响前驱体的密度、形貌、比表面积、结晶程度、粒度大小及分布等性能。

（2）过滤和洗涤

过滤和洗涤是将反应得到的前驱体浆料实现固液分离，然后采用洗涤液对得到的前驱体滤饼进行洗涤，去除残留在滤饼中的硫酸根、铵根、钠离子等。过滤洗涤设备主要有板框压滤机、离心过滤机等。各种过滤设备及其优缺点见表 5-3。

表 5-3　各种过滤设备及其优缺点

设备类型	优点	缺点	实物图
板框压滤机	生产效率高，对物料适应性强；设备简单、可靠性好	滤室内物料分布不均匀，洗涤效果差	

设备类型	优点	缺点	实物图
离心过滤机	脱水效率高,设备简单	容易发生剧烈振动现象,故障率高;单批次处理量小,能耗高	
带式过滤机	自动化程度高,操作简便,可连续生产,处理能力大,电耗低,耗水量少,经济可靠,应用范围广	安装复杂,平衡要求高,滤带容易跑料	
袋式过滤器	洗涤充分,可进行搅拌洗涤;设备密闭性好,物料损耗少,操作过程的劳动强度低,并且环境清洁	滤饼水分含量较高,脱水效率一般;耗气量较大;设备对密封要求高,且检修不方便	

(3)干燥

三元材料前驱体的干燥是脱除前驱体中游离水和自由水的过程,干燥过程需要考虑以下几点:产品的水分含量要求,干燥设备与三元材料前驱体接触部分材质需要耐碱性,并且不能带入金属杂质或其它杂质。

常用的干燥设备有间歇式和连续式。间歇式干燥生产能力较低,一般不适合大规模的三元前驱体生产。三元前驱体生产过程中,用离心机过滤洗涤的滤饼含水率较低,可以采用盘式干燥器。而采用板框压滤机压滤的三元材料前驱体滤饼含水率较高,属于膏状物料,一般选用带式干燥器。根据物料干燥工艺可设置多层干燥带,温度在 $40\sim180℃$,运行速率可调节。真空带式干燥器具有以下优点:真空干燥下完成连续进料与出料,产品收率高,产品干燥室不与金属物接触,干燥后不损坏形貌;产品干燥工艺容易优化,可调整性强,能耗低,适合大批量连续自动生产。

(4)生产过程工艺控制

前驱体生产过程中,由于工艺参数控制不一样,制备出的前驱体性能也会有很大差异性,影响前驱体质量的因素主要有以下几点。

氨水浓度:如果要制备形状规则的 $M(OH)_2$,就要对沉淀反应的速率进行控制。利用 NH_4^+ 与金属离子的络合作用可以调控反应体系中的金属离子浓度,从而控制反应成核和晶体生长速率。在氨水中 M^{2+} 与 NH_4^+ 先形成络合离子,在碱性条件下再形成氢氧化物沉淀。随着总氨浓度的上升,三元体系中镍、钴的溶解度显著增加,体系过饱和度随之急剧减小,晶体成核速率大大降低,晶体生长速率则不断加快。由图 5-12 来看,所得沉淀产物粒径也就逐渐长大,球形颗粒表面越来越光滑,球形度和致密性也逐渐增大,颗粒分散性好。

pH 值:在多组元的共同沉淀体系中,pH 值的控制十分重要。由于氨水与金属离子的络合反应,使 pH 值比较难控制;另外含有 Mn 的氢氧化物中容易形成锰氧化物,当温度高于 $60℃$ 和 pH 值增加到某一范围时,锰的氢氧化物不沉淀而优先生成锰的氧化物。pH 值较

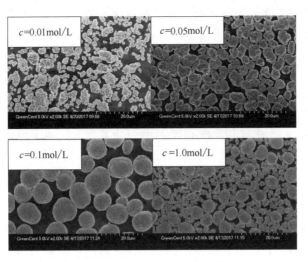

图 5-12　不同氨水浓度下所制备前驱体的 SEM 图

低时利于晶核长大，一次晶粒偏厚偏大，同时二次颗粒易发生团聚；pH 值较高时利于晶核形成，一次晶粒成薄片状，显得很细小，二次颗粒多成圆球形。同时，也可以在反应过程中适当调节 pH 值，使同一个二次球颗粒拥有不同形貌的一次晶粒。图 5-13 为不同 pH 值下所制备前驱体的粒度和形貌。

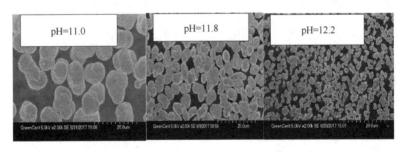

图 5-13　不同 pH 值下所制备前驱体的粒度和形貌

反应时间：当反应时间较短时，颗粒较小，沉淀颗粒结晶性不好，或者球形度较差，粒度分布也较宽，晶体的结晶致密程度相对较差。但是当颗粒生长到一定大小后，再增加反应时间，对产品的粒度和形貌不会再有大的提高。

反应温度：其它工艺条件完全相同的情况下，温度升高，溶液的过饱和度随之下降，成核数量少，而晶粒长大速率则大大提高。但如果温度过高，反应过快也不利于形成稳定的晶核。因此，不同的反应温度制备出前驱体的粒度和堆积密度不同，温度升高堆积密度增大，但堆积密度在某一温度出现最大值后会有下降趋势。

此外，搅拌速率、陈化时间以及固含量对产品性能也有一定影响。

5.3.3　三元正极材料的高温合成

在锂离子电池材料的制备中，最常使用的是高温固相反应，即使是采用溶胶-凝胶法（sol-gel method）、共沉淀法（coprecipitation method）、水热法（hydrothermal method）和溶剂热法（solvothermal method）等合成工艺，往往还是需要在较高的温度下进行固相反应。这是因为电极材料能够反复地嵌入和脱出 Li^+，其晶格结构必须有足够的稳定性，这就要求活性材料的结晶度要高，这是低温条件下很难实现的，所以锂离子电池的电极材料基本上都是经过高温固相反应获得的。

5.3.3.1 高温合成中的分解反应

高温固相反应是一种涉及固相物质参加的化学反应，是指包括固相物质的反应物在一定的温度下，通过各种元素之间的相互扩散，发生化学反应或相变，生成结构稳定的化合物的过程，包括固-固相反应、固-气相反应和固-液相反应等过程。由于固体物质质点之间的键合力较大，常温下的反应速率一般较慢，但通过升高温度以加强物质的传质和传热，可以明显提高反应速率。这里既涉及固相反应的热力学方面问题，还涉及反应动力学方面的问题。

影响固相反应速率的主要因素有三个：一是固体反应物的表面积和反应物间的接触面积；二是生成物的成核速率；三是相界面间离子扩散速率。增加反应物的表面积和反应物间的接触面积可以通过制备粒度细、比表面积大、活性高的反应物原料来实现，如三元材料的合成过程中，首先采用共沉淀的方法制备三元材料前驱体，使 Ni、Co、Mn 按照一定的比例均匀分布在前驱体中；其次，通过充分研磨使前驱体和锂盐等反应物混合均匀、反应物颗粒充分接触，这些对于高温合成也是非常重要的。

三元材料高温合成反应过程中首先发生锂盐的热分解和三元前驱体的分解。锂盐包括碳酸锂和氢氧化锂。

$LiOH \cdot H_2O$ 的脱水与分解：从室温至 150℃会发生 $LiOH \cdot H_2O$ 脱去结晶水的反应：

$$LiOH \cdot H_2O_{(s)} \longrightarrow LiOH_{(s)} + H_2O_{(g)} \qquad (5\text{-}16)$$

$LiOH$ 的熔化温度在 470℃左右，沸点 925℃，1625℃完全分解。但三元材料的高温合成过程中，由于过渡金属离子的催化作用，使其在 500℃左右开始分解，发生如下反应：

$$2LiOH_{(s)} \longrightarrow Li_2O + H_2O \qquad (5\text{-}17)$$

Li_2CO_3 分解：Li_2CO_3 的分解温度在 1310℃，但由于过渡金属离子的催化作用，使其在 500℃左右开始分解，发生如下反应：

$$Li_2CO_3 \longrightarrow Li_2O + CO_2 \qquad (5\text{-}18)$$

三元前驱体的分解：三元前驱体在 250～400℃分解成氧化物：

$$M(OH)_{2(s)} \longrightarrow MO_{(s)} + H_2O_{(g)} \qquad (5\text{-}19)$$

图 5-14（a）和（b）分别给出了用 $LiOH \cdot H_2O$ 和 Li_2CO_3 作锂盐与 NCM(OH)$_2$ (523) 混合后的热分析曲线，从两个图中可以看出三元前驱体的分解均发生在 250～400℃之间。

研究表明以氢氧化锂为锂源时，只需低温烧成就可以得到性能优异的材料；而以碳酸锂为锂源时，烧成温度要达到 900℃以上，才能得到性能稳定的材料。普通的三元正极材料由于合成温度较高，一般用碳酸锂作为锂源，而高镍三元正极材料由于烧成温度较低，更适合以氢氧化锂为原料。

5.3.3.2 高温合成工艺及设备

三元正极材料的高温合成是以三元前驱体、锂源和其它掺杂元素为原料，依次经计量配料、混合、煅烧等步骤制备而成，其流程如图 5-15 所示。

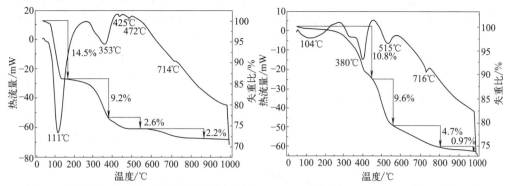

(a) LiOH·H₂O作锂盐与NCM(OH)₂(523)混合后的热分析曲线　(b) Li₂CO₃作锂盐与NCM(OH)₂(523)混合后的热分析曲线

图 5-14　不同锂盐混合三元前驱体的热分析曲线

（1）配料与混合

三元正极材料的原料主要有三元前驱体、锂盐和添加剂，根据反应方程式确定原料的计量比。由于锂盐在高温下少量挥发，因此锂过量 1%～3%。

早期国内外正极材料生产通常采用湿法球磨混合，湿法球磨工艺效果较好，产品细而均匀，具有后续煅烧时间短、反应充分、产品电化学性能好的优点。然而，湿法球磨在后续工艺中还需干燥，导致生产工艺复杂、成本较高。干法混合即在球磨中不加入液态分散剂进行球磨混合，具有成本低、效率高和环保安全等优势。选用干法还是湿法通常根据生产要求和产品参数而定。

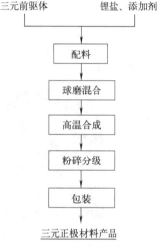

图 5-15　三元正极材料的高温合成流程

（2）高温合成

烧成是将前驱体加工为正极材料最为关键的工序之一，其对材料的物理性能和电化学性能均有较大影响。工序中最重要的是温度、时间和气氛这三大要素。

时间和温度是影响三元材料性能的两个重要因素，二者之间往往又存在交互作用。一般来说，温度高，合成时间短，反之，温度低、合成时间长。温度和时间的选择必须根据产品的最终性能确定。温度过高，容易生成缺氧型化合物，同时材料的晶粒变大，不利于锂离子在材料中的脱出和嵌入；温度过低，不仅反应时间长、能耗高，而且反应不完全，对材料的电化学性能影响也较大。所以只有当温度和时间合理搭配，才能使材料的加工性能和电化学性能达到最佳状态。不同体系的产品温度必须配合差热和热重分析来确定，不同组分的三元材料煅烧温度也不同，一般情况下，镍含量越高，煅烧温度越低。

影响煅烧温度和煅烧时间的因素很多，前驱体粒径和形貌对于煅烧工艺也有一定的影响。前驱体粒径越小，相同煅烧温度下，煅烧需要的时间越短；前驱体为厚片状的，煅烧的成品也较大，不同形貌的成品压实密度和倍率性能都会有所不同。

高温合成设备：对正极材料生产而言，除高温合成的工艺参数外，窑炉的性能也直接关系到产品的性能和经济指标。窑炉对温度控制精度、气氛控制精度以及窑炉运行的稳定性直接影响到产品性能的优劣；窑炉的规格型号、能耗指标、自动化程度等直接影响生产的经济性。常用的烧结窑炉可分为间歇式窑炉和连续式窑炉。规模化生产中一般采用连续式的隧道窑进行烧结，隧道窑主要由窑炉主体、加热系统、气氛压力管路系统、循环进出料及控制系统、温度检测及控温系统、密闭系统等部分组成。窑炉主体从窑头到窑尾又分为进料段、升温段、保温段（烧成段）、降温段、冷却段和出料段。目前正极材料工业化生产主要采用推板窑和辊道窑，下面分别就两种窑炉的原理、结构和优缺点进行讲解。

推板窑：推板窑（图5-16）是把待烧物料直接或间接放在耐高温、耐摩擦的推板上，按照产品的工艺要求由推进系统对推板上产品进行移动，在炉膛中完成产品的烧成过程。按照炉体单炉膛中并列推板的数量分为单推板、双推板。推板窑具有技术成熟、生产稳定等优点；但也存在拱窑风险，需要更换推板耗材，同时单台产能低。

辊道窑：辊道窑（图5-17）是在推板窑基础上发展起来的，辊道窑是以转动的辊子作为物料运载的工具。待烧物料直接或间接放置在一定间隔的水平辊上，靠辊子的转动实现从进窑、预热、烧成、冷却到出窑的完整过程，故而称为辊道窑。以转动的辊子代替推板后，既降低了因推板热值所消耗的能耗，又减少了拱窑风险，设备可以更加大型化，提高单台产能。

辊道窑按照炉体单炉膛中并列匣钵的数量分为单列、双列、4列和6列等；按照匣钵的层数分为单层和多层。目前较多应用的为6列双层，其单台窑炉的产能可以达到5000t/a以上。三元材料烧成通常需要通入空气或氧气，并且会产生大量二氧化碳、水蒸气等废气，因此窑炉需要根据实际要求设计合适的抽风系统和进气系统。磷酸铁锂生产过程中所用的保护气体主要是氮气等惰性气体。

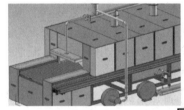

图5-16　推板窑　　　　　　　　　　　　　　图5-17　辊道窑

（3）粉碎

在正极材料生产中，由于烧成料颗粒之间有团聚和黏连现象，因此需要采用粉碎设备对烧成料进行解离，以此来控制粉体的粒度大小及其分布。粒度大小及其分布会影响正极材料的比表面积、振实密度、压实密度、加工性能和电化学性能等，所以粉碎工序是正极材料生产的重要工序之一。

三元正极材料粉碎通常先将烧成料进行粗碎，再进行粉磨。粗碎设备一般采用鄂式破碎机或辊式破碎机；粉磨设备一般采用气流磨或机械磨等。

气流磨是最常用的超细粉体粉碎设备之一，三元正极材料和磷酸铁锂等均广泛采用气流磨进行粉碎。气流磨的工作原理是：将压缩空气通过喷管加速成亚声速或超亚声速气流（300～500m/s），喷出的射流带动物料做高速运动，使物料碰撞、摩擦剪切而粉碎；被粉碎的物料随气流至分级区进行分级，达到粒度要求的物料由收集器收集下来，未达到粒度要求的物料再返回。气流磨粉碎体系主要由空压机、空气净化系统、气流磨、分级机、旋风分离器、除尘器、排风机等组成。气流磨由料仓、加料器、进料室、喷嘴、粉碎室等组成。流化床气流粉碎过程如图5-18。

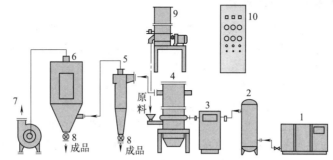

图 5-18　流化床气流粉碎过程简图
1—空压机；2—贮气罐；3—冷冻干燥机及过滤器；4—流化床气流粉碎机；
5—流器；6—集器；7—引风；8—回转；9—自动加料机；10—中央集中控制柜

（4）除铁

正极材料的金属异物需要控制在 10^{-6}（mg/kg）或 10^{-9} 级水平，金属异物过多会导致电池自放电率大，甚至影响到电池的安全性能。三元材料和磷酸铁锂的金属异物主要来源于原材料和生产过程中的设备磨损，并且主要以磁性金属杂质为主，尤其是金属铁。正极材料生产过程中需要对成品进行除铁或除磁，常用的除铁设备有电磁除铁器和永磁除铁器。

① 电磁除铁器。电磁除铁器是通过电磁感应产生强大磁场，当物料从上方进料口进入除铁器内部磁场后，夹杂在物料中的磁性杂质被吸附，正常物料从下方出料口排出。电磁除铁器的工作磁场强度高，一般可以达到 30000GS 以上，由于运行过程中温度升高会导致磁力强度降低，因此，电磁除铁器需要控温冷却以确保除铁效果。

② 永磁除铁器。永磁除铁器的种类较多，主要有管道除铁器、抽屉式除铁器、旋转式除铁器等，其磁系是采用高矫顽力、高剩磁的永磁体材料组成，目前主要是钕铁硼。当物料经过永磁除铁器时，夹杂在物料中的磁性杂质被吸附在磁棒的不锈钢外套表面，正常物料从出料口流出。当永磁除铁器吸附磁性杂质较多时，人工清除，自动清理。永磁除铁器的工作磁场强度一般在 5000～10000GS，除铁能力一般，适用于含金属铁较低的物料。

5.3.4　三元正极材料的改性研究

5.3.4.1　三元材料的掺杂改性

元素的体相掺杂通常能稳定材料的晶体结构而提升正极材料的电化学性能。根据掺杂元素的种类可分为阳离子掺杂和阴离子掺杂两类。通常采用的阳离子包括 Al^{3+}、Mg^{2+}、Ti^{4+}、Na^+、Zr^{4+} 等；阴离子包括 F^-、PO_4^{3-} 等。根据掺杂位点的不同，可分为锂位掺杂、过渡金属位掺杂、氧位掺杂和复合共掺杂。

在三元正极材料的锂位可以通过掺入 Na、K、Mg 等的离子扩大锂离子层间距，优化锂离子的扩散动力学，从而增强其倍率性能；在过渡金属位置可以通过掺入 Zn^{2+}、Zr^{4+}、Al^{3+} 等增强结构稳定性，抑制离子混排，延长材料的循环寿命；在 O 位可以通过掺入 F^-、PO_4^{3-} 等阴离子抑制 O 的析出和增强材料结构稳定性。

尽管用不同的掺杂剂或掺杂方法展现出不同的掺杂效应，但是每种掺杂剂的效果和由浓度梯度引起的表面稳定程度仍然是未知的，因此，应进行更多关于掺杂效应、掺杂深度和掺杂方法的基础研究，以促进高性能锂离子电池的发展。

5.3.4.2　三元正极材料的表面包覆

三元正极在循环过程中与电解液之间存在持续的副反应，严重损害了电池的循环寿命和倍率性能。表面包覆的作用主要有：①增加液体电解质的润湿性并降低界面电荷转移阻力，促进界面离子电荷转移；②抑制并减少副反应，减少过渡金属溶解；③稳定结构，减轻相变应力，从而有效优化正极材料性能。

包覆改性材料一般是电化学和化学惰性的，包括金属氧化物、磷酸盐、导电聚合物等。

金属氧化物不参与电化学反应，能充当正极材料和电解质之间的物理屏障，缺点是锂离子传导性差。常用的包覆氧化物有 TiO_2、Al_2O_3、SiO_2、ZrO_2 和 ZnO_2 等。磷酸盐可以改善正极材料的离子传输性能，同时可防止正极表面与电解质直接接触，从而抑制了副反应和电阻性表面膜的形成。常用于包覆的磷酸盐主要有 $AlPO_4$、$MnPO_4$ 和 Li_3PO_4 等。导电聚合物可以形成高电子电导率的均匀薄膜，改善正极/电解质界面的电荷转移。

电极材料也被用作正极包覆材料。它们在正极和电解质之间提供了物理阻挡层，抑制了副反应，改善了电荷转移动力学。常见的包覆材料有 Li_2ZrO_3、$Li_4Ti_5O_{12}$ 和 $LiAlO_2$ 等。此外，氟化物，如 AlF_3 和 $LiAlF_4$ 等也可用作包覆材料。

5.3.4.3　梯度三元正极材料制备

为了发挥高镍三元正极材料容量高的优势的同时，克服其循环稳定性差的不足，可以通过设计不同的成分梯度，合成梯度三元正极材料。在生产中通过调剂加料顺序和速度，可以在连续搅拌的反应器中利用共沉淀反应制备梯度材料。

通过材料本体设计及合适的元素掺杂和表面界包覆技术，有望完善三元正极材料存在的缺陷性问题，实现三元材料的高容量、长循环寿命和高安全性。

5.4　磷酸铁锂正极材料制备技术

5.4.1　概述

合成磷酸铁锂正极材料的工艺路线较多，按照合成工艺中有无溶剂参与，可以概括为高温固相法（high temperature solid-state method）和液相法（liquid phase method）两大类。

最早的高温固相法是以二价的草酸亚铁为铁源，与磷酸二氢铵、碳酸锂和碳源配料并混匀后，在惰性气体（N_2、Ar 等）保护及 $600\sim800\,℃$ 高温下反应，获得磷酸铁锂/碳复合正极材料。其反应方程式是：

$$FeC_2O_4 \cdot 2H_2O + Li_2CO_3 + 2NH_4H_2PO_4 + 碳源 \longrightarrow LiFePO_4/C + CO_2 + NH_3 + H_2O$$

$$(5-20)$$

式中，碳源一般为葡萄糖或淀粉等有机碳源；$LiFePO_4/C$ 中的 C 含量一般为 $0.5\%\sim2\%$。

由于该反应中有大量 NH_3 和 CO 放出，对环境污染造成较大影响，产业化过程中，逐渐用磷酸二氢锂代替磷酸二氢铵和碳酸锂。后来又逐步发展出以磷酸铁、氧化铁等三价铁为铁源的高温碳热还原法。碳源在高温下裂解能够均匀地将碳包覆在材料表面，对改善材料的导电性有极大的促进作用，同时能在合成磷酸铁锂中直接还原三价铁为二价铁，相较其它方法具备一定的优势。其主要反应方程为：

$$FePO_4 + Li_2CO_3 + 碳源 \longrightarrow LiFePO_4/C + CO_2 \tag{5-21}$$

$$Fe_2O_3 + LiH_2PO_4 + 碳源 \longrightarrow LiFePO_4/C + H_2O \tag{5-22}$$

固相法虽然制备工艺简单、产量大、易于工业化生产，但也存在着制备材料颗粒不够细且粒径分布不均匀，同时反应一般需要在高温下进行，故能耗大等缺点。

相对于固相法所带来的粒径较大且纯度较低的问题，液相法更能制备出粒径较小且颗粒分布均匀的高纯度材料。

水热法属于液相法的范畴，是从 19 世纪中叶地质学家模拟自然界成矿作用而开始研究的，一般是指在特制的密封压力容器中，以水为溶剂，在高温高压下进行的化学反应。

在水溶液中颗粒容易团聚，为了获得颗粒细小、分散性好的材料，往往会用有机溶剂代替水作为合成体系介质，即为溶剂热法。

水热法/溶剂热法的反应流程如图 5-19 所示。

反应方程式为：

$$FeSO_4 + 3LiOH + H_3PO_4 \longrightarrow LiFePO_4 + Li_2SO_4 + 3H_2O \tag{5-23}$$

水热法/溶剂热法制备 $LiFePO_4$，具有粒子纯度高、颗粒小、分散性好、晶形完整且容易控制等优点，但其对设备要求高，需要耐高压高温的钢材和耐腐蚀的内衬，技术难度大、安全性能差。

相比之下，以磷酸铁为原料高温碳化还原制备磷酸铁锂仍是目前生产 $LiFePO_4$ 正极材料的主流方法。磷酸铁中铁的化合价为 +3 价，避免了二价铁易氧化的问题。采用磷酸铁前驱体的优势体现在：

① 铁源、磷源合二为一，简化反应原料，原子利用率高，属于相对环境友好的绿色化工。

② 易于从源头上控制磷酸铁锂的品质。通过调控磷酸铁前驱体的一次粒子及二次颗粒的粒度及形貌、铁磷比等，可为合成磷酸铁锂正极材料创造可遗传的优良基因。

③ 产品磷酸铁锂比容量高，倍率性能优异。

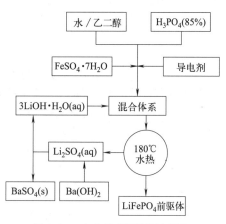

图 5-19　水热法/溶剂热法制备
磷酸铁锂的反应流程

5.4.2　磷酸铁的制备工艺

磷酸铁通常以二水合物较为常见（$FePO_4 \cdot 2H_2O$），外观为白色或者灰白色，脱水产物（$FePO_4$）为淡黄色。早期的磷酸铁多用在催化、离子交换、生物矿化和抑制剂等领域，近年来由于磷酸铁锂正极材料的兴起而获得更广泛的应用。合成磷酸铁的工艺路线主要以沉淀法为主，根据铁源种类、沉淀剂种类以及工艺步骤的差异又可分为不同的方法。

按照铁源不同可分为单质铁法、氧化铁法、硫酸亚铁法和硝酸铁法；

按照沉淀剂不同可分为钠盐法和铵盐法；

按照沉淀和氧化步骤差异可分为一步法和两步法。

各种方法均存在各自的优缺点，其中，以硫酸亚铁为铁源、以工业磷酸铵为沉淀剂具有原料低廉、产品性能稳定的优点，但会副产硫酸铵产品；以单质铁为铁源与磷酸合成磷酸铁工艺具有工艺流程短、投资少、洗水用量少、副产物少等优点。

5.4.2.1 沉淀法合成磷酸铁的原理

在采用沉淀法制备 $FePO_4 \cdot 2H_2O$ 的过程中，溶液中的金属离子与沉淀剂之间，以及金属离子与 pH 调节剂之间均可发生化学反应，其可能的化学反应方程式如下（以非氧化沉淀一步法为例，采用 Fe^{3+} 为铁源，$NH_4H_2PO_4$ 为沉淀剂，$NH_3 \cdot H_2O$ 为 pH 调节剂）：

$$H_2PO_4^- \rightleftharpoons HPO_4^{2-} + H^+ \tag{5-24}$$

$$HPO_4^{2-} \rightleftharpoons PO_4^{3-} + H^+ \tag{5-25}$$

$$NH_3 \cdot H_2O \rightleftharpoons NH_4^+ + OH^- \tag{5-26}$$

$$Fe^{3+} + PO_4^{3-} + 2H_2O \rightleftharpoons FePO_4 \cdot 2H_2O \downarrow \tag{5-27}$$

$$Fe^{3+} + 3OH^- \rightleftharpoons Fe(OH)_3 \downarrow \tag{5-28}$$

从上述反应式来看，在采用沉淀法制备 $FePO_4 \cdot 2H_2O$ 的过程中，也有可能生成 $Fe(OH)_3$ 沉淀，得到二者的混合物，加上硫酸亚铁原料中还含有各种重金属杂质，也会形成磷酸盐或氢氧化物沉淀。因此，需要合理调控沉淀反应过程参数。

根据溶度积规则：在一定条件下，对于难溶电解质的多相平衡

$$A_mB_n(s) \rightleftharpoons mA^{n+}(aq) + nB^{m-}(aq) \tag{5-29}$$

其离子积 Q_c 表达式可写作 $Q_c = c(A^{n+})^m c(B^{m-})^n$，可通过比较溶度积 K_{sp} 与 Q_c 的相对大小判断难溶电解质的沉淀平衡移动方向：

当 $Q_c > K_{sp}$ 时，溶液为过饱和，平衡左移，向着沉淀生成的方向移动，直至溶液饱和时 $Q_c = K_{sp}$，达到新的平衡；

当 $Q_c = K_{sp}$ 时，溶液为饱和溶液，沉淀与溶解达到平衡。

当 $Q_c < K_{sp}$ 时，溶液未饱和，平衡右移，向沉淀溶解的方向移动。

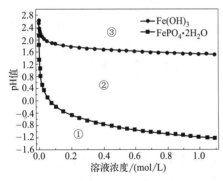

结合相关热力学数据，可以通过计算不同反应物浓度条件下 $Fe(OH)_3$ 和 $FePO_4 \cdot 2H_2O$ 的初始生成 pH 值，绘制反应的沉淀 pH 值与溶液浓度的关系图，如图 5-20 所示。

由图结果得出，在控制反应物浓度和体系 pH 值在①区时，$Fe(OH)_3$ 和 $FePO_4 \cdot 2H_2O$ 均不能生成；而在②区内，仅有 $FePO_4 \cdot 2H_2O$ 生成而无 $Fe(OH)_3$ 生成；当控制反应物浓度和体系 pH 值在③区内，$Fe(OH)_3$ 和 $FePO_4 \cdot 2H_2O$ 均可以生成。因此，为了获得纯度较高、成分均一的 $FePO_4 \cdot 2H_2O$ 产物，应该控制反应物浓度和体系 pH 值在②区内。此外，为了

图 5-20 溶液浓度与沉淀 pH 值关系图

获得形貌结构和粒度分布可控的 $FePO_4 \cdot 2H_2O$，还需要合理设计和控制反应体系的设备结构、物料浓度、体系 pH 值、反应温度等关键参数。

5.4.2.2 硫酸亚铁合成磷酸铁的制备工艺

我国钛白生产中副产大量的硫酸亚铁，每生产 1t 钛白粉就副产约 3t 七水硫酸亚铁，因其含有钛、镁、锰、铝等多种杂质而难以直接被利用，这不仅浪费资源而且严重污染了环境。随着锂离子电池的快速发展，以钛白副产硫酸亚铁为原料，经净化除杂后合成电池级磷酸铁，不仅降低了磷酸铁的生产成本，而且实现了副产品的综合利用和资源回收，具有重大

的现实意义。表 5-4 为硫酸亚铁组成表。图 5-21 为硫酸亚铁合成磷酸铁的工艺流程。

表 5-4　硫酸亚铁组成表

厂家	纯度/%	含 Fe 量/%	含杂质元素量/(mg/kg)								
			Mg	Mn	Ti	Al	Ca	Ni	Zn	Pb	Cr
厂家一	89.12	17.82	3253	758	2297	18.12	36.46	15.52	74.21	4.35	3.35
厂家二	88.24	17.65	5790	818	1729	7.62	10.12	48.65	22.57	4.46	1.27

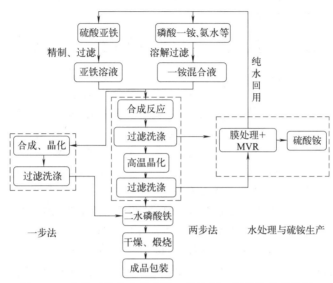

图 5-21　硫酸亚铁合成磷酸铁工艺流程（以铵盐流程为例）

(1)"一步法"与"两步法"的概念

以硫酸亚铁为铁源合成磷酸铁，可以采用"一步法"合成也可以采用"两步法"合成。所谓"一步法"合成磷酸铁是指以硫酸亚铁为原料，将沉淀剂、氧化剂与磷酸同时加入到亚铁原料液中，让氧化反应、沉淀反应和晶化反应三个反应在同一设备中同时进行，一步得到二水磷酸铁沉淀，再经洗涤、干燥和脱水后获得无水磷酸铁。其反应方程式如下：

$$\mathrm{Fe^{2+}+PO_4^{3-}+氧化剂+H_3PO_4 \longrightarrow FePO_4 \cdot 2H_2O \downarrow (晶态)+H_3PO_4} \tag{5-30}$$

所谓"两步法"，是指将氧化反应、沉淀反应和晶化反应分两步进行，经过两次过滤、洗涤。第一步是让氧化反应和沉淀反应同时进行，经过滤洗涤除掉可溶性的硫酸盐后获得二水磷酸铁；第二步是将获得的二水磷酸铁在磷酸介质中进行晶化反应，由无定形的磷酸铁转变为晶态磷酸铁，再经第二次过滤、洗涤，以及干燥和高温脱水后获得无水磷酸铁。其反应方程式如下：

$$\mathrm{Fe^{2+}+PO_4^{3-}+氧化剂 \longrightarrow FePO_4 \cdot 2H_2O \downarrow (非晶态)} \tag{5-31}$$

$$\mathrm{FePO_4 \cdot 2H_2O \downarrow (非晶态)+H_3PO_4 \longrightarrow FePO_4 \cdot 2H_2O \downarrow (晶态)+H_3PO_4} \tag{5-32}$$

由于磷酸铁的溶度积大，颗粒的成核速率快，获得的磷酸铁颗粒细小，一般在 1～3μm，因此副产物硫酸盐的洗涤和过滤困难，洗涤用水量较大，而且过量磷酸进入硫酸盐滤液中难以分离，导致磷酸用量大、成本高。

为了改善上述工艺中的不足，四川大学发明了另一种新方法，先合成磷酸亚铁，再合成磷酸铁，其反应方程式如下：

$$3Fe^{2+} + 2PO_4^{3-} + 8H_2O \longrightarrow Fe_3(PO_4)_2 \cdot 8H_2O \downarrow \tag{5-33}$$

$$Fe_3(PO_4)_2 \cdot 8H_2O + 氧化剂 + H_3PO_4(过量) \longrightarrow 3FePO_4 \cdot 2H_2O \downarrow (晶态) + 10H_2O + H_3PO_4 \tag{5-34}$$

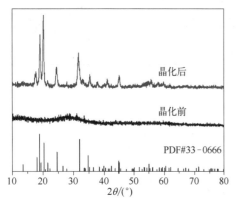

图 5-22 晶化前后磷酸铁的晶型

由于八水磷酸亚铁的晶粒大且疏松，一般可达 $10\mu m$ 以上，这就有利于在洗涤过程中有效地去除可溶性的硫酸盐杂质，可以极大地提高洗涤效率和节省洗涤用水，同时有利于后续磷酸铁晶化过程中含磷滤液的回用。晶化前后磷酸铁的晶型见图 5-22。

（2）钠法和氨法工艺比较

在以硫酸亚铁为原料合成磷酸铁时，根据沉淀剂的不同，可分为钠法和氨法工艺。顾名思义，钠法工艺就是用氢氧化钠作为沉淀剂与磷酸、硫酸亚铁发生沉淀反应生产磷酸铁、副产硫酸钠的工艺。氨法工艺就是用氨水作为沉淀剂与磷酸、硫酸亚铁发生沉淀反应生产磷酸铁、副产硫酸铵的工艺。实际生产过程中，也可以用磷酸二氢钠来代替磷酸和氢氧化钠，以磷酸二氢铵来代替磷酸和氨水。

钠法工艺和氨法工艺并没有本质的区别，两者都是采用的沉淀反应，也需要调节反应的 pH 值、温度和反应时间等参数。但两者之间也存在以下区别。

① 氨法工艺需要考虑氨氮的排放和硫酸铵的回收，环境要求较高。

② 氨法工艺制备的磷酸铁产品中铵根离子浓度较高，而钠法工艺制备的磷酸铁产品中钠离子浓度较高，洗涤难度较大。

③ 氨法工艺制备磷酸铁过程中，由于氨的络合作用，大多容易获得球形颗粒，但一次粒径较大；钠法工艺制备的磷酸铁，大多数情况下获得片状颗粒，且一次粒径较小。

5.4.2.3 单质铁制备磷酸铁的工艺

以纯铁、磷酸为原料，以双氧水为氧化剂合成磷酸铁具有工艺简单、排放少等优点。该工艺首先在溶解槽中加入铁和磷酸，严格控制反应温度、pH 值，反应完全后再加入双氧水（27%）进行反应，制得二水磷酸铁，再通过洗涤、干燥和脱水后得到无水 $FePO_4$。

铁法主要反应方程及流程

第一步：$Fe + 2H_3PO_4 \Longrightarrow Fe(H_2PO_4)_2 + H_2 \uparrow \tag{5-35}$

第二步：$2Fe(H_2PO_4)_2 + H_2O_2 + 2H_2O \Longrightarrow 2FePO_4 \cdot 2H_2O \downarrow + 2H_3PO_4 \tag{5-36}$

该工艺由于没有硫酸盐副产物的生成，因此不需要复杂的水处理设备，具有投资和占地少、工艺流程短、用水少等优点，但原料铁的成本比硫酸亚铁高。

5.4.2.4 磷酸铁生产的工艺控制

（1）原料的控制

生产磷酸铁的铁源主要有金属单质铁、硫酸亚铁和氧化铁三类，其中单质铁和氧化铁含有一定量的锰、镁、镍等金属和氟、碳等非金属；钛白副产硫酸亚铁杂质含量较高，纯度一般在 $86\% \sim 90\%$，含有大量游离酸和钛、镁等杂质，要获得高质量的磷酸铁，就需去除硫酸亚铁中的杂质，通常采用水解或其它除杂工艺。

（2）二水磷酸铁的合成

二水磷酸铁合成工序中，加料量、加料顺序、加料速度和搅拌速度均是影响磷酸铁质量的重要因素。磷酸铁的理论铁磷计量比为1∶1，实际生产过程中，适当的铁过量会有利于减少母液中磷的残留，但铁过量太多会生成氢氧化铁杂质，导致铁磷比偏高。通过控制pH值，利用三价铁和镁、锰等溶度积的差异可以实现磷酸铁与杂质的分离，合成过程中，一般控制pH值在2.0～2.5之间。

（3）二水磷酸铁的过滤与洗涤过程

无论是一步法还是两步法工艺中，由于二水磷酸铁粒度较小，一般在2～5μm，滤饼含水较高，达到50%～60%，这给磷酸铁的洗涤带来较大困难，因此磷酸铁洗涤的耗水量较大。

（4）二水磷酸铁的干燥与脱水控制

经氧化、沉淀和过滤、洗涤后获得的二水磷酸铁一般滤饼含水50%～60%，同时含有两个结晶水。生产过程中，需要采用闪蒸干燥来脱除滤饼的游离水分，再通过回转窑等高温脱除结晶水。

（5）闪蒸干燥

闪蒸干燥系统由空气过滤器、送风机、空气加热器、加料器、干燥器、旋风分离器、袋滤器以及引风器等组成。闪蒸干燥工艺原理（图5-23）闪蒸干燥过程中，热空气切线进入干燥器底部，在搅拌器带动下形成强有力的旋转风场。滤饼由螺旋加料器进入干燥器内，在高速旋转搅拌浆的强烈作用下，物料受撞击、摩擦及剪切力从而得到分散，块状物料迅速粉碎，与热空气充分接触、受热、干燥。脱水后的干物料随热气流上升，分级环将大颗粒截留，小颗粒从环中心排出干燥器外，由旋风分离器和除尘器回收，未干透或大块物料受离心力作用甩向器壁，重新落到底部被粉碎干燥。

磷酸铁脱水控制闪蒸干燥进料口空气温度240～300℃，出口尾气温度70～80℃，使物料中的水分蒸发，闪蒸脱除的水分主要为自由水，而尾气则进一步经除尘装置处理后排空。

将闪蒸脱水后磷酸铁粉料均匀加入回转窑干燥系统，在高温下脱除磷酸铁中结晶水，并对磷酸铁晶体进行煅烧晶化，脱水温度一般控制在500～600℃，时间在1～2h。

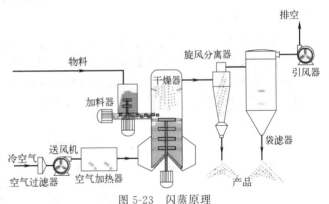

图5-23 闪蒸原理

5.4.3 磷酸铁锂/碳正极材料的高温合成

目前，规模化制备磷酸铁锂正极材料的最普遍方法是高温碳热还原法，即分别将各种原料按比例配料并均匀混合后，经过湿法砂磨、喷雾干燥（spray drying）、气氛烧结、粉碎分级和包装制成。具体工艺流程如图5-24所示。

（1）配料与砂磨

配料：碳源一般采用葡萄糖、柠檬酸、蔗糖、淀粉和聚乙二醇等有机碳源中的一种或多种复合使用。碳源用量会影响产品最终碳含量、电化学性能和振实密度；碳源用量一般为磷酸铁的 8%～15%，最终产品含碳量一般在 1%左右。锂源一般有碳酸锂、氢氧化锂等，锂的配料量一般为理论计量比的 1.0～1.05。固含量也是影响工艺和产品性能的关键参数，高固含量可以减少水蒸发量、节约能耗，但固含量高也会降低砂磨的效率、延长砂磨时间，各企业也结合原料特性和工艺确定固含量，一般在 20%～40%。

砂磨：砂磨也是球磨的一种，是利用高硬度的微球为研磨介质对物料进行研磨分散的过程，因其研磨介子一般在微米级，故称砂磨。砂磨机按照结构不同可分为立式砂磨机、卧式砂磨机、涡轮式砂磨机和棒销式砂磨机等不同类型。其结构如图 5-25 所示。磷酸铁锂生产工艺中，对物料砂磨的目的是实现磷酸铁前驱体、碳酸锂和碳源等原料的研磨、分散和均匀混合。在实际生产过程中，通常将多台砂磨机串联或并联工作。

为了获得电化学性能优异的磷酸铁锂正极材料，一般要求将混合料的粒度砂磨到 0.3～0.5μm。各企业会结合原料粒度、硬度等指标的差异和自身工艺的要求确定砂磨的工艺参数。

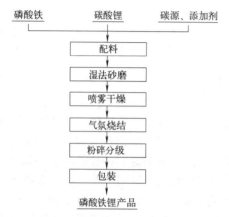

图 5-24 碳热还原法制备磷酸铁锂工艺流程

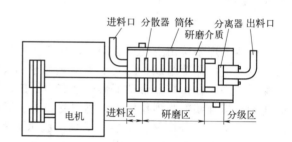

图 5-25 砂磨机结构

（2）喷雾干燥

喷雾干燥是一种可以同时完成干燥和造粒的操作过程。喷雾干燥的原理（图 5-26）为空气经过滤和加热，进入干燥器顶部空气分配器，热空气呈螺旋状均匀地进入干燥室；料液经塔体顶部的高速离心雾化器，旋转喷雾成极细微的雾状液珠，与热空气并流接触在极短的时间内可干燥为成品；成品连续地由干燥塔底部和旋风分离器中输出，废气由引风机排空。

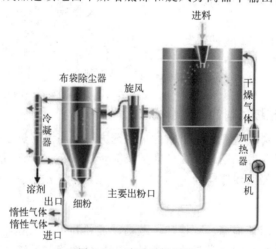

图 5-26 喷雾干燥原理

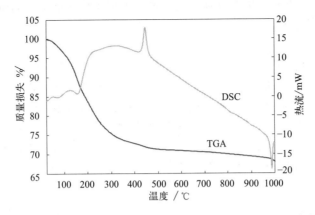

图 5-27 葡萄糖为碳源制备 $LiFePO_4/C$ 的 TG/DSC 分析曲线

（3）气氛烧结

在磷酸铁锂正极材料制备过程中，高温过程涉及锂盐的分解、有机碳源的分解、三价铁的还原以及相关元素在高温下通过扩散、迁移并发生化学反应，生成结构稳定的化合物的过程。图 5-27 是物料在氮气气氛保护下，从室温升温到 1000℃ 的热重/差热曲线图（TG/DSC图）。从热重曲线可以看出，室温到 460℃，样品失重约为 28.37%，这主要是前驱体脱水、锂盐以及葡萄糖分解产生 H_2O 和 CO_2 的过程。在 460℃ 到 1000℃，无明显的吸热峰和放热峰存在，这对应 $LiFePO_4$ 晶型发生转变的过程。气氛烧结过程发生总反应的方程式为：

$$FePO_4 + Li_2CO_3 + C_6H_{12}O_6 \longrightarrow LiFePO_4/C + CO_2 + H_2O \tag{5-37}$$

气氛烧结过程是磷酸铁锂正极材料制备过程中最关键的环节，其核心设备是煅烧窑炉，目前应用最为广泛的是气氛辊道窑。合成过程中，合成温度、时间和气氛是合成磷酸铁锂/碳正极材料的关键。各企业会结合自身的原料特性和产品性能要求确定烧成的温度时间制度。

由于二价铁极易氧化，在气氛烧结过程中对气氛的严格控制（氧含量的控制）是决定产品性能的关键。一般是通过不断通入高纯的氮气（99.999%）来确保窑内尽可能低的氧浓度，生产过程中，窑内高温段和冷却段氧含量要小于 10mg/L。

（4）粉碎分级

高温合成后的磷酸铁锂物料通常都会结块，形成软团聚或部分硬团聚体。为了更好地控制产品的粒径，需要在烧成后对物料进行粉碎和分级，所用设备通常为气流粉碎机。

（5）除铁

磷酸铁锂生产过程的工艺与三元正极材料的工艺相同。

5.4.4 磷酸铁锂正极材料的改性

虽然磷酸铁锂具有较高的理论容量、稳定的充放电平台以及良好的热稳定性和安全性能，但磷酸铁锂有两个致命的缺陷，即低的电子电导率和低的锂离子扩散速率。为此大量的研究集中解决这两个问题，综合可概括为三个方法：一是高电导率材料包覆磷酸铁锂以改善材料电导率，如碳包覆；二是纳米化材料，减小一次颗粒粒径，以缩短锂离子传输距离；三是掺杂，以金属离子掺杂材料内部晶体结构，扩宽锂离子传输通道，同时提高材料导电性。

5.4.4.1 碳包覆

纯的磷酸铁锂由于自身结构限制，Li^+ 在传输当中只能沿着 b 轴方向跳跃式运动，这种一维式的离子通道导致磷酸铁锂在充放电过程中产生严重的电能内消耗。包覆层虽然对材料内部的电导率没有太大促进效果，但在材料的表面能够显著增强电子的运动，降低极化及副反应的出现。碳包覆（carbon coating）是目前改性磷酸铁锂最为常见，也是最为便捷有效的方式。碳材料的添加除了能够增强材料的导电性以外，还能够防止材料继续生长粗化，起到细化晶粒的作用，大大提高了材料的电化学性能。

5.4.4.2 纳米化

$LiFePO_4$ 材料的纳米化（nano-modified）有助于缩短锂离子的扩散距离，从而提高磷酸铁锂材料的倍率性能和容量的发挥。但是随着粒径的降低，振实密度也随之降低，影响材料的体积能量密度。因此研究者们除了要考虑纳米化后提高了倍率性能，也大多采用将纳米颗粒以炭材料或者其它形式聚合成微米级别的二次颗粒的方式来提高振实密度，增强实用性。

5.4.4.3 掺杂

利用异种离子的原子半径与基体元素半径的不同，使 $LiFePO_4$ 产生晶格畸变，继而锂离子的传输通道相应拓宽，这既有助于锂离子扩散系数的提升，同时增强了材料的电子电导率。$LiFePO_4$ 掺杂的种类很多，可以按照不同的掺杂位置和掺杂方式等进行分类。

按照掺杂位置不同可分为 Li 位掺杂、Fe 位掺杂和 O 位掺杂。

Li 位掺杂中，Na 和 K 元素由于与 Li 元素为同族元素，因而受到研究者们的重视。虽然 Li 位掺杂的确会增强材料导电性，但是从理论上讲，Li 位的掺杂意味着锂离子扩散的单一通道被堵塞，锂离子扩散的速率受到影响因此普遍性能欠佳。

Fe 位掺杂有望增强导电性的同时，降低对锂离子的阻碍。Fe 位掺杂包含 Ti、Mn、Mg、Co、La 和 Ce 的离子来掺杂 $LiFePO_4$，过渡金属的掺入有助于提升 $LiFePO_4$ 的结晶性，扩大锂离子的扩散通道并提高锂离子迁移速率，降低电荷转移电阻。除了 Li 位与 Fe 位掺杂外，还有 O 位掺杂。虽然目前对掺杂的具体机理尚处在研究阶段，但对于掺杂后能够一定程度提高锂离子扩散速率达成了共识。

5.5 其它正极材料制备技术

5.5.1 钴酸锂的生产工艺

钴酸锂（$LiCoO_2$）因其合成方法简单、循环寿命长、工作电压高、倍率性能好等优点成为最早用于商品化的锂离子电池的正极材料。虽然因钴资源的稀缺，其应用市场逐步被三元材料和磷酸铁锂替代，但钴酸锂因其较高的压实密度和能量密度，仍然在一些特殊场景具有不可替代的作用。钴酸锂的合成方法主要有高温固相法、共沉淀法、溶胶凝胶法等。高温固相法一般合成过程简单，易于工业化生产，是目前制备 $LiCoO_2$ 正极材料最主要的方法。高温固相法一般是将锂源（碳酸锂、氢氧化锂等）和钴源（氧化钴、碳酸钴等）按照一定的化学计量比混合均匀，在高温下烧成，进行固相反应生成 $LiCoO_2$。

固相法合成钴酸锂工艺流程包括：配料、混合、烧成、粉碎分级、除铁、包装等工序。

早期国内外钴酸锂生产工艺均采用湿法混合，以酒精或丙酮为分散介质，物料分散和混合效果好，高温固相反应更充分，产品电化学性能优异。但湿法混合工艺需要酒精、丙酮等有机溶剂，成本高；设备需要防爆，造价高。因此，目前自动化生产钴酸锂已采用干法混合工艺。干法混合成本低、效率高、环保安全，同时可以保证不破坏前驱体的形貌，产品性能可以通过调节烧成工艺参数来保证。烧成工序的主要工艺参数是烧成温度、时间和气氛。

根据热力学分析，钴酸锂的最小合成温度约为 250℃。考虑到动力学因素，结合碳酸锂作锂源，碳酸锂的熔点为 720℃，当加热到熔点附近后，钴酸锂的合成反应：

$$2Co_3O_4 + 3Li_2CO_3 + 1/2O_2 \longrightarrow 6LiCoO_2 + 3CO_2 \tag{5-38}$$

实际情况下，碳酸锂在 650℃ 左右发生软化处于半熔融状态，为了促进钴酸锂的烧成，通常将钴酸锂的烧成曲线设计成从室温升至 650~750℃ 保温一段时间，在此温度下碳酸锂处于熔融状态，有助于高温下离子的扩散迁移。虽然钴酸锂的合成为高温固相反应，由于碳酸锂的熔融，使得固-固反应变成了固-液反应或者部分固-液反应，降低了反应的活化能，提高了反应速率和反应的转化率。第二阶段再升至 900~1000℃ 保温一段时间，在此阶段碳酸锂发生分解变成 Li_2O 并与 Co_3O_4 反应生成钴酸锂，同时钴酸锂的晶体生长并趋于完整。当温度继续升高，如大于 1000℃ 时，合成钴酸锂的电化学容量反而有所下降。主要是高温下锂的挥发增加，产物中可能还含有 CoO、Co_3O_4 及缺锂型钴酸锂，它们在高温下形成固溶体，冷却后形成坚硬的烧成块状物使产物出现板结现象，且产品的电化学性能急剧恶化。

钴酸锂的烧成时间取决于混料的均匀度、烧成设备以及对产品性能的要求。液相混合由于均匀度好，烧成时间较短，辊道窑由于温度均匀性和气氛均匀性好，烧成时间相对推板窑要短很多。工业生产由于对产能和效率的要求，在保证产品质量的前提下，一般要求烧成时间尽可能缩短。

四氧化三钴中钴的化合价平均为 +2.67 价，而 $LiCoO_2$ 中钴的化合价为 +3 价，因此钴酸锂的合成反应必须在氧化气氛中进行，工业上生产钴酸锂采用空气气氛。

5.5.2 锰酸锂的生产工艺

锰酸锂（$LiMn_2O_4$）生产一般以二氧化锰和碳酸锂为原料，通过高温固相法制备锰酸锂。其主要流程为计量配料、混合、烧成和粉碎。

高温固相合成锂锰氧尖晶石的适宜合成温度为 650~850℃，最佳合成温度为 750℃ 左右。当热处理温度高于 780℃ 时，锂锰氧开始失氧，而且随着温度的升高和冷却速度加快，缺氧现象越来越严重。在 840℃ 的空气中，$LiMn_2O_4$ 可由立方相变为四方相。

对于高温固相反应来说，热处理制度包括升温速率、保温时间、热处理温度及冷却时间等关键的因素。但其它因素如原料的种类和形态、原料的配比等也对合成材料的电化学性能具有重大影响。

（1）不同 Li/Mn 值对合成的影响

由于锰的价态变化复杂，锰的氧化物的组成结构多种多样，因此对于 Li-Mn-O 三元化合物来讲，其结构也极其复杂。图 5-28 为 Li-Mn-O 三元体系的相图，图 5-28（b）为图 5-28（a）中 $MnO-Li_2MnO_3-\lambda-MnO_2$ 相区部分的放大。图中重点给出了尖晶石和岩盐（层状）结构在三元体系相图中对应存在的区域。其中 $Mn_3O_4-Li_4Mn_5O_{12}$ 连线表示具有化学计量的尖晶石相，而 $MnO-Li_2MnO_3$ 连线表示具有化学计量的岩盐相。图中 I 区为有缺陷的尖晶石相区，Ⅱ区为有缺陷的岩盐相区。图中虚线表示脱嵌锂反应过程。

在众多锂锰氧化物中，尖晶石结构的 $LiMn_2O_4$ 是产业化和广泛实用化的产品。实际合成时，Li/Mn 值、气氛和温度等发生变化对产物组分的影响都很大，在 $LiMn_2O_4$ 附近还会以 $LiMn_2O_{4-z}$ 的缺氧尖晶石形式出现，使其组分情况变得更加复杂。

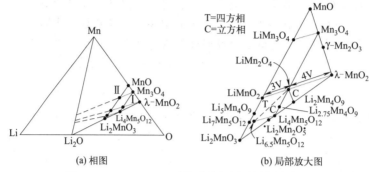

图 5-28　Li-Mn-O 三元体系的相图及局部放大图

由图 5-28 Li-Mn-O 的相图可知，锂锰氧的化合物很多，在不同的条件下可以相互转化。因此要得到无杂相存在的正尖晶石锂锰氧化合物，必须严格控制原料和产品中锂和锰的摩尔比为 1∶2。但为了提高锂锰氧的电化学性能，在合成锂锰氧时，人们常将锂略微过量。由表 5-5 可知，随着锂锰比增加，合成锂锰氧正极材料的电化学比容量先增大，当锂锰配比为 1.05/2 时，所合成的锂锰氧正极材料具有较佳的电化学可逆容量，然后，随着锂锰比例的继续增加，合成锂锰氧正极材料的比容量却慢慢减小，而锰的平均价态随着锂的增加不是减小反而是增大，这说明锂锰在高温下反应时并不是生成所谓的贫锂或富锂化合物 $Li_{1-x}Mn_2O_4$ 或 $Li_{1+x}Mn_2O_4$，而是有新相生成。

表 5-5　不同锂锰比合成的锰酸锂的组成及电化学容量

Li/Mn(摩尔比)	Li(实测,质量分数)/%	Mn(实测,质量分数)/%	锰平均价态	比容量/[(mA·h)/g]
1.15/2	4.32	59.8	3.515	119.2
1.10/2	4.12	60.3	3.508	120.4
1.05/2	3.95	60.8	3.502	121.5
1.00/2	3.80	61.0	3.495	119.7
0.95/2	3.62	61.5	3.484	117.2
0.90/2	3.51	61.8	3.475	115.2

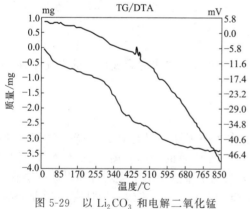

图 5-29　以 Li_2CO_3 和电解二氧化锰混合物的热重/差热曲线

同时由不同锂锰比例下合成锂锰氧材料的 X 射线衍射（XRD）分析亦可知，当 Li/Mn≥1.15/2 时，杂相为 Li_2MnO_3；当 Li/Mn≤0.9/2 时，杂相为 Mn_2O_3。这也正说明了为什么随着锂锰配比的增高，所合成锂锰氧化物中锰的平均价态不降反升，因为形成的 Li_2MnO_3 中锰的价态为 +4 价，而 Mn_2O_3 中锰的价态为 +3 价。

（2）不同热处理制度的影响

不同的热处理制度对合成锂锰氧正极材料的性能有着重大影响。

图 5-29 是以 Li_2CO_3 和电解二氧化锰混合

物的热重/差热曲线，由图可知，在温度低于300℃时，热重曲线变化平稳，而差热曲线则变化缓慢，在48.1℃时的吸热峰表现为失水过程，在450℃左右时有一个明显的吸放热峰，这可能是在机械液相活化过程中，有机物与锂或锰形成络合物，在此时开始氧化分解，同时开始形成尖晶石相的LiMn$_2$O$_4$。在556℃左右又出现一小的吸热峰，这是碳酸锂继续分解和尖晶石相继续形成共同作用所致。当温度大于650℃后，热重曲线趋于稳定。在此过程中发生的反应可能有：

$$4MnO_2 \longrightarrow 2Mn_2O_3 + O_2 \tag{5-39}$$
$$Li_2O + MnO_2 \longrightarrow Li_2MnO_3 \tag{5-40}$$
$$Li_2O + Mn_2O_3 \longrightarrow 2LiMnO_2 \tag{5-41}$$
$$3LiMnO_2 + 1/2O_2 \longrightarrow LiMn_2O_4 + Li_2MnO_3 \tag{5-42}$$
$$2Li_2MnO_3 + 3Mn_2O_3 + 1/2O_2 \longrightarrow 4LiMn_2O_4 \tag{5-43}$$

由以上分析可知，在温度大于450℃时，尖晶石已基本形成，而当温度大于650℃时，一系列反应也已基本完成。在$t=480$℃、650℃和750℃三个温度下合成的锂锰氧正极材料都具有标准的尖晶石结构，只是随着温度的升高，晶面间距略有增大，不断接近标准的晶面间距值，如表5-6所示。随着温度的升高，合成的锂锰氧的结构越来越完整，而且晶粒也越来越大。

表 5-6   不同温度下合成的锂锰氧正极材料的晶面间距

hkl	dA				
	标准衍射卡片值	$t=480$℃	$t=650$℃	$t=750$℃	$t=850$℃
111	4.764	4.745	4.749	4.752	4.761
311	2.487	2.474	2.479	2.482	2.486
400	2.062	2.054	2.055	2.057	2.060

当$t=850$℃时，尽管合成的锂锰氧具有标准的尖晶石结构，而且其晶石间距值也基本与标准卡片上的一致，但材料中出现了杂相Li$_2$MnO$_3$和Mn$_2$O$_3$，这是由于高温下合成的锂锰氧开始分解，发生如下反应：

$$4LiMn_2O_4 \longrightarrow 4LiMnO_2 + 2Mn_2O_3 + O_2 \tag{5-44}$$

LiMnO$_2$在低温下不稳定，在冷却过程中分解为LiMn$_2$O$_4$和Li$_2$MnO$_3$。

$$3LiMnO_2 + 0.5O_2 \longrightarrow LiMn_2O_4 + Li_2MnO_3 \tag{5-45}$$

同时，由于所生成的Li$_2$MnO$_3$和Mn$_2$O$_3$又可发生如下反应：

$$2Li_2MnO_3 + 3Mn_2O_3 + 1/2O_2 \longrightarrow 4LiMn_2O_4 \tag{5-46}$$

因此在合成锂锰氧正极材料时，为得到均匀无杂相的锂锰氧，最高热处理温度不要超过850℃，同时降温时要严格控制降温速率。

习题

1. 正极材料如何分类？
2. 简述磷酸铁锂正极材料、三元正极材料和锰酸锂正极材料的结构特征。

3.简述磷酸铁生产的工艺路线，比较几种工艺路线的优缺点。

4.简述磷酸铁锂生产过程及工艺控制。

5.简述三元正极材料生产的工艺路线，并比较几种工艺路线的优缺点。

6.三元前驱体制备过程中，如何保证共沉淀时镍、钴和锰的均匀性？能否控制三种元素沉淀的顺序？

7.正极材料改性的目的是什么？改性方法有哪些？分别有什么特点？

8.闪蒸和喷雾干燥均是干燥设备，对比它们的结构、原理及用途的差异性。

9.对比推板窑和辊道窑结构差异、性能差异和用途的差异性。

参考文献

[1] 马璨,吕迎春,李泓.锂离子电池基础科学问题(Ⅲ):正极材料[J].储能科学与技术,2014,3(1):53-65.

[2] 胡国荣,杜柯,彭忠东.锂离子电池正极材料:原理、性能与生产工艺[M].北京:化学工业出版社,2019.

[3] 王东伟,仇卫华,丁倩倩,等.锂离子电池三元材料:工艺技术及生产应用[M].北京:化学工业出版社,2020.

[4] 吴宇平,袁翔云,董超,等.锂离子电池:应用与实践[M].2版.北京:化学工业出版社,2022.

[5] 梁广川.锂离子电池用磷酸铁锂正极材料[M].北京:科学出版社,2013.

[6] 郭炳焜,徐徽,王先友.锂离子电池[M].长沙:中南大学出版社,2002:56-64.

[7] Goodenough J B, Kim Y. Challenges for rechargeable Li batteries[J]. Chem Mater, 2010, 22(3): 587-603.

[8] 王兆祥,陈立泉,黄学杰.锂离子电池正极材料的结构设计与改性[J].化学进展,2011,23(2-3):284-301.

[9] Thackeray M M. Manganese oxides for lithium batteries[J]. Prog Solid St Chem, 1997, 25:1-17.

[10] Manthiram A, Murugan A V, Sarkar A, et al. Nanostructured electrode materials for electrochemical energy storage and conversion[J]. Energy & Environmental Science, 2008, 1:621-638.

第 6 章

锂离子电池负极材料制备技术

6.1 负极材料概述

6.1.1 负极材料发展历史

锂金属密度小（$0.534g/cm^3$），且具有最负的电极电势（$-3.045V$，相对氢标准电极电位）和非常高的电化学比容量（$3861mA \cdot h/g$），毫无疑问是锂离子电池最好的负极材料。早在 1980 年，Moli 公司就实现了以锂金属为负极的商品化锂二次电池，然而锂金属作为负极存在严重的安全、界面副反应、锂枝晶和体积膨胀等问题。Moli 公司也因锂负极不安全导致着火爆炸等事故很快退出锂金属负极材料市场。

1989 年以后大多数企业停止了对以锂金属为负极的二次电池的开发。锂合金的出现，在一定程度上改善了锂金属负极存在的问题，但是锂合金在反复的充放电循环过程中也会造成较大的体积变化，这将导致电极材料逐渐粉化，造成容量的迅速衰减，这也使得锂合金负极未能成功产业化。为了克服锂金属及锂合金负极的上述缺点，1990 年索尼推出了以石墨材料为负极的商品化锂离子二次电池，从此锂离子电池走向规模实用化，使各种储能设备重量和体积大大减小。

目前商品化的锂离子电池，仍主要以石墨类负极材料为主。此外，一些新型的非炭类负极材料也已被开发出来或者正在研究中。

6.1.2 负极材料分类

锂离子电池负极材料根据组成成分的不同，可以分为两大类，即炭材料与非炭材料。其中，炭负极材料又分为石墨类负极材料（天然石墨、人造石墨、改性石墨）和无定形炭负极材料［焦炭、中间相炭微球（MCMB）等］；非炭负极材料分为硅基材料、钛基材料、氮化物、锡基材料等。负极材料的分类如图 6-1 所示。

6.2 负极材料性能要求

锂离子电池负极材料是锂离子和电子的载体，在充放电过程中实现锂离子的可逆嵌入和脱出。负极材料是锂离子电池的重要组成部分，约占锂电池总成本的 $5\%\sim15\%$。

锂离子电池负极材料应满足以下几个性能需求：

① 具有高度可逆的质量比容量、体积比容量以及长寿命；

② 锂离子在负极材料中脱嵌氧化/还原电位应尽可能地低，从而使电池整体具有更高的输出电压；

③ 负极材料氧化还原电位随着锂嵌入量的变化应尽可能地小，保持电池电压的稳定性，

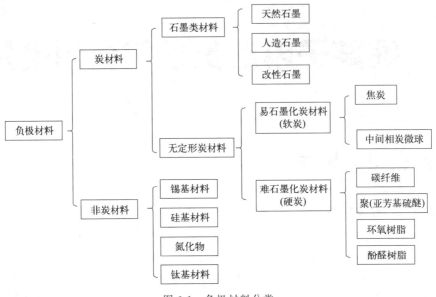

图 6-1 负极材料分类

从而可以平稳的充放电;

④ 嵌锂前后的负极材料应具有良好的电子电导率和锂离子电导率,有利于减少极化,提高电池大倍率充放电性能;

⑤ 负极材料的主体结构在锂离子嵌入和脱出过程中不会发生破坏性的变化,确保电池良好的循环稳定性;

⑥ 负极材料在充放电压范围内应具有良好的化学稳定性,不会与电解液等发生副反应;

⑦ 负极材料应具有较高的热稳定性和安全性;

⑧ 负极材料应具有良好的表面结构,可与液体电解质形成良好的固态电解质中间相(solid electrolyte interface,SEI)膜。

⑨ 负极材料应具有低成本、环境友好的特性。

不同负极材料的性能对比如表 6-1 所示。从表中可以观察到,锂金属负极电化学性能最为优异,被认为是锂电池的"圣杯",但是锂金属负极由于安全性、枝晶、体积膨胀等问题,要想实现产业化还有技术瓶颈需要突破。硅(Si)负极的比容量最高,但是存在非常大的脱嵌锂体积膨胀,必须克服体积膨胀才能够产业化。钛酸锂($Li_4Ti_5O_{12}$)负极的质量比容量不高(175mA·h/g),且脱嵌锂平台电压很高(1.55V),导致其能量密度低,但是其脱嵌锂过程的体积变化几乎可以忽略,因此理论上有着无限长的循环性能。此外,其高的脱嵌锂平台电压也决定着其表面不会有像石墨负极的 SEI 膜,对应钛酸锂为负极的锂电池具有本质安全特征。石墨负极材料的各单项性能并不是最好的,但综合性能较好,也是当前锂离子电池的主流负极材料。此外,锡、铝、镁等也具有较优异的性能,理论上也可以作为锂电池的负极材料。

表 6-1 不同负极材料性能比较

材料	密度/(g/cm³)	嵌锂相	质量比容量/[(mA·h)/g]	体积比容量/[(mA·h)/cm³]	脱嵌锂体积变化/%	对锂电位/V
锂(Li)	0.53	Li	362	2047	100	0

材料	密度/(g/cm³)	嵌锂相	质量比容量/[(mA·h)/g]	体积比容量/[(mA·h)/cm³]	脱嵌锂体积变化/%	对锂电位/V
石墨(C)	2.25	LiC_6	372	837	12	0.05
钛酸锂($Li_4Ti_5O_{12}$)	3.50	$Li_7Ti_5O_{12}$	175	613	1	1.55
硅(Si)	2.33	$Li_{4.4}Si$	4200	9786	300	0.4
氧化亚硅(SiO)	约1.23	—	2615	—	150	—
锡(Sn)	7.29	$Li_{4.4}Sn$	994	7246	260	0.6
锑(Sb)	6.70	Li_3Sb	660	4422	200	0.9
铝(Al)	2.70	LiAl	993	2681	96	0.3
镁(Mg)	1.30	Li_3Mg	3350	4355	100	0.1

本章在接下来的部分，将重点阐述天然石墨、人造石墨、中间相碳微球硅基、钛酸锂等几个已经商品化的负极材料的制备工艺。

6.3　天然石墨负极材料

6.3.1　天然石墨负极材料的定义

石墨负极按制备工艺和原材料又可分为天然石墨（natural graphite）和人造石墨（artificial graphite）。其中，天然石墨是天然矿藏中的有机物质经过地壳中高温高压的作用演变而成，主要分为鳞片石墨（结晶鳞片状石墨）、块状石墨（脉型石墨）和土状石墨（隐晶质石墨、无定形石墨）。而天然石墨负极是指以天然石墨矿产为原料，经过粉碎、纯化、球化以及表面改性等工序制备而成的锂离子电池负极材料。

石墨负极理论比容量可达 372mA·h/g，其具有导电性好、成本低、嵌锂电位低、导热性好、首次库仑效率高、结构稳定等优势，是目前应用最为广泛，也是技术最成熟的锂离子电池负极材料之一。从层间结构的排列上来看，天然石墨可以分为 ABAB 形式排列的六方形结构和 ABCABC 形式排列的菱形结构，如图 6-2 所示。天然石墨相对于人造石墨具有成本低、石墨化程度更高、技术（提纯、粉碎、分级等）成熟、充放电电压平台低、理论比容量高等优势。目前商业化的改性天然石墨比容量可以达到 340～370mA·h/g，首次库仑效率在 90%～93% 之间，循环寿命可以达到 1000 个循环以上。

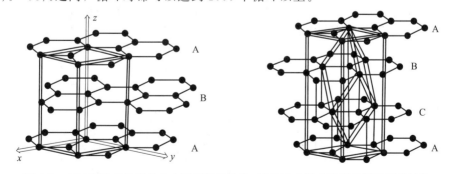

图 6-2　ABAB 形式排列的六方形石墨结构和 ABCABC 形式排列的菱形石墨结构

6.3.2 天然石墨负极材料的脱嵌锂原理

石墨负极储锂机理主要是通过锂离子可逆地嵌入到石墨晶格层间形成石墨插层化合物。石墨插层化合物（graphite intercalation compound，GIC）主要采用 4 阶模型来表示。阶数 k 表示相邻的两个锂离子嵌入层之间石墨层的层数，随着锂离子嵌入石墨可逐步形成 LiC_{36}（4 阶）、LiC_{24}（3 阶）、LiC_{12}（2 阶）、LiC_6（1 阶）四种插层化合物。其脱嵌锂反应可表示为：

$$x\,Li^+ + x\,e^- + C_n \Longleftrightarrow Li_x C_n \tag{6-1}$$

其中，每六个碳原子最多可容纳一个锂离子形成一阶石墨插层化合物（LiC_6）。

天然石墨的原材料来源于天然矿产，经过粉碎纯化等工艺得到，因此其颗粒尺寸均分布更大，结晶度更好，具有更高的压实密度，在电化学性能上表现为更高的比容量，但由于天然石墨表面缺陷较多以及与电解液的相容性较差，副反应比较多，导致其循环稳定性不如人造石墨。从成本上来说天然石墨要优于人造石墨，但是其在一致性和循环稳定性方面的不足导致发展受到限制，因此其主要应用在数码电子等小型储能器件中，而在动力电池中则主要以人造石墨负极为主。

6.3.3 天然石墨负极制备工艺

天然石墨负极通常采用鳞片石墨（flake graphite）为原料，经过对原料的提纯、粉碎、球形化、分级、纯化，以及表面处理等工序而制成石墨负极产品（图 6-3）。

图 6-3 天然石墨负极加工工艺流程

6.3.3.1 天然石墨的提纯与纯化

锂离子电池中石墨负极的纯度至少要达到 99.9% 以上，而天然石墨矿石无法达到此要求，因此需要对石墨进行进一步提纯使之达到应用需求。天然石墨提纯的方法主要有以下几种。

（1）浮选法

浮选法（flotation method）的原理是利用天然石墨良好的可浮性，采用捕收剂、起泡剂对矿石进行处理，从而将有用的矿物和脉石矿物分开。其优点是工艺流程成熟、设备简单、能耗少、生产成本低；缺点是收率低，提纯纯度低，即使经过多次浮选，其提纯后的石墨含碳量也很难超过 95%。因此，一般来说，浮选法只是作为石墨提纯的第一步，如果需要得到高纯石墨还需进一步采用化学法或者高温法对石墨进行进一步提升。典型的石墨矿浮选工艺如图 6-4 所示。

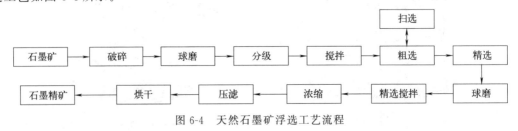

图 6-4 天然石墨矿浮选工艺流程

（2）碱熔酸浸法

碱熔酸浸法包含了碱熔和酸浸两个过程。碱熔过程是利用高温下熔融状态的碱与石墨中的杂质反应，使含硅的杂质如硅酸盐、硅铝酸盐、石英等反应生成可溶性或酸溶性盐，经过水洗脱除硅；剩下的如 Al_2O_3、Fe_2O_3、MgO、CaO 等金属氧化物杂质与熔融的碱反应生成的酸溶性盐可与盐酸反应生成溶于水的氯化物，并通过水洗去除。

碱熔酸浸法的优点是石墨在酸或者熔融碱过程中不会影响石墨本身的成分和品质，而且该方法设备简单、投资少、得到石墨碳含量高；但是其具有能耗高、生产设备易腐蚀、用水量大、污染大等缺点。该方法是我国目前普遍采用的石墨提纯方法之一。典型的碱熔酸浸工艺流程如图 6-5 所示。

图 6-5　天然石墨碱熔酸浸纯化工艺流程

（3）氢氟酸法

由于石墨具有很好的耐酸性，因此可以利用氢氟酸与石墨中的氧化钠、氧化钾、氧化硅、氧化铝等杂质反应，生成氟化钠、氟化钾、四氟化硅、氟化铝以及水等产物，从而使石墨得到纯化；同时，氢氟酸也可与石墨中的硅酸钙、氧化钙、氧化镁、三氧化二铁等杂质反应生成不溶于水的化合物，然后通过氟硅酸进一步处理，生成可溶性的氟硅酸盐，进而提纯石墨。氢氟酸法的优点在于可以提纯得到含碳量99％～99.99％的高纯石墨，但是氢氟酸毒性大且腐蚀性强，环境危害大，因此在我国应用较少。典型的碱熔酸浸工艺流程如图 6-6所示。

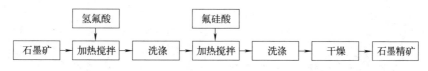

图 6-6　天然石墨氢氟酸法纯化工艺流程

针对氢氟酸法在提纯石墨过程中的环境危害，也可以通过引入其它酸组成混酸体系，从而达到减少氢氟酸使用的目的，常用的体系主要包括 HF/HCl、HF/H_2SO_4、HF/HCl/ H_2SO_4 等。该方法的优点是，提纯后的石墨含碳量可达到 99.9％以上，且氢氟酸用量降低，因此也降低了环境的污染，具有投资少、产量大的特点。但是由于混酸法仍然要采用氢氟酸，因此并没有从根本上解决氢氟酸的危险性和污染。

（4）氯化焙烧法

氯化焙烧（chloridizing roasting）法的原理是通过往石墨中添加还原剂，在高温氯气气氛下焙烧，使高温下产生的氧化硅、氧化铝、氧化铁等氧化物与氯气反应生成沸点更低的氯化物或络合物逸出。该方法的优点是能耗小、石墨纯度高、回收率高，缺点是设备复杂、工艺稳定性不好、尾气处理难等。

（6）高温法

石墨具有远高于杂质沸点的熔点（3800～3900℃），通过高温 2200℃ 以上的高温焙烧，可以使杂质气化并与石墨分离，从而得到 99.99％ 以上的高纯石墨。高温法的优点在于得到的石墨纯度高，但是该方法对设备、原料均具有更高的要求，而且能耗高、成本投入大，因此该方法主要应用于少数对石墨纯度要求极高的高科技领域。

6.3.3.2 天然石墨的球形化处理

天然石墨球形化主要以天然石墨为原料，首先将天然石墨粉碎成合适的粒径，然后对其表面进行整形处理，从而得到球状或者类球状的石墨颗粒。天然石墨的球形化处理主要目的是降低材料的比表面积，从而减少 SEI 膜形成所导致的首次库仑效率降低的问题，提升天然石墨负极的可逆充放电容量以及循环稳定性；同时还可以显著地提升其振实密度，从而提升体积比容量。

目前球形化天然石墨负极主要采用的是机械力法。球形化天然石墨的原料以天然鳞片石墨 ［图 6-7（a）］和天然微晶石墨为主，其主要机理是利用机械作用产生的碰撞、摩擦和剪切等一系列作用力使石墨颗粒发生塑性变形以及颗粒吸附，得到球形石墨成品。针对球形化天然石墨 ［图 6-7（b）］原料的不同，其机理也不同。天然鳞片石墨主要以片状结构为主，因此其球形化过程中主要是片状结构的弯曲塑性变形从而经过一系列机械力的作用形成球形石墨。而天然微晶石墨颗粒呈土状结构，其球形化过程主要是以研磨为主。经过机械处理的天然石墨中不仅包含了经过整形的球形石墨，同时还有球形颗粒与去棱角化过程中剥离下来的细粉，此时需利用分级装置将球形颗粒与剥离的细粉分离得到尺寸正态分布的球形石墨。典型的球形化天然石墨生产工艺流程如图 6-8。

 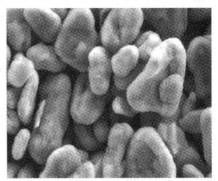

(a) 天然鳞片石墨　　　　　　　　　(b) 球形化石墨

图 6-7　天然鳞片石墨与球形化石墨

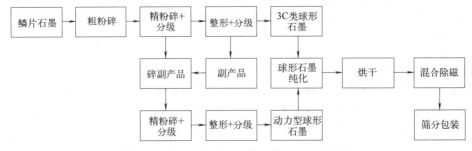

图 6-8　典型的球形化天然石墨生产工艺流程

新能源材料与器件制备技术

116

球形化石墨生产主要涉及的生产设备包括粉碎机和自动化分级机。其中粉碎机主要有：搅拌磨机、高速气流冲击式造粒机、气流涡旋微粉机、闭合式整形机等。其中闭合式整形机具有锤头密集、整形腔内物料的浓度低、转速低等特点，是近年出现的新式整形机。

6.3.4 天然石墨的表面改性

由于天然石墨的层片状结构特性及结晶的取向性，导致其表面反应活性位点分布不均匀，结晶度高，晶粒尺寸大，因此相对于人造石墨，天然石墨在充放电过程中需承受的应力更大，表面晶体结构易被破坏，此外还存在表面 SEI 膜覆盖不均匀、首次库仑效率低、倍率性能不好等缺点。因此，为了进一步优化天然石墨的电化学性能，除了对其进行球形化处理之外，对其进行表面改性处理，进一步优化天然石墨的首次库仑效率、充放电倍率以及循环稳定性等性能也显得尤为重要。

目前，天然石墨表面改性的主要方法有表面氧化（surface oxidation）改性、表面氟化（surface fluorination）改性、包覆改性、掺杂改性和等离子处理等。

6.3.4.1 表面氧化改性

通过天然石墨的表面氧化处理可以在电极表面形成—OH、—COOH 等酸性基团，通过酸性基团的作用，防止溶剂分子嵌入石墨层间，同时表面含氧官能团的形成也有利于提升石墨对电解液的润湿性，减小界面阻抗，促进稳定的 SEI 膜形成，从而提升天然石墨的库仑效率、倍率特性以及循环稳定性等性能。

天然石墨的表面氧化方法主要包括气相氧化法和液相氧化法。

（1）气相氧化法

气相氧化法（gas phase oxidation）主要是采用臭氧、氧气或空气等氧化性气体对石墨表面进行氧化处理。例如，Shim 等在空气气氛中对石墨进行热处理，结果表明通过适当的表面氧化可以降低比表面积从而减少石墨和电解液表界面的副反应，同时表面氧化可能会去除表面杂质，使石墨负极的循环稳定性和库仑效率都得到提升。

（2）液相氧化法

液相氧化法（liquid phase oxidation）主要是利用双氧水、硝酸、硫酸等具有氧化性的化学试剂在液相条件下对石墨表面进行氧化改性。例如，利用双氧水对石墨表面进行氧化处理，增加了石墨表面含氧官能团，使石墨的首次脱锂容量由 321.4mA·h/g 提高到 350.6mA·h/g。

6.3.4.2 表面氟化改性

表面氟化改性是指，利用化学手段对石墨表面进行氟化处理，在天然石墨表面形成 C—F 键。C—F 键的形成能够减小锂离子的扩散阻力，提升其倍率特性和比容量，同时 C—F 键形成的钝化膜还能起到稳定石墨结构的作用，抑制石墨在充放电过程中的剥落和粉化，改善其循环稳定性。研究表明，氟离子掺杂能够促进石墨中的电子转移，增加孔体积和比表面积用于锂离子储存，同时还能增加石墨晶格间距用于锂离子扩散，改性后的石墨在 0.1C 下的可逆容量达到 390.8mA·h/g，且循环性能也优于未改性石墨。

6.3.4.3 包覆改性

由于石墨类负极材料在充放电过程中，锂离子的嵌入过程通常会引入电解液的溶剂化分子层，从而导致石墨片层在充放电过程中的体积膨胀甚至被剥离，最终导致了石墨负极的粉化，从而影响电极材料的电化学性能与循环稳定性。同时，天然石墨表面活性位点较多，易发生不可逆的副反应，导致 SEI 膜不可控生长消耗电解液并导致首次库仑效率偏低。

天然石墨表面包覆改性的目的是在石墨表面形成一层包覆层，形成类似"核壳"结构的颗粒。从而隔绝石墨与电解液，抑制 SEI 膜形成，防止溶剂化分子层的嵌入，同时也能对石墨的体积膨胀起到一定的抑制和缓冲作用。目前常用的表面包覆物改性手段主要包括无定形碳包覆、金属包覆以及金属氧化物包覆等。

（1）无定形炭包覆

无定形炭（amorphous carbon）包覆通常采用酚醛树脂、沥青、柠檬酸、葡萄糖等有机前驱体，在低温条件下裂解或者碳化形成碳包覆层。由于无定形炭材料的层间距比石墨大，有利于锂离子在其中的扩散，因此在保证锂离子能够快速地传输到石墨负极表面的同时，隔绝了石墨与有机电解液的接触，从而抑制了石墨表面 SEI 膜的形成，同时防止了溶剂化分子进入石墨层间破坏石墨的片层结构。石墨表面的炭包覆层可以保持石墨的结构完整性，从而提升天然石墨的循环稳定性。无定形炭包覆是目前规模化生产中常用的表面改性手段，其典型的生产工艺流程如图 6-9。

图 6-9　无定形炭包覆工艺流程

（2）金属及金属氧化物包覆

金属及金属氧化物包覆的天然石墨，主要是利用金属及金属氧化物在天然石墨表面的化学或者物理沉积实现。天然石墨表面金属包覆主要采用银、镍、锡、锌、铝，以及铜等导电性良好的金属元素。通过金属包覆层的制备，可以进一步降低石墨表面的电荷转移电阻，同时还可以提升锂离子在石墨表面的扩散系数，同样，表面金属层的包覆也能起到隔绝石墨与电解液的作用，抑制溶剂分子的嵌入，提升天然石墨负极的循环稳定性，同时也能增强其石墨负极的低温充放电性能。

金属氧化物包覆主要采用的氧化镍、氧化锰、氧化铜、三氧化二铁等氧化物，通过氧化物的包覆同样可以防止石墨与电解液的直接反应，以及溶剂分子的嵌入，降低了石墨负极的不可逆容量，提升了库仑效率。

6.3.4.4　掺杂改性

在天然石墨中，通过有选择地进行元素掺杂，可改变石墨中碳原子的电子环境以及微观结构，从而改变石墨中锂离子的嵌入和脱出行为。

天然石墨的表面掺杂改性按掺杂方法来说分为两种：一种是利用掺杂元素的化合物与天然石墨混合，利用热处理来进行掺杂；另一种是采用化学沉积法，直接将掺杂原理引入到石墨材料中。

同时天然石墨的表面掺杂改性按照掺杂元素类型的不同又可分为三类：一类是在石墨结构中引入无化学活性和电化学活性的元素，通过改变石墨的结构来提升其储锂性能，例如硼、氮、磷、钾、硫等元素；另一类是，掺杂具有电化学储锂活性的元素，如硅和金属锡等元素，进一步改善负极的容量和循环稳定性；第三类是掺杂无电化学活性但是具有高导电性的金属元素，例如铜、镍和银等金属，从而优化石墨中的电子分布，提升电导性、倍率特性以及库仑效率等性能。

6.4 人造石墨负极材料

6.4.1 人造石墨负极材料的定义

从广义上讲，一切通过有机物炭化，再经过石墨化处理得到的炭材料均可称为人造石墨，如炭纤维（carbon fiber）、热解炭（pyrolytic carbon）、泡沫石墨（graphite foam）等；从狭义上讲，人造石墨通常是指以易石墨化的软炭为原料、煤沥青等为黏结剂，经过配料、混捏、成型、低温炭化和高温石墨化等工序制得的材料，可分为粉状和散状。粉状人造石墨通常用作二次电池的负极材料，如中间相炭微球石墨、石墨纤维及各种石墨化炭等；块状人造石墨则用于炼钢电极棒和坩埚等。按原料种类，人造石墨可分为煤系、石油系以及煤和石油混合系三大类，其中煤系针状焦、石油系针状焦以及石油焦原料应用最广（图6-10）。

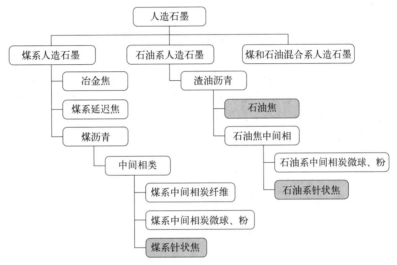

图 6-10　人造石墨原料分类

6.4.2 人造石墨负极材料的脱嵌锂原理

人造石墨负极材料的脱嵌锂原理与天然石墨相同，同样是经历溶剂化锂离子在电解液中的扩散、到达人造石墨负极表面去溶剂化、穿过固态电解质界面膜、在电压低于0.25V时伴随电荷转移嵌入石墨层间和锂离子开始在石墨颗粒内部扩散，逐渐形成4阶3阶、2阶和1阶等不同阶的石墨层间化合物，具体对应的化学反应式为 $x\mathrm{Li}^+ + 6\mathrm{C} + xe^- \Longrightarrow \mathrm{Li}_x\mathrm{C}_6$。

因此，人造石墨石墨化程度越好，石墨层越发达，插入的锂量越多，储锂量越大。一般情况下，人造石墨负极材料的理论容量为 $310 \sim 372 \mathrm{mA \cdot h/g}$，高比容量的负极采用针状焦作为原材料，普通比容量的负极采用价格更便宜的石油焦作为原材料。

人造石墨负极材料是相对天然石墨而言的，具有容量高、循环和倍率性能良好、与电解液适应性强、安全性好、工艺成熟、原材料易获取等特点，是目前新能源汽车及储能市场的首选负极材料。其次，与天然石墨相比，人造石墨的制备工艺较为成熟，其形貌及粒径分布较为一致，各项性能均比较均衡。然而，人造石墨在制备过程中需要高温石墨化处理，耗电量和碳排放较大，故其生产成本高于天然石墨。截至 2022 年上半年，人造石墨依然为锂离子电池的主要负极产品，市场占比为 85%，而天然石墨市场占比为 15%，预计 2025 年人造石墨的出货量依然遥遥领先。

6.4.3 人造石墨材料制备工艺

人造石墨基本的制备工艺流程如图 6-11 所示，通过将骨料和黏结剂进行破碎、造粒、石墨化和筛分而制成。此过程可细分为十几道工序，不同企业不同级别之间存在差异，但原理都是原料中的大分子碳氢化合物断裂形成小分子，然后逐步去氢或使部分气态碳氢化合物溢出，聚集成由碳的六元环组成的无定形碳，经过最后的石墨化后得到最终产品。

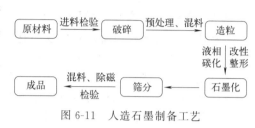

图 6-11 人造石墨制备工艺

6.4.3.1 预处理

根据产品要求不同（粒度等），将石墨骨料与黏结剂（一般为炭化率高的石油沥青、煤沥青，或固性树脂，如酚醛树脂和环氧树脂）在高于黏结剂软化点的温度下按不同比例混合，然后进行气流磨粉，将毫米级粒径的原料磨至微米级。随后采用旋风收尘器收集所需粒径物料，尾气由滤芯过滤器过滤后排放，其中滤芯材质一般为孔隙小于 $0.2\mu m$ 的滤布，可将 $0.2\mu m$ 以上的粉尘全部拦截。在此过程中，预处理磨粉还包括机械磨粉，但工业界一般以气流磨粉为主流，如图 6-12 所示。

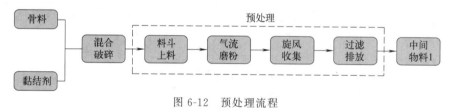

图 6-12 预处理流程

6.4.3.2 造粒

造粒（granulation）分为热解和球磨筛选两道工序。热解工序就是梯度加热和搅拌的过程，具体如图 6-13（上）所示。将中间物料 1 投入反应釜中，用 N_2 将反应釜内空气置换干净，反应釜密闭，在一定压力条件下，加热至 200～300℃ 搅拌 1～3h，然后继续加热至 400～500℃，得到毫米级的物料，降温出料，得到中间物料 2。此过程中，反应釜内部挥发气由风机抽出，经冷凝罐冷凝的液态以焦油状凝结，气态废气由风机引出，经活性炭过滤后排空。球磨筛分工序是机械球磨的过程，将大颗粒中间物料 2 磨得更小，得到中间物料 3，具体过程如图 6-13（下）所示。通过真空进料，将中间物料 2 输送至球磨机进行机械球磨，把毫米级的物料磨制成微米

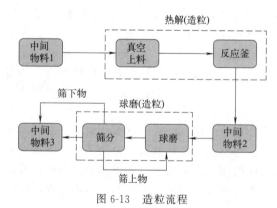

图 6-13 造粒流程

级，然后经筛分得到中间物料3，筛上物返回球磨机再次球磨。球磨和筛分全部密闭进行，物料采用真空输送。

造粒过程直接决定了最终得到人造石墨颗粒的大小、分布和形貌，进而影响着负极材料的多个性能指标。总体来说，颗粒越小，倍率性能和循环寿命越好，但首次库仑效率和压实密度越差，反之亦然，合理的粒度分布（将大颗粒和小颗粒混合）可以提高负极的比容量；此外，人造石墨颗粒的形貌对倍率、低温性能等也有比较大的影响。因此，企业需具备对颗粒粒度和形貌的设计和控制能力，以获得期望的性能指标。

6.4.3.3　石墨化

石墨化是把中间物料3置于石墨化炉内保护介质中加热至高温，使六角碳原子平面网格从二维空间的无序重叠转变为三维空间的有序重叠且具有石墨结构的高温热处理过程。根据石墨化过程中碳结构的变化，该工艺可分为三个阶段（图6-14）。第一个阶段是1000～＜1500℃之间（碳化反应），主要是样品中残留的脂肪链、C—H、C—、C＝H等先后断裂及氧、氮、硫、氢等元素的去除，碳网的基本单元没有明显增大；第二个阶段是1500～＜2100℃之间（预石墨化），在这个温度区间内，产品的物理结构和化学组成发生了很大的变化，碳平面网格逐渐转化为石墨晶格结构，晶粒收缩，晶粒界面间隙有所扩大，石墨晶体开始生长；第三个阶段是2100～＜2600℃之间（石墨化），主要发生再结晶过程，此时，碳平面分子内部或分子间的碳原子移动，进行晶格的完善化和三维排列。当温度超过2600℃后，产品中的杂质（灰份）几乎全部挥发完毕，其它性质变化也不会很大。在石墨化过程中，原材料中的各种金属组分首先生成碳化物，当温度超过2000℃时，这些碳化物便会分解，如硅、铁、铝、钙等而被挥发掉，留下来的即为石墨。由此可见，石墨化过程与温度密切相关，随着温度升高，石墨结构的缺陷越来越少，石墨化程度也越来越高，产品纯度和导电性也越高。但石墨化程度过高不仅会降低人造石墨的力学性能，而且会增加生产成本，因此在实际生产过程中，必须综合考虑石墨化程度对产品各种物理性能的影响，并非石墨化程度越高越好。其次，石墨化过程还与保温时间有关。此外，产品的石墨化程度还与原料的种类密切相关，因此可以通过选择不同原材料生产特殊用途的人造石墨。

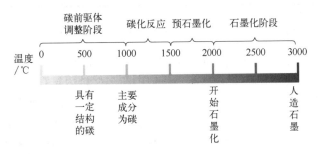

图6-14　石墨化过程

现有的石墨化热处理工艺基本都采用电加热的方式，由特种变压器提供低压大电流功率源，通过短时间大电流放电的方式使石墨化炉内的导电体升温到3000℃左右。如图6-15，石墨化设备按加热方式不同可分为直接加热炉和间接加热炉两类，前者以待石墨化的物料直接作为发热体，后者的热量来自待石墨化物料外围的发热体；按运行设计方式可分为间歇式和连续式石墨化炉，前者指石墨化过程中物料装炉后不移动，经过升温、石墨化、降温等过程后断电出炉，而后者一般是指生产过程中不断电，待石墨化的产品需要经过一系列温区，

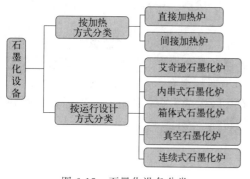

图 6-15　石墨化设备分类

从而实现连续石墨化。间歇式石墨化炉包括艾奇逊石墨化炉、内串式石墨化炉、箱体式石墨化炉以及真空石墨化炉，表 6-2 为不同类型石墨化炉的优缺点对比。目前实际生产过程中主流的石墨化炉为艾奇逊石墨化炉和内串式石墨化炉；箱式石墨化炉由艾奇逊石墨化炉部分改造而成，发展速率较快，但生产周期较长；真空石墨化炉是一种仅适用于实验室或者小批次生产的装置。连续式石墨化炉均为新建且仍在尝试过程中，其炉型和工艺均不成熟。

表 6-2　不同石墨化炉优缺点对比

设备名称	耗电量/ [(kW·h)/t]	优点	缺点	产品比容量/ [(mA·h)/g]	产品石墨化程度/%
艾奇逊石墨化炉	11000～15000	工艺成熟、产量高、安全可靠、产品均质性好、操作简单、应用广泛	能耗高、炉内温度不均、装出炉工艺复杂	353	96.4
内串式石墨化炉	10000～12500	工艺成熟、周期短、安全可靠、产品品质好、适于高品质负极材料生产	产量低（一般 17～22t/炉）、坩埚成本高	360	94.2
箱体式石墨化炉	7500～13000	产量高、能耗相对低	生产周期长（一般40～55 天）、均质性差、安全性差	353	95.8
连续式石墨化炉	6000～7000	产量高、工艺简单、能耗低、周期短	炉型、工艺尚不成熟，产品质量差	346	93.7
真空石墨化炉	—	温度可达 3000℃、温度均匀、单炉生产周期短、效率高	仅适用于实验室或者小批次生产的装置	—	—

（1）艾奇逊石墨化炉

1895 年，美国艾奇逊发明了艾奇逊石墨化炉，其工作原理是在大电流的作用下，将石墨化炉的电阻料加热，把电能转化为热能，使炉中的炭材料达到石墨化所需的温度，经过设定的时间后，完成石墨化。1972 年之前，我国一直采用交流电使炉芯中的电阻料发热，但交流石墨化炉电耗高、生产效率低，难以制造满足现代炼钢技术所需求的高品质石墨电极。因此，我国开始对直流石墨化技术进行开发，直到 1986 年，直流石墨化炉已逐渐取代交流石墨化炉。如图 6-16，艾奇逊石墨化炉整体呈长方体形状，结构包含炉头墙体、导电电极、炉头填充空间等。在石墨化炉底部从下到上依次分别铺设石英砂、炭黑，然后再摆放坩埚，坩埚表面再铺煅后焦和软炭原料（如石油焦），两侧和顶部铺保温料用来保温，防止热量散失。装炉完成后进行送电作业，完成石墨化过程后进行降温、出炉等一系列工序。

（2）内串式石墨化炉

1896 汉密尔顿·Y·卡斯特纳发明了内串式石墨化炉，与艾奇逊石墨化炉不同，它不需要使用电阻料，电流直接通过数根焙烧制品纵向串接的电极柱，依靠自身电阻发热产生的高

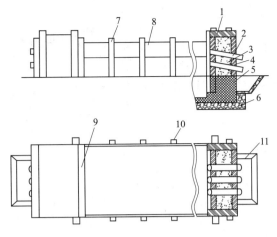

图 6-16　艾奇逊石墨化炉

1—炉头内墙石墨块砌体；2—导电电极；3—炉头填充石墨粉空间；4—炉头炭块砌体；
5—耐火砖砌体；6—混凝土基础；7—炉侧槽钢支柱；8—炉侧保温活动墙板；
9—炉头拉筋；10—吊挂活动母线排支承板；11—水槽

温使制品实现石墨化，但当时因种种技术难题未能投入工业生产。20 世纪 70 年代，全球能源危机爆发时，德国、美国率先对这种无电阻料的节能型石墨化技术进行大量研究，解决了如何串接及如何通电、串接柱加压等关键技术难题并推广应用，20 世纪 80 年代初，德国、美国的许多炭素公司相继建设大型串接石墨化炉生产大规格石墨电极，其生产工艺也日趋完善。20 世纪 80 年代，我国以吉林和兰州炭素厂为代表的国有企业率先应用内串式石墨化炉，至 20 世纪 80 年代末开始大力推广和应用。如图 6-17，内串炉与艾奇逊石墨化炉相比，外观较长，如果想要提高石墨化后的产量，需要连接多个内串炉。因此需要车间有足够大的空间，石墨化生产会受厂房的限制，但内串式石墨化炉的内阻小，消耗的电量也少，加热时间短，比较节能。

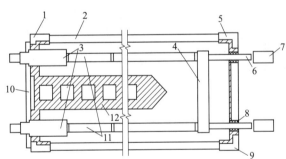

图 6-17　内串式石墨化炉

1—炉头；2、9、10—炉侧砖；3—炉头电极；4—石墨块；5—炉尾；6—顶推电极；
7—液压加压装置；8—电极衬套；11—串接柱；12—中间墙

在实际生产中，为了得到高质量的人造石墨，企业需要从三个方面进行考虑或改进：①掌握向石墨化炉中装入电阻料和物料的方法，并能根据电阻料性能的不同调整物料间的距离；②针对石墨化炉容量和产品规格的不同，使用不同的通电曲线，控制石墨化过程中升温和降温的速率；③在特定情况下，需向配料中添加催化剂，以提高石墨化程度，即"催化石墨化"。

6.4.3.4 球磨筛分

石墨化后的物料（中间产物 4）通过真空输送到球磨机，进行物理混合、球磨，使用分子筛进行筛分，筛下物进行检验、计量、包装入库（图 6-18）。筛上物进一步球磨达到粒径要求后再进行筛分。

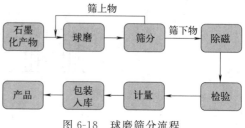

图 6-18　球磨筛分流程

6.4.3.5 人造石墨负极的工艺控制

表 6-3 为人造石墨各个制备环节对其性能的影响，可以看出原料的选择、石墨化程度和后续的包覆或掺杂改性对人造石墨负极各项电化学性能影响较大。因此，近年来，随着负极生产工艺的进步，已经有厂家开始在人造石墨表面包覆无定形炭材料，如酚醛树脂、沥青、柠檬酸等低温热解炭材料，这进一步提高了人造石墨的工艺难度，保证其充放电过程中高容量的同时改善锂离子在其中的扩散性能，从而使材料本身具有了大倍率充放电能力和低温性能，同时还可以在表面形成致密的 SEI 膜提高首次库仑效率和循环性能等。此外，非金属元素掺杂，如 N、P、B、S 和 Si 等，也是目前应用较多的方法，因为元素掺杂可以改变石墨的电子分布状态，提高锂离子与石墨微晶之间的结合能力，从而进一步影响锂离子的嵌入量，改善电极材料的导电性，综合改善锂离子电池性能。截至目前，商业化人造石墨的比容量可以做到 $310\sim355mA\cdot h/g$，首次库仑效率可以达到 $93\%\sim96\%$，循环寿命可达到 1500 次以上。

表 6-3　各制备环节对人造石墨负极性能的影响

制备环节	人造石墨负极性能	影响程度
原料	比容量、循环寿命、倍率、压实密度	较高
预处理	膨胀系数	较低
造粒	比容量、循环寿命、倍率、压实密度	中等
二次造粒	膨胀系数、倍率	中等
石墨化	比容量一致性、电导率	最高
包覆	首次库仑效率、循环寿命	较高
掺杂	比容量、循环寿命、倍率	较高
筛分	倍率、压实密度	较低

6.5 中间相炭微球

6.5.1 中间相炭微球的形成

中间相炭微球（mesocarbon microbeads，简称 MCMB）是目前广泛应用的一类人造负极材料，它是由沥青类有机化合物在惰性气氛中经过中温处理（350 ~550℃），发生热解、脱氢和缩聚等一系列反应形成的球状聚集体，通过溶剂抽提、高温离心等方法，将上述球状体从沥青母体中分离出来形成的球形碳材料。其分子量大、平面度较高、热力学稳定，在表面张力的作用下定向排列自组装生成直径为 $5\sim100\mu m$ 小球体，在偏光光学显微镜下呈光学各向异性。MCMB 是液态的沥青类有机化合物向固体碳过渡时的中间液晶状态，故又被称作碳质中间相或碳质液晶。通常情况下，MCMB 在热处理的初始阶段不会发生熔化并保持球形，随着温度升高，其中的氢含量逐渐下降，在 600℃ 以下呈中间相结构，600℃ 以后开始转变为碳质中间相；当温度升高至 700℃ 后，MCMB 转变为固态，比表面积出现极大值；当温度达到 1000℃ 时，MCMB 的密度由 500℃ 时的 $1.5g/cm^3$ 升高至 $1.9g/cm^3$；当热处理温度继续升高，MCMB 会形成收缩裂纹，裂纹方向与其片层方向平行，因此，MCMB 可在无形变的情况下被石墨化。经过 2800℃ 石墨化后 MCMB 的（002）晶面间距在 3.359～3.370nm 之间。

MCMB 的雏形最早是 1961 年澳大利亚学者 G. H. Taylor 在研究煤焦化时发现的，随后 J. D. Brooks 和 Taylor 在 1964～1965 年发现液相沥青碳化初期，有液晶状各向异性的小球体的生成，此小球体不溶于喹啉等溶剂中，为中间相研究奠定了基础。1973 年，MCMB 才被 Honda 和 Yamada 从沥青母体中分离出来。随着研究的深入，人们逐渐发现 MCMB 是一种优质的炭材料前驱体，直到 1992 年，Yamaura 等首次将 MCMB 用作锂离子电池负极材料。与天然石墨相比，MCMB 表面光滑的球形片层结构，而且 MCMB 反应活性均匀，容易形成稳定的 SEI 膜，更有利于锂离子在球体的各个方向嵌入与脱嵌。因此，MCMB 的首次库仑效率和倍率性能较佳，拥有更大的市场发展潜力。截至目前，商业化 MCMB 的比容量可以达到 280～340mA·h/g，首次库仑效率可达到 94%，循环寿命可达到 1000 次，基本能够满足消费电子产品的需要。其次，球形颗粒有利于形成高密度堆积的电极涂层，且比表面积小，有利于减少副反应。然而，MCMB 存在生产成本高、产量低、经锂离子反复脱嵌后容易导致边缘碳层剥离和变形等问题，相关改进技术仍需进一步深入研究，如在降低成本的前提下，生产具有特定尺寸、碳结构稳定和表面包覆的 MCMB 已成为目前行业的研究重点。

6.5.2　中间相炭微球制备工艺

目前为止，制备 MCMB 的方法包括直缩热缩聚法和间接法（包括悬乳和乳化法等）。前者是把原料在惰性气氛下热缩聚，在一定温度下保温（350～450℃），制得含有中间相小球的沥青，然后将其从母液中提取出来；后者是先把原料经严格条件控制，制得 100% 纯的中间相沥青，再将其研磨或分散制得中间相炭微球。制备 MCMB 的原料必须含可以生成中间相成分的多环重芳烃，如中温煤沥青、煤焦油、催化裂化渣油、合成沥青或以上材料的混合物等。此外，原料中一般为非均相成核，能促进中间相小球的生成，但还需要加入阻止小球融并的添加剂，防止小球直径分散度过大及产生流域中间相。工业上一般用的添加剂有炭黑粉末和铁的化合物等。由此可见，原料成分、添加物以及反应温度等对 MCMB 的生成、长大融并以及结构均有不同程度的影响。根据制备方法和原料不同，MCMB 可以分为四种结构，一般包括"地球仪型"、"洋葱型"、"同心圆型"和"第四种结构"，具体模型如图 6-19 所示。

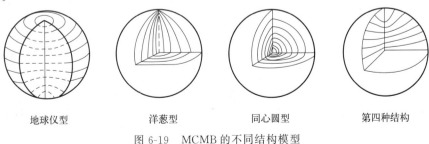

地球仪型　　　　洋葱型　　　　同心圆型　　　　第四种结构

图 6-19　MCMB 的不同结构模型

（1）直接热缩聚法

直接热缩聚法包括两个过程，即中间相小球的合成和提取。如图 6-20 所示，首先，将原料放入一定容量的反应釜中，密封，在纯氮气保护的条件下升温至 350～450℃发生热缩聚反应，恒温保持一段时间后自然冷却至室温。该合成过程影响 MCMB 质量和产量的主要条件有升温速率、恒温时间、恒温温度、搅拌速度以及力场、磁场等，其中温度和时间是最主要的影响因素。其次，通过溶剂分离法或离心法将中间相小球从产物中分离出来。其中，溶剂分离法是指把上述产物加入到喹啉、吡啶或四氢呋喃溶剂中加热至 75℃左右进行搅拌，然后真空过滤、干燥、热处理得到 MCMB；而离心法则是借助脱水塔分离除去轻油组分，再用离心机在高温下离心脱除喹啉不溶物，经热处理后得到 MCMB。直接热缩聚法工艺简单、制备条件易控制、易实现连续和大规模生产，是工业上常用的一种方法。但在反应过程中，中间相沥青小球易出现融并现象，导致最终得到的 MCMB 尺寸分布宽、形状和粒径不均匀，进而限制了产品的产率和性能。

图 6-20　直接热缩聚法制备 MCMB 流程

（2）乳化法

乳化法制备 MCMB 最早是由日本 M. Kodama 等提出的，其工艺流程如图 6-21 所示。主要过程是采用软化点为 307℃的中间相沥青为原料，粉碎过筛后加入热温度介质（硅油），在氮气吹扫条件下加热、搅拌、超声分散，得到乳化液。当加热温度达到中间相沥青的软化点以上时，中间相沥青在表面张力的作用下乳化成球体，同时在表面活性剂的作用下，阻止各小球之间的融并。然后冷却至室温后将悬浮液离心、分离、苯洗、干燥和热处理后即可得到 MCMB。用该方法制备 MCMB 主要影响因素是乳化时间、热处理温度、原料的物理性质以及热稳定介质的黏度和表面张力，而且制得的 MCMB 在碳化前一般都需要进行氧化不熔化处理，以保证其在碳化过程中保持一定的形状和结构。与直接热缩聚法相比，乳化法制备的 MCMB 缩聚程度高，小球体粒径分布均匀且杂质少，故此法可用来制备高性能 MCMB。但乳化法工艺流程复杂、涉及的设备繁多且对成球条件有很高的要求，一定程度上限制了该工艺的大规模推广。

（3）悬浮法

悬浮法可以看成是对乳化法的改进（图 6-22），它是利用中间相沥青在有机溶剂中的可溶性，结合表面活性剂和悬浮介质，将沥青原料形成悬浮液。然后在一定温度下强力搅拌，使沥青悬浮介质中形成均匀的小液珠，得到中间相沥青微球分散体系。接着脱除有机溶剂，过滤后即可得到中间相沥青微球，经过不熔化热处理可得 MCMB。该方法制得 MCMB 的产量取决于沥青原料和热分散介质的浓度。与乳化法相比，悬浮法加入了表面活性剂，从而小球体之间的凝结与结絮现象减少，且通过控制温度和搅拌速率，能够制得高质量 MCMB。但由于悬乳法的工艺调控难度大，控制不好条件易产生团聚和形成不规则的沥青颗粒，因此该制备方法还有待进一步完善。

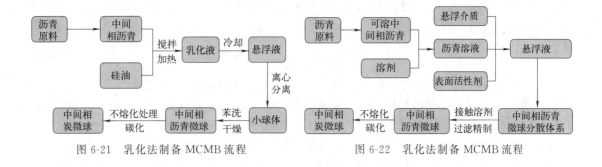

| 图 6-21 乳化法制备 MCMB 流程 | 图 6-22 乳化法制备 MCMB 流程 |

6.6 硅基负极材料

硅基负极是指包含硅单质、硅氧化物及其复合物并能够可逆脱嵌锂离子的一类负极材料。一般包括单晶硅（monocrystalline silicon）、多晶硅（polysilicon）、非晶硅（amorphous silicon）、氧化亚硅（silicon monoxide，SiO_x，$0 < x \leqslant 1$）及硅基复合的材料。

6.6.1 硅负极

6.6.1.1 硅的结构及脱嵌锂机理

硅的晶体结构如图 6-23（a）所示，属金刚石立方晶体结构，图 6-23（b）展示了硅与锂在室温和高温下的合金化过程。通过 XRD 发现 Li-Si 合金化存在着四个过程。与锂可形成 $Li_{12}Si_7$、$Li_{13}Si_4$、Li_7Si_3、$Li_{22}Si_5$ 等合金相，理论上，一个硅原子最多可以结合 4.4 个锂原子，其理论容量可达 4200mA·h/g。非原位 XRD 方法研究发现锂与硅合金化分为两个阶段：①首次嵌锂态下晶态的 Si 转变为非晶硅化锂；②后续循环中非晶硅化锂转变为晶态 $Li_{15}Si_4$（50mV）。具体充放电过程如下。

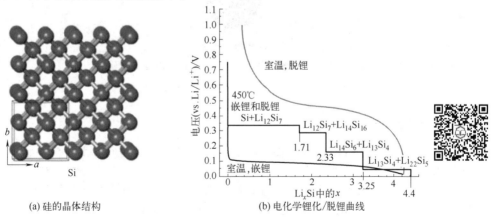

(a) 硅的晶体结构　　(b) 电化学锂化/脱锂曲线

图 6-23　硅的晶体结构及硅在室温和高温下的电化学锂化/脱锂曲线

嵌入过程：

$$Si(结晶态) + xLi^+ \longrightarrow Li_xSi(无定形)（首次循环） \tag{6-2}$$

$$Si(无定形) + xLi \longrightarrow Li_xSi(无定形)（后续循环） \tag{6-3}$$

$$Li_x Si(无定形) \longrightarrow Li_{15}Si_4(结晶态) \tag{6-4}$$

脱出过程：

$$Li_{15}Si_4(结晶态) \longrightarrow Li + Si(无定形) \tag{6-5}$$

由于硅在充放电过程中存在较大的体积膨胀/收缩（约 300%），颗粒内部的应力会造成颗粒破裂而粉化，造成材料与集流体失去电接触，最终容量衰减（如图 6-24）。此外，由于硅在嵌锂过程体积膨胀，颗粒之间会紧密接触，而脱锂过程又使硅极具收缩使颗粒之间失去了接触，这种剧烈的电极形态变化也进一步导致容量的衰减。当电池放电到 1V（相对锂的电压）时，有机电解液在负极的表面是热力学不稳定的，电极材料与电解液在界面发生反应，其分解产物附着在负极的表面形成一层固体电解质界面膜（SEI 膜）。在锂化过程中，硅表面虽然形成了 SEI 膜，但伴随着脱锂的过程，硅颗粒体积收缩，使 SEI 膜破裂，造成硅重新暴露在电解液中形成新的 SEI 膜。随循环的进行，SEI 膜不断生长、形成、破裂，造成形成的 SEI 膜越来越厚，最终导致材料失去活性。

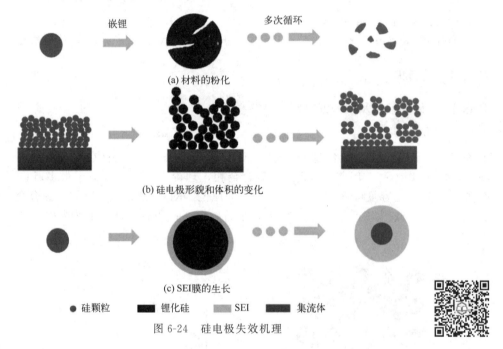

图 6-24　硅电极失效机理

（2）硅的制备与改性

近年来从硅的结构形态出发，通过减小硅颗粒尺寸可以降低由于体积膨胀积累的应力，抑制材料的粉化，这包括设计制备各种形貌的纳米硅，如一维纳米硅线、中空硅管、中空硅球等，或者是引入模板合成多孔硅、介孔硅。这些结构可以为锂离子在合金和脱合金过程中提供有效的空间，能够增加材料与集流体的直接接触，从而加速离子与电子的传输路径。其次，一些结构的组合还具有一定的韧性，可以承受较大的塑形变形而不粉化，从而有效地提高其循环性能。

① 机械球磨法

机械球磨法利用机械旋转及粒子之间的相互作用产生的机械碾压力和剪切力将尺寸较大的硅材料研磨成纳米尺寸的粉末。需要在研磨过程中加入助磨剂，球磨机容器的半径、添加剂种类、球磨机转速都会对硅粉的性质产生影响。该方法易引入杂质，颗粒表面易被氧化，粒径分布不均匀，后处理工艺烦琐，生产效率偏低。

　　② 化学气相沉积法

　　化学气相沉积法是一种以硅烷为反应原料进行纳米硅粉生产的技术。根据诱发硅烷热解的能量源不同，可分为等离子体增强化学气相沉积（PECVD）法、激光诱导化学气相沉积（LICVD）法和流化床（FBR）法，其中 PECVD 法和 LICVD 法是目前生产纳米硅粉最主要的工业生产技术。PECVD 法是一种在真空条件下，利用高氢稀释的硅烷为原料，将辉光放电产生的低温等离子体作为热源，使得硅烷发生分解反应，经过脱氢、冷凝，从而在基体表面得到纳米硅粉的方法，等离子体系统的气体流量、冷却速率、射频功率、压强和温度都对硅粉的性质产生影响，如图 6-25 所示。

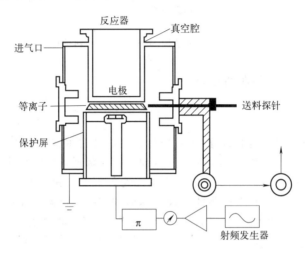

图 6-25　PECVD 制备纳米硅粉装置

　　等离子蒸发冷凝法制备硅粉是通过等离子热源将微米硅粉气化成气态原子、分子或部分电离成离子，并通过快速冷凝技术，冷凝为固体粉末。它具有粒度可控、纯度高、安全可靠、可连续制备的优点。该方法制备粉体在国外已实现工业化。

6.6.2　硅碳复合负极材料

6.6.2.1　硅碳复合负极材料结构

　　针对硅材料严重的体积效应，另一个有效的办法就是制备含硅的复合材料。利用复合材料各组分间的协同效应，达到优势互补的目的。碳类负极由于在充放电过程中体积变化很小，具有良好的循环性能，而且其本身是离子与电子的混合导体，因此经常被选作高容量负极材料的基体材料。硅的嵌锂电位与炭材料，如石墨、MCMB 相似，因此通常将硅/碳复合，以改善硅的体积效应，从而提高其电化学稳定性。

　　如图 6-26 所示，按硅在碳中的分布形式可将其分为分子接触型、嵌入型、包覆型硅/碳复合材料。分子接触型的硅/碳复合材料，硅、碳均是采用含硅、碳元素的有机前驱体经处理后形成的高度分散体系。纳米级的活性粒子高度分散于碳层中，能够在最大程度上克服硅的体积膨胀。嵌入型硅/碳复合材料，硅粉体均匀分散于碳、石墨等分散载体中，形成稳定均匀的两相或多相复合体系。在充放电过程中，硅为电化学活性中心，碳载体虽然具有脱嵌锂性能，但主要起离子、电子的传输通道和结构支撑体的作用。核壳结构的硅/碳复合材料是以硅颗粒为核，核外均匀包覆一层碳层，碳层的存在可以最大限度地降低电解液与硅的直接接触，从而改善了由于硅表面悬键引起的电解液分解，另一方面，由于 Li^+ 固相中要克服碳层、硅/碳界面层的阻力才能与硅反应，因此通过适当的充放电制度可以在一定程度上控制硅的嵌锂深度，从而使硅的结构破坏程度降低，提高材料的循环稳定性。

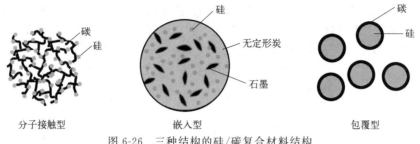

图 6-26　三种结构的硅/碳复合材料结构

6.6.2.2　硅碳复合负极材料制备方法

（1）高温固相法

工业上高温固相热解法是制备硅/碳负极材料的一种常用方法，如图 6-27 所示。微米硅粉首先经过砂磨机研磨至纳米尺寸，加入分散剂能有效降低研磨的成本和能耗，缓解纳米硅粉的团聚问题。然后将纳米硅和石墨、碳前驱体均匀混合，进入喷雾干燥设备进行二次造粒，获得硅均匀分散在石墨和碳前驱体组成的球形颗粒中。该碳前驱体通常采用柠檬酸，再进行整形获得均匀的微米颗粒。再将获得的硅/石墨/碳与前驱体混合，在保护气氛下煅烧，碳前驱体发生热解碳化过程，形成结构更加致密的硅/石墨/碳复合材料。该步热解法所采用的碳前驱体种类丰富，常见的包括沥青、石油焦炭、柠檬酸、蔗糖、酚醛树脂、聚乙烯醇、聚氯乙烯等，聚合物种类不同、用量不同，在反应过程中，升温速率、反应温度不同，形成复合材料的碳含量、碳层均匀性、碳孔隙率均不相同，因此获得的复合材料性能差异较大。在合成工艺中需要注意反应过程中碳前驱体分解产物对生产环境的影响。如沥青碳化会产生 SO_2、氮氧化物、苯并芘等有害物质，需要在生产工艺中注意尾气的回收。

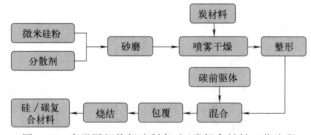

图 6-27　高温固相热解法制备硅/碳复合材料工艺流程

（2）化学气相沉积法

此外，化学气相沉积法具有优良的循环稳定性和更高的首次库仑效率，以及碳层均匀稳定、不易出现团聚的优势。一般来说，以硅烷、纳米硅粉、硅单质和含硅化合物为硅源，小分子碳（甲烷、乙炔等）或者有机物（甲苯等）为碳源，通过高温气化产生硅分子和碳分子，或以其中一种组分为基体，将另一组分均匀沉积在基体表面得到复合材料。此法制备的复合材料，硅碳两组分间连接紧密、结合力强、充放电过程中活性物质不易脱落，对于工业化来说，设备简单、复合材料杂质少、反应过程环境友好。但该方法复合材料的总比容量相对较低。目前，硅/碳负极材料相对于石墨负极材料的制备工艺复杂，在大规模生产中存在一定困难，且各企业采用的工艺不同，产品没有达到标准化。

6.6.3 氧化亚硅负极

6.6.3.1 氧化亚硅的结构及脱嵌锂机理

氧化亚硅（SiO_x）一般指 x 在 $0 \sim 1$ 之间的硅氧化物，本身为无定形态，很难通过 XRD 确定其微观结构，一般认为是由小区域的硅团簇和二氧化硅（$<2nm$）组成，本身为两相结构。根据热力学计算，SiO_x 与锂反应可以分为几个阶段 [图 6-28（a）]：①反应的初始阶段，锂硅酸盐 $Li_2Si_2O_5$ 相、Li_2SiO_3 相、Li_4SiO_4 相和单质硅的生成；②随着锂浓度的增加，生成的单质硅与锂形成锂硅合金如 $Li_{12}Si_7$ 相、Li_7Si_3 相、$Li_{13}Si_4$ 相等分散在 Li_4SiO_4 相中；③随着锂浓度的继续增加，Li_4SiO_4 相分解为 Li_2O 相和 $Li_{13}Si_4$ 相；④反应最后，$Li_{13}Si_4$ 相继续与锂结合形成 $Li_{22}Si_5$ 相，最终产物为 $Li_2O/Li_{22}Si_5/Li$。

首次嵌锂时，氧化亚硅中的硅团簇与锂结合形成锂硅合金，而二氧化硅团簇和硅的氧化物发生相分离生成 Li_4SiO_4 相和锂硅合金，后序脱锂时，锂硅合金与小部分的 Li_4SiO_4 相脱锂生成硅的氧化物和硅团簇，并以这种形式进行可逆的锂离子嵌入和脱出，反应方程式如下。

首次嵌锂：

$$4SiO + (4+3x)Li^+ + (4+3x)e^- \longrightarrow Li_4SiO_4 + 3Li_xSi \qquad (6-6)$$

$$Si + xLi^+ + xe^- \longrightarrow Li_xSi \qquad (6-7)$$

$$2SiO_2 + (4+x)Li^+ + (4+x)e^- \longrightarrow Li_4SiO_4 + Li_xSi \qquad (6-8)$$

后续脱锂：

$$2Li_4SiO_4 + 5Li_xSi - (8+5x)Li^+ - (8+5x)e^- \longrightarrow Si + 4SiO + 2SiO_2 \qquad (6-9)$$

实验表明，氧化硅首次反应时可能的形式为 $4SiO + 17.2Li^+ + 17.2e^- \longrightarrow 3Li_{4.4}Si + Li_4SiO_4$，按此方程式计算其首次充放电比容量分别为 $2615mA \cdot h/g$ 和 $2007mA \cdot h/g$，首次库仑效率为 76.7%。反应过程中，生成的锂硅合金被锂硅酸盐和氧化锂基底包裹 [图 6-28（b）]，锂离子可在锂硅酸盐和氧化锂的基底中快速传输，其中锂硅酸盐和氧化锂大部分都是首次锂化时生成的不可逆产物，锂硅酸盐在不可逆产物中占主导，但在硅团簇膨胀过程中可缓冲材料自身膨胀引起的内部应力，进而提升氧化亚硅负极材料的循环稳定性。此外，从这些产物的锂离子扩散系数对比中可看出 [图 6-28（c）]，氧化锂具有更优异的锂离子扩散系数，因此结构设计中诱导形成均匀分散的氧化锂反应产物有利于提高电池的循环稳定性。

6.6.3.2 氧化亚硅的制备与改性

（1）氧化亚硅的制备

氧化亚硅的生产一般采用二氧化硅和硅混合后在高温真空炉中反应升华，在冷却区冷却合成，该生产技术的核心包括高温加热设备和原料。高温加热设备是氧化亚硅制备的核心技术，一般来讲，高温真空炉包括加热腔室、沉积腔室（图 6-29）。加热腔室用于加热硅和二氧化硅原料生产一氧化硅气体，沉积腔室用于将升华产物通过气氛调节沉积在腔室中。得到的氧化亚硅材料需进行进一步破碎研磨形成粒径均匀的材料。热处理会影响氧化亚硅的结构。一般而言，氧化亚硅是通过在高温高真空下加热原材料硅和二氧化硅得到氧化亚硅蒸气后冷凝沉积制得的，直接冷凝沉积得到的氧化亚硅为无定形态。然而，若制备过程中沉积温度超过850℃或者直接将无定形的氧化亚硅在惰性气氛下加热到850℃以上，氧化亚硅会发生歧化反应转化为硅和二氧化硅。850℃歧化生成的硅晶粒大小一般为4～5nm，延长煅烧时间和提高煅烧温度都会使氧化亚硅的歧化程度增加，同一温度下延长煅烧时间一般会增加硅晶粒的数量。

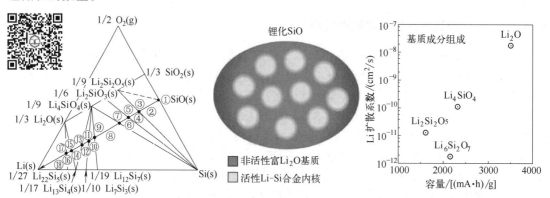

(a) 锂-硅-氧体系三元相图及SiO嵌锂的相转变过程　(b) 氧化亚硅充放电过程中结构　(c) 氧化亚硅嵌锂量不同转化生成对应的锂硅酸盐及锂氧化物的理论容量和对应物质的锂离子扩散系数

图 6-28　氧化亚硅负极的相关研究

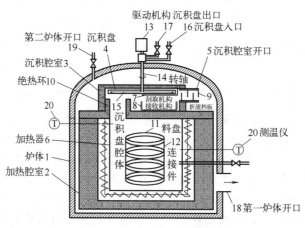

图 6-29　一种化学气相沉积炉装置

（2）氧化亚硅改性

针对氧化亚硅负极材料首次库仑效率低、体积膨胀及循环稳定性差等问题，通常采用氧化亚硅与碳素材料制备复合材料和对氧化亚硅进行预锂化的改性技术。

将氧化亚硅分散在炭材料中，利用炭材料起到缓冲体积效应，避免氧化亚硅与电解液直接接触引起 SEI 膜不稳定等问题，发挥复合材料各组分间的协同效应，达到优势互补的目的。就目前研究现状来看，应用相对成熟的技术包括惰性基体缓冲和表面包覆技术制备氧化亚硅/碳负极材料。

氧化亚硅负极材料在实际应用中首次嵌锂会消耗大量的活性锂离子生成非活性的锂硅酸

新能源材料与器件制备技术

132

盐和氧化锂，导致电池首次库仑效率较低，为了补充充放电过程的活性锂离子以提升电池的能量密度和循环稳定性，多种预锂化技术逐渐被开发和应用。预锂化能够补充活性锂的损失，还可以有效降低材料内部阻抗进而提升材料的倍率性能。目前，已开发出的可用于氧化亚硅负极材料的预锂化技术可以分为接触法预锂化、锂箔添加预锂化、电化学预锂化、熔融热锂化化学预锂化、有机锂预锂化以及无机锂预锂化等。

① 接触法预锂化是指在电解液存在的情况下将氧化亚硅材料直接接触金属锂或者活性锂添加剂，利用两者的电势差实现锂离子向氧化亚硅中的嵌入。

将稳定的金属锂粉（stablized lithium metal powder，SLMP）添加到氧化亚硅中，该SLMP是由 Li_2CO_3 均匀包覆金属锂表面的一种粉体材料，可以采用标准浆料涂布技术加入负极，因其在空气中较稳定，与现有的电池生产工艺具有高兼容性。但 SLMP 与普通溶剂不相容，这导致了负极材料与黏结剂之间的不兼容，影响电极极片的涂覆效果，限制了SLMP 的工业化应用。

② 锂箔添加预锂化是通过将锂箔直接按压在负极上制成混合电极，锂箔充当着锂源来弥补首次循环中的不可逆锂损失。由于纯锂金属不能稳定存在于干燥空气气氛中，为了抑制氧化，可以在惰性气氛中进行预锂化，但这给大规模制造带来了很大不便。

③ 电化学预锂化一般需要对预锂化时组装的半电池拆解并重新组装新电池，工序较为烦琐，限制了其在工业生产中的应用。熔融热锂化锂合金化合物通常具有较高的化学反应活性，这使得它们在空气中不稳定，与目前的基于浆料涂覆的电极制备工艺不兼容。化学预锂化是指将活性锂离子通过化学反应的方法预先嵌入氧化亚硅中，从而起到补充活性锂离子的作用，例如将金属锂溶解于有机溶剂中再与氧化亚硅发生反应，又如将硅电极在有机锂溶液中浸泡一段时间，硅基负极可以有效地进行锂化。常见的有机预锂剂包括萘化锂、二苯化锂和正丁基锂等。

④ 无金属锂预锂化具有安全、可规模化应用的前景，近年来被工业界重视，无金属锂预锂化是采用还原性锂盐，如氢化锂、氮化锂、氨基化锂、氢化铝锂、硼氢化锂等锂源，将上述锂源与氧化亚硅混合后，通过在惰性气氛或真空状态高温下进行化学反应，使锂源分解生成金属锂并进一步与氧化亚硅反应生成硅酸锂、硅氧化物和硅的复合材料的预补锂方法。

6.7 钛酸锂负极材料

6.7.1 概述

钛酸锂负极一般指的是尖晶石型钛酸锂（$Li_4Ti_5O_{12}$），其理论比容量为 175mA·h/g，脱嵌锂电压平台为 1.55V（相对 Li/Li^+），且几乎没有体积变化。因此，钛酸锂负极理论上有着无限长的循环寿命及本质安全的特性。

$Li_4Ti_5O_{12}$ 负极材料脱嵌锂原理如下所示：

$$Li_4Ti_5O_{12} + 3e^- + 3Li^+ = Li_7Ti_5O_{12} \qquad (6-10)$$

钛酸锂负极的优点主要体现在以下几个方面：

① 由于脱嵌锂过程几乎没有体积变化，因此，理论上有无限长的循环寿命；

② 由于脱嵌锂电压平台高 [1.55V（vs. Li/Li^+）]，不会产生类似石墨负极的 SEI 膜，以钛酸锂为负极的锂电池具有本质安全特性；

③ 由于钛酸锂负极具有较好的低温锂离子迁移效率，以钛酸锂为负极的锂电池具有优

异的低温充放电性能。

钛酸锂负极的缺点主要体现在以下几个方面：

① 由于脱嵌锂电压平台高 $[1.55V（vs. Li/Li^+）]$，以钛酸锂为负极的锂电池能量密度较低；

② 由于钛酸锂的合成要用到锂盐以及钛的氧化物，因此钛酸锂负极材料的成本较高。

6.7.2 钛酸锂负极材料制备工艺

$Li_4Ti_5O_{12}$ 负极材料制备方法主要有：溶胶凝胶法和固相合成法。

6.7.2.1 溶胶凝胶法制备钛酸锂工艺

使用溶胶凝胶法能够获得纳米尺度的碳包覆 $Li_4Ti_5O_{12}$ 负极材料，但是由于钛酸丁酯 $[TiO_4(C_4H_9)_4]$ 原料成本过高且在空气中极不稳定，因此没有规模化生产。溶胶凝胶法制备碳包覆 $Li_4Ti_5O_{12}$ 负极材料的反应式如式（6-11）所示，反应条件为惰性气氛煅烧。

$$5TiO_4(C_4H_9)_4 + 4LiOH + CH_3CH_2OH + 41O_2 \longrightarrow Li_4Ti_5O_{12} + 82C + 95H_2O \quad (6-11)$$

溶胶凝胶法制备碳包覆纳米 $Li_4Ti_5O_{12}$ 负极材料的工艺流程如图 6-30 所示。首先钛酸丁酯原料、无水氢氧化锂在溶剂乙醇的帮助下，充分混合，形成溶胶体系；溶胶体系通过回流蒸干，再经过研磨，得到前驱体；前驱体经过煅烧，再磨碎，即可制备得到碳包覆纳米 $Li_4Ti_5O_{12}$ 负极材料。

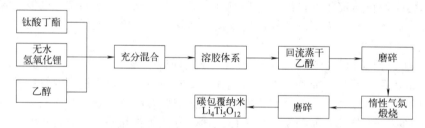

图 6-30 溶胶凝胶法制备碳包覆纳米 $Li_4Ti_5O_{12}$ 负极材料

6.7.7.2 固相法制备钛酸锂工艺

固相法是工业上制备 $Li_4Ti_5O_{12}$ 负极材料的主要工艺。固相法制备 $Li_4Ti_5O_{12}$ 负极材料的反应方程式如式（6-12）所示，反应条件为空气气氛煅烧。

$$5TiO_2 + 2Li_2CO_3 \Longrightarrow Li_4Ti_5O_{12} + 2CO_2 \quad (6-12)$$

由于 $Li_4Ti_5O_{12}$ 负极材料在制成电芯时存在产气现象，因此，在其制备过程中一般要做表面修饰，如碳包覆、快离子导体表面包覆等。碳包覆及快离子导体表面包覆不仅能够提升 $Li_4Ti_5O_{12}$ 负极材料表面电子及离子电导，而且还能够屏蔽其表面催化活性点，抑制产气。

固相法制备 $Li_4Ti_5O_{12}$ 负极材料的工艺流程如图 6-31 所示。首先二氧化钛原料、碳酸锂在溶剂乙醇/水的帮助下，充分混合，形成均匀混合的固溶体；固溶体通过喷雾干燥造粒，再经过破碎处理，得到前驱体；前驱体放入推板炉中，在空气气氛下煅烧，再经过破碎、磨细等工艺，即可制备得到 $Li_4Ti_5O_{12}$ 负极材料。在上述制备工艺过程中，碳包覆或者快离子导体表面包覆可以同步实施。

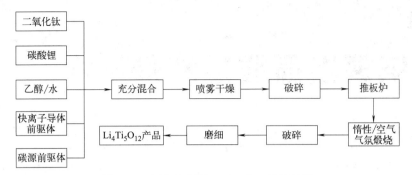

图 6-31 固相法制备 $Li_4Ti_5O_{12}$ 负极材料

习题

1. 简述锂离子电池负极材料应该具有的特性。
2. 简述天然石墨与人造石墨作为锂电池负极材料的优缺点。
3. 简述天然石墨的各类纯化工艺优缺点及对环境的影响。
4. 简述人造石墨负极材料制备过程的工艺特点及改进策略。
5. 纳米硅/碳复合材料和氧化亚硅/碳复合材料制备工艺路线有什么不同?
6. 简述钛酸锂负极材料的优点及作为锂电池负极材料使用的局限性。

参考文献

［1］ Li D，Hu H，Chen B，et al. Advanced current collector materials for high-performance lithium metal anodes[J]. Small，2022，18(24)：2200010.
［2］ Luo Z，Xiao Q，Lei G，et al. Si nanoparticles/graphene composite membrane for high performance silicon anode in lithium ion batteries[J]. Carbon，2016，98：373-380.
［3］ Roy K，Banerjee A，Ogale S. Search for new anode materials for high performance Li-ion batteries[J]. Acs Appl Mater Inter，2022，14(18)：20326-20348.
［4］ Miyazaki R，Hihara T. Charge-discharge performances of Sn powder as a high capacity anode for all-solid-state lithium batteries[J]. J Power Sources，2019，427：15-20.
［5］ Wang C，Chen T，Liu Y，et al. Common capacity fade mechanisms of metal foil alloy anodes with different compositions for lithium batteries[J]. ACS Energy Letters，2023，8(5)：2252-2258.
［6］ Kong L L，Wang L，Ni Z C，et al. Lithium-magnesium alloy as a stable anode for lithium-sulfur battery [J]. Adv Funct Mater，2019，29(13)：1808756.
［7］ Chung D D L. Review graphite[J]. Journal of Materials Science，2002，37(8)：1475-1489.
［8］ Park C M，Kim J H，Kim H，et al. Li-alloy based anode materials for Li secondary batteries[J]. Chemical Society Reviews，2010，39(8)：3115-3141.
［9］ Wu H，Cui Y. Designing nanostructured Si anodes for high energy lithium ion batteries[J]. Nano Today，2012，7(5)：414-429.
［10］ Zuo X，Zhu J，Müller B P，et al. Silicon based lithium-ion battery anodes：a chronicle perspective review [J]. Nano Energy，2017，31：113-143.
［11］ Zhu S Y，Li H Y，Hu Z L，et al. Research progresses on structural optimization and interfacial modification of silicon monoxide anode for lithium-ion battery[J]. Acta Phys-Chim Sin，2022，38 (6)：210305.

第 7 章

非水电解液原理及制备技术

电解液作为锂离子电池中重要的一部分，它的作用是为正极与负极之间提供锂离子传导的媒介。电解液中的锂离子迁移速率是限制电池输出功率的因素之一，特别是在低温条件下。理想情况下，电池在充放电过程中，法拉第过程应只发生在电极上，而电解液在这一过程中不应该有净的化学变化，即在电池中电解液应当是电化学惰性的。然而实际上并非如此，由于正极的强氧化性和负极的强还原性，电解液中的一些组分在高电位的正极上易发生氧化反应，在低电位的负极上则易发生还原反应，电解液的电化学窗口决定了这些反应发生的电位范围。另外，电解液与正负极都存在相互作用的界面，该界面也是决定电池性能的关键因素之一。电解液应当与电池中其它组分（如集流体、隔膜和电池外包装等）始终保持化学惰性，以保障电池的稳定循环。总之，电解液体系应当满足以下要求：①良好的离子电导率，便于快速的离子传输；②较宽的电化学窗口，使电解液具有较好的电化学稳定性；③在电池滥用情况下（如机械挤压、加热、过充等）保持稳定；④对电池的其它部分（如电极集流体、隔膜、电池包装等）具有化学惰性；⑤组分环保、无毒、无污染。

7.1 液态电解液功能添加剂

除了锂盐和溶剂外，添加剂也是电解液重要的组成之一。由锂盐和溶剂组成的电解液除了保证材料容量外，还需保障电池的循环稳定性、安全性、倍率性能、循环寿命等特性。为了满足电解液特殊功能的需求，电解液添加剂必不可少。通常，添加剂占电解液的质量分数一般不超过5%，因此添加剂的加入对电解液的物理性质不会有太大的改变，比如离子电导率、黏度等，但是这些占比不多的添加剂可以有效地改善电解液某方面的功能，研究者们对电解液添加剂进行了广泛的研究。

7.1.1 固态电解质中间相成膜添加剂

电解液的电化学性能不仅取决于其的物理性质（电导率、黏度等），更重要的是取决于它与电极之间的界面性质。因此，SEI膜一直是电池领域研究者探讨的重中之重。传统的碳酸乙烯酯（EC）基电解液可以在石墨表面形成相对稳定的SEI膜，但是这种SEI膜仍不够强大，只能在常温下保障电池稳定工作，而且对EC溶剂有依赖性。后来研究者发现在高浓电解液中可以生成阴离子主导的稳定SEI膜，这种方法摆脱了传统SEI膜对EC溶剂的依赖，拓宽了可用的锂盐/溶剂体系范围。此外，SEI成膜添加剂也是一个经济有效的选择。早期对成膜添加剂的研究主要受到EC启发，通过不断试错开发出一系列与EC结构类似的添加剂，见图7-1（a）。这种试错一般在碳酸丙烯酯（PC）基电解液中进行，这是因为PC基电解液无法在石墨表面形成稳定的SEI膜。近年来，研究者通常先通过计算化合物的最低未占分子轨道（LUMO）能级来确定其还原电位是否高于电解液，以实现优先于电解液在负极上生成更稳定的SEI膜。这种方法为选择合适的添加剂提供了指导。

在石墨上应用最成功的成膜添加剂是碳酸亚乙烯酯（VC），VC拥有双键结构，可进行阴离子聚合或自由基聚合，其还原分解机理还有待进一步研究确认。通常认为，在较高的电势下，VC会在负极表面先得电子开环生成自由基，然后生成聚合物薄膜覆盖在电极表面，如图7-1（b）所示，这种聚合物薄膜可以有效地抑制电解液持续的还原分解和共嵌入。实验表明，VC形成的SEI膜的高温稳定性要优于EC，而且，非常少量的VC就可以高效地降低PC基电解液在0.8V处的不可逆容量。除了VC外，含硫化合物也具有成膜的性质，包括亚硫酸丙烯酯（PS）、亚硫酸乙烯酯（ES）、硫酸丙烯酯（DTD）等，它们生成的SEI膜对石墨负极电化学性能的改善已经在实验中得到证明。根据VC这种还原聚合生成更加稳定的SEI膜的性质，研究者们开发了一系列不饱和化合物作为添加剂，包括乙烯基醚类、乙烯基砜、乙烯基硅烷、异氰酸酯类、苯乙烯型乙烯基芳烃共轭物等化合物。除了这些有机物以外，一些无机物也被用于石墨表面的成膜性质研究，包括 CO_2、SO_2、$NaClO_4$、双草酸硼酸锂（LiBOB）、二氟草酸硼酸锂（LiDFOB）和一些大体积的阳离子等，它们作为添加剂均能在一定程度上提升石墨电极的性能。

合金负极比石墨具有更高的容量，是替代石墨负极的可能选择之一，包括Si、Sn、Al等。但是合金负极在合金化/去合金化过程中会产生巨大的体积变化，导致结构和容量的衰退，严重限制合金材料的实际应用，也对其表面的SEI膜提出了更高的要求。VC和LiBOB虽然对石墨负极比较有效，但在硅负极上的表现并不理想，它们生成的SEI膜不能承受电极反应过程中巨大的体积变化，其原因可能是生成的SEI膜中缺失LiF。在合金类负极中，氟代碳酸乙烯酯（FEC）是一种较为成功的成膜添加剂，合金负极表现出了较低不可逆容量和较长循环寿命。FEC生成SEI膜的机理仍然不是很明确，一般认为有两种。其中目前比较公认的途径是：首先由强碱（ROLi）引发FEC分子内消除HF生成VC，然后VC生成聚合物薄膜，消除反应得到的HF会生成LiF，对SEI膜生成过程具有重要作用。另一种途径是：FEC先生成氟乙烯，然后氟乙烯聚合生成聚氟乙烯，接着强碱（ROLi）引发聚氟乙烯消除得到聚乙炔和HF，HF后续生成LiF。有研究者提出，FEC的成膜过程还涉及交联反应，最后生成的是交联聚合物，而LiF则位于交联聚合物空隙中，这种交联聚合物薄膜具有更好的弹性，更适用于体积变化较大的合金类负极。

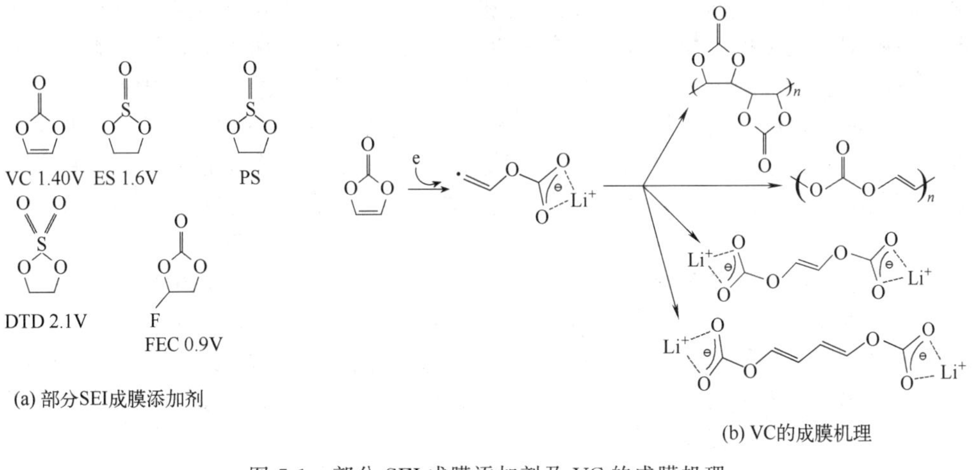

(a) 部分SEI成膜添加剂

(b) VC的成膜机理

图7-1　部分SEI成膜添加剂及VC的成膜机理

总的来说，比较经典的SEI成膜添加剂是VC和FEC两种，近年来样式繁多的添加剂被不断地开发出来，但它们的作用机理等都需要进一步的研究。

7.1.2 正极保护添加剂

自锂离子电池问世以来，研究者们就致力于研究负极和电解液之间的界面问题，对于正极和电解液之间的界面相（CEI 膜），研究却相对较少。但其实它一直都是客观存在，且在电池中起到重要作用。CEI 膜和负极的 SEI 膜一样，可以确保电解液不与正极直接接触，并保证 Li^+ 可以顺利通过。电解液和正极之间也存在着副反应，这些反应会降低正极材料的可逆容量。如在六氟磷酸锂（$LiPF_6$）电解液中，$LiPF_6$ 和痕量的 H_2O 反应生成的 HF、POF_3 等物质会腐蚀正极材料，使其过渡金属溶解于电解液中，并迁移至负极表面还原生成更厚的 SEI 膜，影响负极的电化学性能。碳酸酯电解液虽然在 $LiFePO_4$（3.35V）等电压稍低的正极材料上是稳定的，但随着人们对更高能量密度电池体系的追求，越来越多的高压正极材料被开发出来，如 $LiNi_{0.5}Mn_{1.5}O_4$（LNMO，4.7V）、$LiNi_{0.8}Co_{0.15}Al_{0.05}O_2$（NCA，4.7V）、$LiCoPO_4$（4.8V）等，碳酸酯电解液在这类正极材料上是热力学不稳定的，需要 CEI 膜阻止电解液与正极接触，以达到钝化的目的，同时也可以避免正极被 HF 或 POF_3 等腐蚀。

除了直接用添加剂在正极表面生成钝化膜外，加入有除酸除水作用的添加剂也是一种防止过渡金属离子溶解的方法，这种添加剂一般是含氮化合物，如乙醇胺、N,N-二环己基碳二亚胺（DCC）、N,N-二乙氨基三甲基硅烷、七甲基二硅氮烷等。后来发现，许多含有 Si—N 键的化合物也有类似的降低过渡金属离子溶出的功能。

比较让人意外的是，作为负极 SEI 成膜添加剂的一些硼系锂盐，同时对高压正极材料也具有一定的保护能力，如 LiBOB 和 LiDFOB。向电解液中添加 2% 的 LiBOB 不仅可以很好地稳定 NCA 正极，同时也可以在石墨表面生成稳定的 SEI 膜，且相比于 $LiPF_6$，使用 LiBOB 的电极具有更高的倍率性能，这归于 CEI 膜更低的阻抗。将 LiBOB 用于 $LiCoPO_4$ 时，电池的容量保持率相比于对比样有一定提升，但效果不够理想。LiDFOB 可以看作是 LiBOB 和 $LiBF_4$ 的杂化物，它可能同时具有两者的优点，也可以生成薄且阻抗低的 CEI 膜，阻止过渡金属离子的溶解。其中，LiDFOB 在正极上的氧化机理可能是每个 DFOB 阴离子单电子氧化失去 CO_2 生成酰基，然后与正极上过渡金属氧化物中的氧形成牢固的 B—O 键，酰基基团两两相连再生成二聚物［见图 7-2（a）］，这种二聚物很可能是钝化正极的关键所在。另外，一些环硼类化合物也可以作为正极保护添加剂，其结构见图 7-2（b）。研究发现，部分阻断型过充保护添加剂（详见章节 7.1.3）也具有正极保护的作用，它们在正极氧化聚合形成的聚合物薄膜还具有导电性，其导电性一般认为是来自聚合物中的共轭结构。为了使这种导电薄膜厚度在纳米数量级上，且添加剂不影响电池的电化学性能，添加剂的量必须远低于 1%，一般为 0.1%。目前还不能很好地解释这种聚合物薄膜具有导电性，但又可以缓解电解液的氧化分解并提高高压正极材料性能的原因。部分具有提高正极电化学性能的这一类添加剂的结构见图 7-2（c）。除此之外，研究发现磷基添加剂也可以保护高压正极材料，如三（六氟异丙基）磷酸酯（HFiP）和三（五氟苯基）-膦（TPFPP）等，其结构见图 7-2（d），它们同样可以防止电解液持续氧化，抑制过渡金属离子溶解。

总的来说，对高能量密度电池体系的追求促使越来越多研究者将精力投入到正极/电解液界面的研究中去，未来会有更多更好的正极保护添加剂被开发出来，而这些添加剂的实际应用成效还需要更多的研究和验证。

7.1.3 过充保护添加剂

电池有时会因为一些意外因素导致过度充电。当电池发生过充时，电解液在正极会被氧化，放出大量的热并且伴随气体生成，存在很大的安全隐患，这也是电池热失控的原因之

新能源材料与器件制备技术

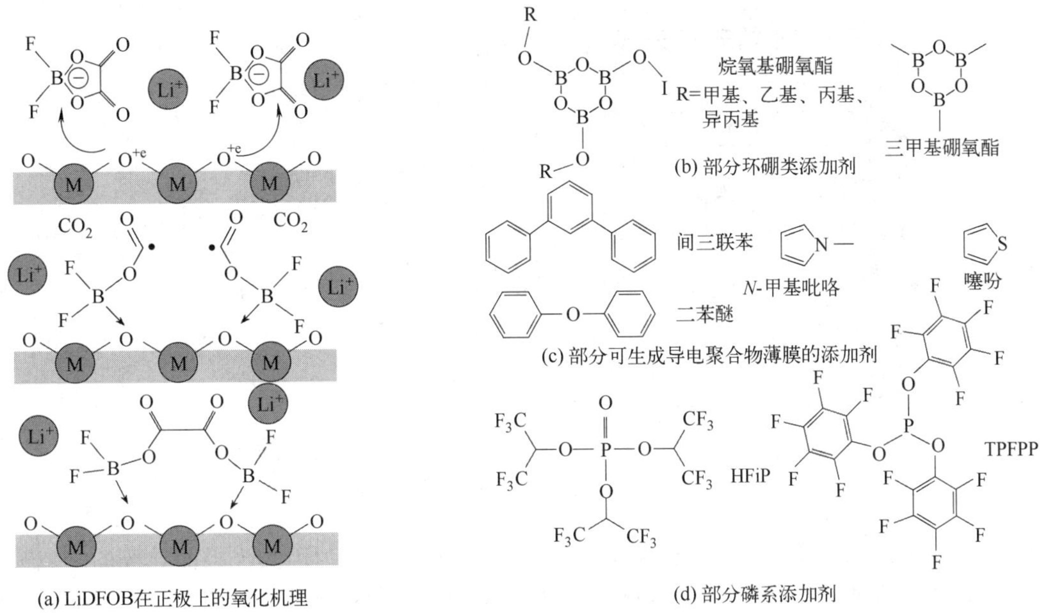

(a) LiDFOB在正极上的氧化机理

(b) 部分环硼类添加剂

烷氧基硼氧酯 R=甲基、乙基、丙基、异丙基

三甲基硼氧酯

间三联苯

N-甲基吡咯

噻吩

二苯醚

(c) 部分可生成导电聚合物薄膜的添加剂

HFiP

TPFPP

(d) 部分磷系添加剂

图 7-2　正极/电解液界面的研究

一。为了解决这一问题，一种方法是向电解液中加入过充保护添加剂，要求过充保护添加剂发生电化学反应的电势要在电极材料充满电的电势和电解液开始氧化分解的电势之间，而且在电池没有发生过充的时候不能对电池的电化学性能有较大的影响。

过充保护添加剂可以分为两种类型，第一种是阻断型的添加剂，这种添加剂的保护机理是当电池发生过充时，该添加剂被激发并氧化聚合成不导电的聚合物薄膜，阻断电池内部的电流传输，从而阻止电池过充。这种添加剂的缺点在于一旦电池过充激发保护机制后，该电池就会报废，而且与它串联的电池组也会无法工作。这类过充保护添加剂一般是芳香化合物，如联苯（BP）、苯基环己烷（CHB）等。第二种是氧化还原穿梭（redox shuttle，RS）型添加剂，它的工作机理见图 7-3（a），它可以在电池出现过充时在正负极往复运动，在过充的正极表面被氧化转变为它的氧化态［O］，并扩散至负极表面被还原成还原态［R］，如此循环既可以保护电池免于过充导致的电解液分解，又不会阻断电池继续工作。但是，RS 型添加剂的氧化还原反应并不是完全可逆的，在长期的电池循环中它会不断被消耗至完全失去作用。因此，RS 型添加剂的化学稳定性是它性能的重要指标，另一个重要指标就是它们的最大过充电流，当充电电流大于这个阈值时，过充保护添加剂也是无法发挥效用的。最早研究的 RS 型添加剂是二茂铁族的有机金属化合物，这些添加剂发生可逆反应的电位在 3.2~3.5V，因此高电压材料的电池无法使用。研究者们又开发出一种 2,5-二叔丁基-1,4-二甲氧基苯（DDB），它的氧化电势约为 3.9V，非常适合于 $LiFePO_4$ 正极。对 DDB 苯环上的取代基进行修饰也可以开发出更高电压的 RS 型添加剂，如引入吸电子基团后可以将 DDB 的氧化电势提高至 4.8V，可以与部分高电压正极材料兼容。除此之外还有很多新开发出来的 RS 型添加剂，它们的化学结构和氧化电势见图 7-3（b）。

7.1.4　阻燃添加剂

传统的碳酸酯电解液挥发性较大，且其自身的易燃性给电池带来了重大的安全隐患，尤其是近年来电动汽车起火事故频发，更引起了人们的担忧。向电解液中加入阻燃添加剂

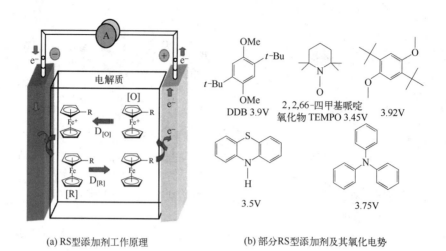

(a) RS型添加剂工作原理   (b) 部分RS型添加剂及其氧化电势

图 7-3   RS 型添加剂

(flame retardant additive) 抑制燃烧的链式反应，可以防止电池因热失控而导致的燃烧甚至爆炸。阻燃剂在建筑、运输、电工器材等领域已经有了广泛的应用，在电池中对阻燃剂的设计也遵循同样的原则，但提出了更加严苛的要求，如阻燃添加剂必须是化学惰性的，不能与电池中的组分发生反应，最好对电池的基本性能有正向的效果。含有卤素和磷元素的化合物一般会具有阻燃或不可燃烧的性质，卤素类阻燃剂一般通过捕获氢自由基或氢氧自由基来终止自由基链式反应，而磷系阻燃剂的机理通常会复杂一些，除了捕获自由基终止链式反应外，它们还会产生磷氧化合物膜覆盖在可燃物表面阻止与空气的接触。

在锂离子电池中，阻燃添加剂一般是含氟化合物、含磷化合物或者同时含氟和磷的化合物。磷系阻燃剂的阻燃效果可能稍逊于含氟的阻燃剂，但是它的毒性会比含氟的低，因此近年来有很多报道。磷系阻燃剂包括磷酸三甲酯（TMP）、磷酸三乙酯（TEP）、磷酸三苯酯（TPP）、六甲基磷腈（HMPN）和其它一些亚磷酸酯、烷基亚磷酸盐、烷基磷酸盐等。含氟的阻燃剂包括一些氟代碳酸酯，如多氟代碳酸乙烯酯、二氟乙酸甲酯、二氟乙酸乙酯等，它们不仅具有阻燃的作用，同时可以一定程度上提高电解液的成膜性和低温性能，但一般成本比较高，很少用于商业阻燃剂。含有氟和磷的阻燃剂一般是氟代磷酸酯，如三(2,2,2-三氟乙基)磷酸酯（TFP）、三（五氟苯基）磷酸酯等。除此之外，离子液体具有不燃的性质，也可以作为阻燃添加剂加入到电解液中。

7.2   功能性液态电解液

7.2.1   低温或高温电解液

常规的锂离子电池最佳使用温度一般在 $-20℃\sim60℃$ 之间。当环境温度过低时，电解液的黏度会急剧上升，导致电导率下降，严重影响 Li^+ 的传输和电解液的浸润性，而较慢的传输导致电极附近 Li^+ 浓度降低，会引起电极较大的浓差极化。当环境温度较高时，电池内常会出现各种副反应，且这些副反应大部分都是强放热的，会使电池内部温度继续上升最终导致热失控，使电池性能下降甚至会出现起火、爆炸等危险情况。但在某些特殊的场合，电池需要在极端温度条件下工作，如高温（>60℃）和低温（<-20℃），这就会给电池带来安全隐患和性能下降等问题，如何拓宽锂离子电池的使用温度范围一直是研究者们的研究

重点。

为了提高锂离子电池的低温性能，一种方法是利用现有的碳酸酯溶剂，尽可能降低 EC 的用量，在保证低温下电解液具有足够成膜性的情况下，向电解液中加入其它低熔点、低黏度的碳酸酯共溶剂组成三元、四元的电解液。如 1mol/L LiPF$_6$ 在 EC/碳酸二甲酯（DMC）/碳酸甲乙酯（EMC）/碳酸二乙烯（DEC）（溶剂比例分别为 1:1:3:1 和 1:1:1:1）四元电解液中的电导率明显高于二元体系的电导率，且在 −40℃、0.1C 的条件下电池容量保持率尚有 67.5% 和 59.5%。除此以外，一些氟化碳酸酯也可以改善电极的低温性能，如乙基-2,2,2-三氟乙基碳酸酯和丙基-2,2,2-三氟乙基碳酸酯等可以在负极表面形成阻抗更低的 SEI 膜。研究者们报道了链状羧酸酯低温下突出的性能，如乙酸甲酯、乙酸乙酯、丙酸乙酯等具有低熔点、低黏度，作为碳酸酯的共溶剂可以很好地提升电池低温性能。部分链状羧酸酯的熔点、黏度和结构见图 7-4（a）。MA 作为熔点最低的链状羧酸酯已被应用于多种体系。

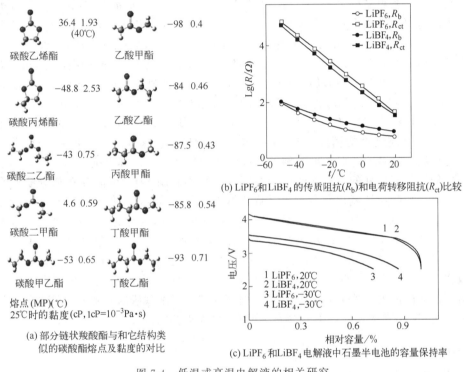

（a）部分链状羧酸酯与和它结构类
似的碳酸酯熔点及黏度的对比

（b）LiPF$_6$ 和 LiBF$_4$ 的传质阻抗（R_b）和电荷转移阻抗（R_{ct}）比较

（c）LiPF$_6$ 和 LiBF$_4$ 电解液中石墨半电池的容量保持率

图 7-4　低温或高温电解液的相关研究

LiBF$_4$ 的电导率比 LiPF$_6$ 的低，在常规电解液中并不受重视。但有研究表明，尽管 LiBF$_4$ 低温下的电导率比 LiPF$_6$ 的低，但是它的容量保持率优于 LiPF$_6$，见图 7-4（b）和（c），这主要归功于 LiBF$_4$ 电解液中具有更低的电荷转移阻抗（R_{ct}）。并且，硼系锂盐优良的高温稳定性使得它们可以作为高温电解液的主要锂盐或添加剂，如 LiBOB 和 LiDFOB 所形成的 SEI 膜或 CEI 膜都具有较好的耐高温能力。另一方面，高温电解液要求自身具有较低的可燃性，磷酸酯类电解液可作为不可燃的电解液体系，但其高温性能有待探索；氟化碳酸酯作为 EC 的助溶剂可以提高电池的高温性能，如 FEC、甲基（2,2,2-三氟乙基）碳酸酯（FEMC）等。另外，离子液体和 PC 混合使用也可以降低电解液的易燃性，提高电池高温性能。与低温电解液相比，高温电解液需要更加关注安全方面的因素，需要从电池的电极材料和电解液相互作用等方面加以考量，同时也要提高对电池其它组分可能引发高温安全隐患的关注，如隔膜、集流体等。

7.2.2 高倍率电解液

目前电动车等领域用锂离子电池需要具备大电流充放电的能力,要求高倍率锂离子电池在大电流放电时仍需保持较高的容量,并且具有较长的循环寿命。决定电池放电快慢的因素是电池内部阻力的大小,其一是溶剂化的 Li^+ 在电解液中迁移和扩散的快慢,其二是脱溶剂化的 Li^+ 在 SEI 膜中传输的速率,其三是 Li^+ 在储锂电极材料内部的扩散速率。电解液可以影响前两个步骤,一般要求高倍率电解液具有较高的电导率、所形成的 SEI 膜阻抗较低。由于大电流放电过程中会产生大量的热,这对电解液的热稳定性和电池外部的散热系统都有较高的要求。

LiDFOB 被认为是具有高倍率电解液(high rate electrolyte)应用前景的新型锂盐之一,相比于 LiBOB,LiDFOB 具有更高的溶解度和可以生成更低阻抗的 SEI 膜等优点。另外,两个亚胺系锂盐双(三氟甲基磺酰亚胺)锂(LiTFSI)和双氟磺酰亚胺锂(LiFSI)具有更高的溶解度,因此也可以提高电池的倍率性能。但是这些锂盐单独用于高倍率电解液时效果并不十分理想,从而研究者们提出混合使用不同的锂盐,改善电池性能的技术路线。如向 $LiPF_6$ 电解液中添加 LiFSI 和 LiBOB,结果显示对电池倍率性能有提升作用。在 1mol/L $LiPF_6$-EC/EMC(3:7)电解液中添加 LiFSI 可以明显提高电池倍率性能,当 LiFSI 浓度为 0.2mol/L 时效果最佳,在 10C 下仍然有 97.8% 的容量保持率,且循环稳定性也有所提高。但是相比于 1mol/L $LiPF_6$-EC/EMC(3:7)+0.2mol/L LiFSI 的电解液,添加 0.2mol/L LiBOB 后,$LiFePO_4$ 半电池性能稍好,但石墨半电池性能略差,这可能是 LiBOB 的加入可以降低 LiFSI 对集流体的腐蚀,但它也影响了负极 SEI 膜的性质,使其阻抗更高。

一些黏度较低且具有较好的溶解盐能力的溶剂(如醚类和腈类),可能存在部分缺点使其不能够实际应用,如醚类抗氧化能力较弱、腈类不能稳定石墨负极,但它们的高浓电解液可以避免这些问题,同时还具有可观的离子电导率和循环稳定性,因此比普通电解液具有更好的倍率性能。如 3.6mol/L LiFSI-DME 电解液,在 2C 倍率下使用该电解液的石墨电极的容量明显高于在普通碳酸酯电解液中的容量。在高浓腈类电解液(4.5mol/L LiFSI-AN)中,石墨负极在 5C 下仍有较高的容量保持率。除此之外,亚胺锂盐和离子液体混合使用也有一定提升倍率性能的能力,如 LiFSI/1-乙基-3-甲基咪唑二(氟代磺酰)亚胺(EMImFSI)和 LiTFSI/N-甲基-N-丙基吡啶二(氟代磺酰)亚胺($PYR_{13}FSI$)等。

7.2.3 安全性电解液

传统碳酸酯电解液由于易燃性给电池带来了严重的安全隐患,向电解液中加入阻燃添加剂是解决问题的方法之一。通常,含磷和含氟的溶剂具有阻燃性质,这是因为含磷或含氟的溶剂在高温下可以产生磷或氟自由基来淬灭燃烧反应产生的氢或氢氧自由基,从而阻碍持续的燃烧自由基反应,因此,溶剂的含磷或含氟量越高,阻燃效果越好。但许多磷基阻燃剂需添加接近 20%(体积比)左右,才可以使碳酸酯电解液接近完全不可燃的状态,很大程度上这种添加剂可以视为溶剂的一部分。由此,研究者们想到将这种磷基阻燃添加剂作为一种电解液的新型溶剂,可以得到完全不可燃的电解液。而且磷基溶剂具有较宽的液相范围、较好的盐溶解能力、较低的黏度和与碳酸酯溶剂接近的最高占据分子轨道(HOMO)能级(即良好的抗氧化性)。但磷基溶剂无法在石墨负极上形成稳定的 SEI 膜,导致它们和石墨较差的兼容性,这些因素一直以来限制着其发展,这个问题在阻燃添加剂中同样存在。高浓电解液具有特殊的溶剂化结构,使得电解液可以在负极生成阴离子主导的更稳定的 SEI 膜,这赋予了磷基溶剂新的应用可能性。

目前研究比较多的磷基溶剂是磷酸酯，因为磷酸酯一般比亚磷酸酯具有更高的沸点和闪点，如表 7-1 所示。使用 LiFSI（5.3mol/L）和 NaFSI（3.3mol/L）的 TMP 电解液时，石墨负极（锂离子电池）和硬炭负极（钠离子电池）均以接近 100% 的效率稳定循环超过 1000 周，石墨负极这种表现可以媲美它在经典的 1mol/L LiPF$_6$-EC/DMC 电解液中的电化学性能。将 LiPF$_6$ 替换成 NaPF$_6$ 的电解液，直接用于钠离子电池硬炭负极时是不能够实现硬炭负极的稳定循环的，其原因可能是所形成的 SEI 膜不稳定。而这类高浓磷酸酯电解液出色的电化学性能和安全性来源于以下三点：①阴离子主导的无机 SEI 膜比溶剂主导的有机-无机杂化 SEI 膜钝化能力更强；②电解液中不含有任何高度易燃的溶剂组分，不仅确保了不燃性，同时具有高温下的灭火功能；③阳离子和溶剂分子之间的相互作用大大增强，使得溶剂固有的挥发性降低。基于 TEP 的高浓电解液可以稳定石墨和锂金属负极，尤其在锂金属负极，TEP 展现出比 TMP 更好的相容性。采用高摩尔比 TEP 电解液的 18650 型电池在短路、针刺、挤压等严格的安全测试中均表现出优秀的性能，使用磷酸酯电解液的 18650 电池穿刺时完全没有起火爆炸的迹象。总的来说，高浓电解液的设计思路给了磷酸酯电解液实际应用的可能性，但是和其它高浓电解液一样，它们也具有高黏度、高成本的缺点，还需要研究者们提出更多的解决办法并做更深入的研究。

表 7-1　部分磷系溶剂基本参数与 EC 的比较

溶剂	熔点/℃	沸点/℃	闪点/℃	LUMO/eV	HOMO/eV
磷酸三甲酯(TMP)	-46	197	107	0.091	-7.577
亚磷酸三甲酯	-78	11.5	28	0.933	-6.098
磷酸三乙酯(TEP)	-56.4	215.5	115	0.318	-7.391
亚磷酸三乙酯	-112	157.9	54	0.966	-6.064
三(2,2,2-三氟乙基)磷酸酯	-22	189		-0.891	-8.439
三(2,2,2-三氟乙基)亚磷酸酯		130	31.7	0.205	-6.941
碳酸乙烯酯(EC)	36.4	248	143	0.454	-7.885

注：LUMO 和 HOMO 能级采用密度泛函理论（DFT）计算，理论水平为 B3LYP/6-311G(d,p)。

此外，部分氟化程度较高的溶剂也具有较好的阻燃效果，但是氟化会大大降低溶剂对锂盐的溶解度，这使得这类高度氟化溶剂只能作为稀释剂或者助溶剂加入到电解液中，常见的这类溶剂包括氟代碳酸酯、氟代磷酸酯、氟醚和氟磷腈等，典型的包括甲基(2,2,2-三氟乙基)碳酸酯（FEMC）、三(2,2,2-三氟乙基)磷酸酯（TFEP）、双(2,2,2-三氟乙基)醚（BTFE）、1,1,2,2-四氟乙基-2,2,3,3-四氟丙基醚（TTE）和乙氧基（五氟）环三磷腈（PFPN）等。其中 PFPN 的阻燃性能很好，仅向商品化的 1mol/L LiPF$_6$-EC∶DMC（1∶1）碳酸酯电解液中添加 5%（质量分数）的 PFPN 就可以得到完全不燃的电解液。而 TTE 和 BTFE 等氟醚作为高浓电解液的稀释剂可以极大地减小电解液锂盐浓度，降低电解液的黏度，提高锂离子电导率，同时还能保持和高浓电解液类似的优异电化学性能。

7.3　凝胶电解质

7.3.1　凝胶电解质的组成及特性

聚合物电解质（polymer electrolyte）可分为固态聚合物电解质（solid polymer electrolyte，SPE）和凝胶电解质（gel polymer electrolyte，GPE）两种，其中固态聚合物

电解质不含任何液体，是通过将锂盐溶解于聚合物中制备而成，而凝胶电解质则在聚合物中添加了液态的增塑剂或液态溶剂，使聚合物溶胀。由于凝胶电解质的导电行为发生在溶胀后的凝胶相中，而不是通过聚合物链段的运动来实现的，其离子电导率大多在 1mS/cm 的数量级，明显高于固态聚合物电解质的电导率（$10^{-2} \sim 10^{-5}$ mS/cm）。与液态电解液相比，凝胶电解质可以有效地避免短路和电解液泄漏，并且具有更低的可燃性，但它的离子电导率比液态电解质低，导致低温条件下电化学性能的降低。

常用于凝胶电解质的聚合物体系包括聚环氧乙烷（PEO）、聚偏二氟乙烯（PVDF）、聚偏二氟乙烯-六氟丙烯共聚物（PVDF-HFP）、聚甲基丙烯酸甲酯（PMMA）、聚丙烯腈（PAN）等。凝胶电解质的优点是它有较高的 Li^+ 迁移数、优异的化学稳定性、良好的热稳定性和较宽的电化学稳定窗口，缺点是较为高昂的成本和由于含有大量液态电解液导致的较低机械强度。与液态电解液不同，评价一个凝胶电解质体系需要更多的物理化学参量，如孔隙率、电解液吸收率、保液能力、热收缩率等。孔隙率定义为聚合物薄膜中空隙体积和表观几何体积之比，它决定了聚合物吸收液态电解液的能力。聚合物的吸液能力通过电解液吸收率来体现，电解液吸收率定义为吸收完电解液后的聚合物膜与干聚合物薄膜的质量差和干聚合物薄膜质量之比，一般认为将干聚合物薄膜在液态电解液中浸泡超过 4h 以上为吸收完全。相比于液态电解液，凝胶电解质更高的安全性来自高温下它的保液能力。如传统的碳酸酯电解液在 65℃ 下开始蒸发，在 112℃ 左右完全蒸发。而在 PVDF-HFP 型凝胶电解质中，液态溶剂在 105℃ 才开始蒸发，当温度到达 140℃ 时仍有 60% 的液态电解液保留，这表明在高温下 GPE 仍可以稳定工作。凝胶电解质在受热时可能会发生热收缩，使聚合物表面积降低，并给电池带来短路的风险。一般使用热收缩率来评价聚合物的热收缩行为，热收缩率定义为热处理前后聚合物薄膜表面积之差与热处理前聚合物的表面积之比。机械强度也是凝胶电解质一种重要的性质，因为在电池中凝胶电解质不仅是导电介质，更是起到了隔膜的作用，一般由应力-应变曲线得到机械强度性质，优良的聚合物薄膜应当在干态和湿态都具有较好的机械强度。

7.3.2 凝胶电解质的制备技术

凝胶电解质（GPE）有很多制备方法，根据不同的制备方法得到的电解液又可以分为均相和非均相两大类。一般来说，通过浇铸法和原位聚合法得到的凝胶电解质是均相的，均相中只有被溶胀的凝胶。非均相凝胶电解质的制备一般分为两步，首先制备多孔的聚合物膜，随后聚合物膜吸收液态电解液，因此非均相凝胶电解质具有液态电解液相、被溶胀的凝胶相和聚合物相。

浇铸法制备 GPE 是先将聚合物和液态电解液均匀地溶解在一个沸点较低的溶剂中得到浆料前体，再将浆料涂在基底上，之后蒸发低沸点溶剂最终成膜。浇铸法制备的 GPE 的机械强度一般较低，因此需要额外的化学交联或物理交联增加其强度，其制备过程需要在无水无氧条件下进行。

原位聚合法是向已配置好的液态电解液中加入聚合物单体和引发剂，在组装好电池后通过热引发聚合得到均相 GPE。常用的聚合单体包括丙烯酸酯类和低聚醚类，常用的引发剂包括有机过氧化物（如过氧化苯甲酰）和偶氮化合物（如偶氮异丁腈）。原位聚合法的优点在于操作简单、可以适应电池的结构生成对应形状的 GPE，以及电解液和电极之间的接触较好。

萃取活化法制备 GPE 一般可分为四个阶段：①将正负极材料和混有丙酮、增塑剂（如邻苯二甲酸二丁酯 DBP）的聚合物依次涂覆于基底上成膜；②所得薄膜对应正负极分别与

Al 集流体和 Cu 集流体压在一起；③使用适当的溶剂将增塑剂萃取出来；④干燥并包装好电池后注入液态电解液。该方法优点在于最后一步才引入对水和空气敏感的液态电解液，因此前面的步骤可以在开放环境中进行，但是塑化剂的萃取过程比较麻烦。

相分离法是一个广泛使用的技术，它可以避免增塑剂萃取过程，引起相分离的因素包括以下几种：①蒸发引起的相分离。首先将聚合物溶于一种低沸点、高挥发性溶剂和高沸点的非溶剂的混合物中，再将所得溶液涂覆在基底上成膜并使溶剂不断蒸发。挥发性溶剂一般使用 N-甲基-2-吡咯烷酮（NMP）、四氢呋喃（THF）、N,N-二甲基甲酰胺（DMF）等，高沸点非溶剂一般使用乙醇、1-丁醇和乙二醇（EG）等。由于两种溶剂的蒸发速率不同会导致聚合物发生相分离，最终生成多孔的聚合物膜。②非溶剂诱导引起相分离。首先将聚合物溶解于一种或多种溶剂中，所得的浆料涂覆在基底上使溶剂逐渐蒸发成膜，再将尚未完全蒸发溶剂的聚合物膜放置于非溶剂（如水）中浸泡，由于溶剂和非溶剂之间的扩散交换作用，聚合物会形成疏松多孔的结构，其中孔径和孔体积可以由水浴前的蒸发溶剂时间控制。③蒸汽引起的相分离。将聚合物溶解于一种或多种溶剂中，所得浆料涂覆于基底上成膜，再将该聚合物薄膜暴露在水蒸气或者超临界的 CO_2 中生成多孔结构。水蒸气引起相分离法制备的聚(丙烯腈-甲基丙烯酸甲酯) 多孔膜的孔径会比水浴诱导制备的要均匀。使用超临界 CO_2 时，CO_2 的压力、聚合物浓度和温度等因素会影响孔隙率和孔径。④热引起的相分离。首先在高温下将聚合物溶解于稀释剂中，然后逐渐冷却，冷却过程中聚合物会发生相分离，最后将稀释剂萃取出来以形成多孔结构。这种相分离法更为可控，因为它影响孔结构的因素更少。常用的稀释剂有 DBP、邻苯二甲酸二(2-乙基己基)酯（DEHP）、环丁砜等。制备得到聚合物多孔膜后再组装电池并注入电解液，该法制备的 GPE 拥有较好的电化学性能和机械强度，但是除去溶剂和非溶剂这一过程较难，如果该过程中有较多残留则会影响电池的稳定性和安全性。

静电纺丝技术是高分子流体在强电场的作用下喷射出一定距离，最终固化形成纤维的一种制备多孔聚合物的方法。静电纺丝制备的纤维直径大约在几十纳米到几微米范围内，所得的聚合物薄膜具有完全开放的多孔结构，可以提供良好的离子通道且具有较大的比表面积。通过改变电势大小、喷头形状、溶液浓度等因素可以改变孔隙率的大小，最大可达 90%。

发泡法是将发泡剂和聚合物一起溶解在溶剂中，再把所得浆料涂覆在基底上成膜，然后蒸发溶剂，继续升温在更高温度下除去发泡剂得到多孔结构的聚合物薄膜。该方法可以通过改变发泡剂的量来改变孔隙率，最后制备得到的 GPE 有较高的电导率。

7.3.3 凝胶电解质的电化学性质

湿态的 GPE 会比干态的 SPE 具有更高的电导率，主要是由于 GPE 中存在大量液态电解液，但是大量液体的存在导致 GPE 的机械强度较低。为了进一步提高 GPE 的电导率和机械强度，研究者们开发出较多的办法。共混就是其中一种改善方式，如使用静电纺丝技术制备的 PVDF/PEO（质量比 1∶5）纳米纤维作为 GPE 基底，其结构见图 7-5（a），通过吸收 1mol/L $LiPF_6$-EC/PC/DMC（1∶1∶1 体积比），所得的 GPE 具有高达 4.8mS/cm 的离子电导率和 4.8V 的抗氧化电位，使用该电解质的 $LiCoO_2$ 电极循环 60 周后容量保持率为 86%，如图 7-5（b）所示。共聚是另一种重要方法，GPE 中最典型的一种共聚物是 P(VDF-HFP)（VDF 为偏二氟乙烯），它具有良好的化学稳定性、较高的离子电导率和较低的结晶度。一般认为，VDF 单元提供了化学稳定性，而 HFP 单元则提供了更好的可塑性（有利于离子电导率的提升）。除此之外，添加无机填料也是一种有效手段。如向 PEO-PVDF-HFP 中掺杂 10%（质量分数）的纳米 Al_2O_3，聚合物的机械强度可以从 9.3MPa 增加至 14.3MPa，膜孔隙率从 42% 增加至 49%，电解液吸收率从 176% 增加至 273%，相应的离子电导率也提高到 3.8mS/cm。离子电导率增加的原因可能是无机填料可以作为路易斯酸与聚合物竞争络合 Li^+，避免了含 Li^+ 的离子对生成，增加了自由 Li^+ 的数目。而机械强度增加的原因可能是纳米 Al_2O_3 可以作为两个聚合物单元之间临时的机械连接点，使得共混体系中不同的单元可以更稳固的连接。

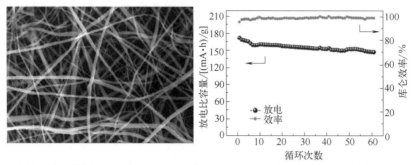

(a) 静电纺丝制备的共混 PVDF/PEO 纳米纤维的 SEM 图   (b) PVDF/PEO-1mol/L LiPF₆-EC/PC/DMC 的 GPE 中 LiCoO₂ 半电池循环性能

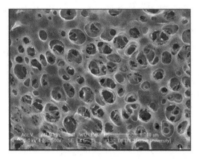

(c) 非溶剂引起的相分离法制备的 P(VDF-HFE) 薄膜的表面 SEM 图

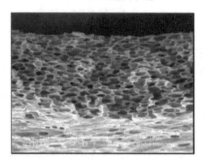

(d) 非溶剂引起的相分离法制备的 P(VDF-HFE) 薄膜的剖面 SEM 图

图 7-5   共混和共聚的相关研究

7.4 固态电解质

传统锂电池使用的液态电解液存在着泄漏、易燃等安全隐患，随着近年来锂电池的不断发展，锂离子电池正在逐步逼近其能量密度的天花板。为了破除锂电池发展的困境，研究者们在积极开拓不同的技术路线，固态锂电池就是其中被看好的一种体系。固态锂电池和传统的锂离子电池最大的区别就在于其使用的是固态电解质。相比于液态电解液来说，固态电解质具有两大优点：①更好的安全性能，固态电解质不存在泄漏、挥发等问题，而且可燃性远低于各种液态溶剂，因此固态锂电池在使用过程中自燃甚至是爆炸的风险会明显降低；②更高的能量密度，固态电解质可以更好地抑制锂金属负极的枝晶生长，同时还表现出比液态电解液更宽的电化学窗口。这些特征使得固态锂电池可以使用更高电压的正极材料和锂金属负极，从而使电池具有更高的能量密度。尽管最近的一些研究表明固态电解质本征的热力学和电化学稳定窗口很窄，其电化学稳定性归因于稳定的界面保护膜。目前已开发的固态电解质包括聚合物固态电解质、硫化物固态电解质和氧化物固态电解质，其中氧化物固态电解质根据其结构和组成的不同又可分为石榴石型、钙钛矿型、NASICON（钠超离子导体）型和 LiPON（锂磷氧氮）型结构。

7.4.1 聚合物固态电解质

聚合物固态电解质中不含有液态的溶液，一般来说聚合物中具有—O—、C=O 等极性基团，这些基团可以与锂离子配位并将锂盐溶解在聚合物中。而锂离子的传输则是依靠聚合物链段的运动来完成的，聚合物固态电解质的离子电导率普遍较低，一般都低于 1mS/cm。目前，已开发的聚合物电解质根据官能团的不同可分为：PEO、聚碳酸亚乙酯（PEC）、聚三亚甲基碳酸酯（PTMC）、PAN 和聚硅氧烷基聚合物等。

聚合物固态电解质的导电行为是通过链段的运动来促进锂离子的传输，因此，聚合物中锂离子的数量和聚合物链段的运动能力会显著影响电解质的离子电导率，并进一步影响电池的性能。对于聚合物固态电解质来说，其离子电导率仍然可以使用 Arrhenius 方程和 VTF 方程来描述。但是，聚合物的结构组成较为复杂，如同时存在晶相和非晶相，因此，全面而准确地解释聚合物微观的导电机理仍是一个挑战。为了进一步理解聚合物电解质的导电行为，还需要了解聚合物的两个重要参数，即玻璃化转变温度和结晶度。玻璃化转变温度（T_g）指的是聚合物从玻璃态向高弹态转变时的温度，此时聚合物的链段开始可以运动，但分子链还不能运动，T_g 可以通过差示扫描量热法（DSC）来测量。而温度在 T_g 以下时，聚合物中的运动形式仅存在原子或基团在其平衡位置上的振动，聚合物处于具有刚性和脆性的玻璃态，且自由体积被固定。在 T_g 以上时，锂离子可以在自由体积中向相邻的配位点迁移，或在电场的作用下跃迁至另一条链段的位点上。因此，降低聚合物的 T_g 有利于提高室温下聚合物链段的运动能力，这也是提高聚合物电解质离子电导率最简单有效的方法。聚合物的结晶度指的是聚合物中结晶区域所占的比例，描述了聚合物长程有序的程度。聚合物的结晶是其分子链的定向排列过程，可以通过冷却和蒸发溶剂来实现，聚合物中的杂质、增塑剂、填料或其它添加剂对结晶过程都有很大影响。一般来说，较高结晶度的聚合物链段堆积会更为紧凑，因此具有更小的自由体积，导致链段运动和离子传输更加困难，从而导致聚合物电解质具有更低的离子电导率。

PEO 是研究最为广泛的一种聚合物电解质，PEO 基电解质最早于 1973 年被 Wright 等发现，PEO 中含有大量的 C—O—C 基团可以提供孤对电子与 Li$^+$ 配位以溶解锂盐。常温下，PEO 的结晶度较高，具有较低的离子电导率，而 Li$^+$ 的传输一般发生在非晶区域。因此，PEO 基电解质常在高于 60℃ 的温度下使用，然而在较高温度下 PEO 均聚物为黏弹性液体，其力学强度较差。目前，已经有很多种降低 PEO 的结晶度和提高其力学性能的方法，通过共聚或共混等方法向聚合物中引入其它基团是一种有效的方法。共聚是将两种或两种以上不同单体聚合在一起形成共聚物的过程，在电解质改性中一般采用嵌段共聚和交联共聚等方法。如 PEO 和聚苯乙烯（PS）的嵌段共聚物 PS-PEO-PS，在 PEO 含量为 70%（质量分数）时具有相对最优的离子电导率和力学性能。互穿聚合物网络（IPNs）是两个或多个不同的交联聚合物网络组成的混合物，这些聚合物之间不存在共价键。由于和其它聚合物的相互穿插，IPNs 中的晶相区域会显著减少，这种 3D 交联网络的存在还可以降低电解质中离子对或离子簇的生成。如 PEO 和聚醚丙烯酸酯（PEA）组成的 IPNs 室温电导率为 0.22mS/cm，且具有较高的机械强度。此外，向聚合物中添加各种无机填料也是一种有效方法，活性填料如 Li$_3$N、LiAlO$_2$ 等，它们一定程度上参与了离子传输；不参与离子传输的惰性填料有 Al$_2$O$_3$、SiO$_2$、MgO 等。

7.4.2 无机固态电解质

氧化物和硫化物固态电解质都是无机物，相比于有机聚合物电解质，它们一般具有更好的机械强度。氧化物电解质分为晶态和玻璃态两类，其中石榴石型（图 7-6）、钙钛矿型、NASICON 型（图 7-7）、锂超离子导体（Li superionic conductor, LISICON）型都属于晶态电解质，而 LiPON 型电解质为玻璃态，常用于薄膜电池。氧化物电解质还具有较好的化学、电化学稳定性，然而其大规模生产成本仍然较高。在晶态固体材料中，离子迁移取决于缺陷的浓度和分布情况，目前描述晶体材料中离子扩散的机理都是基于 Schottky

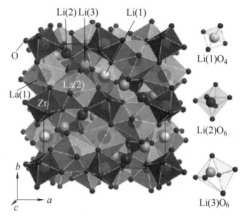

图 7-6　LLZO 石榴石型固态电解质的典型结构

和 Frenkel 点缺陷，包括了空位机制、双空位机制、间隙机制、间隙替代机制和协同机制等。然而，当一种固体材料的结构由两种亚晶格组成时，即惰性离子的晶体骨架和迁移离子的亚晶格，它就可以在缺陷浓度较低的情况下具有较高的离子电导率。总之，无机固态电解质想要具有较高离子电导率，其结构必须满足三个条件：①可供迁移离子占据的位点数量远大于迁移离子数量；②相邻两个可占据位点之间的迁移势垒足够低，使得离子很容易从一个位点跳至下一个位点；③这些可占据位点必须连接起来形成离子扩散路径。玻璃态材料中的离子扩散过程和晶体材料相似，在玻璃态材料中仍然存在短程或中程的结构有序性，其离子扩散机理也是离子从占据位点被激发迁移至相邻的可被占据位点，然后再穿过晶界进行迁移，因此，还要考虑载流子和结构骨架之间的相互作用。在无机固态电解质中，离子电导率由迁移离子的带电量 q、浓度 c 和迁移率 u（迁移离子在不同晶格之间的移动能力）所决定，它符合一个修正的 Arrhenius 关系，如公式（7-1）所示：

$$\sigma = qcu = \sigma_0 T^m \mathrm{e}^{-E_a/k_B T} \tag{7-1}$$

式中，σ_0 为指前因子；m 的值通常为 -1；k_B 为玻尔兹曼常数；T 为温度，K；e 为自然对数的底数；E_a 为活化能，kJ/mol，包括了生成可供离子迁移的缺陷的能量和离子迁移时的能垒。

部分无机固态电解质的制备方法和基本参数见表 7-2。

表 7-2　部分无机固态电解质的制备方法和基本参数

组成	类型	制备方法	温度/K	电导率/(S/cm)
$Li_{3.5}Al_{0.5}Ti_{1.7}(PO_4)_3$	NASICON 型	高温固相合成法	298	3.00×10^{-3}
$Li_{0.34}La_{0.51}TiO_{2.94}$	钙钛矿型	高温固相合成法	300	1.00×10^{-3}
$LiTi_2(PO_4)_3$	NASICON 型	高温固相合成法	300	3.87×10^{-7}
$Li_7La_3Zr_2O_{12}$	石榴石型	高温固相合成法	300	3.55×10^{-4}
$Li_{10}GeP_2S_{12}$	硫化物	550℃下烧结	300	1.20×10^{-2}

7.4.2.1 氧化物固态电解质

（1）石榴石型固态电解质

石榴石型固态电解质结构通式为 $A_3B_2(XO_4)_3$，其中，A 为 Ca、Mg、La 等，B 为

Al、Fe、Ga、Ge、Mn 等，A 和 B 位点分别为八配位和六配位。石榴石型电解质最早于 1969 年被发现，其结构为 $Li_3M_2Ln_3O_{12}$（M 为 W 或 Te），在目前的石榴石型固态电解质中，一种典型组成为 $Li_7La_3Zr_2O_{12}$（LLZO）的电解质受到广泛关注，LLZO 具有较高的离子电导率（$10^{-4} \sim 10^{-3}$ S/cm）、较宽的电化学窗口、较好的热稳定性和高机械强度等优点。LLZO 具有四方相和立方相两种典型的晶体结构，这两种结构的主要区别在于 Li^+ 的分布不同。四方相 LLZO 的空间点群为 $I41/acd$，Li^+ 高度有序地占据着四面体间隙、八面体间隙和八面体偏心间隙三种间隙位置。立方相 LLZO 空间点群为 $Ia\text{-}3d$，一般来说，立方相的 LLZO 离子电导率会高于四方相的，这是因为立方相 LLZO 中的 Li 可以有多种随机的空间排布结构，并且存在大量的锂空位，这使得 Li^+ 在立方相 LLZO 中拥有更强的迁移能力。立方相 LLZO 的理论电导率高达 10^{-3} S/cm，但是很多时候都不能达到这个水平，因此早期的研究主要集中于提高 LLZO 的离子电导率，如通过掺杂不同的阳离子和改进制备方法和工艺等来提升材料的性能。对于 LLZO 固态电解质来说，由于 LLZO 具有和陶瓷固体相似的刚性，导致固态电解质对电极的浸润性较差，因此固态电池具有较大的电极/电解质界面阻抗。向固态电解质和固体电极之间引入聚合物层、凝胶电解质层或者是其它人工涂层可以有效地改善接触问题，达到降低界面电阻的目的。

（2）NASICON 型固态电解质

NASICON 结构（见图 7-7）是一种可以提供三维离子运输通道以实现快速离子传导的材料，在 1976 年被 Goodenough 等所报道，其结构通式可写作 $AM_2(PO_4)_3$，A 位点可以被 Li、Na 或 K 等占据，M 位点通常为 Ge、Zr、Al 或 Ti 等，它是八面体 $[MO_6]$ 和四面体 $[PO_4]$ 通过氧原子共顶点的方式组成的三维网络结构。Li^+ 的可占据位点包括两个相互堆叠的八面体 $[MO_6]$ 之间的六配位位点和两个相互并列的八面体 $[MO_6]$ 之间的八配位位点，Li^+ 通过在不同晶胞中的这两个位点的不断跃迁来实现离子迁移。在 NASICON 型固态

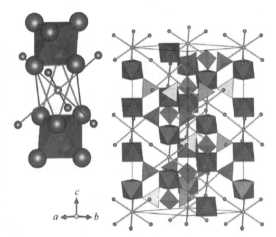

图 7-7　NASICON 型固态电解质的典型结构

电解质中，离子电导率由迁移路径中最难跃迁的位点来决定，迁移途径中阻力最大的是两个 Li^+ 占据位点之间由三个氧原子和一个 M 原子组成的平面，这个平面也被称为瓶颈区域。$Li_{1-x}Al_xGe_{2-x}(PO_4)_3$ 具有较宽的电化学窗口，且 Al 的取代有效提高了离子电导率，因此 NASICON 被用作高电压的固态电池。

（3）钙钛矿型固态电解质

钙钛矿型电解质的结构通式可写为 ABO_3（其中 A 为 Ca、Sr、Ba、La 等，B 为 Al 或 Ti），属于立方晶系，空间点群为 $Pm3m$。其中，A 原子占据立方晶胞的顶点，Ti 原子占据晶胞的体心，O 原子位于面心，通常 A 为 12 配位，Ti 为 6 配位，锂离子可以通过掺杂的方式进入钙钛矿结构中的 A 位点，这类材料的电导率对 Li^+ 浓度、空位浓度以及锂与空位之间的相互作用十分敏感。一种典型的钙钛矿型电解质的组成为 $Li_{3x}La_{2/3-x}TiO_3$，其室温离子电导率可达 1mS/cm。然而，Ti^{4+} 易被还原至 Ti^{3+}，因此钙钛矿型固态电解质与锂金属接触时不稳定，这限制了这类固体电解质的进一步发展。

（4） LiPON 型玻璃态电解质

LiPON 是一种无定形的固态电解质，它是通过向 Li_3PO_4 引入 N 原子制备得到的。LiPON 的化学稳定性和电化学稳定性都很好，它和很多电极材料的相容性都比较好。然而，其离子电导率非常低，室温下仅有 $10^{-6}S/cm$ 左右。因此，LiPON 常被用于薄膜电池，以补偿其离子电导率不高的问题。

7.4.2.2 硫化物固态电解质

硫化物电解质一般具有比氧化物电解质更高的离子电导率，这是因为硫原子具有比氧原子更大的半径和更低的电负性，使得硫化物电解质骨架中的离子通道尺寸会比氧化物中的更大，同时电解质骨架与锂离子的相互作用力也会更小。硫化物有玻璃态和结晶态两种状态，一般来说，玻璃态的硫化物电解质具有更少的晶界，因此也会具有更小的晶界电阻，所以电导率会高于结晶态的硫化物电解质。

硫化物固态电解质的研究开始于 1986 年，早期研究体系为 Li_2S-SiS_2，掺杂 Li_3PO_4，该体系的离子电导率可达 $0.69mS/cm$。另一类典型的硫化物电解质体系为 Li_2S-P_2S_5，该体系在掺杂 Ge 后得到的 $Li_{10}GeP_2S_{12}$（LGPS）（图 7-8）室温电导率为 $12mS/cm$，达到甚至是超过了很多有机液态电解液。日本东京工业大学的 Ryoji Kanno 教授团队对 LGPS 进行了高熵材料的设计，合成了单相组成为 LiSiGePSBrO 的固态电解质，它的离子电导率高达 $32mS/cm$，是目前已报道的固态电解质中最高的。然而，硫化物的化学稳定性和电化学稳定性较差制约了它的实际应用。硫化物在空气中易与水反应生成有害的 H_2S 气体，因此必须在惰性气氛或者是干燥条件下处理。使用氧化物（Li_2O 或 P_2O_5）、卤化物部分取代硫化物，可以提高硫化物电解质在空气中的稳定性，显著减少 H_2S 的释放。此外，硫化物作为电解质与电极材料之间的相容性较差，如与锂金属的不稳定性以及与正极相连时较大的界面阻抗。因此，硫化物电解质的实际应用还需要克服众多挑战。

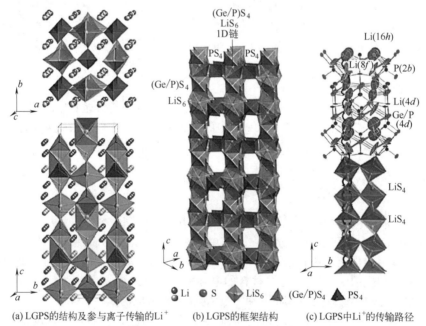

(a) LGPS的结构及参与离子传输的Li⁺ (b) LGPS的框架结构 (c) LGPS中Li⁺的传输路径

图 7-8　LGPS

7.4.3　固态电解质的电化学性质

固态电解质的众多优点引起了研究者的广泛关注，然而，实现固态电解质实际应用还存在很多困难，主要有三个方面。

首先，金属锂负极的枝晶生长问题。固态电解质发现之初，人们寄希望于它能够解决锂金属负极由于不均匀锂沉积带来的枝晶生长问题，但是目前的研究表明固态电解质中也会存在锂枝晶的生长，而且锂枝晶也可以穿透固态电解质造成电池短路，因此有必要对固态电解质中锂枝晶的生长机理进行研究，来理解这一现象背后的科学本质。

其次，固态电解质和电极之间界面的稳定性问题。界面的组成和结构是决定整个电池性能的关键因素，不同电解质通过还原或氧化形成了组成和结构各不相同的界面层，阐释性能和界面组成及结构的本质关系非常重要。此外，固态电解质的离子传输依赖于颗粒间紧密的物理接触，但是固态电池循环过程中内部压力在不断变化，这可能会导致裂缝的产生或者不同相之间界面的分离。因此，保持固态电池在循环时界面良好的物理接触也很重要。

最后，是固态电解质本身的电化学氧化还原稳定性的问题。与液态电解液一样，固态电解质的电化学窗口也是根据其发生氧化或还原反应的电压范围来确定的。对于氧化物电解质来说，它的氧化电位取决于 O^{2-} 的氧化，由于析氧反应存在动力学阻碍，其氧化电位普遍较高。在负极侧，一般是由于电解质中存在高价态的阳离子被还原，如 Ge^{4+} 和 Ti^{4+} 等，导致 NASICON 这类电解质的还原电位较高。对于硫化物电解质来说，它们不仅具有高价阳离子导致还原电位较高，而且 S^{2-} 的氧化也比较容易，因此具有很窄的电化学窗口。目前对于无机固态电解质来说，较难实现一种电解质既对锂金属稳定，同时还满足较高离子电导率和具有较高氧化电位的要求。但是，部分固态电解质与正极或锂金属负极反应的产物可以使得它们能够稳定工作，即充当了 SEI 膜或 CEI 膜的作用。而对于聚合物电解质来说，目前还缺乏明确的机理对其界面反应进行准确的描述，PEO 基电解质与锂金属反应的产物可能为 Li-O-R 化合物等。

提高固态电解质与电极之间的界面稳定性是实现固态电池实际应用的关键所在。目前，解决这一问题的策略之一就是构建人工界面保护膜。如对于 PEO 基电解质来说，其低机械强度导致了电解质无法抑制锂枝晶的生长，当预先在锂金属表面原位聚合一层机械强度更好的聚醚丙烯酸酯（ipn-PEA）时，锂沉积的形貌可以非常均匀。此外，一些锂的氟化物和氮化物对锂金属有很好的保护作用，对锂金属的均匀沉积有利，也是有效的人工 SEI 保护膜。硫化物固态电解质除了与锂金属不稳定外，它和正极材料的兼容性也是一大问题，在正极/电解质界面处使用氧化物涂层隔绝接触，可以极大地改善硫化物和正极材料的兼容性。目前，常用的涂层包括 $LiNbO_3$、Li_3BO_3-Li_2CO_3、Al_2O_3 等，当涂层是以原子层沉积法或激光脉冲沉积法包覆至正极表面时，可以提高电极和固态电解质之间的接触。固态电解质在单一使用聚合物电解质或者是无机电解质时，表现出它们自身的优点，如聚合物电解质的易加工性、硫化物的高电导、氧化物的高稳定性等。最近一些研究表明，将有机/无机固态电解质复合起来一起使用时可以取长补短，使电解质同时拥有其各自单独使用时的优点。一种具有三明治结构的 PAN/LAGP[$Li_{1.4}Al_{0.4}Ge_{1.6}(PO_4)_3$]/PEGDA（聚乙二醇二丙烯酸酯）固态电解质，其中 LAGP 质量分数为 80%，在接近正极和负极处分别加入了耐氧化的 PAN 和耐还原的 PEGDA，达到了拓宽电化学窗口的目的。这种具有三明治结构的复合固态电解质可以使得锂金属在 $2mA/cm^2$ 的电流密度下稳定循环超过 1000h。另一种结构近似的复合电解质 MEEP［聚双(2-(2-甲氧基乙氧基)乙氧基)磷腈］/LATP/PVDF-HFP 可以与高压正极 $Li_3V_2(PO_4)_3$/CNT（碳纳米管）匹配，使得全电池稳定循环超过 500 周。

7.5 非水电解液关键材料的制备方法

7.5.1 液态溶剂的制备技术

环状碳酸酯的制备方法一般有四种：①光气和二醇的催化反应；②酯和二醇的酯交换反应；③尿素的醇解反应；④CO_2和环氧烷烃的环加成反应。第一种方法因为涉及光气这种剧毒物质被禁止使用，第二种和第三种方法在工业中有部分应用。目前最主要的是第四种方法，主要因为它是将CO_2温室气体转化生成其它精细化工产品的途径，符合绿色环保理念。

① 光气法 $COCl_2 + (CH_2OH)_2 \longrightarrow C_3H_4O_3 + 2HCl$

② 酯交换法 $(CH_3CH_2O)_2CO + (CH_2OH)_2 \longrightarrow C_3H_4O_3 + 2C_2H_5OH$

③ 尿素醇解法 $(NH_2)_2CO + (CH_2OH)_2 \longrightarrow C_3H_4O_3 + 2NH_3$

④ 环加成法 $CO_2 + (CH_2)_2O \longrightarrow C_3H_4O_3$

以EC为例，就是用环氧乙烷和CO_2为原料，在催化剂的作用下生成EC。有关的研究主要集中在催化剂的改性上，其研究目的就是提高催化反应的转化效率、延长催化剂的使用寿命、提高产品的纯度。合成EC反应的催化剂可以分为均相和非均相两大类，均相催化剂的劣势在于反应后提纯时会有分离困难的问题，因此非均相催化剂更受青睐。均相催化剂包括季磷盐、季铵盐、离子液体和金属及其络合物等，非均相催化剂主要是将这些催化剂化学键合在一些多孔的高分子材料上，使其免去催化剂和反应溶液分离的困难，减少了分离提纯带来的巨大能量消耗。

线性碳酸酯的合成方法与环状碳酸酯类似，大致也分为四类：①光气法，使用相应的醇类即可获得对应的产物，如原料为甲醇则产物为DMC；②氧化羰基法，原料为CO、O_2、对应的醇，其中CO和O_2可以用CO_2替代；③尿素醇解法；④酯交换法，原料为EC和对应的醇进行酯交换，如EC和甲醇酯交换生成DMC。EMC是一个不对称的分子结构，它的酯交换制备方法有两种：一种是DMC和乙醇发生醇酯交换反应，另一种则是DMC和DEC发生酯酯交换反应。

7.5.2 关键电解质盐的制备技术

7.5.2.1 LiPF$_6$的制备

LiPF$_6$是目前使用最广泛的锂盐，它的制备方法包含气固法、溶剂法、离子交换法等。气固法和溶剂法的合成反应方程式如下：

$$LiF + PF_5 \longrightarrow LiPF_6 \tag{7-2}$$

气固法是向多孔的LiF固体中通入PF_5气体得到LiPF$_6$的方法，但是所生成的LiPF$_6$极易覆盖在LiF表面阻止反应继续进行，导致反应不彻底降低产率，给提纯带来更大的困难，而且反应需要高温高压条件。

由于LiF难溶于很多有机溶剂，所以溶剂法中一般先将LiF研磨成细微颗粒再混入溶剂组成悬浊液，再向悬浊液中通入PF_5气体反应生成LiPF$_6$。常用的溶剂包括醚类、碳酸酯类、乙腈等。溶剂法的优点在于反应产物LiPF$_6$会不断溶解到溶剂中去，同时将新鲜LiF表面暴露出来促进反应的进行，因此有较高的产率。然而溶剂法的缺点是PF_5可能会和溶剂与LiPF$_6$生成复合物，为提纯带来了较大的困难。

此外，HF 也可以作为溶剂来溶解 LiF，生成的 LiF·HF 溶液可以作为反应的媒介，而且 $LiPF_6$ 也是易溶于 HF 的，因此该反应在均相中进行，具有反应速率快、产率高等优点，但使用 HF 作溶剂对反应容器的耐腐蚀性能要求较高，目前该方法是工业生产 $LiPF_6$ 的主流方法。

离子交换法指的是先制备 $NaPF_6$、KPF_6、R_4NPF_6 等化学稳定性较好且易于制备高纯度产物的六氟磷酸盐，以此为原料和稳定的锂盐发生离子交换制备 $LiPF_6$。离子交换法缺点是反应时间长、效率低，而且难以得到高纯度的 $LiPF_6$，因此难以工业化。

7.5.2.2 LiBOB 的制备

LiBOB 是较为常见的硼酸锂盐，常用作添加剂。LiBOB 的制备常以 LiOH、H_3BO_3、$H_2C_2O_4$ 为原料，合成方法可分为溶剂法和固相法两种。溶剂法一般以水或者碳酸酯作为溶剂，得到的产物纯度较低，提纯也较为困难。固相法是将上述原料按照锂源∶硼源∶草酸（比例为 1∶1∶2）混合球磨后，在惰性气体保护下加热制备 LiBOB，固相法制备的 LiBOB 纯度更高，且工艺简单，因此固相法是更好的选择。式（7-3）是固相法制备的化学方程式。

$$LiOH + H_3BO_3 + 2H_2C_2O_4 \longrightarrow LiB(C_2O_4)_2 + 4H_2O \tag{7-3}$$

7.5.2.3 LiTFSI 的制备

LiTFSI 的制备通常是先制备双三氟甲基磺酰亚胺 $(CF_3SO_2)_2NH$（TFSI），再将它和 LiOH 或 Li_2CO_3 等稳定锂盐反应得到 LiTFSI。TFSI 的合成路线有很多，实验室中合成 TFSI 的方法早在 1984 年就被提出，如图 7-9（a）所示。此路线反应条件较为温和，可以制备长链的全氟化或多氟化烷基磺酰亚胺，但是合成步骤较多导致成本高、收率低，不适合工业化生产。目前工业化生产的路线有很多，使用三氟甲磺酰氟或三氟甲磺酰氯直接和氨气反应生成双三氟甲磺酰亚胺三乙胺盐，再用硫酸将其酸化即可得到 TFSI，如图 7-9（b）所示。此外，通过三氟甲磺酰氟或三氟甲磺酰氯与三氟甲磺酰胺和金属氟化物反应可以得到双三氟甲基磺酰亚胺碱金属盐，再酸化就可以得到 TFSI，如图 7-9（c）所示。

图 7-9　TFSI 合成路线

7.5.2.4 电解液的配置工艺

各种锂盐和溶剂在生产之后还需要按照配方配置，得到的电解液才能够给锂电池的电池包注液。电解液的配置过程是一个将溶剂除水、按比例配料最终包装成桶的过程。如图 7-10 所示，溶剂在配料之前需要进行除水，这是因为在锂电池中，即使是痕量水分的存在也会产生 HF，HF 会腐蚀活性材料，破坏电解液与活性材料的界面层，从而导致锂电池的快速失效，一般要求出厂的电解液水分含量在 20mg/L 以下。脱水塔中的填充材料为分子筛，溶剂按一定流速通过时，分子筛就会将溶剂中的水分吸附到其孔径当中，从而起到对溶剂除水的作用，当分子筛吸附水分的量达到饱和之后，就需要对它进行再生处理。溶剂经过除水后可能会有少量的固体杂质，因此需要经过过滤器后再到达溶剂储罐中。一种电解液配方中会需要两种或者两种以上的溶剂，例如常用的 1mol/L LiPF6-EC：DEC：EMC（溶剂体积比为1：1：1），配置这个电解液时就需要分别准备 EC、DEC 和 EMC 的溶剂储罐，然后这几种溶剂再经由计量罐按照配方中的比例和锂盐一起加入到电解液配置釜中，进行搅拌溶解，一些电解液配方中需要加入的添加剂也是在这一步一起加入到配置釜中混合。早期锂盐生产工艺不成熟，所得到的锂盐往往纯度不高，配置釜底部会有部分不溶的固体沉淀物，长时间的累积可能会堵塞管道，因此早期工艺中常采用配置釜上口出样的方法得到电解液。随着工艺的不断进步，现在得到的锂盐纯度都比较高，不溶物的含量大大减少，电解液只需经过过滤器的过滤即可包装成桶。配置好的电解液还需要检测其水分、电导率、酸度和密度等，确定电解液各项指标合格后才能出厂。

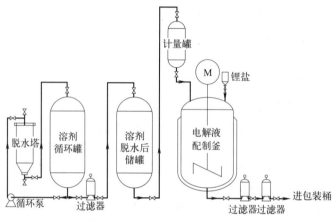

图 7-10　电解液工业化配置流程

随着电解液的不断发展，为了应对电池的不同使用环境，不同的锂电池就需要设计不同配方的电解液，因此在生产过程中需要切换溶剂储罐加样到配置釜中，为了避免配置釜中上一批次对下一批次电解液造成污染，配料前需要用 DMC 喷洗配置釜和过滤器，清洗液从过滤器排出后，用露点为 -30℃ 的氮气吹干配置釜和过滤器，吹干时间的长短影响着电解液的生产周期，改进清洗的方式不但可以减少清洗液的用量，降低成本，还可以缩短吹干时间，提升生产效率。

7.5.3　固态电解质的制备技术

固态电解质的制备技术有很多，其中最为传统的制备技术当属高温固相合成法。该方法操作简单，但是该方法合成固态电解质往往需要在 1000℃ 以上的高温下对固态电解质进行烧结处理，功耗较高，不适合用于大规模制备。为了降低功耗，同时考虑到提升固态电解质的性能，研究者们开发了一系列制备技术，如水热法、共沉淀法和溶胶-凝胶法等。固态电解质的性能受不同方法以及制备时的参数不同所影响，想要获得性能优异的固态电解质，需要对合成工艺进行优化。

（1）高温固相合成法

高温固相合成法是将原材料按一定比例破碎、研磨，然后在高温下进行烧结、结晶的一种传统制备方法。该方法操作简单，且比较容易合成出具有良好性能的无机固态电解质材料。石榴石型、NASICON 型、钙钛矿型和硫化物固态电解质等都可以通过该方法制备。

以较为常见的石榴石型 LLZO 固态电解质（$Li_7La_3Zr_2O_{12}$）为例，初始原料为碳酸锂、氧化镧、氧化锆，按化学计量比称取原料转入球磨罐，以异丙醇为球磨溶剂球磨 12h，烘干后得到混合均匀的前驱体。再进行高温烧结处理，先在 900℃下烧结 6h 除去吸附水并分解碳酸盐，再在 1200℃下烧结 12h 以获得高度致密的固态电解质材料。

而 NASICON 型固态电解质的制备，首先将原料 Ga_2O_3、Nb_2O_5、TiO_2、$(NH_4)_2HPO_4$ 等按一定比例在玛瑙研钵中研磨均匀，然后按照 600℃下煅烧 6h、1100℃下煅烧 6h、1200℃下煅烧 6h 的顺序完成煅烧后即可得到产品。在使用高温固相合成法制备固态电解质时，原材料混合的均匀程度、烧结温度、烧结时间、烧结方式等对电解质的性质都有很大的影响，寻找最优的合成工艺是获得高性能固态电解质的关键。然而，高温固相合成法制备固态电解质需要温度较高，工艺功耗比较大，不适合用于大规模制备，固态电解质的商品化应用还需要开发更多低功耗的制备方法。

对于结晶态的 $Li_7P_3S_{11}$ 硫化物电解质的制备主要采用低温烧结处理。如按摩尔比 7：3 称取 Li_2S 和 P_2S_5 原料，将两种原料放入充满氩气的球磨罐中，在球磨机上以高转速高能球磨一段时间获得玻璃态的电解质，然后将它置于管式炉在 250℃高温下煅烧结晶 2h 得到晶态的 $Li_7P_3S_{11}$，由于硫化物在空气中不稳定，与水反应会产生 H_2S 气体，因此煅烧后应迅速封装或转至手套箱保存。

（2）水热法

水热法反应容易进行、合成温度低，且易于达到分子级别的均匀掺杂程度。如在合成 $Li_{1+x}Al_xTi_{2-x}(PO_4)_3$（LATP）电解质时，先将 5mmol/L $Ti[OCH(CH_3)_2]_4$ 加入 100mL 去离子水并以 300r/min 的转速搅拌 2h，然后依次加入 $Al(NO_3)_3 \cdot 9H_2O$、$LiOH \cdot H_2O$ 和 H_3PO_4 并搅拌均匀得到前驱体溶液，将前驱体溶液装入特氟龙内衬的不锈钢容器后，在 180℃反应 3～24h 得到粉末状产物，经 90℃干燥 24h 后，在 450～700℃下烧结 3h 得到电解质粉末，最后加工成型。该制备过程比较烦琐，但容易获得电导率较高的固态电解质材料，因此应用也比较广泛。

（3）共沉淀法

共沉淀法是指在溶液中含有两种或多种阳离子以均相存在于溶液中，加入沉淀剂，经反应后可以得到成分均一的沉淀，再进行干燥煅烧得到纯度高、粒径小的粉末材料。如使用共沉淀法制备 $Li_{6.75}La_3Zr_{1.75}Ta_{0.25}O_{12}$（LLZTO）电解质时，先将 LiOH 和 La（OH）$_3$ 溶解于硝酸溶液，$ZrOCl_2 \cdot 8H_2O$ 溶于去离子水。将 Ta_2O_5 溶于硝酸后，再把硝酸溶液和水溶液混合，然后加入 NH_4OH 获得沉淀，沉淀在 80℃下干燥 48h、700℃下加热 2h，得到的粉末添加额外的 LiOH 粉末后在球磨机中以 2-丙醇作为分散剂球磨 4h，最后在 80℃下干燥 24h 就可以得到 LLZTO 粉末并加工成型。

（4）溶胶-凝胶法

溶胶-凝胶法是通过将各种盐溶解形成混合溶液，然后升温形成溶胶，再经历陈化生成凝胶，最后经过干燥和热处理获得材料的一种方法。以合成钙钛矿型的 LLTO 固态电解质（$Li_{0.3}La_{0.566}TiO_3$）为例，先按化学计量比称取反应物并溶解于柠檬酸水溶液中获得金属螯合物，该螯合物再和乙二醇一起加热发生聚合反应，溶胶化反应可以在环境气氛中进行，随着反应的进行溶液的整体黏度会不断上升，阳离子可以均匀地分布在不断生成的聚合物网络结构中，最后在 900℃下热处理得到均匀的 LLTO 粉末。通过溶胶-凝胶法可以在环境气氛中合成固态电解质，且最终的烧结温度会比传统的高温固相合成法低，得到的固态电解质材料比较均匀，有利于规模化生产。

习题

1.商品化锂离子电池最常用的锂盐的浓度和溶剂组合是什么？为什么这样选择锂盐的浓度？

2.SEI 膜的特点是什么？FEC 和 VC 添加剂是如何分解生成 SEI 膜的？

3.电解液中 $LiPF_6$ 和痕量水分反应会生成 HF，HF 是如何影响电池安全性的？

4.液态电解质和固态电解质各自的优缺点是什么？

5.目前离子电导率最高的固态电解质组成是什么？电导率是多少？

6.EC 和 PC 是最常用的环状碳酸酯溶剂，而且 EC 熔点为 36℃远高于 PC，但是商品化电解液中仍然以 EC 为主要溶剂，为什么？

7.判断题。

① 商品化锂离子电池电解液的电导率是 10S/cm 左右。（ ）

② 锂离子电池放电时电解液中锂离子的运动方向是从负极到正极。（ ）

③ 聚合物固态电解质和凝胶电解质的导电机理是一样的。（ ）

④ 可以通过提高结晶度的方式来提升聚合物电解质的离子电导率。（ ）

⑤ 因为液体电解质和电极之间为液固界面，所以要比固态电解质具有更好的电极浸润性。（ ）

8.石墨电极嵌锂后的存在形式为 LiC_6，试着计算石墨电极的理论比容量。

9.已知某锂离子电解液不同温度下的电导率如表 7-3 所示，试着计算该电解液的离子电导活化能。

表 7-3 某锂离子电解液不同温度下的电导率

温度/℃	−40	−20	0	5	15	25	35
电导率/(mS/cm)	1.64	3.42	5.93	6.60	7.91	9.08	10.28

参考文献

[1] 艾德生，高喆.新能源材料：基础与应用[M].北京：化学工业出版社，2023.

[2] 李建保，李敬锋.新能源材料及其应用技术[M].北京：清华大学出版社，2005.

[3] 雷永泉.新能源材料[M].天津：天津大学出版社，2002.

[4] 吴宇平，戴晓兵，马军旗，等.锂离子电池：应用与实践[M].北京：化学工业出版社，2006.

第 8 章

锂离子电池隔膜制备技术

隔膜是锂离子电池中分隔正、负极，防止电池短路的一层薄膜材料，是锂离子电池的重要组成部分。其本身不导电，但允许电解质离子自由通过，起着帮助完成电化学充放电过程的作用。隔膜的物化性能决定了电池的界面结构与内阻等电池特性，直接影响电池的容量、循环以及安全性能。性能优异的隔膜对提高电池的综合性能具有重要的意义，根据电池的种类不同，采用的隔膜也不同。对于锂电池系列，由于电解液为有机溶剂体系，因而需要耐有机溶剂腐蚀的隔膜材料，一般采用高强度薄膜化的聚烯烃多孔膜，主要包括聚乙烯（PE）、聚丙烯（PP）微孔膜以及聚丙烯/聚乙烯/聚丙烯（PP/PE/PP）多层微孔膜结构。

8.1 隔膜基本要求与分类

8.1.1 隔膜的基本要求

隔膜的孔径大小和分布、孔隙率、厚度、湿润性、化学稳定性等性质决定了电池的界面结构分布、电池的内阻和电解质在循环过程中的保持性等参数，进而影响比容量、充放电电流密度、电池循环性能等关键特性。基于以上电化学性能需求，隔膜也相应地具有对应结构与性能。隔膜基本要求及其对锂电池性能的影响如下。

（1）隔膜厚度

隔膜厚度的选择应根据电池的用途和性能要求而定，不同类型的锂电池有不同的需求。单层隔膜一般较薄，会有较大的自放电现象。对于电压一致性要求较高的动力电池来说，隔膜太薄或微孔孔径过大是影响电池自放电的不利因素，不利于保持电池电压的一致性。尤其是装配成电池后，很可能会出现锂枝晶刺穿隔膜的现象，从而引起安全问题。但是，对于消费类锂离子电池，隔膜追求更小的厚度以减小隔膜占用空间，进而增加电池容量。如手机用的锂离子电池使用的隔膜较薄，一般小于 $20\mu m$。对于动力电池而言，由于更多地考虑装配过程的力学性能和安全要求，往往需要厚度在 $25\mu m$ 以上，一般为 $32\sim40\mu m$ 的复合隔膜或者涂覆膜。厚度较大的隔膜通常会有更高的机械强度，往往也意味着会有更好的安全性。但是隔膜较厚不仅增加电池内阻，还会降低电池的容量，因此既薄又安全的隔膜是目前发展的主要方向。

（2）孔结构和孔隙率

孔隙率是指单位体积的隔膜中，孔洞所占的比例。孔隙率的大小对锂离子电池的电性能影响很大，一般锂电池隔膜的孔隙率在 $40\%\sim55\%$。孔隙率过大会影响隔膜的力学性能，过小会影响电池内阻。所以，不同需求的电池需要使用不同的孔隙率标准。因此，在隔膜生产中，对孔隙率范围的控制也是非常重要的。

在锂电池中，隔膜的作用之一是要求离子可以自由透过。因此，隔膜的孔径要足够大，同时又不能过大而产生针孔对电池安全不利。隔膜的孔径大小和分布影响着锂离子在隔膜中的迁移速度和效率。因此，需要选择合适的孔径大小和分布，使得锂离子能够顺畅地通过隔膜，同时避免活性物质的穿透。通常要求锂离子隔膜的平均孔径在 $150 \sim 350nm$ 之间。如果电池中电极颗粒穿过隔膜，就会造成安全问题。因此，对于隔膜的孔径分布有一定的要求。目前商业上所使用的电极颗粒一般是纳米级别，所使用的导电添加剂也是纳米级的。不过一般而言纳米级颗粒必然会团聚形成大尺寸的颗粒。目前隔膜孔径在几百纳米之间，并且直通孔也不多，足以防止电极颗粒直接穿过隔膜。隔膜生产一般经过高分子原材料熔融、挤出铸片、拉伸、热定型等步骤。高分子材料中极宽的分子分布会导致产生不同结构的孔。密闭孔会导致隔膜机械强度下降，是缺陷孔。半通孔具有储存电解液的作用，但其在电化学反应过程中不能起导通作用。直通孔的作用目前还有很多争议，部分研究者认为直通孔在隔膜产品中是无法避免的，但其数量与自放电现象并无必然联系。同时，孔洞结构和孔隙率会在一定程度影响隔膜拉伸强度和穿刺强度。

但不同种类隔膜之间的孔隙率无法直接进行比较。通常而言，透气性越好、孔数量越多，隔膜的强度应该越差。但从现有的数据看，由于不同隔膜产品中不同孔结构的比例是不相同的，有时候透气性较好的 PE 隔膜，其拉伸强度和穿刺强度反而高于其它隔膜。

（3）透气性

隔膜的透气性也称为微孔的贯穿性，是指在一定压力下隔膜透过 100mL 空气所用的时间。通常情况下，相同厚度和材质的隔膜，透气性与电阻率是成正比的。具有良好性能的隔膜通常透气值在 $100 \sim 350s$ 之间。一般而言，透气性好的隔膜组装成电池后的电池内阻也会更小，其电池充电倍率及温升等性能也较好，但是透气性好的隔膜，通常自放电会更高，这意味着电池的存储性能会较差。

透气性可以用透气值（Gurley 值）来表征。透气值越小表示透气性越好。透气值用美国 GPI 公司 4150 型透气仪，根据 ASTM D726 标准来检测。具体而言，是计算在给定的压强（$20kgf/cm^2$，$1kgf/cm^2 = 98066.5Pa$）下，100mL 空气透过微孔膜所用的时间，时间越短则表示微孔膜的透气性越好。

（4）浸润性和吸液保液能力

锂电池电解液多为有机液体，为了高效传递锂离子，需要隔膜可以被电解液浸润并保留较多的电解液。通常用浸润度反映隔膜的亲和性和保液能力。同时浸润度通常被认为与隔膜材料的本身材质、表面形貌及内部微孔结构分布等密切相关。隔膜对电解液的保持能力会影响电池的循环寿命，而浸润性则会一定程度上影响锂电池的内阻。但是这方面没有公认的检测标准，一般通过判断电解液是否被隔膜吸收而消失来确定隔膜的浸润性。更准确的测试则为用超高帧数的摄像机记录电解液在隔膜表面的停留时间，通过停留时间的长短来相对地比较两种隔膜的浸润度。

如表 8-1 给出了三种不同聚烯烃隔膜的浸润时间。可以看出，PP/PE/PP 三层隔膜的浸润时间最短，说明其浸润速度较快。如果隔膜的浸润性太低，则需要静置等待，浸润的时间就会加长，增加了该工序的生产时间，降低了生产效率。

表 8-1　三种不同隔膜产品的浸润性

样品	PP	PE	PP/PE/PP
浸润时间/s	1.2	2.4	0.6

（5）热尺寸稳定性

隔膜的热稳定性是指隔膜在一定温度下保持尺寸大小的能力。电池制造商为了降低电池中的含水量，一般会在 80～90℃ 及真空下进行干燥处理。这就要求隔膜在此条件下，不能有明显的形变。一般要求，隔膜在 90℃ 温度下干燥 60min 后，横向与纵向的收缩率都小于 2%。同时，电池在使用中可能会出现温度较高的现象，为了满足电池高温安全性能的要求，也需要隔膜具有较好的热稳定性。当前商业上隔膜使用的聚烯烃材料均可以满足电池的运行温度要求，但传统的聚烯烃类隔膜的温度上限受限于材料本身。出于对隔膜耐温性的需求，在传统隔膜表面涂不同氧化物的涂覆产品出现了。从这些涂覆产品的性能指标和装配的电池性能来看，涂覆对热稳定的提高还是很明显的。目前，涂覆隔膜在 120℃ 下仍能保持较好的形态，但涂覆产品在使用过程中出现各种各样的问题，而且由于涂层类产品通常工序复杂，成本也较高，因此该类产品目前还在实验室阶段。此外，研究发现单纯通过改善工艺、调整原材料，生产出的 PE 隔膜热收缩性也可以比 PP 隔膜好，说明隔膜的原材料选择、生产工艺的调整对隔膜产品性能的影响很大，国内隔膜厂家对于生产工艺仍然有非常大的提高空间。

（6）膜孔闭合温度和破裂温度

膜孔闭合温度是指隔膜的微孔闭合时的温度。当锂离子电池的内部发生过充或者外部短路时，其内部会发生剧烈的放热反应。当温度接近聚合物熔点时，隔膜的微孔熔融闭合，从而在内部阻断了离子的传输，起到保护电池的作用。由于原材料的本体特性，目前锂离子电池用聚烯烃隔膜一般都具有一定的热闭孔性。当电池温度异常迅速上升并且接近隔膜熔点时，隔膜微孔会熔融收缩闭合，隔膜变成无孔的绝缘层，使电池内阻迅速增加，离子的传输通道被隔断，从而抑制电池继续发生电化学反应，直到异常升温停止。这一特性可以为锂离子电池提供更好的安全保护。当然不同的孔洞结构对膜孔闭合温度也有一定的影响。但对于小电池，热闭孔机制所起的作用很有限。

PP 膜的膜孔闭合温度高于 PE 膜，PE 或 PP 基涂层隔膜作用也有限。PP/PE/PP 三层膜具有更大的优势。市场上现有的聚烯烃商用隔膜中，PP/PE/PP 三层隔膜由于其利用的 PP 与 PE 熔点差，在电池温度接近 PE 熔点时 PE 层可以熔融闭孔隔绝离子传输，而 PP 层在该温度下还保持很高的尺寸稳定性，因此具有更好的安全性。

当电池内部因自热或外部短路而温度升高时，隔膜的微孔会先熔融闭合，阻断离子传输。如果温度继续上升，隔膜就会大面积破裂，导致电池完全短路。这时的温度就是隔膜破裂温度。锂电池厂家从电池的安全考虑，都希望隔膜有较低的膜孔闭合温度和较高的破裂温度。但是在实际应用中，隔膜的闭孔效果并不明显，所以目前大多数研究将重点放在提升隔膜的破裂温度上。

（7）隔膜的穿刺和拉伸强度

锂电池在使用中会出现锂枝晶，随着锂枝晶的增长可能会刺破隔膜而发生电池内部短路，造成安全隐患。同时，在锂电池的装配过程中，因隔膜是被夹在正、负极片间，会受到一些颗粒的影响而导致膜面局部压力增大。为了防止这些因素造成隔膜的穿刺和内短路，隔膜必须有足够的抗穿刺强度。同时，隔膜的拉伸强度也影响电池的安全性能，其值的大小和膜的制备工艺有关。通常单向拉伸的隔膜，由于只在一个方向上拉伸，在其机械方向（MD）和横向（TD）方面的强度相差较大；而采用双向拉伸时，隔膜在两个方向上一致性会相近。

穿刺强度的测试没有具体的国家标准，只有工业标准可遵循，一般是用一个圆头（直径为1mm）的针以3～5m/s的速度向一定直径的隔膜刺下，记录穿透隔膜时针上的最大力，作为穿刺强度。由于测试的时候所用的条件与电池在实际使用过程中的破坏情况存在很大的差别，直接对两种隔膜的穿刺强度进行比较并不合理。但其微观结构如果是类似的，那么相对来说，穿刺强度高的隔膜会有较低的装配不良率。然而，如果只追求高穿刺强度，则会牺牲隔膜的其它性能。同时，有研究者认为用小直径的针对隔膜进行穿刺实验并不符合锂电池在实际使用过程中的受力情况，提出用较大的球头进行压迫破坏实验。采用这一方式进行测试时，实际则与隔膜的拉伸强度存在较强的相关性。

（8）均一性、化学稳定性及弧度

隔膜的均一性可能会因为制备工艺的不同或者原材料物性的波动而有较大差别。均一性涉及隔膜自身的特性，如闭合温度等，也涉及隔膜表观的特性，如孔洞、厚度、透气值等。隔膜中如果有缺陷，会对电池循环造成不良影响，甚至危害电池安全性能。

由于隔膜需要长时间浸泡于电解液中，这就需要隔膜在有机体系中不能发生溶解溶胀等不良反应，并且本身不能产生杂质，以免对电池的使用产生影响。同时，在充放电过程中，在电池的正极会发生氧化反应，这就要求隔膜具有较强的抗氧化性。

弧度是指隔膜分切成卷后，切边产生弧线的区域。实际生产中，由于分切机拉力和分切速度的影响，分切后隔膜的边缘并非为直线，而是会出现一定的弧度。如果弧度过大可能会导致正、负极片边缘外露而引起短路。这就要求隔膜分切后的弧度要小于0.2mm/m。

8.1.2 隔膜的分类

根据不同的结构和组成，锂离子电池隔膜材料主要可以分为：聚烯烃微孔膜、无纺布（non-woven fabric）、聚合物/无机复合材料和凝胶聚合物电解质膜四大类。

（1）聚烯烃微孔膜

聚烯烃材料在我们生活当中随处可见，它通常指由乙烯、丙烯、1-丁烯、1-戊烯、1-己烯、1-辛烯、4-甲基-1-戊烯等α-烯烃以及某些环烯烃单独聚合或共聚合而得到的一类热塑性树脂的总称，英文缩写为PO。由于原料丰富，价格低廉，容易加工成型，综合性能优良，因此是一类产量大、应用十分广泛的高分子材料。其中以聚乙烯、聚丙烯最为重要。主要品种有聚乙烯以及以乙烯为基础的一些共聚物，如乙烯-醋酸乙烯共聚物、乙烯-丙烯酸或丙烯酸酯的共聚物，还有聚丙烯和一些丙烯共聚物、聚1-丁烯、聚4-甲基-1-戊烯、环烯烃聚合物。

相对而言，聚烯烃微孔膜成本低廉、尺寸孔径可控，具有稳定的化学稳定性、良好的机械强度和电化学稳定性，并且具有高温自关闭性能，这些性质恰好能满足锂离子电池对于隔膜的需求，并保证锂离子二次电池日常使用的安全性。商品化的锂离子电池隔膜材料主要采用PE、PP微孔膜。国外对PE微孔膜的研究始于20世纪60年代初，干法和湿法工艺均可以制造获得。PE微孔膜的孔径一般为0.03～0.1mm，孔隙率为30%～50%。由熔融拉伸工艺生产的Celgard 2730 PE微孔膜膜厚为20mm，Gurley值为22s，离子电阻率达2.23Ω/cm^2，孔隙率达43%，熔点为135℃，在锂离子电池中已得到应用。研究发现，当升温至约130℃时，PE隔膜交流阻抗急剧上升，温度高于140℃，开路电压降至为0V。这是由于当接近熔点时，隔膜的微孔闭塞，阻抗上升，最后内部短路切断电流，体现了PE隔膜的热关闭性能。PE 随聚合方法和催化剂的不同有低密度聚乙烯（LDPE）、高密度聚乙烯（HDPE）、超高分子量聚乙烯（UHMWPE）等品种。

使用高结晶度、高等规度 PP 制得的微孔膜具有更均匀的孔径分布、孔眼密度和孔隙率。与 PE 相比，PP 有更好的抗张强度和延展性，但低温时抗冲击强度较差。因此出现了一些结合了 PE 和 PP 特性的共混或复合隔膜，如 PP-PE 共混、PP/PE、PP/PE/PP 复合隔膜等。其中 PP/PE/PP 三层复合隔膜是 PP 夹着 PE 的三层夹层结构，PE 的熔点（130～140℃）较低，在电池温度升高时首先发生热闭孔，从热闭孔到 PP 熔化（160～170℃）之前有 30℃以上较宽的温度范围，三层复合隔膜在这温度范围内能保持良好的机械特性，这一温度范围明显比单层 PP、PE 隔膜要宽，对电池短路的热惯性有更好的承受能力，具有更好的安全性能。

（2）无纺布

无纺布是一种非织造布，又称不织布、针刺棉、针刺无纺布等，是增强材料的一种，它是采用聚酯纤维、涤纶纤维（PET），直接利用高聚物切片、短纤维或长丝将纤维通过气流或机械成网，然后经过水刺、针刺，或热轧加固，最后经过整理形成无编织的不同的厚度、手感、硬度的布料。无纺布具有不产生纤维屑，强韧、耐用、阻燃、无毒无味、柔软、价格低廉、可循环再用等特点。

纺粘布与无纺布是从属关系，生产工艺多样，包括纺粘法、熔喷法、热轧法、水刺法，现市面上大部分都是用纺粘法生产的无纺布。无纺布根据成分，可分为涤纶、丙纶、锦纶、氨纶、腈纶等，不同的成分会有截然不同的无纺布风格。而纺粘布，通常指的是涤纶纺粘、丙纶纺粘，而这两种布的风格非常接近，通过高温测试才能辨别出。

无纺布隔膜秉承了无纺布的优点，其孔隙率高达 60%～80%，结构呈三维孔状，可防止锂离子电池中锂枝晶的生长。无纺布基材隔膜在提高透气性和改善吸液性方面有独特的技术优势，且制备成本较低，将成为大容量高功率锂离子电池隔膜的重要发展趋势之一。为了进一步提升传统无纺布隔膜性能，可以将纤维素纤维与微孔纤维素膜复合作为锂离子电池隔膜，其阻抗接近甚至低于聚烯烃隔膜，装配的电池具有良好的充放电能力。无纺布被认为适合用作凝胶聚合物电解质电池中的支撑基材，在 PE 无纺布基材上涂布 PVDF 膜后，可得到具有良好保液率的隔膜材料。一方面，无纺布为凝胶聚合物电解质提供了机械支撑，另一方面，凝胶聚合物电解质浸透到无纺布错综复杂的三维结构中，改善了其表面的不均匀性，使用该材料组装的电池具有更良好的循环寿命。同时，还可以通过调控无纺布纤维孔径分布，增强隔膜的透气性和吸液性。

（3）聚合物/无机复合材料

常见的商用锂离子电池隔膜主要是聚乙烯和聚丙烯多孔薄膜，因其具有较好的机械强度、良好的电化学稳定性、均匀的孔隙结构和突出的成本优势，一直主导着锂离子电池市场。但传统的聚烯烃隔膜的熔点低［聚乙烯为 135℃、聚丙烯为 165℃］，在高温下的稳定性较差，严重影响电池的安全性，很难满足大功率系统的要求，需要进一步提高其热力学稳定性。无机超细粉体涂层或复合改性聚合物是提高隔膜热稳定性的有效方法之一。将具有较高耐热性和机械强度的无机粉体作为改性剂，可以提高隔膜的机械强度并减小隔膜的热收缩。此外，掺入的无机超细粉体材料与电解质具有良好的亲和力，可以增强电解质的吸收率，从而有助于实现锂离子的均匀分布。超细粉体还可以增加浆料的稳定性，保证隔膜上涂层的均匀性，同时，超细化也能提高与隔膜复合时的相容性。

采用聚合物/无机复合材料的形式制备的隔膜，可以良好地兼容聚合物隔膜与无机添加颗粒的优势。无机复合膜，也称陶瓷膜，如碳酸乙烯酯、碳酸丙烯酯等，是由少量黏合剂与无机粒子形成的多孔膜，对电解质溶液具有优良的润湿性，可以保持高含量的电解液，有助于延长电池的循环寿命，在高温时具有优良的热稳定性和尺寸完整性，可提高电池的安全性能。例如分别将 γ-$LiAlO_2$、Al_2O_3、MgO 金属氧化物粉末粒子以一定质量分数比例分散到聚偏氟乙烯-六氟丙烯（PVDF-HFP）溶液中，得到自支撑多孔膜；或将微米级 Al_2O_3 与 PVDF 隔膜复合，有助于提高隔膜的保液率和透气率；也可将不同类型的金属氧化物颗粒共同混合，制成高度多孔性和良好湿润性的 Al_2O_3/SiO_2/PAN 复合隔膜。由于高的毛细吸附作用，通过吸附液态电解液，复合隔膜极易传导锂离子。同时，基于膜中 Al_2O_3/SiO_2 的两性特征，可将电解液中的酸性 HF 杂质消耗掉。采用复合膜作为隔膜制备的锂离子电池不仅具有优良的容量保持性、高温安全性，也显示出良好的倍率放电性和耐过充电保护性能。

（4）凝胶聚合物电解质膜

1995 年，Bellcore 公司开发了一种新型隔膜材料，他们将 PVDF-HFP 和有机溶剂形成凝胶，同时充当液体电解质体系中隔膜和导电离子载体的功能，具有吸液保湿性能强、电导率高、加工性能良好等优点，从此凝胶聚合物电解质膜引起了人们的广泛关注。例如聚乙二醇、聚丙烯腈、聚甲基丙烯酸甲酯、聚偏氟乙烯及其共聚物、聚氧乙烯等。然而这些凝胶聚合物电解质膜存在厚度过大限制电池容量，力学性能较差，缺乏聚烯烃隔膜的热关闭性可能引发电池安全问题等不足。现今的改善方法是将凝胶聚合物电解质浸渍或涂布在聚烯烃微孔膜形成复合隔膜，或在其中掺杂无机粒子以提高机械强度和电导率。

8.2 隔膜的制备工艺

目前，锂离子电池隔膜的制备工艺主要分为三类：干法拉伸、湿法双向拉伸和静电纺丝。干法工艺和湿法工艺是目前工业化生产隔膜的两种主要方法，图 8-1 是干法工艺和湿法工艺生产隔膜微孔的结构图，由于隔膜微孔的成孔机理不同，这两种工艺生产的隔膜各有优缺点。干法工艺生产的隔膜微孔呈狭长状，孔径较大，拉伸强度相对较低。湿法工艺生产的隔膜孔径分布均匀，可得到各式各样的微孔结构。本章将着重介绍这两种工艺。

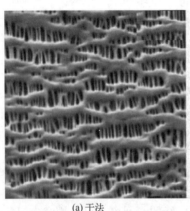

(a) 干法　　　　　　　　　　　　(b) 湿法

图 8-1　不同工艺聚烯烃微孔膜的微孔结构

8.2.1 隔膜干法制备工艺

8.2.1.1 干法制备的工艺原理

干法又称为熔融拉伸法（melt-stretch method），其原理如图 8-2 所示。干法工艺主要包括熔融挤出、热处理、拉伸和定型三个步骤。首先，聚合物熔体在高温下熔融挤出，经高速牵伸和冷却成膜，在应力场下结晶获得排状堆积片晶结构；其次，将基体薄膜在低于熔点 20～40℃的温度条件下进行退火处理，以消除晶体缺陷，完善片晶结构；然后，将基体薄膜分别进行冷、热拉伸，冷拉伸诱导片晶分离，形成微孔，热拉伸使微孔进一步扩大。最后在一定温度下进行热定型，消除微孔膜内应力，使微孔结构稳定保持下来。干法隔膜采用的原料主要为聚烯烃材料，如聚丙烯、聚乙烯等等。以此法制备的锂离子电池隔膜材料具有耐热性能较好、耐化学腐蚀性能优良、较高的力学强度等特点并被广泛应用。

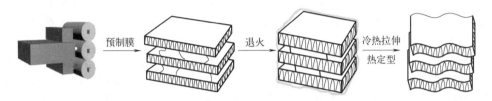

图 8-2　隔膜干法制备工艺原理

8.2.1.2 干法制备的工艺流程

（1）干法单向拉伸工艺

干法单向拉伸是较为成熟的生产隔膜的工艺，最早是由美国和日本企业开发出来的，利用的是硬弹性纤维的制造原理。干法单向拉伸工艺首先在低温下拉伸形成银纹等缺陷，然后在高温下使缺陷拉开，形成扁长的微孔结构。干法单向拉伸工艺简单，生产出的微孔膜孔径均一，为单轴取向。在低温和高温阶段，干法单向拉伸进行的都是纵向拉伸，没有横向拉伸。因此，其纵向力学强度高，横向力学强度很低几乎没有热收缩。

干法单向拉伸工艺流程见图 8-3。

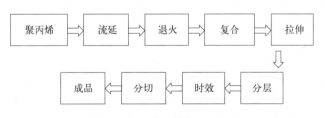

图 8-3　干法单向拉伸工艺流程

挤出流延单向拉伸是制备聚丙烯隔膜材料的主要方法。隔膜所用的聚烯烃有等规度高、熔融指数低、分子量分布相对较窄等特点，这些特点是由干法单向拉伸工艺的成孔原理所决定的。干法单向拉伸工艺，是通过生产硬弹性纤维的方法制备出低结晶度的高取向聚丙烯或聚乙烯薄膜，再高温退火获得高结晶度的取向薄膜。这种工艺是将聚丙烯熔体从模口中挤出，然后在流延辊高速牵伸的应力场下冷却结晶，得到具有垂直于挤出方向，平行排列片晶结构的流延基膜，该基膜具有较好的硬弹性能。然后对基膜进行热处理，消除晶区缺陷，进一步完善片晶结构，提高薄膜的结晶度。最后再将制备好的硬弹性聚丙烯流延基膜先在低温下进行拉伸形成银纹等微缺陷，然后在高温下使缺陷拉开，形成微孔。

该工艺中，应力场、温度、拉伸率等参数对产品性能有着重要影响。如大应力场下熔融挤出，可能有助于形成平行取向的硬弹性膜，原料的分子量、挤出条件、熔融温度、挤出温度等对硬弹性膜的形态和结晶取向都有重要的影响。热处理通常在稍低于熔点温度下进行，其目的是进一步提高结晶度，以促进拉伸过程中微孔的形成。此外，对比退火温度对制备中空纤维膜的影响，发现提高退火温度可进一步提高结晶度。拉伸过程是以一定的拉伸速度对硬弹性膜进行拉伸，使片晶结构分离产生微孔结构，通常先在较低温度下以较快的应变速率冷拉，再升温以较小的应变速率热拉，最后将拉伸后的膜在一定温度下热定型，使拉伸产生的微孔结构保留下来，得到微孔膜。在这个过程中，拉伸率、拉伸速度均会影响拉伸质量。在硬弹性聚丙烯的微观结构随不同拉伸率变化的研究中，拉伸率为18%时开始出现了微银纹或裂纹，拉伸率为60%～100%时可以看到越来越多的片晶开始分离并沿垂直于拉伸方向扩展，形成的微孔也愈来愈多。当样品拉伸率达到130%时，微孔的数量不再变化或变化很小，微孔在横向的尺寸减小而在拉伸方向的尺寸增大。

根据聚丙烯单向拉伸制备的微孔膜的成孔机理，流延基膜取向片晶结构的完善程度是决定拉伸成孔性能好坏的关键，而其在很大程度上受基膜制备过程中温度、牵伸比等关键工艺参数的影响。这些参数影响着整个结晶过程。因此，流延工艺参数选择是否合理，是能否制备出性能优异的聚丙烯微孔膜的决定性条件。

流延工序是制作隔膜的关键工序，其重点是要得到聚烯烃硬弹性材料。所谓硬弹性材料，是指一种高度取向的聚合物，具有高弹性、高模量、低温弹性等特点，其在拉伸时会出现大量的微孔，是制造锂离子电池隔膜的理论基础。而想要得到硬弹性材料，就需要使材料具备平行排列的片晶结构。将聚丙烯熔融挤出并高速拉伸，让熔体在较高应力场下结晶，而后在低于熔点20～40℃的温度内热处理，即可得到具有垂直挤出方向而又平行排列的片晶结构的硬弹性材料。

某些结晶或非结晶型聚合物材料在特定条件下加工可形成硬弹性体，其具有独特的性能特点：①具有较高的变形回复能力；②在低于玻璃态转变温度甚至液氮温度下仍具有较高的延展性和弹性回复率；③变形时横截面积恒定；④恢复力较大，弹性模量较高；⑤具有再愈合能力；⑥拉伸时可形成微孔。基于这些特性，硬弹性材料在实际生产中获得了成功的应用。例如，利用高弹性、高模量的特点，将硬弹性材料制成纤维，用于弹性织物的制造；利用拉伸形成微孔的特点，开发了微孔膜制备的干法工艺。硬弹性材料独特的性能特点是由其独特的内部结构决定的，而独特的内部结构又取决于特殊的加工条件。聚丙烯、聚乙烯等结晶型聚合物在不存在应力的条件下结晶将形成球晶，不表现出硬弹性，但在特定应力场中结晶时则可表现出硬弹性。退火温度和退火时间是提高聚丙烯硬弹性的重要影响因素。通过退火处理，可以移除结晶相中的缺陷，使硬弹性片晶结构趋于完善。随热处理温度提高，结晶度呈上升趋势，随热处理时间延长，结晶度增加并趋于稳定。这是由于在略低于熔点温度下热处理，硬弹性聚丙烯的链段可以运动使结晶增长变硬，高分子链折叠而不熔化在一起，最终得到高度取向不同的多层结构，随温度及时间的增长，扭曲的片晶向伸展片晶转变，然后趋于稳定。随着退火温度的升高和退火时间的延长，聚丙烯薄膜的熔点升高，片晶厚度增加，弹性回复率也增加。

拉伸是聚丙烯硬弹性材料形成微孔的直接步骤。通过拉伸，片晶之间相互分离，出现大量微纤，由此形成大量的微孔结构，经过热定型后即得到微孔膜。拉伸分冷拉、热拉、定型

（负拉）三个过程，冷拉会使薄膜内部形成缺陷，增大冷拉比会使薄膜内部形成的缺陷增加，但冷拉比过大会使膜变得透明。在热拉中会出现更多更密的微孔，热拉过程是一个孔径扩大的过程，通过热拉比的调节可以控制隔膜的孔隙率和透气值等性能。定型是一个维持隔膜尺寸稳定性和固定孔型的过程。

拉伸后的隔膜为多层复合结构，拉伸工序的工艺控制决定了隔膜的所有物性指标，拉伸后的分层工序即为将多层的隔膜产品分成成品层数，对隔膜性能不产生影响。由于拉伸后的隔膜会有缓慢的回缩过程，为了使隔膜消除内应力，保证隔膜面外观质量，分层后的产品一般都要经过时效处理，即放置一段时间以达到隔膜尺寸和外观的稳定，时效后的隔膜就可以按照客户的要求分切成不同宽度的成品了。

设备是工艺的支撑，根据采用的工艺不同，设备也有所区别。采用挤出流延生产工艺的生产设备示意图如图 8-4 所示。

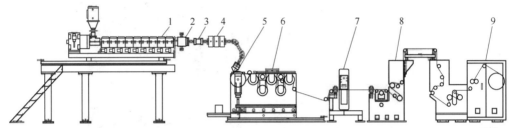

图 8-4　单螺杆挤出流延生产工艺的设备
1—单螺杆挤出机；2—换网装置；3—计量泵；4—机头；5—成型装置；
6—测厚装置；7—电晕装置；8—瑕疵检测装置；9—收卷装置

单向拉伸是通过晶体剥离产生微孔薄膜，由于只进行纵向拉伸，横向不拉伸，因此在横向无热收缩现象，微孔均匀性较好。与干法单向拉伸制作工艺流程相匹配，其设备主要包括：原料挤出与铸片系统（对应图 8-4 中 1～4）、纵向拉伸机（对应图 8-4 中 5～6）、牵引收卷机（对应图 8-4 中 7～9）。

铸片是指从模头挤出的熔融态原料，在一定温度下冷却成型为片材，经过工艺处理后进入下一道工序，目前工序中，为了实现连续作业，多将挤出设备与铸片设备设计在一起。铸片机一般采用单辊面冷却成型，辊筒内通冷却水达到急冷效果，通过自动控制，保持辊面温度均衡，待片材成型后通过剥离辊剥离进入下一道工序。有些厂家会对铸片后的成型片材进行特殊处理以提高产品性能，或者对片材进行多层复合，再单向拉伸（纵向拉伸）以提高产品质量。经过铸片成型的片材，在一定的工艺温度下，使片材通过多个高精度的辊筒进行加热，按照设定的拉伸比进行单点或多点拉伸，片材纵向拉伸变长，使隔膜的厚度、孔隙率、拉伸强度等性能指标达到要求。经过拉伸后的隔膜，需要经辊筒牵引在一定的温度环境下进行自然定型及应力释放，达到稳定的产品性能，并通过切边测厚、瑕疵检测等工艺，在一定的张力控制下，展平隔膜并去除表面静电，使得隔膜松紧适度，最终收卷成膜。

（2）干法双向拉伸工艺

双向拉伸是在纵向和横向两个方向都进行拉伸，隔膜的物理特性较好。目前国内主流设备采用单向拉伸工艺，少数厂家采用双向拉伸工艺。干法双向拉伸与单向拉伸相比，多了一套横向拉伸机，其它设备组成与干法单向拉伸制作工艺基本相同，部分设备生产厂家也对双向拉伸系统进行了集成，如图 8-5 所示。横向拉伸是使薄膜经过导向，由链铗夹住两端，沿着轨道系统的牵引，通过预热、拉伸、定型、冷却等工艺处理区段，达到提高薄膜的横向拉伸强度、撕裂强度等物理特性的效果。

干法双向拉伸工艺是中国科学院化学研究所徐懋等在 20 世纪 90 年代初开发出的具有自主知识产权的工艺，是中国所独有的隔膜制造工艺。其基本原理是：PP 的 β 晶型为六方晶系，β 球晶通常是由单晶成核并沿径向生长成发散式束状片晶结构，晶片排列疏松，不具有完整的球晶结构，在热和应力作用下会转变为更加致密和稳定的 α 晶，在吸收大量冲击能的同时在材料内部产生孔洞。该工艺包括以下主要步骤：①流延铸片，得到 β 晶含量高、β 晶形态均一性好的 PP 流延铸片；②纵向拉伸，在一定温度下对铸片进行纵向拉伸，利用 β 晶受拉伸应力易成孔的特性来制孔；③横向拉伸，在较高的温度下对样品进行横向拉伸以扩孔，同时提高孔隙尺寸分布的均匀性；④定型收卷，通过在高温下对隔膜进行热处理，降低其热收缩率，提高尺寸稳定性。

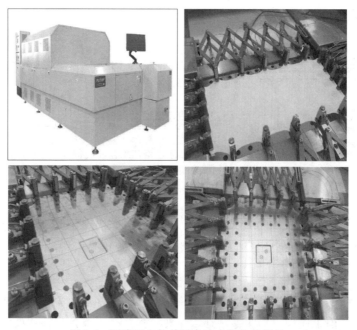

图 8-5　隔膜双向拉伸设备及内部拉伸场景

与其它工艺相比，干法双向拉伸的工艺相对简单，生产效率高、成本更低，有望成为未来制备锂离子电池隔膜的主流方法。但另一方面，目前该工艺所制备的产品仍存在孔径分布过宽、厚度均匀性较差、产品质量稳定性较低等问题，大部分产品只能用于低端领域，很难向动力汽车电池等对隔膜的孔径一致性、厚度均匀性要求更高的高端领域拓展。究其原因，主要是因为该工艺仍面临两个亟待解决的关键科学问题：

第一，在该技术中，高含量、形态可控的 β-PP 铸片是获得高性能隔膜的前提和基础。尤其是 β 晶体形态（晶片厚度及其分布、β 晶尺寸及其分布）的一致性，直接决定了铸片拉伸成孔的性能，并影响最终隔膜的孔径尺寸及其分布。然而，β 晶是热力学不稳定晶型，其形态和含量对树脂体系、结晶条件的要求较为苛刻。目前，有关 PP 分子结构、β 成核剂体系、加工条件（结晶温度、结晶时间）与 β 晶含量及形态（晶片厚度、晶片厚度分布、β 球晶的尺寸及其一致性）之间的联系机制仍有待深化。

第二，前人对 β-PP 拉伸致孔行为及机理已经进行了较为深入系统的研究，获得了 β-PP 拉伸成孔机理的认识，初步明确了 β 晶含量对其拉伸致孔行为的影响。然而，对于 PP 的 β

晶形态（如晶片厚度及其分布、球晶尺寸及其分布）与其在较高拉伸倍率时的扩孔行为之间的深层联系仍不够明确。除此之外，目前干法双向拉伸 PP 隔膜工艺的生产线速度较快，如何快速对流延铸片的拉伸成孔性能进行评价，进而预测最终隔膜产品的品质并快速反馈并指导生产，是一个重要的研究内容。然而，目前仍缺乏相应的快速评价方法。

为了实现低成本、大规模制备高性能的干法双向拉伸 PP 隔膜，从技术和制造工艺层面需要解决以下难题：①商业化的 β 晶成核剂多为有机小分子类物质，与 PP 基体的相容性有限，存在不易分散和析出问题；②为了得到足够高含量 β 结晶，必须对铸片进行较长时间的热处理，导致生产线速度较慢，增加了生产成本，存在铸片 β 晶含量与生产效率之间的矛盾；③β 结晶对热条件十分敏感，导致流延铸片过程中，铸片的贴辊面、空气面所经历的结晶热温度差异较大，结晶情况差别大，进而造成拉伸后隔膜形态在两个表面的均匀性较差，降低了隔膜的孔径均一性；④对聚丙烯 β 晶拉伸成孔、扩孔机理的认识有限，难以预测、控制其铸片的拉伸成孔性能，导致所制得隔膜的厚度均匀性较差；⑤目前仍缺乏对铸片拉伸成孔性能进行快速预测和表征的方法。

8.2.1.3 干法制备隔膜的特点

总体而言，干法工序简单，固定资产投入相对较少，可以生产多层膜，多层膜在安全性方面更有优势。因此，在生产常规的锂离子电池方面，干法具有成本低、污染小、孔更均匀的特点。但是，干法加工工艺的温度等指标控制难，使用的原料流动性较好、分子量较低，所以高温只能达到 135℃，遇热会收缩，不适合用来做大功率、高容量电池。

8.2.2 隔膜湿法制备工艺

（1）湿法制备的工艺原理

湿法又称为热致相分离法（thermally induced phase separation，TIPS），对于一些非极性或弱极性的热塑性结晶高聚物，它们与高沸点、低分子量的稀释剂在常温下互不相溶，但在高温时（一般高于结晶高聚物的熔点 T）可形成均相溶液。将上述溶液预制成膜，溶液在冷却过程中，由于稀释剂溶解能力下降和聚合物结晶等因素诱发产生液-液或固-液相分离，采用溶剂萃取、减压等方法脱除稀释剂，最后除去萃取剂，得到微孔膜。这种由温度改变驱动膜生长的方法称为热致相分离法。通过此法得到的膜孔径及孔隙率可调控，需要调节的参数相对较少，孔隙率高，制备过程中易连续化。

湿法技术主要用于聚乙烯隔膜的制造。由于工艺中需要使用石蜡油与聚乙烯混合占位造孔，在拉伸工艺后需要用溶剂萃取移除，所以该工艺称为湿法。湿法技术涉及在 2 个方向上对薄膜的拉伸，因此又分为同步拉伸（simultaneous stretch）和分步拉伸（sequential stretch）。关于同步拉伸和分步拉伸哪个更先进的争论一直存在。争议体现在产品品质、效率、工艺适应性等方面。从产品的微观形态比较，用同步拉伸工艺制造的隔膜孔隙率更高、孔隙分布更均匀，厚薄均匀性较好；同时，同步拉伸的产品强度均匀，良率较高，理论上其综合性能较好。如果从生产效率、锂电池工艺适应性等方面比较，暂无法给出优劣的判断。

锂离子电池隔膜湿法工艺是将液态烃或一些小分子物质与聚烯烃树脂混合，加热熔融后，形成均匀的混合物，然后经过双辊降温进行铸片，双辊铸片隔膜两面同时冷却，隔膜双面的一致性较好，再将隔膜膜片加热至接近熔点温度，进行异步双向拉伸使分子链形成取向性，最后保温一定时间，用易挥发物质洗脱残留的溶剂，可制备出相互贯通的微孔。再经过二次拉伸工艺，增加隔膜强度。由此可见湿法制备锂离子电池隔膜决定了电池的界面结构、物性指标、离子电导率等，从而直接影响电池的容量、循环性能以及安全性能等特性。

（2）湿法制备工艺流程

隔膜湿法异步拉伸制备工艺流程如图 8-6 所示。

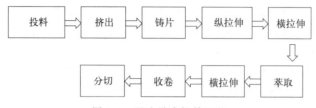

图 8-6　湿法异步拉伸工艺

① 投料，将 PE 塑料和油相添加剂投入到混合挤压机中；
② 挤出，启动混合挤压机，对投入的原料进行挤压混合；
③ 铸片，将混合后的原料通过挤压机从 T 型模具中挤压成片状结构；
④ 纵拉伸，将片状的挤压材料通过辊压机进行纵向的滚压，将其长度进行拉伸；
⑤ 第一次横拉伸，将由步骤④拉伸过的材料穿入横拉伸设备中，进行横向拉伸；
⑥ 萃取，将经过步骤⑤处理后的膜片放置到萃取箱内进行萃取；
⑦ 第二次横拉伸，将经过步骤⑥萃取后的膜片送入横拉伸设备中，进行第二次横拉伸；
⑧ 收卷，将经过步骤⑦处理后的膜片收卷；
⑨ 第一次分切，将隔膜初步切成预定大小；
⑩ 第二次分切，获得用于电池叠片的隔膜。

与湿法制作工艺流程相匹配，其设备主要包括：原料挤出系统（导热油加热油温机、过滤器、柱塞泵、输油泵、挤出机）、模温机、测厚仪、拉伸循环风机、换向减速机、冷凝器、液压控制系统液压站、牵引机、分切机等。湿法工艺的铸片与干法相似，也是将从模头挤出的熔融态原料，在一定温度下冷却为片材，经过工艺处理后进入下一道工序。后续工艺中增加了萃取步骤，目的是进一步减少隔膜中有机溶剂的含量，增加隔膜纯度，并提高其力学性能。锂电池隔膜湿法生产设备系统如图 8-7 所示，湿法工艺其它步骤基本与干法制备工艺相一致。由于湿法工艺开发相对较晚，目前还未形成有权威性的设备标准。但考虑到湿法的工艺特点，往往在已有设备的基础上，将导热油加热油温机、过滤器、柱塞泵等设备集成化，得到适应湿法原料的特定生产系统。

图 8-7　锂电池隔膜湿法生产设备系统

（3）湿法制备隔膜的特点

湿法生产工艺，不仅可制备出相互贯通的微孔膜材料，而且生产出来的锂离子电池隔膜具有较高的纵向和横向强度。目前，湿法生产工艺重点用于生产单层锂离子电池隔膜。采用湿法生产工艺生产出来的锂离子电池隔膜具有较高的孔隙率和良好的透气性，可以满足动力锂电池大电流充放的要求。然而，由于湿法生产工艺采用聚乙烯基材，聚乙烯基材的熔点只有140℃，所以，与采用干法生产工艺生产的锂离子电池隔膜相比，采用湿法生产工艺生产的锂离子电池隔膜的热稳定性较差。

8.2.3 湿法隔膜和干法隔膜的对比

材料的性能取决于其结构，结构可通过工艺及相应的工艺参数进行调控，而工艺则需采用不同的设备实现。作为锂电池制备的核心，隔膜亦会根据不同类型电池和工业生产的需求进行相关性能匹配。作为商业化应用的两种主流隔膜生产工艺，干法与湿法都有其独有的特点。

① 干法由于工序简单，固定资产投入比湿法小，但是加工工艺、温度等指标控制难，湿法的工艺更简单。

② 干法可以做三层膜，湿法只能做单层膜（三层膜的优势在于膜孔闭合温度是135℃，但是热稳定温度为160℃，可以防止热惯性，有25℃的空间，更安全）。

③ 干法和湿法除了加工工艺不同，使用的原料也不同。干法使用的原料流动性好、分子量低，所以高温只能达到135℃，遇热会收缩，从安全性上考虑不适合做大功率、高容量电池；湿法使用不流动、分子量高的原料，膜孔闭合温度可以达到180℃，能保证大功率锂电池的安全性。

④ 在生产一般的锂电池方面，干法具有成本低、污染小、孔更均匀等优势；大功率电池方面，湿法的优势主要体现在安全性和热收缩性小两方面。

8.2.4 静电纺丝技术

静电纺丝是指利用聚合物溶液/熔体在高压静电场力作用下发生喷射拉伸，经溶剂挥发固化，得到纤维状材料的一种方法。通过静电纺丝技术制备的纳米纤维，在隔膜领域、过滤吸附领域、生物医用领域、碳纤维领域以及服装领域等得到了广泛研究与应用。目前，对静电纺丝的研究主要集中在基本理论构建、工艺参数优化、设备的研制和开发三个方面。工艺参数主要包括高分子溶液性质、电场性质、环境因素。静电纺丝设备主要由储液装置、喷射装置、高压电源及接收装置四部分组成。目前，国内外采用的静电纺丝规模化设备基本上分为两大类，即多针头静电纺丝技术与无针头静电纺丝技术。

通过静电纺丝制备的纳米纤维膜应用到锂电池中亲液性好，电解液分散均匀，能够降低电极部分区域极化、锂枝晶析出等现象，其非直通的3D孔结构曲折度极高，数十微米厚度很难形成贯通的穿刺，对微短路有较好的抑制能力。在目前的研究中，通过静电纺丝技术制备锂电池隔膜的材料主要有聚酰亚胺（PI）、聚丙烯腈（PAN）、聚偏氟乙烯（PVDF）、聚偏氟乙烯-六氟丙烯（PVDF-HFP）、聚甲基丙烯酸甲酯（PMMA）、聚对苯二甲酸乙二醇酯（PET）、二氮杂萘联苯型聚芳醚砜酮树脂（PPESK）、聚对苯二甲酸丁二酯（PBT）等。静电纺丝技术起步较晚，还存在理论不够完善、生产效率较低、纤维之间不黏连和溶剂回收等问题，有待进一步研究和解决，因此该技术目前主要应用于科学研究领域。

8.3 隔膜的改性

动力锂离子电池与通信锂离子电池相比，需要具备更高的性能指标：容量更大、电压更高、循环寿命更长、安全性能更高、输出稳定性和大倍率放电能力更强。这就对隔膜提出了更严格的要求：隔膜要有均匀一致的孔径分布、较高的机械强度、良好的耐热性和闭孔性。常规生产的隔膜性能难以满足动力电池的需求，针对目前动力锂电池隔膜在性能方面的不足，国内外研究机构和生产企业都在积极致力于高性能动力锂电池隔膜的研发和生产，主要的研究方向为涂层隔膜、有机/无机复合隔膜、新材料体系隔膜等。

8.3.1 涂层隔膜

隔膜经过涂层处理可以改善其耐热性能，解决亲电解液性能的相关问题，延长循环寿命，可满足动力锂电池对隔膜的要求。例如在聚烯烃基质微孔膜的表面复合陶瓷涂层，陶瓷涂层的厚度为 $2\sim5\mu m$，绿色高性能陶瓷涂层隔膜的总厚度为 $8\sim40\mu m$。聚烯烃基质微孔膜上孔的轴截面为波浪状，孔隙率为 $42\%\sim52\%$，孔径为 $0.15\sim1.50\mu m$。采用该绿色高性能陶瓷涂层隔膜制造的锂离子电池具有较好的安全性，有效地解决了现有隔膜陶瓷涂层脱落、不耐高温以及锂离子电池因隔膜造成的安全问题；该隔膜还具有孔隙率高、电解液润湿性和力学性能好、耐温性能强等特点，同时还具备关断保护性能，可广泛用于动力锂离子电池。涂层隔膜主要有：以 PP 微孔膜为基体材料，陶瓷材料为涂层材料，进行单面或双面涂覆；以 PE 微孔膜为基体材料，陶瓷材料为涂层材料，进行单面或双面涂覆；以聚对苯二甲酸乙二酯膜为基体进行涂层改性的隔膜；以耐热聚合物为涂层的隔膜等。

8.3.2 有机/无机复合隔膜

聚烯烃类有机隔膜在热稳定性、亲液性等方面存在不足，同时其安全性能有待提升；而有机/无机复合隔膜在生产 PE 隔膜的过程中掺入无机纳米粉，在复合膜隔中形成刚性骨架，可达到提高隔膜耐热性的目的，进而提升动力锂电池的安全性能。例如可按比例将有机树脂、无机粒子和稀释剂在 $150\sim280℃$ 条件下搅拌形成均相溶液，然后在 $150\sim220℃$ 条件下热压成厚度为 $20\sim1000\mu m$ 的平板膜；用 $0\sim100℃$ 的水浴或以 $0\sim200℃/min$ 的降温速率使平板膜冷却至室温，对平板膜进行先拉伸后萃取或先萃取后拉伸，再经干燥处理得到无机粒子质量分数为 $0.1\%\sim20.0\%$、有机树脂质量分数为 $10.0\%\sim70.0\%$ 的复合膜。该膜具有孔隙率易控制、孔径可调、微孔贯通性及高温稳定性较好等优点。

8.3.3 新材料体系隔膜

（1）含氟聚合物隔膜

含氟聚合物隔膜主要指 PVDF 隔膜，从 20 世纪 80 年代初期开始了对含氟聚合物隔膜的研究。该隔膜具有良好的力学性能、化学稳定性、电化学稳定性、热稳定性，以及更强的极性和更高的介电常数，极大地提升了隔膜与电解液的浸润性，更能满足动力电池的需求。将导离子性能良好的二维材料与 PVDF 隔膜复合，可以进一步提升隔膜的性能。例如将石墨烯纳米片和二甲基乙酰胺共混，超声分散 5min 以上制备了质量浓度小于 0.1g/L 的石墨烯纳米片分散液；将 PVDF、石墨烯纳米片分散液和成孔剂添加到有机溶剂二甲基乙酰胺中，加热搅拌得到 PVDF 与石墨烯共混均匀的铸膜液；将厚度小于 $30\mu m$ 且孔隙率大于30%的商用 PP 或 PE 隔膜、PVDF 与石墨烯共混物隔膜复合，于 $10\sim70℃$ 干燥 $3\sim20h$，即得到复合隔膜。该复合隔膜厚 $40\sim90\mu m$，力学性能和热稳定性能优异，且分解电压高达4.5V，锂离子电导率较商用隔膜提升了 340%，锂离子迁移数为 0.56，表现出良好的循环性能和高倍率充放电性能。

（2）纤维素类隔膜

纤维素（cellulose）是自然界中分布最广泛、含量最丰富的可再生资源，具有可降解性、成膜性、无毒性、良好的相容性、结构稳定、力学性能优良、浸润性良好及孔隙率高等优点。另外，纤维素的初始分解温度达 270℃，热稳定性明显优于聚烯烃类。因此，纤维素及其衍生物作为锂电池隔膜材料逐渐受到研究人员的关注，具有较好的市场前景。例如以海藻酸钠基复合无纺膜为基材，采用静电纺丝技术制备纤维素隔膜，膜厚为 $10\sim300\mu m$，纤维直径为 $20\sim2000nm$，性能优良，具有较高的离子电导率、适宜的力学性能和优异的电化学稳定性能。由于海藻酸钠含有大量有机官能团，能与正负极材料之间形成稳定结合，从而改善其与正负极材料之间的界面稳定性，提高了电池的充放电倍率和安全性能，并延长了循环寿命，适用于锂金属电池（包括锂硫电池）、锂离子动力和储能电池等领域。同时，该隔膜制备方法简单易行，生产成本低廉，易于大规模生产。

（3）PI 类隔膜

PI 是综合性能良好的聚合物之一，具有优异的热稳定性能和力学性能。较高的孔隙率和内在的化学结构使薄膜具有良好的离子迁移率和电解液润湿性，可耐 400℃ 以上的高温，长期使用温度为 $-200\sim300℃$，绝缘性能良好。与传统 PP/PE/PP 隔膜的性能相比，PI 隔膜的溶解温度高于 500℃，在 350℃ 时的横、纵向收缩率为 0，极大改善了电池在高温工作状态下的稳定性。例如将聚酰胺酸溶液经静电纺丝制得聚酰胺酸纳米纤维膜后，在 pH 值为 $8\sim10$ 的氨水溶液中刻蚀 60 s 形成交联结构，经水洗、干燥，于 300℃ 亚胺化制得。采用该方法制备的隔膜具有力学性能好、热稳定性高、孔隙率高以及电化学性能优异的特点。该隔膜具有交联结构，解决了无纺 PI 纳米纤维膜强度低和孔结构过于开放的问题。同时，隔膜的孔隙率在 80% 左右，可耐 300℃ 的高温而不产生任何变形，克服了聚烯烃微孔隔膜孔隙率低和耐温性能差的弊端，而且，在电池大倍率快速充放电下的比容量明显优于传统的聚烯烃微孔隔膜。

（4）超高分子量聚烯烃类隔膜

超高分子量聚乙烯（UHMWPE）具有极高的耐冲击、耐磨、耐高温和耐化学腐蚀性能，其分子量为 $(35\sim800)\times10^4$。用 UHMWPE 制成的锂电池隔膜有着优良的耐热性能，膜孔闭合温度和破膜温度高，能抵抗外力穿刺，降低电池短路率，延长使用寿命，提高安全性。例如将分子量超过 20×10^4 的 PP、分子量超过 600×10^4 的超高分子量 PP 和成核剂混合造粒，制作母粒；将母粒与添加剂混合后挤出冷却成基膜；将基膜热处理拉伸成隔膜；最后冷却收卷得到产品。该方法制备的隔膜具有低热收缩率、强力学性能、均匀孔径分布，适用于锂离子电池，具有强力学性能、离子导通性和热稳定性。

习题

1.基于已有经验，分析隔膜的穿刺强度与透气性之间的平衡关系。

2.对于锂离子电池，储能型隔膜与动力型隔膜的区别是什么？为什么要有这样的区别？

3.对于锂离子电池隔膜生产工艺，基于现有知识，试分析湿法与干法两种工艺中哪一种更有利于产品的规模化生产。

4.除了书中所涉及的几种，还有哪些工艺可以应用于锂离子电池隔膜的制备？

参考文献

[1] 杨永钰,高婷婷,田朋,等.无机超细粉体改性锂离子电池隔膜的研究进展[J].无机盐工业,2021,53(6):49-58.

[2] 张鹏,彭龙庆,沈秀,等.锂离子电池功能隔膜的研究进展[J].厦门大学学报(自然科学版),2021,60:208-218.

[3] 梁幸幸,杨帆,杨颖.静电纺丝制备锂电池隔膜研究进展[J].绝缘材料,2018,51(11):7-13.

[4] 王振华,彭克冲,孙克宁.锂离子电池隔膜材料研究进展[J].化工学报,2018,69:282-294.

[5] 刘全兵,毛国龙,张健,等.锂离子电池隔膜研究与应用进展[J].电源技术,2015,39:838.

[6] 向明,蔡燎原,曹亚,等.干法双拉锂离子电池隔膜的制造与表征[J].高分子学报,2015,11:1235-1245.

[7] Liu Z F，Jiang Y J，Hu Q M，et al. Safer lithium-ion batteries from the separator aspect：development and future perspectives[J]. Energy & Environmental Materials，2021，4(3)：336-362.

[8] Lagadec M F，Zahn R，Wood V. Characterization and performance evaluation of lithium-ion battery separators[J]. Nature Energy，2019，4：16-25.

第 9 章

锂离子电池的设计与制备技术

9.1 锂离子电池的设计基础

9.1.1 锂离子电池设计的原理

（1）锂离子电池设计主要解决的问题

① 在允许的尺寸、重量范围内进行结构和工艺的设计，使其满足整机系统的用电要求；

② 寻找简单可行的工艺路线；

③ 最大限度地降低成本；

④ 在条件许可的情况下，提高产品的技术性能；

⑤ 最大可能实现绿色电源，克服和解决环境污染问题。

（2）锂离子电池设计的原理

锂离子电池的设计，就是根据用电设备的要求，为设备提供工作电源或者动力电源。因此，锂离子电池的设计必须首先根据用电设备需要及电池的特性，确定电池的电极材料、电解液、隔膜、外壳以及其它部件的参数，对工艺参数进行优化，将它们组成具有一定规格和指标（如电压、容量、体积和重量等）的电池组。锂离子电池的设计是否合理，关系到电池的使用性能，必须尽可能使其达到设计最优化。锂离子电池的设计包括性能设计和结构设计，所谓性能设计是指电压、容量和寿命的设计，而结构设计涉及电池壳、隔膜、电解液和其它结构的设计。评价锂离子电池性能的主要指标一般通过以下几个方面。

① 容量。电池容量是指在一定放电条件下，可以从电池获得的电量，即电流对时间的积分，一般用 A·h 或 mA·h 表示，它直接影响电池的最大工作电流和工作时间。

② 放电特性和内阻。电池放电特性是指电池在一定的放电制度下，其工作电压的平稳性、电压平台的高低以及大电流放电特性等，它表明电池带负载的能力。电池内阻包括欧姆内阻和电化学电阻，大电流放电时，内阻对放电特性的影响尤为明显。

③ 工作温度范围。用电设备的工作环境和使用条件要求在特定条件的温度范围内有良好的性能。

④ 储存性能。电池储存一段时间后，会因为某些因素的影响使性能发生变化，导致电池自放电、电解液泄漏、电池短路等。

⑤ 循环性能。循环寿命是指二次电池按照一定的制度进行充放电，其性能衰减到某一程度时的循环次数，它主要影响电池的使用寿命。

⑥ 安全性能。主要是指电池在滥用的条件下安全性能如何，滥用条件主要包括过充电、短路、针刺、挤压、热箱、重物冲击、振动等，抗滥用性能的好坏是决定电池能否大量应用的首要条件。

9.1.2 锂离子电池设计的基本原则

锂离子电池设计的基本原则主要包括以下几点。

（1）综合分析

根据给定工作电压、电压精度、工作电流、工作时间、比容量、寿命和环境温度等技术指标确定电池和材料体系，进行综合分析。

（2）容量过量

由于生产因素等各种原因，可能导致电池实际容量达不到标称容量的要求，因此电池设计时，设计容量必须高出电池标称容量的 3%～5%（甚至 7%）。

（3）负极过量

锂离子电池的基本原理为锂离子在正负极材料间的可逆嵌入和脱嵌，且材料克容量随着电池循环次数的增加而降低。若负极容量低于正极容量，当电池充电时，从正极过来的锂离子不能全部嵌入到负极材料中，便会在负极表面堆积形成不可逆容量，造成电池容量的急剧下降，且容易形成枝晶引起电池安全隐患。因此，电池设计时，单位面积上的负极容量需高出正极容量的 3%～5%。此外，为避免充电过程中，正极中锂离子还原导致的锂枝晶，电池设计时必须保证有正极敷料的地方对应有负极敷料。

（4）正负极隔离

电池内部正负极若直接接触，则在电池内形成了一个无负载的回路，电池形成短路状态，若为微短路则引起自放电等现象。若短路情况严重，则引起爆炸等安全问题，因此，电池设计时需保证正负极的完全隔离。具体措施为：①隔离膜比负极片宽，卷绕时有重叠；②容易引起短路或者隔离膜损坏的地方用胶纸等进行保护。

（5）环境引入杂质控制要求

环境引入水分主要在正极涂布、冲切、叠片、封装、注液过程中。应通过这 5 个工序控制环境引入水分杂质，因为水分会消耗锂离子，影响容量，同时产生气体造成鼓胀，从而影响电池的循环、平台等。在涂布、冲切、封装之后对半成品进行真空干燥，以除去微量水分。其车间应设计为封闭式，以保证车间的洁净度。

（6）隔膜设计要求

隔膜选用膜孔闭合温度为 $130\sim135℃$，其电阻要远大于 $2000\Omega \cdot cm^2/s$ 的设计要求，厚度要求 $20\sim30\mu m$，隔膜与极板纵向尺寸公差为 $2\sim4mm$。该结构为 PP｜PE｜PP，采用干法工艺制造，耐热性、过充性好，收缩率低。

9.1.3 锂离子电池的设计要求

电池设计是为满足对象（用户或仪器设备）的要求进行的。因此，在进行电池设计前，首先必须详尽地了解对象对电池性能指标及使用条件的要求，一般包括以下几个方面：

① 电池工作电压及要求的电压精度；
② 电池的工作电流；
③ 电池的工作时间；
④ 电池的工作环境；

⑤ 电池的最大允许体积和重量。

选择电池材料组装 AA 型（$\phi14mm\times50mm$）锂离子电池的设计要求：在放电态下的欧姆内阻不大于 40 Ω；电池 1C 放电时，视不同的正极材料而定，如 $LiCoO_2$ 的比容量不小于 135mA·h/g；电池 2C 放电容量不小于 1C 放电容量的 96%；在前 30 次 1C 充放电循环过程中，3.6V 以上的容量不小于电池总容量的 80%；在前 100 次 1C 充放电循环过程中，电池的平均每次容量衰减不大于 0.06%；电池充放电时置于 135℃ 的电炉中不发生爆炸。

按照 AA 型锂离子电池的结构设计和组装的电池，经实验测试：若结果达到上述要求，说明进行的结构设计合理、组装工艺过程完善，在进行不同正极材料的电极性能研究时，就可按此结构设计与工艺过程组装电池；若结果达不到上述要求，则说明结构设计不够合理或工艺过程不够完善，需要进行反复的优化，直至实验结果符合上述要求。

锂离子电池由于其优异的性能，被越来越多地应用到各个领域，特别是一些特殊的场合和器件，因此，对于电池的设计还有一些特殊的要求，比如振动、碰撞、重物冲击、热冲击、过充电、短路等。

同时还需要考虑电极材料的来源、电池性能、影响电池特性的因素、电池工艺、经济指标和环境问题等因素。

9.1.4 锂离子电池的结构和性能设计

9.1.4.1 锂离子电池的结构设计

锂离子电池的结构如图 9-1 所示。

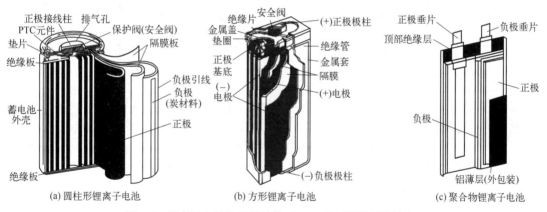

图 9-1 锂离子电池的几种结构（PTC 指正温度系数效应）

从设计要求来说，由于电池壳体选定为 AA 型，则电池结构设计主要是指电池盖、电池组装的松紧度、电极片的尺寸、电池上部空气室的大小、两极物质的配比等设计。对它们的设计是否合理直接影响到电池的内阻、内压、容量和安全性等性能。

（1）电池盖的设计

根据锂离子电池的性能可知，在电池充电末期，阳极电压高达 4.2V 以上。如此高的电压很容易使不锈钢或镀镍不锈钢发生阳极氧化反应被腐蚀，因此传统的 AA 型 Cd/Ni、MH/Ni 电池所使用的不锈钢或镀镍不锈钢盖不能用于 AA 型锂离子电池。考虑到锂离子电池的正极集流体可以使用铝箔而不发生氧化腐蚀，所以在 AA 型 Cd/Ni 电池盖的双层结构及外观的情况下，用金属铝代替电池盖的镀镍不锈钢底层，然后把此铝片和镀镍不锈钢上层卷边包合，使其成为一个整体，同时在它们之间放置耐压为 1.0～1.5MPa 的乙丙橡胶放气阀。通过实验证实，改制后的电池盖不但密封性、安全性好，而且耐腐蚀，容易和铝制正极极耳焊接。

（2）装配松紧度的确定

装配松紧度的大小主要根据电池系列、电极和隔膜的尺寸及其膨胀程度来确定。对于 AA 型锂离子电池来说，电极的膨胀主要由正负极物质中的乙炔黑和聚偏氟乙烯引起，由于其添加量较小，吸液后引起的电极膨胀亦不会太大；充放电过程中，由于 Li^+ 在正极材料，如 $LiCoO_2$ 和电解液中的嵌/脱而引起的电极膨胀也十分小；电池的隔膜厚度仅为 $25\mu m$，其组成为 Celgard2300 PP/PE/PP 三层膜，吸液后其膨胀程度也较小。综合考虑以上因素，锂离子电池应采取紧装配的结构设计。通过电芯卷绕、装壳及电池注液实验，并结合电池解剖后极粉是否脱落或黏连在隔膜上等结果，可确定 AA 型锂离子电池装配松紧度 $\eta=86\%～92\%$。

9.1.4.2 锂离子电池的性能设计

在明确了设计任务和做好有关准备后，即可进行电池设计。根据电池用户要求，电池设计的思路有两种：一种是为用电设备和仪器提供额定容量的电源；另一种则只是给定电源的外形尺寸，研制开发性能优良的新规格电池或异形电池。

锂离子电池设计主要包括参数计算和工艺制定，具体步骤如下。

（1）确定组合电池中单体电池的数目、单体电池工作电压和工作电流密度

根据要求确定电池组的工作总电压、工作电流等指标，选定电池系列，参照该系列的"伏安曲线"（经验数据或通过实验所得），确定单体电池的工作电压与工作电流密度。

$$单体电池数目 = \frac{电池工作总电压}{单体电池工作电压}$$

（2）计算电极总面积和电极数目

根据要求的工作电流和选定的工作电流密度，计算电极总面积（以控制电极为准）。

$$电极总面积 = \frac{工作电流（mA）}{工作电流密度（mA/cm^2）}$$

根据要求的电池外形最大尺寸，选择合适的电极尺寸，计算电极数目。

$$电极数目 = \frac{电极总面积}{极板面积}$$

（3）计算电池容量

根据要求的工作电流和工作时间计算额定容量。

额定容量 = 工作电流 × 工作时间

（4）确定设计容量

设计容量 = 额定容量 × 设计系数

其中设计系数是为保证电池的可靠性和使用寿命而设定的，一般取 1.1～1.2。

（5）计算电池正、负极活性物质的用量

① 计算控制电极的活性物质用量。根据控制电极的活性物质的电化学当量、设计容量及活性物质利用率，计算单体电池中控制电极的物质用量。

$$电极活性物质用量 = \frac{设计容量 \times 活性物质电化学当量}{活性物质利用率}$$

② 计算非控制电极的活性物质用量。单体电池中非控制电极的活性物质用量，应根据电极活性物质用量来决定，为了保证电池有较好的性能，一般应过量，通常取系数为 1～2。锂离子电池通常采用负极炭材料过剩，系数取 1.1。

（6）计算正、负极板的平均厚度

根据容量要求来确定单体电池的活性物质用量。当电极物质是单一物质时，则

$$电极片物质用量 = \frac{单体电池物质用量}{单体电池极板数目}$$

$$电极活性物质平均厚度 = \frac{每片电极片物质用量}{物质密度 \times 极板面积 \times (1-孔率)} + 集流体厚度$$

$$其中集流体厚度 = \frac{网格质量}{物质密度 \times 网格面积}（或选定厚度）$$

如果电极活性物质不是单一物质而是混合物时，则物质的用量与密度应换成混合物的用量与密度。

（7）隔膜材料的选择与厚度、层数的确定

隔膜的主要作用是使电池的正负极分隔开来，以防止两极接触而短路。此外，还应具有能使电解质离子通过的功能。隔膜材质是不导电的，其物理化学性质对电池的性能有很大影响。锂离子电池经常用的隔膜有聚丙烯和聚乙烯微孔膜，Celgard 系列隔膜已在锂离子电池中应用。对于隔膜的层数及厚度要根据隔膜本身性能及具体设计电池的性能要求来确定。

（8）确定电解液的浓度和用量

根据选择的电池体系特征，结合具体设计电池的使用条件（如工作电流、工作温度等）或根据经验数据来确定电解液的浓度和用量。常用锂离子电池的电解液体系有 $1mol/L$ $LiPF_6$/PC-DEC（1:1）、PC-DMC（1:1）和 PC-MEC（1:1）或 $1mol/L$ $LiPF_6$/EC-DEC（1:1）、EC-DMC（1:1）和 EC-MEC（1:1）。

（9）确定电池的装配比及单体电池容量尺寸

电池的装配比是根据所选定的电池特性及设计电池的电极厚度等情况确定。一般控制为 $80\% \sim 90\%$。

根据用电器对电池的要求选定电池后，再根据电池壳体材料的物理性能和力学性能，以确定电池容量的宽度、长度及壁厚等。特别是随着电子产品的薄型化和轻量化，电池的占有空间也愈来愈小，这就更要求选定先进的电极材料，制备比容量更高的电池。

9.1.5 锂离子电池保护电路的设计

锂离子电池必须考虑充电、放电时的安全性，以防止特性劣化。但锂离子电池的能量密度高，难以确保电池的安全性，在过度充电状态下，电池温度上升后能量将过剩，于是电解液分解而产生气体，容易使内压上升而产生自燃或破裂的危险；反之，在过度充电状态下，电解液因分解导致电池特性劣化，降低可充电次数。因此锂离子电池过充、过放、过电流及短路很重要，锂离子电池必须设计有保护电路。保护电路需要满足以下基本要求：

① 充电时要充满，终止充电电压精度要求在 $\pm 1\%$ 左右。

② 在充、放电过程中不过流，需设计有短路保护。

③ 达到终止放电电压要禁止继续放电，终止放电电压精度控制在±3%左右。

④ 对深度放电的电池（不低于终止放电电压）在充电前以小电流方式预充电。

⑤ 为保证电池工作稳定可靠，防止瞬态电压变化的干扰，其内部应设计有过充、过放电、过流保护的延时电路，以防止瞬态干扰造成不稳定。

⑥ 自身耗电省（在充、放电时保护器均应是通电工作状态）。单节电池保护器耗电一般小于 $10\mu A$，多节的电池组一般在 $20\mu A$ 左右。

⑦ 保护器电路简单，外围元器件少，占空间小，一般可制作在电池或电池组中。

⑧ 保护器的价格低。

锂离子电池保护电路包括过度充电保护、过电流及短路保护和过度放电保护等，该电路就是要确保过度充电及放电状态时的安全，并防止特性劣化。

① 过度充电保护。当充电器对锂离子电池过度充电时，锂离子电池会因温度上升而导致内压上升，需终止当前充电的状态。此时，集成保护电路需检测电池电压，当达到 4.25V 时（假设电池过充电压临界点为 4.25V）即激活过度充电保护，将功率金属氧化物半导体（MOS）由开转为切断，进而截止充电。

② 过度放电保护。在过度放电的情况下，电解液因分解而导致电池特性劣化，并造成充电次数的减少。为了防止锂离子电池的过度放电状态，当锂离子电池电压低于其过度放电电压检测电（假定为 2.3V）时将激活过度放电保护，使功率金属氧化物半导体场效应晶体管（MOSFE）由开转变为切断而截止放电，以避免电池过度放电现象产生，并将电池保持在低静态电流的待机模式，此时的电流仅 $0.1\mu A$。当锂离子电池接上充电器，且此时锂离子电池电压高于过度放电电压时，过度放电保护功能方可解除。

③ 过电流及短路保护。因为不明原因（放电时或正负极遭金属物误触）造成过电流或短路，为确保安全，必须使其立即停止放电。过电流保护集成电路（IC）原理为：当放电电流过大或短路情况产生时，保护 IC 将激活过（短路）电流保护，此时过电流的检测是将功率 MOSFET 的 $R_{ds(on)}$ 当成感应阻抗以监测其电压的下降情形，如果比所定的过电流检测电压还高则停止放电。同样，过电流检测也必须设有延迟时间以防有突发电流流入时产生误动作。通常在过电流产生后，若能除去过电流因素（例如马上和负载脱离），将会恢复其正常状态，可以再进行正常的充放电动作。锂离子电池保护电路如图 9-2 所示。

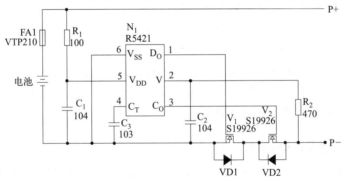

图 9-2 锂离子电池保护电路

9.2 锂离子电池制备工艺

目前主流的锂离子电池封装形式主要有圆柱、方形和软包三种，不同的封装结构意味着不同的特性，它们各有优缺点（表9-1）。

表 9-1　圆柱、方形和软包锂离子电池优缺点比较

优缺点	圆柱形锂离子电池	方形锂离子电池	软包锂离子电池
优点	自动化程度高、产品一致性好、输出电压稳定、能大电流放电、使用安全、工作温度范围宽、环境友好	封装可靠度高、系统能量效率高、能量密度高、结构简单、扩容方便、单体容量大、稳定性好	安全性能好、重量轻、容量大、内阻小、设计灵活
缺点	在大规模应用中大量电池单体所带来的电池控制问题、能量密度不足	型号多、工艺难统一、生产自动化水平不高、单体差异性较大	电池组的综合性能差、需要更加复杂的电池控制系统

总的来说，在电池形状上，方形锂离子电池可以是任意大小，所以是圆柱形电池不能比的；在倍率特性上，圆柱形锂离子电池受到焊接多极耳的工艺限制，所以倍率特性稍差于方形多极耳方案；在放电平台上，若三种电池采用相同的正极材料、负极材料、电解液，其放电平台是一致的，但方形电池内阻稍占优势，所以放电平台稍微高一点；在产品质量上，圆柱形锂离子电池工艺非常成熟，极片共有二次分切，缺陷概率低，且卷绕工艺较叠片工艺成熟度及自动化程度都要高，叠片工艺目前还在采用半手工方式，所以对于电池的品质存在不利影响；在极耳焊接上，圆柱形锂离子电池极耳焊接方式较方形锂离子电池更易焊接，方形锂离子电池易产生虚焊影响电池品质；在电池包（PACK）成组上，圆柱形锂离子电池相对具有更易用特点，所以 PACK 方案简单，散热效果好，方形电池 PACK 时要解决好散热的问题；在结构特点上，方形电池边角处化学活性较差，长期使用电池性能下降较为明显。圆柱形、方形和软包三种封装类型的电池各有优势，也各有不足，每种电池都有自己主导的领域，比如，方形电池中磷酸铁锂较多，软包电池中三元材料更多一些。随着新能源汽车政策的出台，电池的系统能量密度成为一项重要的考核指标。

9.2.1　圆柱形锂离子电池制备工艺

圆柱形锂离子电池分为磷酸铁锂、钴酸锂、锰酸锂、钴锰混合、三元材料等不同体系，外壳分为钢壳和聚合物两种，不同材料体系电池有不同的特点。

最早的圆柱形锂离子电池是由日本 SONY 公司于 1992 年发明的 18650 型锂离子电池，因为 18650 圆柱形锂离子电池的历史相当悠久，所以市场的普及率非常高。一个典型的圆柱形锂离子电池的结构包括：正极盖、安全阀、PTC 原件、电流切断机构、垫圈、正极、负极、隔离膜、壳体等，具体结构参照图 9-1（a）。圆柱形锂离子电池采用相当成熟的卷绕工艺，自动化程度高，产品品质稳定，成本相对较低。圆柱形锂离子电池有诸多型号，比如常见的有 14650、17490、18650、21700、26650 等。本节主要介绍 18650 型锂离子电池及其制备工艺。

9.2.1.1　圆柱形（18650型）电池概述

与软包和方形锂离子电池相比，18650 圆柱形锂离子电池是商业化最早、生产自动化程度最高、当前成本最低的一种动力电池，其中 18 代表电池直径为 18mm，65 代表电池长度为 65mm，0 代表圆柱形。其优缺点如下所示。

（1）优点

① 单体一致性好；

② 单体自身力学性能好，与方形和软包电池相比，封闭的圆柱体在近似尺寸下可以获

得最高的弯曲强度；

③ 技术成熟，成本低；

④ 单体能量小，而且散热快。

（2）缺点

① 单体能量小，电池系统的圆柱体数量都很多，这就使得电池系统复杂度大增，导致系统级别的成本偏高；

② 大量电芯特性异化的概率上升，PACK 成组技术要求和成本偏高；

③ 能量密度的上升空间已经很小。

更大直径圆柱锂离子电池将成为必然趋势。特斯拉 Model 3 全面启用 21700 三元锂离子电池，开启了一个圆柱形电池提升容量的新阶段。

9.2.1.2 圆柱形锂离子电池的制备工艺

18650 型锂离子电池的制备工艺如图 9-3 所示。

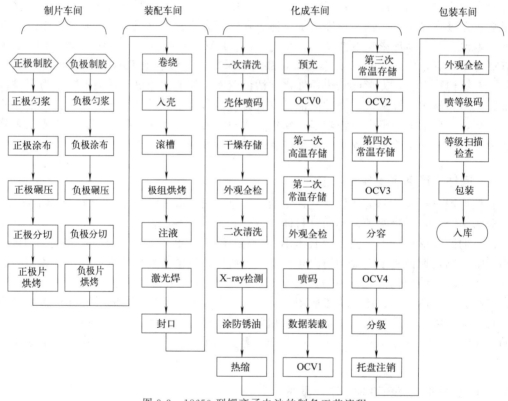

图 9-3　18650 型锂离子电池的制备工艺流程

（1）制胶匀浆工序关键要点

用专用的溶剂和黏结剂分别与粉末状的正负极活性物质混合，经高速搅拌均匀后，制成浆状的正负极材料。制胶匀浆流程见图 9-4。

① 加料比：严格按电池工艺标准执行。正负极分别为钴酸锂∶导电剂∶黏结剂∶制胶溶剂＝100∶0.77∶1.35∶34，石墨粉∶导电剂∶丁苯橡胶（SBR）∶羧甲基纤维素

(CMC)：制胶溶剂＝100：2.1：4.2：1.7：92。

② 粉体过筛：筛网目数为粉体 150 目、super-p 100 目、导电剂 50 目。

③ 除铁比率：来料和除铁后铁、铜、镍均要小于 100mg/kg；除铁比率＝除铁前铁含量－除铁后铁含量。

④ 胶液的黏度、固含量按工艺标准进行检验和控制；胶液要求为无色透明黏稠状、均匀、无白点、无沉淀、无杂质。

⑤ 搅拌机的循环水温度、搅拌速度、搅拌时间、加料的顺序严格按工艺标准去设置和控制。

⑥ 浆料的黏度、固含量按工艺标准进行检验和控制；胶液要求为黑色均匀黏稠状胶体、无气泡、杂质、大颗粒、絮状凝胶、油污、沉淀等现象。

⑦ 真空度为 0.085～0.1MPa。

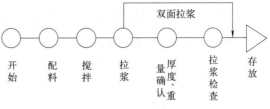

图 9-4 制胶匀浆流程

（2）涂布工序

浆料涂覆是继制备浆料完成后的下一道工序，此工序的主要目的是将稳定性好、黏度好、流动性好的浆料均匀涂覆在正负极集流体上。极片涂布对锂离子电池的容量、一致性、安全性等具有重要的意义。

涂布机工作原理：涂辊转动带动浆料，通过调整刮刀间隙来调节浆料转移量，并利用背辊的转动将浆料转移到基材上，按工艺要求，控制涂布层的厚度以达到重量要求。同时，通过干燥加热去除平铺在基材上的浆料中的溶剂，使固体物质很好地黏结于基材上。

涂布方式的选择和控制参数对锂离子电池性能有重要的影响，主要表现如下。

① 涂布干燥温度控制：若涂布时干燥温度过低，则不能保证极片完全干燥，若温度过高，则可能因为极片内部的有机溶剂蒸发太快，极片表面涂层出现龟裂、脱落等现象。

② 面密度：面密度是指定厚度的物质单位面积的质量。若面密度太小，则电池容量可能达不到标称容量，若面密度太大，则容易造成配料浪费，严重时可能出现正极容量过量，从而导致锂的析出形成锂枝晶刺穿电池隔膜发生短路，引起安全隐患。

③ 涂布尺寸大小：涂布尺寸过小或者过大可能导致电池内部正极不能完全被负极包住，在充电过程中，锂离子从正极脱出来，移动到没有被负极完全包住的电解液中，正极实际容量不能高效发挥，严重的时候，在电池内部会形成锂枝晶，容易刺穿隔膜导致电池内部电路。

④ 厚度：在浆料黏度允许条件下，最大涂布厚度一般为 100～500μm。涂布太薄或者太厚会对后续的极片轧制工艺产生影响，不能保证电池极片的性能一致性。

（3）技术流程

单层涂布，干燥后再进行反面涂布，包括连续涂布定长分切和定长分段涂布。涂布工序技术流程见图 9-5。

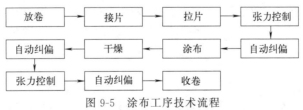

图 9-5 涂布工序技术流程

高质量极片：极片表面平整、光滑、敷料均匀、附着力好、干燥、不脱料、不掉料、不缺料、无积尘、无划痕、无气泡。

（4）涂布机种类及涂布方式

涂布机的主要种类包括刮刀式、辊涂转移式和狭缝挤压式。涂布方法为转移涂布。涂布辊转动带动浆料，通过调整刮刀间隙调节浆料转移量，并利用背辊的转动将浆料转移到基材上，实现均匀性涂布。涂布方式为连续涂布及多间隙涂布。加热方式为 5 段蒸汽加热，现采用热风循环以实现浆料的回收。

（5）涂布缺陷及影响因素

涂布过程中减少涂布缺陷，提高涂布质量和良品率，降低成本是涂布工艺需要研究的重要内容。在涂布工序经常出现头厚尾薄、双侧厚边、点状暗斑、表面粗糙、露箔等缺陷。头尾厚度可以通过涂布阀或间歇阀的开关时间来调整，厚边问题可以从浆料性质、涂布间隙调整、浆料流速等方面改善，表面粗糙不平整、有条纹等可以通过稳定箔材、降低速度、调整风刀角度等改善。

（6）涂布的均匀性

所谓涂布均匀性是指在涂布区域内涂层厚度或涂胶量分布的一致性。涂层厚度或涂胶量的一致性越好，涂布均匀性越好，反之越差。涂布均匀性并没有统一的度量指标，可以用一定区域内各点的涂层厚度或涂胶量相对于该区域的平均涂层厚度或涂胶量之偏差来衡量，也可以用一定区域内最大和最小涂层厚度或涂胶量之差来衡量。涂层厚度通常用 μm 表示。

涂布均匀性都是用来评价一个区域的整体涂胶状况的。但在实际生产中，我们通常更关心在基材横向和纵向两个方向上的均匀性。所谓横向均匀性是在涂布宽度方向（或机器横向）上的均匀性。所谓纵向均匀性是在涂布长度方向（或基材行进方向）上的均匀性。横向和纵向涂胶误差的大小、影响因素及控制方式都有很大的不同。一般情况下，基材（或涂胶）宽度越大，横向均匀性就越难控制。

9.2.1.3 烘烤工序

烘烤的目的一方面是去除电极片中的溶剂和水分，确保电极片的干燥，从而预防电池在使用过程中由于水分引起的性能下降或安全问题，如电池膨胀或爆炸；另一方面，促进极片中活性物质和黏结剂之间的紧密结合，提高极片的附着强度。

烘烤过程中，热量传递给湿涂层，涂层表面的溶剂受热蒸发，内部溶剂向表面扩散，最终形成干燥的多孔电极结构；溶剂的蒸发导致涂层厚度减少，固体颗粒逐渐彼此接近，直至形成密集堆积态，涂层收缩终止，进一步蒸发形成多孔结构。

烘烤工序的要求包括：
① 烘室要求　洁净、无尘；
② 烘烤温度和时间要求

正极：主加热温度一般在 75℃，辅加热温度一般为 45℃；烘烤时间为 8h；

负极：主加热温度一般在 65℃，辅加热温度一般为 40℃；烘烤时间为 10h；

③ 极片要求　无掉料、无烤黄、无烘烤不干。

9.2.1.4 卷绕工序

卷绕的主要原理是通过将正岁极材料和隔膜层卷绕在电芯心轴上，以确保电芯内部的原材料紧密结合，并形成正负极之间正确的电解质通道。卷绕使得电池内部结构更加紧凑，一方面提高了电池的能量密度，另一方面可抑制电池过充或过放时锂枝晶的生长，减少短路的风险，同时有助于改善电池的充放电性能和循环稳定性，适合自动化机械操作，提高生产效率和一致性。

卷绕工序的要求包括：

① 卷针表面　无损伤及毛刺等不良。

② 卷绕张力　正极缓冲轮、负极缓冲轮和隔膜纸张力依工艺标准设定。

③ 对齐度　从卷芯边缘方向，负极完全包住正极，尺寸要求 1mm 左右；宽度方向隔膜完全包住负极，尺寸要求 1mm 左右；

④ 极片裁切毛刺　正、负极片裁切后进行毛刺检测，毛刺≤12um；

⑤ 隔膜要求　平整，无褶皱破损，依附芯孔壁，无反弹堵孔。

9.2.1.5　预充工序

预充工序指的是在锂离子电池组装完成后，对共进行的一系列低电流充放电循环，从而激活电池内部的电化学反应，确保电池在使用时能够达到最佳的性能和安全性。

预充工序的要求包括：

① 在 0.2C 恒流恒压下充电 420min；

② 充电初始通道亮红灯的电池需复核，确认是否为零电压电芯；

③ 充电后，定时巡检电芯表面温度，以确认是否有过热电芯（电芯表面温度≥环境温度+5℃视为过热电芯）；

④ 上下柜时不得划伤钢壳、热缩膜；

⑤ 经过预充后的电池开始有电，之前工序上的电池是不带电的。

9.2.2　软包电池制备工艺

（1）软包电池概述

软包电池是液态锂离子电池套上一层聚合物外壳。与其它电池最大的不同之处在于包装材料（铝塑复合膜），这也是软包锂离子电池中最关键、技术难度最高的材料。软包装材料通常分为三层，即外阻层（一般为双向拉伸尼龙或 PET 构成的外层保护层）、阻透层（中间层铝箔）和内层（多功能高阻隔层）。铝塑复合膜（简称铝塑膜）的构成如图 9-6 所示。

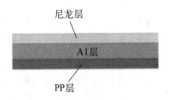

图 9-6　铝塑膜的构成

三层各有各的作用。首先是尼龙层保证了铝塑膜的外形，保证在制造锂离子电池之前，膜不会发生变形。Al 层就是由一层金属铝箔构成，其作用是防止水的渗入。锂离子电池一般要求极片含水量都在 10^{-6}（mg/kg）级。PP 是聚丙烯的缩写，这种材料的特性是在一百多摄氏度的温度下会发生熔化，并且具有黏性，所以电芯的热封装主要是靠 PP 层在封头加热的作用下熔化黏合在一起，然后封头撤去，降温就固化黏结了。

软包电池作为电池轻量化、高能化的重要手段，有望在新扩产能中持续提高渗透率，从而实现高于行业扩产规模的投资增速。与硬壳电池相比，软包电池具有设计灵活、重量轻、内阻小、不易爆炸、循环次数多、能量密度高等特点，能在技术水平上提升动力电池的能量密度，在续航里程上进一步缩小和燃油车的差距。新能源汽车新政策释放了推动电池性能提升、增大能量密度的信号。随着补贴门槛不断提升，软包电池能够助力更多企业提升能量密度和产品竞争力，未来软包技术将在增量市场中占据一席之地。

（2）软包电池的制备工艺

软包电池的制备工艺流程如图 9-7 所示。

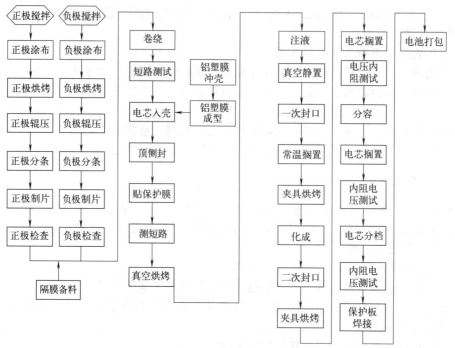

图 9-7　软包电池的制备工艺流程

① 铝塑膜成型工序。软包电芯可以根据客户的需求设计成不同的尺寸，当外形尺寸设计好后，就需要开具相应的模具，使铝塑膜成型，成型工序也叫作冲坑，顾名思义，就是用成型模具在加热的情况下，在铝塑膜上冲出一个能够装卷芯的坑。铝塑膜冲好并裁切成型后，通常称为 Pocket 袋，一般在电芯较薄的时候选择冲单坑，在电芯较厚的时候选择冲双坑，因为一边的变形量太大会突破铝塑膜的变形极限而导致破裂。

② 顶侧封工序。顶侧封工序是软包锂离子电芯的第一道封装工序。顶侧封实际包含了两个工序——顶封与侧封。首先要把卷绕好的卷芯放到冲好的坑里，然后将包装膜对折。把卷芯放到坑中之后，就把整个铝塑膜放到夹具中，在顶侧封机里进行顶封与侧封。

③ 注液、预封工序。软包电芯在顶侧封之后，需要做 X-ray 检查其卷芯的平行度，然后就进干燥房除水汽。在干燥房静置若干时间之后，就进入了注液与预封工序。

④ 静置、化成、夹具整形工序。在注液与一封完成后，首先需要将电芯静置，根据工艺的不同会分为高温静置与常温静置，静置的目的是让注入的电解液充分浸润极片，然后电芯就可以拿去做化成了。化成的目的是让电极表面形成稳定的 SEI 膜，也就是相当于把电芯激活的过程。在这个过程中，会产生一定量的气体，这就是为什么铝塑膜要预留一个气袋。在化成后，尤其是厚电芯，由于内部应力较大，可能会产生一定的变形，所以某些工厂会在化成后设置一个夹具整形的过程。

⑤ 二封工序。二封时，首先由铡刀将气袋刺破，同时抽真空，这样气袋中的气体与一小部分电解液就会被抽出。然后马上二封封头在二封区进行封装，保证电芯的气密性。最后把封装完的电芯剪去气袋，一个软包电芯就基本成型了。二封是锂离子电池最后一个封装工序，其原理与一封相同。

⑥ 后续工序。分容后，容量合格的电芯就会进入后续工序，包括检查外观、贴黄胶、边电压检测、极耳转接焊等等，可以根据客户的需求来增减若干工序。最后就是出货检验（OQC），然后包装出货。

新能源材料与器件制备技术

9.2.3　方形电池制备工艺

9.2.3.1　方形电池概述

方形电池通常是指铝壳或钢壳方形电池，方形电池的普及率在国内很高，随着近年来汽车动力电池的兴起，汽车续航里程与电池容量之间的矛盾日渐突显。国内动力电池厂商多采用电池能量密度较高的铝壳方形电池，因为方形电池的结构较为简单，不像圆柱形电池采用强度较高的不锈钢作为壳体及具有防爆安全阀等附件，所以整体重量要轻，相对能量密度较高。方形电池有采用卷绕和叠片两种不同的工艺。

一个典型的方形锂离子电池，主要部件包括：顶盖、壳体、双极板、负极板、隔膜组成的叠片或者卷绕、绝缘件、安全组件等。安全组件包括针刺安全装置（NSD）和过充保护装置（OSD）。壳体一般为钢壳或者铝壳，随着市场对能量密度追求的驱动以及生产工艺的进步，铝壳逐渐成为主流。但由于方形锂离子电池可以根据产品的尺寸进行定制化生产，所以市场上有成千上万种型号，而正因为型号太多，工艺很难统一。方形电池在普通的电子产品上使用没有问题，但对于需要多支串、并联的工业设备产品，最好使用标准化生产的圆柱形锂离子电池，这样生产工艺有保证，以后也更容易找到可替换的电池。

软包锂离子电池发展空间更大。在国内政策高度倾向于能量密度和续航里程的前提下，软包电池的高能量密度、低重量是其最大的优势，足以使得厂商和供应商倾向选择它。方形电池把容量做大，相对圆柱电芯要容易，在提升容量的过程中，受到的限制较少。但随着单体体积的增加，也出现了一些问题，比如侧面鼓胀严重、散热困难且不均匀性增大。

9.2.3.2　方形电池的制备工艺

方形电池的制备工艺流程如图 9-8 所示。

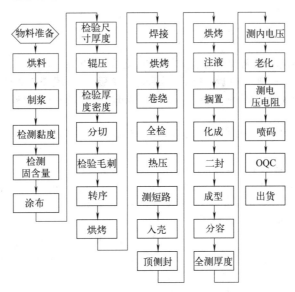

图 9-8　方形电池的制备工艺流程

（1）分切工序关键要点

来料确认：确认生产型号、批次，查阅相关工艺，检查对辊厚度是否合格、收卷是否整齐。

开机准备：根据生产型号选择所需的分切刀，并由相关人员安上分条机；连通电气源，检测设备运行状况，方可开机。

试机首检：按照作业指导书设置相关参数，调试固定收卷筒，检查分切宽度及边缘毛刺状态。

制程巡检：分切中的极片不可有毛刺、打皱、掉料、气泡等现象，小卷收卷尺寸半径≤9.5cm。

（2）卷绕工序关键要点

来料确认：正负极片型号正确，收卷整齐，无毛刺，外观良好，隔膜尺寸规格正确，收卷整齐，平整，无破损；

设置参数调机：按工艺文件参数进行设置，调试机器收卷；

首检确认：试卷卷芯要求隔膜对位整齐，无打折、无破损，正负极无错位，卷绕终止胶贴胶平整、无褶皱，正负极耳平整无打折；

卷绕自检：卷绕过程中定时对卷芯进行自检；

卷芯摆放：卷芯统一朝一个方向摆放，摆放整齐。

习题

1. 锂离子电池设计的基本原则是什么？
2. 锂离子电池设计的基本要求有哪些？
3. 评价锂离子电池性能的主要指标有哪些方面？
4. 如何设计锂离子电池保护电路？
5. 请说明圆柱形、方形和软包三种锂离子电池的制备工艺及各自特色。

参考文献

[1] 朱继平,罗派峰,徐晨曦.新能源材料技术[M].北京:化学工业出版社,2019.

[2] 吴宇平,袁翔云,董超,等.锂离子电池:应用与实践[M].2版.北京:化学工业出版社,2022.

[3] Byoungwoo K, Gerbrand C. Battery materials for ultrafast charging and discharging[J]. Nature, 2009, 458:190-193.

[4] Nam K T. Virus-enabled synthesis and assembly of nanowires for lithium ion battery electrodes[J]. Science, 2006, 312(5775): 885-888.

[5] Zhang W M, Hu J S, Guo Y G. Tin-nanoparticles encapsulated in elastic hollow carbon spheres for high-performance anode material in lithium-ion batteries[J]. Adv. Mater. 2008,20: 1160-1165.

[6] Akira Y. The birth of the lithium-ion battery[J]. Angewandte Chemie (International ed. in English), 2012, 51(24): 5798-5800.

[7] Chai C S, Tan H, Fan X Y, et al. MoS$_2$ nanosheets/graphitized porous carbon nanofiber composite: a dual-functional host for high-performance lithium-sulfur batteries[J]. Journal of Alloys and Compounds, 2020, 820: 153144.

[8] Luo Z F, Li Y Y, Liu Z X, et al. Prolonging the cycle life of a lithium-air battery by alleviating electrolyte degradation with a ceramic-carbon composite cathode[J]. ChemSusChem, 2019, 12(22): 4962-4967.

[9] Shchelkanova M S, Shekhtman G S, Druzhinin K V, et al. The study of lithium vanadium oxide LiV$_3$O$_8$ as an electrode material for all-solid-state lithium-ion batteries with solid electrolyte Li$_{3.4}$Si$_{0.4}$P$_{0.6}$O$_4$[J]. Electrochimica Acta, 2019, 320: 134570.

第 10 章

超级电容器的原理及制备技术

10.1 超级电容器概述

超级电容器（supercapacitor），又名电化学电容器。与传统的化学电源不同，超级电容器是一种介于传统电容器与电池之间的电化学储能体系，具有充放电速度快、循环寿命长、功率密度高、工作温度范围宽和环境友好等优势。目前，已经被广泛应用于备用电源、辅助峰值功率、规模储能等不同的应用场景，在国防、通信、电力、交通运输、电子产品、新能源汽车等众多领域有着巨大的应用价值和市场潜力。近些年来，美国、日本和韩国等国家对超级电容器应用领域方面展开了研究，我国虽起步较晚，但随着研究的不断深入以及重视程度的加深，已取得较为显著的成果并在相关的领域得到了积极的应用。

目前，超级电容器按其储能机理可分为三种，分别为双电层电容器（electric double-layer capacitor，EDLC）、法拉第赝电容器（也称氧化还原电容器）和混合两种机制的混合型超级电容器。

① 双电层电容器。双电层电容器主要依靠在电极表面吸附电解质离子，通过在电极和电解质之间形成界面双电层来实现能量的存储，是一种纯物理静电吸脱附的充放电机制。双电层电容器由于电极上不发生法拉第反应，不发生化学反应与相变过程。因此不受电化学动力学限制，电荷存储不依赖化学反应速率，在大电流充放电过程中具有高度的可逆性。

② 法拉第赝电容器。法拉第赝电容器主要是指在电极材料表面或体相的二维或准二维空间上，电活性物质进行欠电位沉积，发生高度可逆的化学吸脱附或氧化还原反应，产生与电极充电电位有关的电容。法拉第赝电容器工作时，所发生的法拉第反应过程不仅仅发生在电极表面或近表面，内部也会发生，并且同时伴有一定的物理吸附，所以产生的比电容和能量密度都高于双电层超级电容器，容量可达双电层电容器的 $10\sim100$ 倍。法拉第赝电容的产生过程虽然发生了电子转移，但不同于电池的充放电行为，其具有高度的动力学可逆性，且更接近于电容器的特性。但是，法拉第赝电容器工作时，电极材料发生化学反应，在循环充放电过程中，电极材料的结构会有一定程度的损坏，进而缩短使用寿命。因此，法拉第赝电容的循环稳定性比双电层超级电容器差。另一方面，法拉第赝电容中的氧化还原反应过程比物理吸脱附过程要慢，所以其功率密度比双电层超级电容器低。

③ 混合型超级电容器。混合型超级电容器通常以双电层材料作为正极，以赝电容或电池类材料作为负极。在混合型超级电容器中，可以将赝电容或电池型电极较高的能量密度和双电层电极较高的功率密度与较好的循环稳定性优点相结合，能够满足实际应用中的高功率密度和高能量密度的要求，具有更高的实际应用价值。比如，锂离子电容器（LIC）是混合型超级电容器的典型代表，在充放电过程中，电容电极发生非法拉第反应，离子在电极表面进行吸附/脱附，电池电极发生法拉第反应，锂离子在电池电极中进行嵌入/脱出过程。

相比传统充电电池，超级电容器具有优良的充放电性能和大容量储能性能，相关的主要性能参数列举在表 10-1 中。其具体特点如下。

　　① 充电速度快，充电 10s～10min 可达到其额定容量的 95％以上；

　　② 循环使用寿命长，深度充放电循环使用次数可达 50 万次，没有"记忆效应"；

　　③ 大电流放电能力强，能量转换效率高，过程损失小，大电流能量循环效率≥90％；

　　④ 功率密度高，相当于电池的 5～10 倍；

　　⑤ 产品原材料构成、生产、使用、储存以及拆解过程均没有污染，是理想的绿色环保电源；

　　⑥ 充放电线路简单，无需充电电池那样的充电电路，安全系数高；

　　⑦ 超低温特性好，温度范围宽，为－40～＋70℃。

表 10-1　超级电容器与锂离子电池性能参数比较

项目	工作电压/V	能量密度/[(W·h)/kg]	功率密度/[(k·W)/kg]	工作温度/℃	循环寿命	自放电现象	安全性能	成本
超级电容器	0～2.5	5～10	5～50	－20～50	长	严重	优	低
锂离子电池	3～4.2	150～250	0.1～0.5	－40～70	短	低	一般	高

　　纵观超级电容器国内外应用状况，大致可分为交通运输、日常生活、工业和军事领域四大方面。

　　① 交通运输。超级电容器在轨道交通、新能源汽车、太阳能路灯、启停系统等交通方面的应用，从根本上解决了蓄能电池循环寿命短、污染环境、工作性能差等问题，有效减少车辆油耗，降低排放。

　　② 日常生活。超级电容器在日常照明、遥控器、智能表、数据存储等方面也有很广的生活应用。

　　③ 工业。在工业方面的应用主要有工业机械、智能仪表、应急电源等。

　　④ 军事领域。激光探测仪、重型卡车、坦克、雷达、舰载速射炮等对储能系统的期望极大，应用超级电容器，实现高功率输出和快速充电。超级电容器可作为军工产品的紧急电源和为军事武器提供短期和瞬时峰值功率。

10.2　双电层电容器

10.2.1　双电层电容器的基本工作原理

　　双电层电容器是通过静电作用进行物理吸脱附电荷的装置。如图 10-1 所示，在充电过程中，双电层电容器中的正极吸附阴离子，而负极表面积累阳离子，而接近于电极材料的电解液离子保持其相反的电荷。因此，双电层电容器类似于平板电容器，其电容依靠于电极材料的比表面积、电解液的类型和双电层的有效厚度。具体的公式如下：

$$C = \frac{\varepsilon_r \varepsilon_0 A}{d} \qquad (10\text{-}1)$$

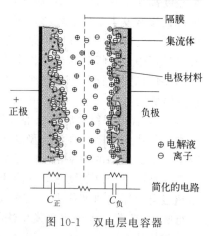

图 10-1　双电层电容器

式中，C 是双电层的电容值；ε_r 是电解液的介电常数；ε_0 是真空的介电常数，具体数值为 $8.85 \times 10^{-12} \text{F/m}$；$d$ 是双电层的有效厚度，m；A 是电解液离子接触到的电极的面积，m^2。考虑到电解液的介电常数通常小于 100，有效距离是几个 10^{-10}m 的程度，那么双电层的电容一般在 $5 \sim 20 \text{mF/cm}^2$ 范围内。因此，选用比表面积较大的电极材料来增大电极/电解液的接触面积从而提升电容值是十分必要的。不幸的是，比表面积和电容值之间不是简单的线性关系。事实上，除了比表面积，孔容、孔径大小和孔径分布也影响着电极材料的电容大小。

双电层电容器的两个重要性能指标是能量密度（单位为 W·h/kg）和功率密度（单位为 W/kg）。计算能量密度的具体公式为：

$$E = \frac{1}{2}CV^2 \tag{10-2}$$

式中，C 是电容器的电容；V 是双电层电容器的工作电压。另一方面，最大功率密度 P_{max} 满足以下公式：

$$P_{max} = V_{max}^2/(4R_s) \tag{10-3}$$

式中，V_{max} 为最大工作电压；R_s 是串联电阻。

10.2.2　双电层电容器的储能理论

（1）基于平面电极的双电层经典模型

最初的双电层电容模型是亥姆霍兹（Helmholtz）提出来的。如图 10-2（a）所示，在此模型中，电极表面层上积累了一层电荷，那么电解液另一层是可以维持电荷平衡的反离子层，最终在界面上形成两层相反的电荷。这个双电层模型结构类似于传统的平板电容器，同时也解释了双电层这个定义的由来。因此，亥姆霍兹双电层电容（C_H）能够通过公式（10-1）表示。

C_H 的面积电容值可以通过电解液介电常数 ε_r 和亥姆霍兹双电层有效厚度来归一化。在室温条件下双电层电容器实际应用中使用的大多数溶剂的介电常数在 $1 \sim 100$ 范围内，游离水的介电常数一般是 78 左右。亥姆霍兹模型认为在亥姆霍兹层内部，电势下降趋势是线性的。然而，实际上电极表面过量的电荷不太可能被亥姆霍兹层完全抵消，特别是在低浓度溶液中。此外，由于热运动引起的离子运动，电解液侧的反离子层也不能形成单一的静态致密层。所以，最初的亥姆霍兹模型在随后研究过程中得到了改进。图 10-2（b）所示为古依-查普曼（Gouy-Chapman）模型。在此模型中考虑到了热运动，在电极和体相电解质之间引入了扩散层。扩散层中离子分布高度依赖于距离，因为静电吸引力从电极表面到体相电解质会逐渐减小，符合泊松-玻尔兹曼（Poisson-Boltzmann）方程。在一价的电解液中，扩散层的平均厚度（也称为德拜长度）其公式表示为：

$$\lambda_D = \sqrt{\frac{\varepsilon_r \varepsilon_0 RT}{2(zF)^2 c_0}} \tag{10-4}$$

式中，ε_0 是真空的介电常数，F/m；ε_r 是电解液的相对介电常数，无单位；R 是理想气体常数，J/(mol·K)；T 是绝对温度，K；z 为转移电荷数，mol；F 是法拉第常数，C/mol；c_0 是体相电解液浓度，mol/m^3。通过求解泊松-玻尔兹曼方程，得到的扩散层电容（C_D）可以表达为：

$$C_D = \frac{\varepsilon_r \varepsilon_0}{\lambda_D} \cosh\left(\frac{zF\phi}{2RT}\right) \tag{10-5}$$

式中，ϕ 是电势，V；F 是法拉第常数，C/mol；R 是理想气体常数，J/(mol·K)；ε_0 和 ε_r 是真空的介电常数和相对介电常数，F/m。通过式（10-5）可知，古依-查普曼模型中的微分电容 C_D（F/cm^2）不再是一个常数。相反，该模型能够预测出电极电势变化下，微分电容呈 U 形状趋势变化。事实上，古埃-查普曼模型的一个主要的问题是将其考虑成点电荷，它可以在接近表面的零距离处产生无限电容。为了解决这个问题，斯特恩（Stern）改进了古依-查普曼模型，考虑了离子的实际尺寸从而增加了一个额外的致密层（Stern 层）并与扩散层串联，且厚度是 χ_H（m），如图 10-2（c）所示。从物理学的观点来看，这个致密层与亥姆霍兹层是相同的。古依-查普曼-斯特恩（Gouy-Chapman-Stern）模型下的电容（C_{DL}）满足以下公式：

$$\frac{1}{C_{DL}} = \frac{1}{C_H} + \frac{1}{C_D} = \frac{\chi_H}{\varepsilon_0 \varepsilon_r} + \frac{\lambda_D}{\varepsilon_0 \varepsilon_r \cosh\left(\frac{zF\phi}{2RT}\right)} \tag{10-6}$$

式中，C_H 和 C_D 分别是 Stern（Helmholtz）层的电容和扩散层电容。整体的总电容值由 C_H 和 C_D 中的最小值决定。在高浓度电解液中，扩散层的厚度逐渐减小为零，因而亥姆霍兹电容 C_H 是唯一需要考虑的。Gouy-Chapman-Stern 模型的建立是双电层理论发展的一个里程碑，它描绘了双电层大体上的特征并更接近于真实的实验结果。然而，这个模型仍然还存在一些局限。比如，它没有考虑离子-离子之间具体的影响，特别是在无溶剂的离子液体体系中。电极表面和电解液成分存在化学作用，一定程度上也会影响双电层的形成。此外，以往的文献指出，在高浓度电解液中电极极化程度高的情况下，考虑致密层内部的电势是线性下降是不合适的。被肯定的是，古依-查普曼-斯特恩模型为双电层理论提供建设性和预测性的解释，并在过去几十年中为双电层领域的发展起到了实质性的作用。

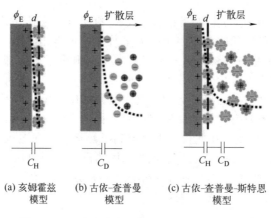

图 10-2　基于二维平面电极下双电层电容模型

（2）表面曲率效应下的双电层模型

经典双电层模型是基于二维平面电极下建立的，实际上，它不能够充分反映双电层在电极（碳材料）纳米孔中的形成过程，且在二维模型中并没有考虑到多孔效应和曲率。因此，这一事实不符合经典的亥姆霍兹模型。纳米多孔碳材料拥有多种多样的孔形状，包括内嵌孔和外掺孔。如图 10-3（a）和图 10-3（b）所示，内嵌型电容器中电解液离子能够进入孔中。研究认为在圆柱形的介孔中溶剂化离子在极化作用下进入孔中并到达孔壁，进而形成双圆柱电容器（EDCCs）。

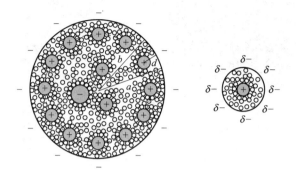

(a) 双圆柱电容器(b为外径，
a为内径，d为厚度)

(b) 直径为b带负电荷的微孔
与半径为a_0的溶剂化阳离
子形成的电线-圆柱形电容器

图 10-3　双圆柱电容器和电线-圆柱形电容器

假设有狭缝形孔的存在，Feng 等提出了一种夹层形的电容器模型。基于分子动力学模拟并考虑了离子的水合作用和水-水相互作用，研究了阳离子 K^+ 在狭缝形微孔中的离子分布。如图 10-4 所示，夹层形电容器是由位于两个相同极性的碳壁和中间的一层抗衡离子组成的。此外，其对应的电容值如下：

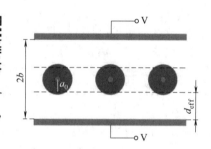

图 10-4　基于狭缝形孔的夹层形电容器

$$\frac{C}{A} = \frac{\varepsilon_r \varepsilon_0}{b - a_0} \tag{10-7}$$

式中，b 是狭缝形孔的孔隙宽度；a_0 是抗衡离子的有效离子半径。d_{eff} 就相当于 $b - a_0$。

如图 10-5（a）所示，外掺型电容器模型是指碳的外表面形成电容。图 10-5（b）所示为带负电的外掺型电容器类型的零维洋葱形碳和一维的碳纳米管（carbon nanotube，CNTs）。对于零维的洋葱形碳来说，溶剂化的抗衡离子在极化作用下累积在球形的外表面形成外掺型的球形双电容器（xEDSC）。在一维的碳纳米管情况下，溶剂化抗衡离子累积在碳壁的外表面上形成外掺型的圆柱形双电容器（xEDCC）。比表面积归一化后 xEDSC 和 xEDCC 的电容计算公式分别如下：

$$\frac{C}{A} = \frac{\varepsilon_r \varepsilon_0 (a + d)}{ad} \tag{10-8}$$

$$\frac{C}{A} = \frac{\varepsilon_r \varepsilon_0}{a \ln\left(\frac{a+d}{a}\right)} \tag{10-9}$$

式中，a 是球/圆柱形内部的电荷层半径，也就是碳的尺寸大小；d 是有效双电层的厚度。

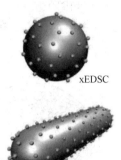

(a) 外掺型电容器的横截面   (b) 零维洋葱形碳xEDSC和
一维碳纳米管xEDCC的
立体视图

图 10-5   外掺型电容器

10.2.3 双电层电容器所用碳材料

活性炭。活性炭是目前双电层电容器中应用最广泛的活性材料，因为它具有较高的比表面积、较好的电子电导率、廉价经济等优点。活性炭一般是以各种各样的碳质材料为前驱体通过物理或者化学活化处理得到的。物理和化学活化处理是为了增大碳材料的比表面积。物理活化一般是指在水蒸气、二氧化碳、空气等氧化性气体存在的情况下，在高温（700～1200℃）条件下对碳前驱体或者碳进行处理。化学活化是指在相对较低的温度下（400～700℃），使用活化剂（像 KOH、$ZnCl_2$ 和 H_3PO_4 等）来对碳前驱体或者碳进行处理。通常来说，活化过程能够使得活性炭的比表面积高达 $3000m^2/g$，这利于双电层电化学储能。目前，活性炭基超级电容器是商业化器件中最好的选择，循环寿命能超过 10^6 圈。根据孔尺寸大小可以将孔分为三类：微孔（孔径<2nm）、介孔（孔径在 2～50nm）和大孔（孔径>50nm）。对于孔径小于 0.5nm 的微孔活性炭，电解液离子很难进入这种微孔。因此，离子在孔道中的传输可能会显著减慢，从而限制了 EDLCs 的能量和功率密度，特别是在有机体系中。因此，活性炭可以在水系电解液中呈现出高达 200F/g 的电容值，而在有机电解液中仅能拥有 100F/g 左右的电容值。

石墨烯。石墨烯（graphene）作为一种广泛研究的二维材料，可以通过自下而上法和自上而下法两种途径合成。自下而上法包括化学气相沉积、外延生长和化学合成。自上而下法包括物理机械法或者液相剥离石墨烯以及通过氧化石墨烯还原。单层石墨烯具有较大的理论比表面积（$2630m^2/g$）和较高的本征电容（$21mF/cm^2$）。然而，由于重叠的问题，单层石墨烯所具有的这些优异特性无法在宏观尺度上转化。因此，人们通过在石墨烯层之间预插入分子、优化孔结构和构建多层次的三维结构等方法来提升石墨烯基双电层电容器的性能。比如，通过构筑三维离子通道，石墨烯材料显示出了超过 200F/g 惊人的电容值。然而，由于存在成本高和工业规模下一致性差等问题，高质量石墨烯电极的生产受到影响，阻碍了其商业化的发展。由于成本问题和工业规模，高质量石墨烯电极生产技术的缺乏仍然阻碍其商业化的发展。

碳纳米管。碳纳米管是由 sp^2 杂化碳原子通过六边形排列组成的大型圆柱形炭材料。将一层石墨烯卷起来形成的是单壁碳纳米管（SWCNTs），而由多层石墨烯卷起来形成的是多壁碳纳米管（MWCNTs）。迄今为止，制备碳纳米管最常用的合成技术是电弧放电、激光烧蚀和化学气相沉积。碳纳米管的比表面积一般处于 $100\sim1000\mathrm{m}^2/\mathrm{g}$ 范围内。碳纳米管的孔径分布较窄，但由于离子在碳壁内的扩散受限，且在常规操作条件下没有内部电场，其内部孔隙不太可能增加双电层电容。然而，纯碳纳米管的电容值并不高，碳纳米管的外部表面能够形成外掺型电容，仅只有 $20\sim80\mathrm{F}/\mathrm{g}$。

模板多孔碳材料。模板多孔碳材料是在模板的辅助下通过碳化含碳前驱体制备得到的。这种模板法可以通过选择不同的模板剂在介孔范围内来调控碳材料的孔径大小范围。可选择的模板可分为两类，一种是硬模板（如沸石、介孔硅和金属氧化物），另外一种是软模板（如金属有机框架材料和共聚物表面活性剂）。如以乙炔为碳源、沸石为模板制备得到的多孔碳材料在有机电解液中拥有 $140\sim190\mathrm{F}/\mathrm{g}$ 的电容值。由于模板高昂的费用，使其商业发展受到生产成本的限制。

碳化物衍生的碳（CDCs）材料是通过使用各种金属碳化物对金属进行选择性刻蚀得到多孔碳材料，其中 TiC 经常被用来作为前驱体。CDCs 材料拥有一个关键的优势，就是在微孔范围内能够通过调控温度和时间来精确调节孔径。以 TiC 衍生的碳材料为例，它的平均孔径范围可以在 $0.68\sim1.1\mathrm{nm}$ 范围内变化，并且能以 $0.05\mathrm{nm}$ 的精度通过调节氯化反应的温度来控制。TiC 衍生的碳材料在离子液体电解液中能够展示 $160\mathrm{F}/\mathrm{g}$ 的电容值，比活性炭材料在离子液体电解液中的性能优异。考虑到孔径在微孔范围内可控且孔径相对狭窄，CDCs 材料常被用来研究双电层电容机制形成的基础研究。

代表性碳材料在双电层电容器中应用，其相关的主要特性参数列举在表 10-2 中。

表 10-2　双电层电容器碳材料特性比较

性能参数	比表面积/$(\mathrm{m}^2/\mathrm{g})$	电容值/(F/g)	成本
活性炭	$1000\sim2000$	$100\sim200$	低
石墨烯	$20\sim500$	$50\sim200$	高
碳纳米管	$100\sim1000$	$20\sim80$	高
模板多孔碳	$1000\sim3000$	$100\sim300$	高

10.2.4　碳材料双电层电容的影响因素

影响碳材料双电层电容的性能因素有许多，碳材料的比表面积和孔径是最主要的因素。根据古依-查普曼-斯特恩模型可知，双电层电容与表面积成正比。当碳材料的比表面积较小时，比电容基本上和比表面积呈线性关系。但是当比表面积高于 $2000\mathrm{m}^2/\mathrm{g}$ 时，比电容增加缓慢，逐渐趋于一个平衡。因此，即使对于拥有非常高比表面积的多孔碳材料，其质量比电容也是有限的。Barbieri 等将这种超高比表面积下引起的电容饱和归因于空间电荷电容，而空间电荷电容来源于电极侧端的空间电荷梯度层。

人们普遍认为，只有当碳的孔径大于溶剂化离子尺寸时，电解质离子才可以进入到这些孔隙中。考虑到常用的电解液，裸离子的尺寸和有溶剂化层的离子尺寸可以从几个到几十个埃变化。在这种情况下，拥有大的微孔和介孔的碳是被默认为获得高电容的最合适的候选材料。然而，人们发现利用具有亚纳米孔的微孔碳材料在不同的电解液中也能获得较高的电容值。考虑到 CDCs 材料的狭窄的微孔特征以及可调的孔隙结构，Chmiola 等在 2006 年报道了具有小于 1nm 孔径大小的 CDCs 材料，进而获得了高的质量和体积比电容值。此外，通过密度泛函理论（DFT）计算得到的 C/S_{BET} 的变化趋势也呈现出相同的趋势，这说明微孔碳的比表面积之前被低估了，其实碳的微孔孔隙对双电容容量也是有重要贡献的。微孔区域的亚纳米孔带来的双电层电容的增加，打破了传统的离子吸附和碳电极中双电层形成的观点。随后，人们提出部分的离子去溶剂化作用是亚纳米孔造成电容增大的原因。这是因为当离子进入纳米孔溶剂化后变形，离子越来越靠近碳壁，从而降低了式（10-1）中的 d 值。随后，Chmiola 等通过使用银类参比电极在对称体系中监控每个电极的电势变化，进而发现在负电极和正电极上出现了不同的双电层电容行为，这确认了在充放电过程中确实会发生部分离子的去溶剂化现象（图 10-6）。当离子被限制在相同尺寸的孔洞中时，可以获得较高的电容这个重大发现表明，利用传统的古依-查普曼模型来描述受限的纳米孔隙中双电层形成的过程已经不再有效。

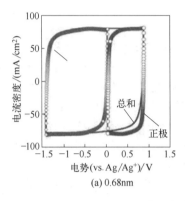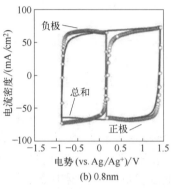

(a) 0.68nm   (b) 0.8nm

图 10-6   0.68nm 和 0.8nm 孔径大小的 CDC 材料的三电极循环伏安图
（正负离子表现出了不同的电容行为）

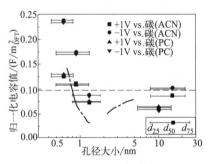

图 10-7   1mol/L TEABF$_4$ 的 ACN 和
PC 有机电解液中不同碳材料的
微分比表面归一化电容与孔径图

关于归一化的比容量（C/S_{BET}）和孔径定义仍然有局限性。首先，常用的孔径为平均孔径，一般定义为累积孔容体积达到 50% 时的孔径。此外，大多数多孔碳材料的孔径分布较宽且分散，除非这些碳具有单峰的孔径分布，否则用平均孔径来描述这些碳材料的孔隙率是不准确的。因此，用实验数据讨论 C/S_{BET} 和孔径的关系时，更倾向于使用单峰孔径且分布较窄的多孔碳材料。因此，有人还额外引入了 d_{25} 和 d_{75} 的孔径定义，它们分别代表累积孔容体积达到 25% 和 75% 时的孔径。此外，d_{50} 是指平均孔径。而三种不同累积程度的孔径大小更加能反映碳材料真实的孔径分布情况。如图 10-7 所

示为不同碳材料在 1mol/L 四氟硼酸四乙基铵（TEABF$_4$）的乙腈（ACN）和碳酸丙烯酯（PC）有机电解液中微分比表面积归一化电容与孔径图，从图可以看出，当两种电解液处于亚纳米级孔区域中，归一化电容也呈现出增加的趋势。

电子电导率对碳材料的双电层电容有一定的影响，绝大多数碳材料具有较高的电子电导率，这是因为它们在费米能级上有高密度的电子态。然而，还有几种碳材料仍然表现出半导体特性，比如单壁碳纳米管和螺旋状或者双层石墨烯。表面官能团的存在对碳材料的电化学性能有着极大的影响，特别是在水溶液体系中。在合成或者活化过程中，碳材料会容易引入如—O 和—OH 的含氧官能团，这些官能团在水系电解液中能够通过增加赝电容贡献从而提升碳材料整体的电容值。

10.3 不对称型超级电容器

10.3.1 赝电容电化学电容器

不同于双电层电容器，赝电容电极材料通过法拉第过程来存储能量，其中法拉第过程涉及在活性物质表面或近表面的快速、可逆的氧化还原反应。这种机理与电极材料的价态变化有关，也是电子转移的结果。"赝电容"一词正式用于识别其电化学特征是电容型的电极材料且电荷存储方式是通过电荷转移的法拉第反应，而不是双电层电容特性。这一过程源于快速可逆的表面氧化还原热力学过程，而电容则来源于电荷量（ΔQ）与电势变化（ΔU）之间的线性关系。

如图 10-8 所示，赝电容机制一般分为三种：

① 欠电位沉积，指的是在远高于它们的氧化还原电位时，金属离子在不同的金属表面形成一种吸附的单分子层。一般发生于离子在二维金属-电解液界面上沉积（例如 Pt 金属上的 H^+ 或者 Au 金属上的 Pd^{2+}）。

② 氧化还原赝电容是基于电子转移的氧化还原反应，其中在材料表面或近表面时会发生离子的电化学吸附并伴随着快速和可逆的电子转移。在某种程度上还原性的物质被电化学吸附到被氧化物质的表面或近表面（如 RuO_2、MnO_2 和导电聚合物）。

③ 嵌入赝电容发生于离子嵌入到氧化还原活性材料的通道或者层间距中且不发生晶相转变，且时间尺度上接近于双电层电容（如 Nb_2O_5）。

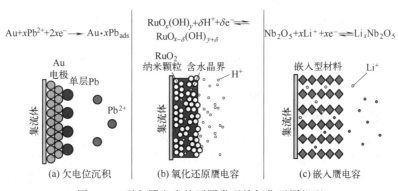

图 10-8　引起赝电容的不同类型的氧化还原机理

这三种赝电容机制的产生是因为不同类型的材料发生不同的物理过程，而它们电化学特征的相似性都是由于材料的内表面或者近表面发生吸脱附过程而产生的电势和电荷程度之间的关系，具体内容如下：

$$E \approx E^{\ominus} - \frac{RT}{nF}\ln\left(\frac{X}{1-X}\right) \tag{10-10}$$

式中，E 是电压；R 是理想气体常数；T 是温度；n 是电子数；F 是法拉第常数；X 是表面或内部结构部分覆盖的程度。在式（10-10）中，电容可以根据 E 与 X 的线性关系中的区域来定义：

$$C = \left(\frac{nF}{m}\right)\frac{X}{E} \tag{10-11}$$

其中，m 是活性物质的质量。因为 E 与 X 的曲线不像电容器那样完全是线性的，所以电容并不总是恒定的，所以它被称为赝电容。

10.3.2 赝电容材料

现在研究最普遍的赝电容材料主要是金属化合物和导电聚合物。在过渡金属氧化物中，RuO_2 是过去几十年前最早研究的赝电容电极材料。它具有较高的理论比容量（高达 1340F/g），较好的导电性和稳定的物理化学性能，已经被广泛研究。在水系电解液中 RuO_2 颗粒快速的电荷储存机制是通过表面的电化学吸附质子作用进行的，Ru 金属的氧化态可以从 Ru(+2) 转变为 Ru(+4)，其反应如下：

$$RuO_2 + xH^+ + xe^- \rightleftharpoons RuO_{2-x}(OH)_x \tag{10-12}$$

可惜的是，由于 RuO_2 的毒性以及金属 Ru 的高价格极大地限制了 RuO_2 的大规模商业应用。

随后，一些过渡金属氧化物被认为是替代 RuO_2 更廉价的赝电容材料。其中，MnO_2 具有廉价且自然环保的优势，是一种十分具有前景的电极材料。由于部分 MnO_2 在电解液中会溶解，因此 MnO_2 在循环过程中容量衰减从而影响其广泛的应用。近年来，其它过渡金属氧化物（如 NiO、Co_3O_4、Fe_3O_4、Mn_3O_4）由于具有较高的理论比容量（>3000F/g）也被广泛研究。以 Co_3O_4 为例，其赝电容反应如：

$$Co_3O_4 + H_2O + OH^- \rightleftharpoons 3CoOOH + e^- \tag{10-13}$$

赝电容材料的发展不限于金属氧化物，其它金属化合物如氢氧化物、碳化物、氮化物、磷化物和硫属化合物等也逐渐被拓展。虽然，金属化合物依靠赝电容机制展现了较高的比电容和能量密度，然而较低的电子电导率和较差的结构稳定性，限制了其性能最大限度的展现。因此，纳米化、构建多级结构、增大比表面积以及复合策略被用来提升赝电容材料性能。

10.3.3 不对称型超级电容器

在三电极体系中，一般通过测试循环伏安法或者恒电流充放电曲线来区分电极材料的电容特性，如双电层电容或者赝电容特性。对称型（symmetric）和不对称型（asymmetric）超级电容器一般是通过超级电容器组件中的结构来区分，对称型超级电容器中两种电极的材料、储能机理等都相同，而不对称型超级电容器中两种电极的材料、储能机理等不相同。目前，大多数的不对称型超级电容器中都是由一个双电层电极和另一个赝电容电极组成。理论上，超级电容器应该涵盖更宽的范围，甚至可以包含不同储能类型的电极。而目前通过将电池型电极材料和电容型电极材料组成混合型超级电容器（又被称为杂化型超级电容器）也是一种新的定义，理论上也属于不对称型超级电容器的范畴。实际上，关于不对称型超级电容器和混合型超级电容器的两个学术用语在绝大多数报道中并没有明确的区分。Brousse 等建议在使用不对称型超级电容器的术语时，里面包含的称为赝电容特性的电极，而混合型超级电容器中里面包含的称为电池型的电极材料。毫无疑问，混合型超级电容器是一种特殊类别的不对称超级电容器。

为了更好地评价并比较超级电容器的电化学性能，需要注意以下几点：①不同的测量体系，三电极结构、对称或不对称的二电极结构；②电极制造维度的差别，比如不同的负载量、厚度、大小等以及是否含有黏结剂、导电剂等；③不同的计算单位，如体积、面积或质量单位，是基于活性物质或基于超级电容器器件；④不同的电化学测试参数设置，如循环伏安曲线（CV）中不同的扫速以及恒电流充放电曲线（GCD）中不同的电流密度。因此，在评价超级电容器体系中的电化学性能时，有必要提出超级电容器的表征和计算的标准，同时与电极和电池结构有关的参数也应详细提供。

10.3.4 常见的水系不对称型超级电容器构型

（1）RuO_2基不对称型超级电容器

RuO_2电极研究最早且RuO_2在不对称型超级电容器中常被用来作为正极。由于Ru金属高昂的费用，从而限制了RuO_2基不对称型超级电容器大规模的应用。人们通过引入一些其它的赝电容材料或者炭材料来降低RuO_2的含量同时还能够保证较高的电容值。

（2）MnO_2基不对称型超级电容器

早期的不对称型超级电容器构型都是基于活性炭负极和MnO_2正极组装的。MnO_2一般都是用于中性的水系电解液中。当该体系在较高的速率下测试时，法拉第赝电容反应的有效利用受到了限制。在不同的中性水系电解液中，水合的K^+具有最小的离子半径（3.31Å）和最高的离子电导率，因此相比较其它两个含水离子（水合Na^+和Li^+离子半径分别为3.58Å和3.82Å）能更快更容易地进入δ型MnO_2的内表面。为了解决材料本身较差的电导率（$10^{-5} \sim 10^{-6}$ S/cm）从而提升MnO_2的比电容值、倍率性能和循环性能，可以将MnO_2直接沉积在导电集流体上或者与导电聚合物或者导电炭材料复合，还可以通过在泡沫镍上电化学沉积制备得到垂直排列的MnO_2纳米片，并与石墨烯水凝胶组成不对称型超级电容器，工作电压可达2.0V且能量密度可以达到23.2W·h/kg。

（3）金属化合物基不对称型超级电容器

金属化合物用来作为正极材料和负极碳电极组装成的不对称型超级电容器研究也较为广泛。NiO//还原石墨烯水凝胶构型的不对称型超级电容器，通过调节质量比，整体器件的工作电压能够扩展到1.7V。此外，通过连续的离子交换策略，金属氧化物前驱体转变成了洋葱状中空结构的$NiCo_2S_4$材料。$NiCo_2S_4$和活性炭组装成的不对称型超级电容器，展现了较杰出的循环性能和倍率性能。

（4）两者均为电容型氧化还原电极的不对称型超级电容器

传统的水系不对称型超级电容器都是选择碳材料作为负极部分，赝电容电极材料为正极部分。因此，负极部分选择赝电容电极材料来取代传统的双电层电容材料是提升电容型不对称型超级电容器能量密度的一种十分具有前景的手段。那么，在三电极体系中，负极材料必须在相应的较低电势范围展现氧化还原反应。目前，MoO_3、VN、Bi_2O_3、V_2O_5和Fe_3O_4等材料都是在负极电势电压下工作的赝电容材料。

最早的构建电容型不对称型超级电容器的离子是使用MnO_2/CNTs作为正极，而SnO_2/CNTs作为负极。在这种构型中，确定正负极的电容电位范围是十分重要的。对于MnO_2正极来说，质子和阳离子都参与了Mn^{4+}和Mn^{3+}之间的氧化还原转变。虽然Sn不是过渡金属，但是也有两种稳定的价态（Sn^{4+}和Sn^{2+}）。通过不同电势窗口下的CV曲线来确定最优的电势范围。最终，不对称系统中能够达到一个从$-0.8 \sim 0.9$V宽的电势范围，同时正负极材料能够分别保持类矩形的CV曲线。在2.0mol/L KCl电解液中，不对称型超级电容器可以达到 1.7V 的工作电压，且不会有电解液的分解。电化学窗口的增大可能是因为 $SnO_2/CNTs$ 负极更高的析氢过电势。该体系能获得 $20.3W \cdot h/kg$ 的能量密度和 $143.7kW/kg$ 的功率密度。此外，MoO_3/rGO（还原氧化石墨烯）$//MnO_2/rGO$、$Fe_2O_3//MnO_2$ 等电容型氧化还原电极的不对称型超级电容器被相继开发出来。

10.4 超级电容器电解液

10.4.1 超级电容器电解液概述

电解液是影响超级电容器性能的最重要因素之一，在两个电极之间实现电荷的转移和平衡。电解液的电化学稳定性可以决定电压窗口，从而进一步决定整体的能量密度。此外，电解液的离子电导率与内在阻抗有关系，这个决定超级电容器的功率密度。用于超级电容器的电解液主要可以分为三类：水系电解液、有机系电解液和离子液体。水系电解液具有较高的离子电导率、廉价和安全等十分关键的优势。水系电解液的一个主要的优势是水系电解液中碳材料的比容量要比在非水系电解液中的比容量高很多。使用水系电解液的时候不需要在惰性气氛下组装，因此它们的制造成本也能大大减少。然而，受到水电化学分解的限制（1～1.2V），它们的工作电压十分低，最终导致水系超级电容器的能量密度比非水系的超级电容器要低很多。此外，在使用碱性或酸性电解液时，需要认真选择集流体的种类来避免集流体被腐蚀。最近，有人提出"水溶盐"电解液的观念，在这体系下自由水分子的数量受到了限制，从而提升了最大电压窗口，可超过 2V。这说明水分子在"水溶盐"电解液中的氧化稳定性比传统的"盐溶水"电解液更高。

一般来说，有机系的电解液比水系电解液更加宽，且能将工作电压提升到 2.7V。由于能量密度和工作电压的平方成正比，因此高电压的电解液能够极大地提升能量密度。目前大多数商用的超级电容器都是使用有机电解液，它们的能量密度能够达到 $10W \cdot h/kg$。然而，有机电解液的缺点是可燃、比水系电解液更低的电导率。在工业化超级电容器上最常用的是 $TEABF_4$ 电解质。$1mol/L$ $TEABF_4$ 溶解在乙腈的溶液具有 $60mS/cm$ 的离子电导率，采用更不易挥发的 PC 作为溶剂时，其离子电导率大约为 $11mS/cm$。

离子液体是一类在相对较低的温度（<100℃）下呈液体的有机盐，它是一种无溶剂的电解液，仅包括阳离子和阴离子。将离子液体用于电解液时，可以避免基于有机溶剂电解液出现的易燃性和挥发性的缺点。然而，离子液体的离子电导率比商用的有机电解液低得多。虽然离子液体在常温或者高温下的性能可观，但是当温度低于常温的时候，它们的黏度会快速增大，其离子迁移率和离子电导率急剧下降。低温下，离子迁移率的降低会增加超级电容器的内在电阻，从而影响电容值。

10.4.2 超级电容器电解液的设计

离子迁移率和电导率是评价电解液性能的重要参数。水系电解液的导电性一般比非水溶液电解液和固体电解液要高。物质（i）的电导率（σ）一般和离子迁移率（u_i）、载流子浓度（n_i）、元电荷（e）和迁移离子的价态大小（z_i）有关系，如下所示：

$$\sigma = \sum_i n_i u_i z_i e \qquad (10\text{-}14)$$

从上述方程中可以看出变量取决于溶剂化作用、溶剂化离子的迁移和电解质盐的晶格能。因此，电解液中的溶剂、添加剂、电解质等组分都会影响电解液最终的导电性。

不同的盐在同样的溶剂中都会有不同的阴阳离子作用和离子大小的差异，因此相应的电解液电导率也会有所不同。此外，在同样的体系中，盐的浓度也同样会改变电解液的电导率。在盐的低浓度下，游离离子的数量占主导地位。因此，优化盐的浓度也是提升电解液离子电导率的重要途径。当黏度和游离的离子处于平衡的时候，电导率也会很高。如果盐的浓度在溶剂中十分高，那么溶剂中的阴阳离子会与中性离子强烈结合来减少游离离子的数量，进而减小电解液电导率。然而，电导率在高黏度离子液体体系中随着溶液浓度的增加而减小。

溶剂的黏度和溶剂的介电常数是影响电解液的两大重要特性。因为，介电常数决定盐的解离，而黏度决定盐的离子迁移率。文献表明，具有高黏度的溶剂具有较高的介电常数。因此，通过混合低黏度和高介电常数的溶剂来制备超级电容器的电解液是一种合适且常见的手段。

电化学稳定性与超级电容器的安全性和循环性寿命密切相关。电化学稳定性不仅取决于电解液的组分，还依赖于电极与电解液的兼容性。电解液氧化还原反应的上限和下限可以看出电解液的电化学窗口，且线性伏安法和循环伏安法是检测电解液稳定性常用的手段。一些电解液在电化学循环过程中会逐渐分解，从而释放热量，提升工作温度，进而带来安全问题。因此，超级电容器电解液的热稳定性是十分关键的参数之一。超级电容器电解液的热稳定性取决于两个方面，一个是电解液和电极之间的相互作用，一个是电解液自身的热稳定性。

10.4.3 各种电解液中离子对电荷存储的影响

水系电解液一般分为碱性、中性和酸性三种。经常使用的水系电解质是锂、钠和钾等碱金属的氢氧化物、硫酸盐、氯化物和硝酸盐等。研究结果显示，在 HCl、KCl、NaCl、LiCl 电解液中在 $5mV/s$ 分别展示了 $280.3F/g$、$255.4F/g$、$210.4F/g$ 和 $197.9F/g$ 的电容值。电容值有这么明显的差距是因为阳离子迁移率、水合阳离子半径、导电性以及它们对电荷/离子交换和扩散的影响导致的。水合阳离子半径的大小顺序是 H^+-$H_2O^{\delta-}$ $<$ K^+-$H_2O^{\delta-}$ $<$ Na^+-$H_2O^{\delta-}$ $<$ Li^+-$H_2O^{\delta-}$。Li^+ 具有最大的水合离子半径，因为 Li^+-$H_2O^{\delta-}$ 之间具有最强的相互作用。H^+ 具有大的离子迁移率和小的水合离子半径，这是因为水分子之间通过氢键作用产生跳跃转移模式。因此，H^+ 和其它三个阳离子相比具有最高的离子电导率。高的电导率和离子迁移率能够促进离子在电解液/电极界面的吸附作用。因此，超级电容器在 HCl 电解液中具有最大的比电容值。此外，长循环稳定性和阳离子也有关联。10000 圈之后，超级电容器在 HCl、LiCl、NaCl 和 KCl 电解液中的容量分别还保留了 92.0%、73.9%、58.7% 和 37.9%。这个现象是因为充放电过程中较大阳离子半径的嵌入/脱嵌作用从而导致了组分的损坏。不同阴离子对 CDCs 材料的电化学性能也有较大影响。研究表明，改变阴离子的组分也能够改变相应电解液体系下的电容值。其中，OH^- 具有最高的电导率和离子迁移率，所以在 KOH 电解液中会产生更大的电容值；而 SO_4^{2-} 相比其它阴离子具有较低的离子迁移率和电导率，因此 CDCs 材料在 $0.5mol/L$ K_2SO_4 中的电化学性能较差。

在有机电解液体系中，离子半径大小对双电层电容性能也有影响。研究表明电容值更加依赖于阳离子的尺寸而不是阴离子的尺寸，这是由于阴离子尺寸比阳离子小。

离子液体主要是由阴阳离子构成的盐且熔点小于 $100℃$，因此离子液体的物理化学性质可以通过改变阴阳离子的组分来调节。使用离子液体作为电解液，超级电容器的电压窗口和工作温度都能够得到显著提升。离子液体根据组成一般可以分为质子型、非质子型和两性离子型。超级电容器中使用的离子液体主要是基于铵、锍、咪唑、吡咯烷和季膦类阳离子及 PF_6^-、BF_4^-、三氟甲磺酸（$TFSI^-$）、双（氟磺酰）亚胺（FSI^-）和二氰胺阴离子。质子型离子液体相比较于非质子型离子液体具有更低的工作电压，因此在超级电容器中的应用受到了限制。

10.5 超级电容器器件

柔性超级电容器（flexible supercapacitor）主要是由柔性的电极、聚合物电解液和柔性的包装材料组成（如图10-9所示）。柔性超级电容器的组成和传统的超级电容器组成类似，最主要的不同是柔性超级电容器需要柔性特性的电极和固态电解液。因此，通过改变以上这三个组分能够优化柔性超级电容器器件的性能。

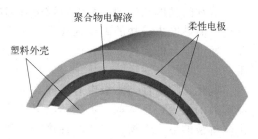

图 10-9　柔性超级电容器器件的组成

制作柔性电极的方法基本上分成两大类：制备活性材料的柔性独立薄膜和在柔性衬底上支持/沉积活性材料。开发活性材料的柔性独立薄膜能够避免使用集流体、导电添加剂、黏结剂，从而能够减轻最终器件的质量。在柔性超级电容器的电化学性能评价方面需要考虑整体的体积来计算体积比容值和体积能量密度。目前，基于碳材料使用液相方法可以制备独立的超级电容器电极，尤其是碳颗粒、石墨烯和碳纳米管。

柔性超级电容器器件所需要的厚度十分小，一般小于 $50\mu m$。独立的活性材料膜是易碎的且长时间使用后电极会脱落弯曲。因此，人们选择柔性的基底支撑活性材料来解决这个问题。一般都是通过在柔性多孔且轻质量的基底上覆盖或者生长活性材料。而常用的基底是柔性的金属基底（如不锈钢、镍和钛）、碳基电极和多孔材料（如纸、纺织品、缆绳式电极和可弯曲塑料）。金属基底具有高的电子电导率、好的机械强度而被选为柔性超级电容器的基底。尽管它们具有这些优势，但是金属基底相对活性材料来说一般是十分厚和重的，所以整体器件的质量比电容会显著下降。因此，通过构建多孔结构（如泡沫、网等）的金属基底能够解决上面的问题，同时还能够增加活性材料的负载量。一般来说，高导电性的金属线或者碳基纤维，都可以制备电极良好的集流体。低成本、质地相对较轻的塑料基质［如聚对苯二甲酸乙二醇酯、聚二甲硅氧烷等］具有优良的弯曲性，也可以被认为是支撑活性物质具有前景的候选者。一般，聚合物不导电基底常用于微型超级电容器的构筑。

10.6 锂离子电容器

由于超级电容器普遍能量密度较低（5~10W·h/kg），不能完全满足市场多种性能的需求，极大地限制了其实际用途。与此同时，锂离子电池也是目前应用最广泛的可充电的电化学储能器件之一。锂离子电池具有能量密度大（150~260W·h/kg）、电压平台高（商业电池可达到3.6V）等优点，是目前最具发展潜力的二次电池，在便携式电子设备、船舶、国防军工等领域不可或缺。然而，其功率密度相对较低（<1kW/kg）、循环寿命短（<1000次），无法满足电动车设备高功率启动和加速方面的需求。因此，无论是超级电容器能量密度低还是锂离子电池功率密度低的限制，它们在单独使用过程中均无法满足当前快速发展新能源产业的需求。

近年来，将锂离子电池和超级电容器进行"内部交叉"的研究渐渐兴起，即在双电层电容器中加入锂离子电池材料，或在锂离子电池中添加以双电层储能的活性炭电极材料，将两者的优点有机结合于一体，构筑成锂离子电容器（lithium-ion capacitor），使其器件的性能得到融合与提升。因此，锂离子电容器拥有电池和电容器的双重特性，具有比锂离子电池功率密度高及循环性能好和比超级电容器能量密度大的优势，被认为是非常有应用前景的先进储能器件。锂离子电容器工作原理及储能特点为：锂离子电池通过Li^+在正负极材料中发生可逆的嵌入/脱嵌氧化还原反应来存储和释放能量。它的倍率性能受Li^+在电极体相中的扩散速率等的限制，使得其功率特性较差。双电层电容器是依靠电极与电解质的界面上形成双电层结构来储存能量，不受电化学动力学的限制，使得其具有很好的功率特性。

一般来说，锂离子电容器是由电池型的负极、电容型的正极和含Li盐的电解液组成。而锂离子电容器根据电解液的溶剂大体上可分为有机介质体系及水介质体系两种，其中有机介质体系的电化学稳定窗口更宽，能量密度更高，更符合锂离子电容器未来的发展需求。锂离子电容器的工作原理如图10-10所示，以石墨//活性炭体系为例。充电时，电解液中的阴离子吸附在活性炭正极表面形成双电层结构，同时电解液中的Li^+嵌入到石墨层间距中形成嵌锂的石墨；放电时，Li^+从负极石墨中脱嵌回到电解液中，正极活性炭与电解液界面的双电层解离，阴离子从正极表面释放回到电解液中，同时电子从负极通过外电路到达正极。

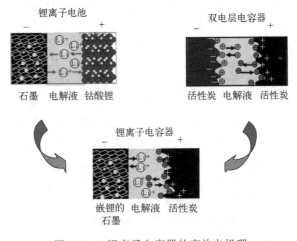

图 10-10　锂离子电容器的充放电机理

此外，根据充放电过程是否消耗电解液，锂离子电容器的充放电机理还可以分为电解液消耗机理、锂离子交换机理和混合机理三种。

① 电解液消耗机理。这个体系是以嵌入/脱出锂的化合物作为负极和电容型炭材料作为正极为基础。在充电过程中，电解液中的阴离子在电场的作用下迁移并吸附在正极表面。与此同时，电解液中的Li^+向负极方向移动并嵌入到负极材料中。放电过程和以上充电过程相反。在放电过程中，Li^+从负极材料中脱出并回到电解液中，而正极表面释放所吸附的阴离子来维持体系的电荷平衡。锂离子电容器中属于电解液消耗机理的包括钛酸锂//活性炭、石墨//活性炭等。

② 锂离子交换机理。在此体系中，锂源是来自正极材料，而负极选择电容型的活性物质。在充电时，Li^+从正极材料中脱出进入电解液，并从电解液迁移至电容型负极表面，产生双电层电容。而在放电过程中，负极所吸附的Li^+回到电解液并重新进入正极材料中。具有该机理典型的锂离子电容器体系包括：锰酸锂//活性炭、磷酸铁锂//活性炭体系等。

③ 混合机理。混合机理就是以上两种机理的结合。混合型的特点是，其中的一极或两极既包含电池材料又包含电容材料。具有混合机理的锂离子电容器体系为钛酸锂//活性炭＋锰酸锂、中间相炭微球//活性炭＋磷酸铁锂等。

10.6.1 锂离子电容器电极材料

（1）锂离子电容器负极材料

负极材料在构筑锂离子电容器中起着十分重要的作用。在锂离子电容器负极材料方面，大多数情况选用电池型锂离子电池负极材料，而使用活性炭等电容材料作为负极材料方面的研究相对较少。这是由于电解液在电位小于 1V（vs. Li/Li$^+$）时会在电极表面发生还原分解生成固体电解质界面膜，而具有高比表面积的活性炭会造成较大的不可逆容量损失。因此使用活性炭负极材料构筑锂离子电容器时会大幅度控制负极的最低工作电位，进而限制了锂离子电容器的电压上限。为了确保获得高能量密度和高功率密度的锂离子电容器，对于负极材料而言，低的工作电压和好的电导率是必须的。目前，石墨、钛酸锂材料是商业化锂离子电容器的主要负极材料，而其它类型的负极材料由于一些问题的限制仍然处于研究阶段，距离商业化还有些距离。

① 碳负极材料。锂离子电容器中使用的碳负极材料一般分为石墨化碳材料和非石墨化碳材料两种。

石墨具有极低的嵌锂电位、平坦的嵌锂平台和 372mA·h/g 的理论质量比容量，是锂离子电容器产业应用最广的碳负极材料。因为石墨嵌入/脱出锂离子的电势略高于 0V，所以使用石墨作为有机系锂离子电容器负极时，工作电压能够达到 3.8～4.5V。然而，由于天然石墨不可逆容量高、循环性能差，对天然石墨进行适当的改性是必须的。例如，减小石墨层的厚度能在一定限度上提升锂离子电容器的倍率性能，减小石墨的颗粒尺寸同样能提高其倍率性能，但会增加不可逆的容量损失。此外，研究发现对石墨负极进行表面改性处理还能够提升锂离子电容器体系的首次库仑效率以及容量。石墨烯是石墨的单原子平面层。由于它独特的二维结构，展现出十分优异的电导率、高的理论比表面积（2630m^2/g）和好的力学性能。然而，由于石墨烯层的疏水表面会导致在溶剂中发生团聚现象，使得溶液法大规模制备石墨烯是十分困难的。因此，氧化石墨烯作为石墨烯的前驱体经常用来制备 rGO 结构并作为锂离子电容器的负极材料。石墨炔是一种最新发现的碳的同素异形体。不像之前报道的石墨和石墨烯，它具有丁二炔连接部分（—C≡C—C≡C—）以及 sp-和 sp^2-杂化形式的碳原子。石墨炔的结构类似于石墨烯模型但是具有额外且均匀的 18-C 腔，这结构利于提升其物理化学稳定性和电导率。此外，石墨炔具有高度多孔的结构，有利于储存锂离子且具有优异的锂离子迁移率。基于 LiC$_3$ 结构，石墨炔的理论质量比容量为 744mA·h/g。以石墨炔负极和活性炭正极组装而成的锂离子电容器在 100.3W/kg 的功率密度下可发挥出 110.7W·h/kg 的能量密度。

相比于高度结晶化的石墨、石墨烯和石墨炔，石墨化碳材料一般是由石墨化的结构和无定形的部分共同组成。因此，石墨化碳材料的层间距和微结构能够进行调节，进而共存高平台容量和优异的倍率特性。在高温条件下凭借过渡金属元素的催化反应实现催化石墨化作用是制备石墨化碳材料的一个有效途径。其中，石墨化程度的调控可以通过改变温度大小、前驱体结构和催化剂种类实现。通过预碳化和在不同温度（900℃、1000℃和1100℃）下催化石墨化处理剑麻纤维可以得到不同程度的石墨化碳材料。研究发现，平台容量的大小取决于石墨化碳材料的有序程度且平台容量和石墨化程度随着热处理的温度增高而增大。在

1100℃制备的剑麻纤维衍生的石墨化碳材料在0.05A/g的电流密度且低于0.2V条件下拥有243mA·h/g的比容量，占总容量的68%。它与活性炭正极组装得到锂离子电容器在0.143kW/kg和6.63kW/kg的功率密度下，能够分别发挥出1104W·h/kg和32W·h/kg的能量密度。

无定形的碳材料，具有更宽的层间距、更低的Li^+嵌入能级，使得其具有更好的倍率性能以及容量保持率，且制备无定形碳材料的原材料来源广泛，是一种理想的锂离子电容器负极材料。因此，各种各样的无定形碳材料，特别是生物质衍生的无定形碳材料被广泛地研究。可惜的是，无定形碳材料由于较大的比表面积造成了更多的不可逆容量损失。研究发现，通过调控形貌、颗粒尺寸、孔隙率占比、比表面积大小、缺陷浓度和官能团种类等策略能进一步提升无定形碳材料的首次库仑效率，从而获得高性能的锂离子电容器。

② 钛酸锂（$Li_4Ti_5O_{12}$）。钛酸锂是锂离子电容器负极材料的研究热点之一，它具有较高的理论比容量（175mA·h/g）、稳定的相变电势（约1.55V）、接近于100%的首次库仑效率、独特的零应变特性（体积变化仅为0.2%）、工作温度范围宽（-30~60℃）、无SEI膜和锂枝晶生成等优点。然而，钛酸锂电极材料具有电子导电性较差（约10^{-13} S/cm）和锂离子扩散系数不足（约10^{-16} cm²/s）等问题，从而限制了其大规模商业化应用。一般采用颗粒纳米化、表面修饰、元素掺杂和多元材料复合等策略来改性钛酸锂的性能。

③ 过渡金属氧化物负极。过渡金属氧化物按照反应机理可以分成两类。一类是体系中没有结构变化且没有涉及Li_2O中间产物生成，比如TiO_2等。另外一类则是循环过程中有Li_2O和其它相的中间产物生成，比如MnO、Fe_3O_4、$ZnMn_2O_4$等。虽然过渡金属氧化物作为负极材料，具有远高于碳材料的放电容量，但是以下几个问题极大地限制了锂离子电容器的实际应用：Li^+的脱嵌电位较高（大约在1.0~2.5V范围内）、明显的极化现象、低的首次库仑效率、充放电过程中较大的体积变化和差的循环稳定性。为了解决以上遇到的瓶颈，采取了减小颗粒尺寸、表面包覆或修饰、调节材料的孔和空隙、构筑独特的形貌等手段来提升电化学性能。同时还引入非锂离子固相扩散控制的赝电容反应来提升材料的倍率特性。

④ 其它负极材料。除了上述的几种材料以外，近年来金属硫化物、金属磷化物、金属氮化物、合金类化合物、MXene和有机物等都成为了锂离子电容器负极材料重点关注的对象。

（2）锂离子电容器正极材料

迄今为止，大多数研究集中在提升负极材料的容量和动力学行为方面，在电容器正极方面的研究较少。值得注意的是，根据公式$1/C_总 = 1/C_{负极} + 1/C_{正极}$，锂离子电容器的电化学性能同样也会被正极的容量影响。商业化活性炭具有较大的比表面积、较好的导电率和稳定的物理化学稳定性，作为典型具有双电层储能机理的碳材料，在早期锂离子电容器的研究中被广泛应用。然而，当将它应用于$LiPF_6$电解液中，只能发挥出仅40mA·h/g左右的容量。此外，利用十分低容量的碳材料作为正极时，会加剧与负极材料质量匹配的问题以及增加电极制造的难度，进而限制锂离子电容器的功率密度。因此，为了研究出高性能的碳正极，可通过增大比表面积、构建合适的孔结构、调节合适的孔径大小、增加石墨化程度、以及表面改性等措施提升碳材料的电容行为。

① 增大比表面积。近年来，研究者们以生物质为基础得到的生物质衍生的碳材料具有十分大的比表面积，利于电解液的浸润。

② 构建合适的孔结构。碳材料的电容特性不仅依靠于比表面积还受到孔径分布方面的影响。然而，电容值不总是和比表面积成正相关的增长关系。因此，合理地构建碳材料的孔

结构对于提升电化学性能是一个十分重要的关键因素。

③ 调节合适的孔径大小。双电层电容储能机制主要是靠电极和电解液界面之间的离子电吸附方式。除了孔结构，孔径作为孔隙特征参数之一在提升双电层电容方面有着至关重要的作用。通常情况下，当碳材料孔径大小和溶剂化的离子大小符合时能够获得最大的电容值。因此，合适的孔径大小是提升双电层电容值的关键。

④ 表面改性。杂原子掺杂是对碳材料进行表面改性常用的一种手段。杂原子掺杂能够改变碳材料的电子分布从而提高电子电导率。杂原子掺杂能够额外地引入氧化还原反应从而进一步提升电容性能。此外，杂原子的引入能够提升碳材料对电解液的润湿性，提升其倍率性能。

⑤ 增加石墨化程度。研究发现，石墨化程度提升能够很大程度地增加碳材料的电子电导率，进而提升碳材料的倍率性能和循环稳定性。通过引入乙酰丙酮铁催化剂来提升碳纤维的石墨化程度，而制备好的石墨化碳纤维的电化学性能得到了显著的提升，用它和 $Fe_3O_4@C$ 负极组装成的锂离子电容器发挥出了优异的电化学性能。

10.6.2　锂离子电容器的关键技术

影响锂离子电容器性能的关键技术有许多种，比如正负极质量比、电压范围的选取、预锂化技术以及电解液的选取等。不同的技术在影响锂离子电容器的能量密度、功率密度和循环性能等方面有着各自不同的原理以及差异。

（1）质量匹配原则

由于负极氧化还原反应带来的高容量特征与正极表界面物理吸脱附机理导致的低容量特点从而产生了明显的容量不匹配问题。为了保持锂离子电容器整个体系的容量匹配，正负极质量比的研究成为了一个核心的课题。合适的正负极质量比能够明显地提升体系的能量密度。

实际上，锂离子电容器能够看作一种特殊的不对称型电容器。对于锂离子电容器体系，总能量的计算公式如下：

$$E = \int V \mathrm{d}q = \left(V_M - \frac{1}{2}V_C\right)m_B C_B \tag{10-15}$$

式中，q 是容量；m_B 和 C_B 分别是负极材料的质量和比容量；V_M 和 V_C 分别是最大电势和锂离子电容器的工作电势。

对于锂离子电容器而言，两个电极上的电荷应该是平衡的，同时也等于电解液中消耗的离子的电荷。显然地，锂离子电容器能存储的最大电荷是由正极的电荷 Q_C、负极的电荷 Q_B 和电解液中的电荷 Q_i 三者中最小值决定的。所需电解液最小值的 m_i 可通过电荷平衡公式 $Q_i = Q_B$ 获得且满足 $m_i = \alpha m_B$。此外，α 是负极的全部容量下的电解质与负极的最小质量比且满足公式 $\alpha = \rho C_B/(c_o F)$，其中 c_o 是电解液中的离子浓度，ρ 是电解液的质量密度，F 是法拉第常数且 $F = 96484 \mathrm{C/mol}$。因此，锂离子电容器的能量密度能够通过以下公式来表述：

$$\varepsilon = \left(V_M - \frac{C_B}{2C_C}\gamma\right)\frac{\gamma C_B}{1 + \gamma(1 + \alpha)} \tag{10-16}$$

式中，γ 是质量比 m_B/m_C 且 m_C 是正极物质的质量。对于理想的锂离子电容器来说，在充放电过程中离子浓度是恒定不变的，因此 α 值为 0。那么，锂离子电容器的能量密度公式能够简化为以下公式：

$$\varepsilon = \left(V_{\mathrm{M}} - \frac{C_{\mathrm{B}}}{2C_{\mathrm{C}}}\gamma\right)\frac{\gamma C_{\mathrm{B}}}{1+\gamma} \qquad (10\text{-}17)$$

如图 10-11 所示为锂离子电容器的理论能量密度和负/正极质量比的关系图。如果正极的比电容值 C_{C} 是 100F/g，负极的比容量 C_{B} 是 160mA·h/g 且最大的工作电压 V_{M} 为 3.8V，那么负/正极质量比为 0.45 时，能量密度为 94.5W·h/kg。由图 10-11 可以得出在负/正极质量比是 0.45 时，能量密度能够达到最大值 94.5W·h/kg。然而，正负极电极在实际的锂离子电容器中肯定是多孔结构的。在这种情况下，活性物质的占比是略微减少的，有一部分的电解液会填充在孔隙中从而减小锂离子电容器整体的能量密度，使得其低于计算得到的理论能量密度。

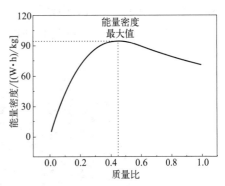

图 10-11　锂离子电容器理论能量密度
随负/正极质量比的变化

（2）电压窗口的选择

根据公式 $E = 0.5C/V^2$ 可知，能量密度是受电容值和电压窗口共同影响的。锂离子电容器和超级电容器不同的一点是，在负极部分中锂离子电容器选用的是电池型负极，电池型负极可以通过嵌 Li^+ 的方式降低本身的电势。因此，预锂化后的负极能够保持和镀锂电势几乎一样的电势，从而增加了其锂离子电容器的电压窗口范围。锂离子电容器的工作电压甚至可以高达 4V 以上。然而，并不是电压窗口越大的条件下越能提升锂离子电容器的电化学性能。要达到一个兼具高能量密度和高功率密度的目的，合适的工作窗口是十分必要的。在酯基的锂离子电解液中，稳定的窗口是 1.5~4.5V 范围内。电解液在低于 1.5V 的条件下，会得到电子并被还原，而电解液在高于 4.5V 的情况下会被氧化。需要注意的是，在低于 0.8V 的条件下会在负极表面生成稳定的 SEI 膜。因此，太高的电压会造成电解液分解的问题。另一方面，太低的电压会使得消耗过多的电解液，从而影响锂离子电容器的长循环稳定性。

（3）预锂化

预锂化也就是预嵌入锂离子，被认为是电化学储能体系中额外提供充足锂源的一种有效技术。预锂化在锂离子电容器中是一个十分关键的技术，它能够补偿初始的容量损失，增大工作电压和增加电解液中的 Li^+ 浓度。此外，预锂化措施还能够避免使用活性锂金属时引发的事故，大大提升安全性。在锂离子电容器体系中，电池型的负极在充电过程中会形成 SEI 膜进而消耗一定量的活性锂离子。然而，电容型的碳正极不含锂源，无法为电池型的负极提供锂离子，那么负极所需的锂离子只能从电解液中提供，进而影响整个体系的长循环稳定性。此外，预嵌锂的负极能够展现出较低的电势，从而能够增大锂离子电容器的工作电压和能量密度。鉴于预锂化的优势，陆续开发了各种各样的预锂化方法。值得注意的是，不同的预锂化策略有着各自不同的机理。目前，有效的预锂化策略大体上能够分为使用金属锂、使用金属锂替代物和引入额外的添加剂三类。

目前，基于使用金属锂的情况下，如图 10-12 所示，常用的预锂化方法主要分为三种：内部短路法（也可称为直接接触法）、外部短路法和电化学方法。内部短路法就是在有电解液的情况下，电极材料直接和金属锂接触，实现两者之间内部的相互电子传输，完成锂化过程。此方法是一个十分简单、快速的预锂化方法。值得注意的是，精密卷绕对辊机械方法可以基于直接接触法通过金属锂实现预锂化目的，此方法能够适用于大规模操作。鉴于金属锂十分敏感的高化学活性，此方法必须在高度惰性的环境（水和氧气值均小于 0.1mg/L）下操作。为了优化直接接触预锂化方法，人们选用聚合物层来覆盖在金属锂的表面从而在室外环境下进行保护。虽然直接接触法十分迅速便捷，且此方法下的预锂化程度可以通过调节反应时间和金属锂的含量来控制，但是预锂化的精确程度难以控制。

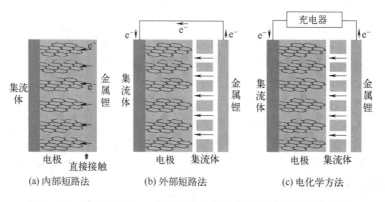

图 10-12　内部短路法、外部短路法和电化学方法的预锂化机制

对于外部短路法来说，牺牲的金属锂电极和目标电极通过隔膜隔开后，两者通过外置的电线进行电化学反应。在此方法下，预锂化反应由于两者电极的电势差而自发地发生。此方法和内部短路法相比，通过电压的实时监控可以精确控制预锂化的程度。

电化学预锂化方法是通过在半电池的情况下完成的。此方法下的预锂化程度能够得到进一步精确的控制，可以通过调节确定的充放电时间和达到确切的目标电压来完成，不需要实现内部短路，更加的安全、环保。然而，电化学预锂化方法的步骤烦琐，需要额外的拆卸和重新组装过程，极大地增大了成本和时间的消耗。因此，此方法不利于在商业化的情况下使用。

除了上述的三种方法以外，化学锂化法也是目前开发出的新型方法。在使用金属锂的情况下，热锂化法、高能球磨法、液氨溶解法等都能实现电极材料的锂化过程。基于金属锂的条件下，人们开发了各种各样的方法来实现预锂化的目的。然而，仍然改变不了金属锂的高活性本质且所有的步骤都需要在高度惰性的环境下操作。因此，需要开发创新的预锂化技术来解决目前使用金属锂情况下所引发的安全问题。

10.6.3　锂离子电容器的构型

根据正负极材料的储能机理，锂离子电容器的构型主要分为两种：一种是负极为电池型机理，正极为电容型机理；另一种为负极是电容型机理，正极为电池型机理。目前，研究比较多的是电池型负极//电容型正极构型。而在之前的章节内容中，也讨论了许多在此构型下，电池型负极和电容型正极的选择。以下内容主要探讨电容型负极//电池型正极的构型情况。

嵌锂化合物常被选择为锂离子电容器的电池型正极。而在嵌锂化合物中经常选择一些含锂的金属氧化物。$LiNi_{1/3}Mn_{1/3}Fe_{1/3}O_2$、$LiNi_{1/3}Mn_{1/3}Co_{1/3}O_2$、$LiMn_2O_4$ 和 $LiNi_{0.5}Mn_{1.5}O_4$ 多组分金属氧化物已经被选择并用来组装成性能优异的锂离子电容器。此外，$LiFePO_4$、$LiCoPO_4$、Li_2CoPO_4F、Li_2MnSiO_4 和 Li_2FeSiO_4 等其它类型的磷酸盐、氟磷酸盐和硅酸盐也同样作为电池型正极被应用到锂离子电容器体系中。虽然电池型正极有着更高的理论比容量，但是它们的低离子扩散动力学限制了其功率密度。由于两者不同的电化学储能机理，在电池型正极和电容型负极之间依然存在着动力学不匹配问题。为了提升电池型正极的动力学和结构稳定性，采用了调节颗粒的尺寸大小和形貌、离子掺杂和碳包覆等策略来解决。近几年来，一些新型的锂离子电容器被人们开发了出来。如图 10-13 所示为一种新型的锂离子赝电容器构型，在此构型中使用的是石墨材料作为正极，而负极使用的是电池型负极。此外，石墨取代了传统的活性炭材料，展现了高压条件下独特的法拉第阴离子嵌入行为。构建的新型石墨//石墨锂离子赝电容器在 $0.22 \sim 21.0 kW/kg$ 的功率密度范围内展现了 $167 \sim 233 W \cdot h/kg$ 的高能量密度，远远高于目前锂离子电容器的能量密度（$20 \sim 146 W \cdot h/kg$）。此外，石墨同时作为正极和负极，极大地减少了构建锂离子电容器的费用，有助于商业化的发展。

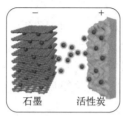 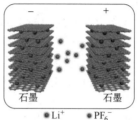

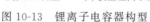

(a) 传统锂离子电容器的构型　　(b) 新型锂离子赝电容构型

图 10-13　锂离子电容器构型

10.7　新型混合超级电容器

10.7.1　钠离子电容器

近十几年来，钠离子电池发展尤为迅速。因为地球上有丰富的钠资源，Na_2CO_3 和钠盐电解质的成本较低且钠具有和锂相似的储能机制和嵌入行为，所以钠离子电池被认为是一种新兴的，甚至能取代目前锂离子技术的储能体系。更有趣的是，与常识相反，溶剂化钠离子尺寸相对较小，拥有比溶剂化锂离子在低黏度中更快的扩散速率和更高的离子电导率。因此，尽管传统电池体系中决定速率的关键步骤是电极材料晶格中的固态扩散，但钠离子器件仍然有可能扭转这一趋势并取得比锂离子电池更快的动力学速度。随着锂离子电容器的发展，这种类似的概念也应用到钠离子电容器（sodium-ion capacitor）中。最早期的钠离子电容器是在 2012 年研究出来的，目前钠离子电容器的发展还处于起步阶段。钠离子电容器和锂离子电容器一样，具有相应的构型，其基本组分一般为正负极材料、电解液、隔膜和集流体。在集流体方面，铝会和锂在负极电势区间中发生反应生成合金。因此，在锂离子电池和锂离子电容器中只能使用铜集流体。而铝集流体对于钠金属是惰性的，所以在构筑钠离子电容器和钠离子电池中可以使用铝集流体来取代铜集流体进一步节省成本。虽然钠和锂相比有类似的储能机制，但是 Na^+（1.02Å）比 Li^+（0.76Å）的离子半径更大且更重，此外 Na^+/Na（$-2.71V$，vs.标准氢电极电势）和 Li^+/Li（$-3.02V$，vs.标准氢电极电势）相比具有更高的标准电势，所以钠基电化学储能体系比锂基储能体系的能量密度更低。因此，制备高性能的电极材料是快速发展钠离子电容器的关键。虽然钠和锂具有相类似的嵌入化学行为，但是因为不同的离子大小、电解液兼容度以及嵌入化合物的稳定性等问题，所以钠离子电容器中所选择的合适的电极材料与锂离子电容器相比是不同的。

以石墨负极材料为例。石墨是一种常用的锂离子电池和锂离子电容器的负极材料。同主族的碱金属（如钾）离子也有相同的能力来嵌入石墨材料中，那么可以预期钠离子也能够被储存到石墨中。实际上，通过研究发现，石墨储钠的容量十分得低。为此，人们通过实验和理论两方面的研究来解释石墨低嵌钠容量的原因。有些研究报道是石墨嵌钠化合物的热力学不稳定原因导致的、也有一些人认为是因为石墨的结构和 Na^+ 的尺寸不匹配而引起的。所以，在碳材料的选择方面，钠离子电容器负极常选择层间距较大的硬炭或者无序炭材料。

除了高性能电极材料的设计以外，电解液、隔膜和集流体方面的改性以及预钠化同样是钠离子电容器的研究重点。与此同时，鉴于钾元素与锂元素具有相似的理化性质和电化学特性，钾离子电容器发展迅速，得到了广泛关注。

10.7.2　锌离子电容器

由于碱金属离子电容器中存在的预碱金属化难度以及使用有机电解液带来的安全问题，使得碱金属离子电容器的商业化应用受到了局限。最近几年，人们在单价阳离子的基础上，逐渐发展出了新型的多价离子电容器。其中，因为丰富的锌资源、无毒性以及高安全性，锌离子电容器（zinc-ion capacitor）结合了锌离子电池和超级电容器两者的优势，成为了目前研究的热点方向。

如图 10-14 所示为锌离子电容器的构型组成。普遍地，常研究的锌离子电容器构型是由电容型碳正极和锌负极组成。实际上，通过锌离子电池中的嵌入/脱出及电沉积/剥离机理和超级电容器中快速的吸脱附行为来组成锌离子电容器的概念，其电极组成可以延伸成电容型正极和电池型负极，电容型正极包括碳和赝电容材料，而电池型负极包括锌负极、锰基氧化物和钒基氧化物。相反，通过电池型正极和电容型负极组成的锌离子电容器是另外一种新型的构型。

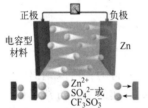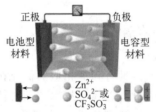

图 10-14　锌离子电容器常见的两种构型

电池型电极中锌离子电沉积/剥离或者嵌入/脱嵌过程能够为锌离子电容器带来大的容量，而电容型正极快速吸脱附过程可以为锌离子电容器带来高功率输出。然而，正负极两端不同的电化学储能机理产生了容量和动力学不匹配方面的问题。另一方面，锌离子电容器使用的是水系电解液，能够提升其安全性能。可惜的是，水溶液的使用会让锌金属负极面临锌枝晶的生长、锌金属的腐蚀及钝化、副反应的发生等问题，从而极大地影响了锌离子电容器的循环寿命。此外，Zn^{2+} 比单价碱金属离子具有更大的原子量和更高的正极性，使得 Zn^{2+} 在体相电极中有更低的扩散速率，进而限制了锌离子电容器的倍率性能。因此，人们通过从电极材料和电解液等多个方面入手开发创新的策略来改善锌离子电容器的电化学性能。

习题

1.什么是超级电容器？超级电容器根据其储能机理可以分为几种？
2.与电池体系相比，超级电容器具有哪些优势？

3.双电层电容器的基本工作原理是什么？评价双电层电容器性能的两个重要指标分别是什么？

4.影响双电层电容器性能的因素有哪些？

5.赝电容机制一般分为哪几种？

6.用于超级电容器的电解液主要分为哪几类？优缺点分别是什么？

7.什么是锂离子电容器？其优势是什么？

8.锂离子电容器的工作原理是什么？其充放电机理可以分为哪几种？

参考文献

[1] 黄晓斌，张熊，韦统振，等.超级电容器的发展及应用现状[J].电工电能新技术，2017，36(11)：63-70.

[2] Lamba P，Singh P，Singh P，et al. Recent advancements in supercapacitors based on different electrode materials：classifications，synthesis methods and comparative performance[J]. Journal of Energy Storage，2022，48：103871.

[3] 向宇，曹高萍.双电层电容器储能机理研究概述[J].储能科学与技术，2016，5(6)：816-827.

[4] Shao H，Wu Y C，Lin Z，et al. Nanoporous carbon for electrochemical capacitive energy storage[J]. Chemical Society Reviews，2020，49(10)：3005-3039.

[5] Huang J，Sumpter B G，Meunier V. A universal model for nanoporous carbon supercapacitors applicable to diverse pore regimes，carbon materials，and electrolytes[J]. Chemistry-A European Journal，2008，14(22)：6614-6626.

[6] 王磊，王泓博，李大鹏.碳基双电层超级电容器电极材料的研究进展[J].电池工业，2023，27(3)：156-162.

[7] Pal B，Yang S，Ramesh S，et al. Electrolyte selection for supercapacitive devices：a critical review[J]. Nanoscale Advances，2019，1(10)：3807-3835.

[8] Keum K，Kim J W，Hong S Y，et al. Flexible/stretchable supercapacitors with novel functionality for wearable electronics[J]. Advanced Materials，2020，32(51)：2002180.

[9] 郎俊伟，张旭，杨兵军，等.非水体系锂/钠离子电容器研究进展[J].中国科学：化学，2018，48(12)：1478-1513.

第11章

制氢工艺与储氢材料制备技术

11.1 氢经济与氢能

氢的能量密度极高,其燃烧值达到142MJ/kg,是汽油的3倍,焦炭的4.5倍。氢是宇宙中最丰富的元素,构成了宇宙总质量的75%。氢是清洁、零排放的能源,且可再生。氢能是以氢作为能源载体,以化学、电化学等能量转化方式把储存在氢中的化学能转化为热能、电能等其它能源形式的二次能源。在"双碳"目标的引领下,氢能将在航空航天、交通运输、固定和移动式电源、分布式发电等多种应用领域发挥重要作用。

11.1.1 氢经济与氢循环

氢经济(hydrogen economy)是指能源以氢为媒介进行储存、运输和能量转化的一种未来的经济结构设想,是20世纪70年代美国应对石油危机率先提出的。美国早在1990年就通过了氢能研究与发展以及示范法案,美国能源部(DOE)随之启动了一系列氢能研究项目。此后,英国、德国、法国、美国、加拿大、巴西、中国、日本、韩国、印度、俄国和澳大利亚等国政府都高度重视氢能与燃料电池技术的研究和产品开发,纷纷出台相应的规划和政策鼓励氢能技术的发展。2015年后,氢能与燃料电池正式开启产业化模式。近年来,我国各省市也纷纷出台相应的政策措施大力推动氢能相关技术和产业的高速迈进。

氢能实现循环利用的理想模式如图11-1所示。在一个完整的氢循环(hydrogen cycle)中,首先涉及氢气的制备。从制氢成本角度分析,化石能源制氢技术,如煤气化和天然气重整制氢技术非常成熟、成本低,但是能耗高、不环保、碳排放高。然而理想的氢经济中,氢通过电解水获得,而电解水制氢的成本比化石能源制氢高。在未来5~10年内,化石能源制氢仍会是制氢的主要方式。利用可再生能源发电后电解水制氢,能耗低、环保、碳排放低,

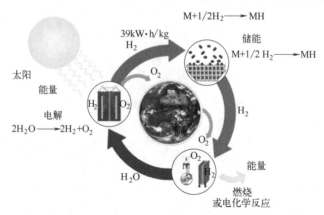

图11-1 氢的循环利用模式

但是全生命周期内成本还较高。国际能源署发布的报告预计，到 2030 年，利用可再生能源发电制氢的成本可能下降 30％，有望降至 1.4～2.3 美元/kg。《氢能经济展望》报告指出，到 2050 年，可再生能源制氢成本可能降至 0.8～1.6 美元/kg。届时，可再生能源发电后电解水有望成为主流的制氢技术。电解水的产物除了氢气，还有氧气。氧气可以直接排放进大气中，也可以作为产品销售。制氢厂生产的氢气经过压缩、输运、加注等环节进入应用场景，如燃料电池或者内燃机，通过电化学反应或者化学反应生成水，完成一个氢的循环。

11.1.2 氢经济实现的路线

氢经济实现的起点是制氢，见图 11-2 所示。氢气生产完成后，通常需要通过压缩机增压至下一环节所需压力，然后可选择不同的方式进行输运，例如管道输氢、高压管束车输运、液态氢车辆或轮船输运等。每一种输氢方式都有各自适合的经济模式，其经济性一般需要从运输的距离长短和输氢量等因素综合测算。

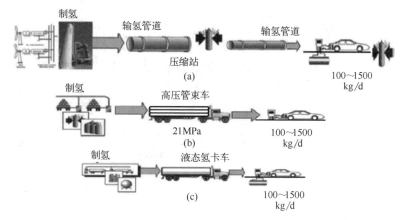

图 11-2　氢经济实现的路线

由于目前的氢汽车多采用 35MPa 或 70MPa 高压储氢罐，因此氢气输送到加氢站后，如需给汽车加注，需要分别加压至约 42MPa 或约 84MPa 后存储在缓冲罐内，再通过氢加注机给氢汽车加氢。加氢站的加氢能力一般设计为 100～1500kg/d。

无论汽车、舰船，还是其它各种用途的燃料电池电源，都需要携带储氢罐，其作用与燃油车上配备的油箱相同。储氢罐可以选择高压氢罐、液氢罐、低压固态储氢罐，或者有机液态储氢等方式。储氢罐即燃料箱，可以为燃料电池提供稳定的氢燃料；氢气在燃料电池中通过电化学反应，可以高效地发电。即储氢罐与燃料电池可以组合成电源系统，为各种用电器提供稳定的电力。当然，氢燃料也可以提供给氢内燃机燃烧后发电。

11.2　制氢工艺与技术

制氢是氢经济的第一个关键环节。制氢的方法比较多，其中传统的、技术成熟度高的制氢技术主要有化石燃料制氢和电解水制氢两大类。工业上，化石燃料制氢主要是天然气重整制氢和煤气化制氢。而水的热化学制氢、光化学制氢和生物质制氢等是新兴的制氢方法，目前基本还在实验室研发或者小规模示范验证阶段。本章主要介绍其中三种工艺成熟的制氢技术。

11.2.1 天然气-水蒸气重整制氢

以天然气和水蒸气为原料，在高温催化条件下进行的制氢方法，称为天然气水蒸气重整制氢，或者称为天然气重整制氢（hydrogen production from natural gas reforming），目前市场上大多数氢气产自这种工艺。相比于含碳量更高的煤和石油，天然气是一种高效、优质和清洁的能源，目前全球天然气消费量在一次能源消费中占比约为25%。天然气重整制氢技术自1926年开始应用，目前已成为国际上制取氢气的主流技术，其主要反应见式（11-1）所示。

$$CH_4 + H_2O \rightleftharpoons CO + 3H_2 \qquad \Delta H = +206kJ/mol \qquad (11-1)$$

天然气重整制氢技术的简化工艺流程包含5个基本单元（如图11-3所示），其中主要过程包括天然气-水蒸气重整转化、CO-水蒸气中温变换反应和气体的分离与提纯。

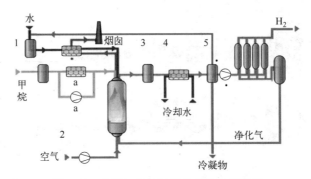

图 11-3 天然气重整制氢技术的工艺流程

1—原料单元；2—天然气-水蒸气重整单元；3—CO—水蒸气中温变换单元；4—冷却单元；5—气体纯化单元

工业上的天然气重整制氢工艺主要分为七个流程，包括：①原料天然气压缩流程、②原料天然气脱硫流程、③原料天然气-水蒸气重整转化流程、④CO-水蒸气中温变换流程、⑤锅炉水流程、⑥燃料气流程、⑦助燃空气和烟气流程。具体流程描述如下。

① 原料天然气压缩流程。如图11-4所示，界区送入装置的原料气经过压力稳定后进入压缩机进口缓冲罐，经缓冲后进入压缩机，经压缩机压缩后进入压缩机出口缓冲罐，再经出口缓冲、流量控制后进入转化炉对流段进行预热。原料气经压缩后温度升高，在回流气管路上设置水冷却器，使返回的原料气温度降至常温。压缩机的出口压力一般比变压吸附（PSA）系统的压力高0.3～0.35MPa。

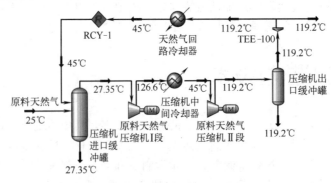

图 11-4 原料天然气压缩流程

② 原料天然气脱硫流程。经过压缩和流量控制后的原料气进入转化炉对流段，并利用转化炉烟气余热对原料气进行加热。加热后的原料气进入钴钼加氢脱硫槽，如图 11-5 所示，在催化剂的作用下将原料气中的有机硫加氢转化为硫化氢，见式（11-2）。经加氢反应后的原料气进入氧化锌脱硫槽，硫化氢被氧化锌吸附后脱除，见式（11-3），最终原料气中的硫含量降至低于 $0.2 \times 10^{-4}\%$（质量分数）。钴钼加氢脱硫槽的温度控制在 $320 \sim 350℃$，氧化锌脱硫槽的进气温度控制在 $230 \sim 280℃$。

$$RSH + H_2 \longrightarrow H_2S + RH \tag{11-2}$$
$$H_2S + ZnO \longrightarrow ZnS + H_2O \tag{11-3}$$

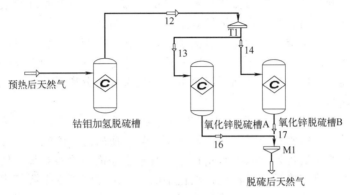

图 11-5　原料天然气脱硫流程

③ 天然气-水蒸气重整转化和 CO-水蒸气中温变换流程。如图 11-6 所示，脱硫原料气与水蒸气按照 1:3.5 的比例混合后进入转化炉对流段的换热器中，使混合气的温度升至约 550℃ 后进入转化炉，在转化炉中催化剂的作用下混合气进行反应，生成以氢气为主的转化气。转化气中的 CH_4 残留量可以通过转化炉温度调整控制在 $3\% \sim 5\%$（体积分数）范围，CO 含量可控制在 $<10\%$（体积分数）。出转化炉的转化气温度为 $780 \sim 850℃$，转化气经过废热锅炉换热降温至约 330℃，然后进入中温变换炉。

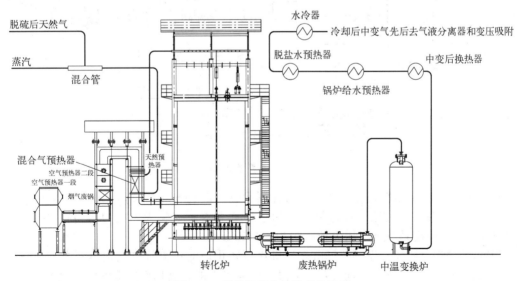

图 11-6　转化流程和中温变换流程

④ 在转化炉中，主要发生 CH_4 和水蒸气反应生成 CO 和 H_2 的吸热反应［式（11-1）］，发生转化反应所需的热量由转化炉中的燃烧器供热；在中温变换炉中，主要发生 CO 和水蒸气催化反应生成 H_2 和 CO_2 的放热反应［式（11-4）］，出中温变换炉的气体中 CO 含量控制在<3%（体积分数）。

$$CO+H_2O \Longleftrightarrow CO_2+H_2 \qquad \Delta H=-41kJ/mol \qquad (11\text{-}4)$$

总反应如下：

$$CH_4+2H_2O \Longleftrightarrow CO_2+4H_2 \qquad (11\text{-}5)$$

转化炉的结构分为辐射段和对流段。辐射段由烧嘴、转化管和炉体组成。对流段由混合气预热器、天然气预热器、烟气废气锅炉和空气预冷器组成。

废热锅炉中的锅炉水被加热后上升至汽包中，汽化为水蒸气，作为自产蒸汽与原料气进行混合。出中温变换炉的变换气顺序进入中变后换热器、锅炉给水预热器、脱盐水预热器、水冷器、气液分离器，使变换气的温度降至常温，气液发生分离后进入变压吸附气体分离装置中进行气体分离和纯化。

⑤ 锅炉水流程。图 11-7 示意了锅炉水在各个功能区的热交换路线。界区送入的脱盐水经液位调节阀后进入脱盐水预热器，与变换气发生热交换后进入除氧器，在除氧器中使用蒸汽加热，脱出溶解的氧后进入除氧器水箱；除氧脱盐水经锅炉给水泵加压后进入锅炉给水预热器，与变换气发生热交换后进入汽包；汽包中的锅炉水经锅炉水下降管进入转化气余热锅炉，在此处锅炉水被转化气加热，加热后的锅炉水经锅炉水上升管进入汽包，在此处部分锅炉水汽化为蒸汽；汽包中的锅炉水经锅炉给水循环泵加压后分为两路，一路进入中变后换热器与变换气发生热交换后进入汽包，另一路进入转化炉对流段的烟气余热锅炉，经过烟气加热后返回汽包；经变换气分离器分离出来的工艺冷凝液通过液位控制调节阀调节后进入除氧器，脱除工艺冷凝液中溶解的 CO_2，并作为锅炉给水回收利用。

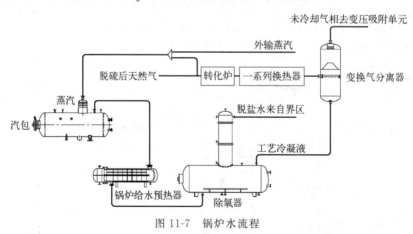

图 11-7　锅炉水流程

⑥ 燃料气流程。燃料天然气经过压力控制后进入燃料气缓冲罐，经过燃料量控制后进入燃烧器；变压吸附系统尾气经流量控制后返回燃烧器。燃料天然气的压力控制在 0.1～0.15MPa，变压吸附系统尾气压力控制在 20～30kPa。

⑦ 助燃空气和烟气流程。空气由鼓风机送入转化炉的对流管空气预热器中，加热后的空气进入燃烧器中作为燃料气助燃剂，通过与燃料发生部分氧化反应提供热量给主反应，这部分空气也被称为空风。燃烧后的烟气经转化炉底部进入转化炉对流段，与原料混合器、原

料天然气预热器、锅炉水烟气余热锅炉、助燃空气预热器等依次换热后进入引风机，由引风机抽出后排入烟囱高点排放。调节鼓风机出口的鼓风量调节阀，控制烟气中残留氧含量到约5%（体积分数）。

除了天然气重整制氢以外，天然气制氢技术还包括部分氧化重整制氢、自热重整制氢以及催化裂解等。在各类天然气制氢技术中，水蒸气重整制氢的转化率是最高的，可达94%以上；缺点是耗能和耗气都高，导致生产成本高，设备昂贵，制氢过程慢，且制氢过程中有大量温室气体 CO_2 排放，因此需要引入 CO_2 吸收环节来减排。

天然气重整制氢反应通常是催化反应，主要使用两类催化剂，一类是非贵金属催化剂（如 Ni 等），另一类是贵金属催化剂（如 Pt 等），通常以氧化镁或氧化铝等材料为载体。

11.2.2 煤制氢技术

煤炭资源是最丰富的一种化石燃料，煤气化制氢曾经是工业上最主要的一种制氢方法。随着石油化工行业的兴起，天然气成为工业用氢的首要来源，煤制氢（hydrogen from coal）技术发展随之逐渐减缓。

煤和焦炭气化法制氢的化学反应如下式：

$$C + H_2O \Longrightarrow CO + H_2 \qquad \Delta H = +131 kJ/mol \qquad (11\text{-}6)$$

$$CO + H_2O \Longrightarrow CO_2 + H_2 \qquad \Delta H = -41 kJ/mol \qquad (11\text{-}7)$$

在式（11-6）中，碳和水蒸气反应生成一氧化碳和氢气混合气（亦称为水煤气），该反应为吸热反应。由于反应中产生的一氧化碳有毒，不能直接排空，因此需进一步氧化。式（11-7）为一氧化碳与水蒸气进一步反应生成氢气和二氧化碳的过程，该反应是放热反应。两步反应的总反应如下式：

$$C + 2H_2O \Longrightarrow CO_2 + 2H_2 \qquad (11\text{-}8)$$

根据反应式（11-9）和式（11-10），碳和一氧化碳的燃烧反应都是放热过程。因此气化炉内引入精确控制的少量空气或氧气，也就是"部分氧化"工艺，可以给煤制氢反应提供热量，确保式（11-6）反应的顺利进行。

$$C + 1/2\ O_2 \Longrightarrow CO \qquad \Delta H = -111 kJ/mol \qquad (11\text{-}9)$$

$$CO + 1/2 O_2 \Longrightarrow CO_2 \qquad \Delta H = -283 kJ/mol \qquad (11\text{-}10)$$

煤是最便宜的一种化石燃料，因此成本较低是煤制氢技术的第一个优点，其次是工艺非常成熟。其缺点是在生产过程中伴随大量的二氧化碳排放，故而与"双碳"目标相悖，不是未来氢经济的主流发展方向。

在工业上，煤制氢技术可分为直接制氢技术和间接制氢技术两类。煤直接制氢又包括煤的焦化和煤的气化两种。煤的焦化，亦称高温干馏，是指煤在隔绝空气的条件下，在900～1000℃下制取焦炭，其副产品为含氢的焦炉煤气。煤的气化则是指煤在高温常压或加压条件下与气化剂反应，转化成富含氢气的气体产物，其中气化剂为水蒸气，如式（11-6）和式（11-8）。

图11-8为煤气化炉的装置结构示意图，主要部件有炉箅、带夹套的锅炉、保温层、冷却水和安全阀等。

煤制氢的工艺流程如下：
① 煤料进入气化炉体，并被炉箅分散。
② 煤料与水蒸气发生气化主反应，见式（11-6）和式（11-8），产生煤气。

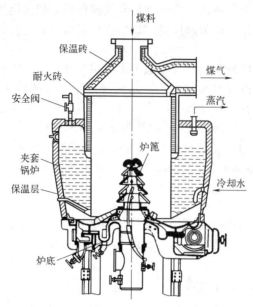

图 11-8　美国联合气体改进公司（UGI）煤气化炉装置结构

　　③ 煤料与经过空气分离设备（空分机）制得的氧气反应，产生部分热量，见式（11-9）和式（11-10）。该工艺流程中，气化炉内引入的空气或氧气量需要精确控制，使少量燃料完全燃烧，即发生部分氧化，并提供热量。这部分热量提供给煤和水蒸气气化反应制取煤气。

　　④ 氢气分离与纯化。煤气混合气中含有氢气、一氧化碳、二氧化碳以及一些杂质气体。该气体经过净化后，进入一氧化碳变换器与水蒸气继续反应，产生氢气和二氧化碳；再经过二氧化碳脱除后，采用变压吸附技术将氢气纯度提高到 99.9％ 以上。

　　由于气态氢的大规模储存和运输是氢能发展的一个重要瓶颈，因此发展了煤间接制氢工艺。例如，可以将煤转化成液态的、便于储运的甲醇等液态介质，再由甲醇重整制氢。

11.2.3　电解水制氢技术

　　水是地球上最重要的资源之一，从理论上讲，水被认为是取之不尽、用之不竭的。

　　电解水制氢是在充满电解液或者有固态电解质的电解槽中通入直流电，水分子在阴极上发生还原反应产生氢气，在阳极上发生氧化反应产生氧气的工艺，其阴极和阳极的半反应示意图如 11-9 所示。电解水制氢是一种较为方便的制取氢气的技术。

　　电解水制氢主要有三种技术，其中碱性电解水制氢和固体聚合物电解水制氢（SPE）是

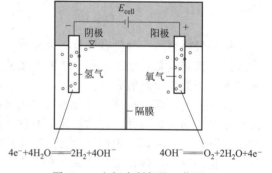

$$4e^- + 4H_2O \Longrightarrow 2H_2 + 4OH^- \qquad 4OH^- \Longrightarrow O_2 + 2H_2O + 4e^-$$

图 11-9　电解水制氢的工作原理

较为成熟的技术，也称为质子交换膜（PEM）电解水制氢。固体氧化物电解池（SOEC）则是一种正处于验证示范阶段的高效电解水制氢技术。

　　根据电解水制氢方法的不同，所采用的电解质分为液态电解质和固态电解质两大类。液态电解质可以是碱性的，也可以是酸性的；固态电解质包括固态聚合物电解质和固体氧化物电解质。

以上三种电解水制氢技术的基本过程均相同，其基本工作原理如下：

将水供应给电解槽，当外电路提供足够高的电压水平（高于理论分解电压，即开路电压 E_0）时，水中的氢离子在阴极得电子产生氢气，氧离子在阳极失电子产生氧气（如图 11-9），总反应式如下：

$$H_2O \longrightarrow H_2 + 1/2O_2 \tag{11-11}$$

电解槽的阴极和阳极被隔膜或固态电解质分隔。离子通过电解质（和隔膜）传输，使两种气体发生分离。分解水所需的最小能量由反应的吉布斯自由能 ΔG_R 决定，见下式所示：

$$E_0 = \frac{\Delta G_R}{nF} \tag{11-12}$$

式中，n 是每摩尔水分解所转移的电子数目；F 是法拉第常数（96485C/mol）。在标准状态下（298.15K，101.3kPa），该反应的吉布斯自由能 $\Delta G_R = 237.19$kJ/mol。据此计算，在标准状态下，水分解为氢气和氧气的理论分解电压 $E_0 = 1.23$V。吉布斯自由能是温度的函数，见下式：

$$\Delta H_R = \Delta G_R + T \Delta S_R \tag{11-13}$$

式中，ΔH_R 和 ΔS_R 分别是反应焓和反应熵；T 是温度。

可见，理论分解电压也是与温度相关的。实际上，开路电压 E_0 会随着温度的升高而降低。因此，电解水反应所需的总能量可以由电和热联合提供，也就是说通过在较高的温度下电解水，可以降低所需的电量。

在工程上，电解水制氢的实际电能需求明显高于理论最小电能。电解槽运行时的总电压由开路电压、电流和欧姆电阻引起的电压降、阳极过电位和阴极过电位共同决定，如下式所示：

$$E_{cell} = E_0 + iR + |E_{cath}^{ov}| + |E_{an}^{ov}| \tag{11-14}$$

式中，E_{cath}^{ov} 表示阴极过电位，E_{an}^{ov} 表示阳极过电位，表征了"激活"反应和克服浓度梯度所必需的额外电能，可以衡量各电极的反应动力学性能。iR 为欧姆电压降，是电解液和电极的电导率、电极之间的距离、隔膜或固态电解质的电导率与电流的函数，也可以理解为电解槽元件之间的接触电阻。

11.2.4 碱性电解水制氢技术

（1）碱性电解槽的结构

碱性电解水制氢是一项很成熟的技术，已被工程应用，其典型的工作温度区间是 80～100℃。碱性电解槽由直流电源、电解槽厢体、阴极、阳极、电解液和隔膜等组成，如图 11-10 所示。其电解液是碱性溶液，多数电解槽使用 20%～40% 的 KOH 水溶液作为电解液。

隔膜材料过去主要使用石棉制作，用于分隔阴极的氢气和阳极的氧气，同时允许氢氧根离子通过。然而由于石棉对人体有害，目前已被聚砜聚合物或氧化镍等其它材料所替代。

碱性电解水制氢存在较为严重的爬碱问题，其渗出的强腐蚀性电解液 KOH 会对环境造成潜在的危害性。碱性电解槽的阳极材料除了需满足一般电极材料的基本需求（例如催化活性、导电性、强度、来源、加工、价格等）以外，还需要在具有强阳极极化和较高温度的电解液中不溶解、不钝化，具有很高的结构和化学稳定性。长期以来，石墨是工程上使用最广泛的阳极材料。当以金属或合金作为阴极时，由于在比较负的电位下工作，往往可以起到阴极保护作用，其腐蚀性小。阴极材料大多使用雷尼镍或镍钼合金。

规模制氢时，一般采取连接若干个单体电解池的形式制作碱性电解水装置。电解槽的材质一般可选择钢材、陶瓷、水泥等。由于钢材耐碱，应用最广。对于腐蚀性强的电解液，钢槽内壁一般用铅、合成树脂或橡胶等衬里来防腐。

（2）碱性电解水制氢工作原理

图 11-11 所示为碱性电解水制氢的工作原理。在温度 70～100℃、气体压力 0.1～3MPa 时，H_2O 在阴极被分解成 H^+ 和 OH^-，其中，H^+ 得到从阳极和外电路迁移过来的电子形成氢原子，进一步生成 H_2。OH^- 在两极电场的作用下穿过隔膜到达阳极，并在阳极失去电子，生成 O_2 和 H_2O。

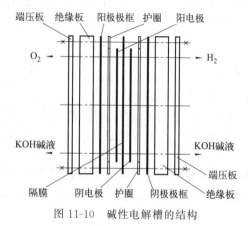

图 11-10　碱性电解槽的结构

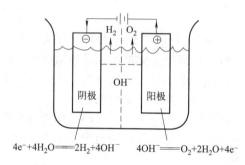

图 11-11　碱性电解水制氢的工作原理

（3）碱性电解槽的分类

碱性电解槽一般分为单极性电解槽和双极性电解槽两类。在单极性电解槽（unique electrolysis cell）中，电极以并联方式排列，电极中一半并联线路与电路中正母线连接，形成阳极；另一半并联线路与电路中负母线连接，形成阴极，见图 11-12（a）。单极性电解槽一般在大电流、低电压下工作。

在电解槽的阴、阳极之间，若再加入一块或者一系列平行电极，则这些电极向着阳极面的显阴极性，向着阴极面的显阳极性，如此所构成的电解槽即为双极性电解槽（bipolar electrolysis cell），见图 11-12（b）。这种电解槽的功能相当于由多个单室槽串联的多室槽，但是直流电只需要从两端电极导入，这样可节省母线，并降低在母线接头的电压降，从而达到节能的效果。与单极性电解槽相反，双极性电解槽一般在高电压、低电流下运行。

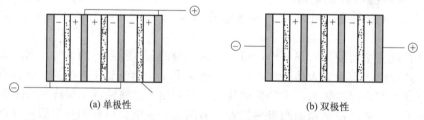

图 11-12　单极性和双极性碱性电解槽

双极性电解槽结构紧凑，由电解液的电阻所引起的能量损失小，从而具有比单极性电解槽更高的电解效率。其缺点是设计相对复杂，提高了设备成本。目前工业上只有少数制造商提供单极性电解槽，大多数电解槽采用双极性连接方式。

11.2.5 固体聚合物电解水制氢技术

与碱性电解水制氢技术不同，固体聚合物电解水制氢技术的电解槽结构中，碱性液态电解质被固体聚合物电解质（SPE 离子膜）取代，见图 11-13。SPE 电解槽主要由阴极、阳极和聚合物隔膜组成，其电解水的过程是质子交换膜燃料电池（PEMFC）发电的逆过程，故也称为 PEM 电解水制氢。阳极的水失去电子，被分解为氧气和质子；而质子在电场作用下穿越聚合物膜，在阴极与电子相结合生成氢气。

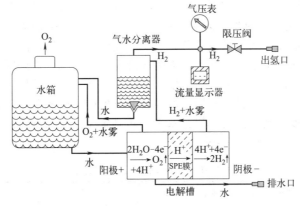

图 11-13　固体聚合物电解水制氢流程

固体聚合物电解质是一种离子交换膜，最早是 1967 年美国通用电气公司为空间计划而开发的低温燃料电池中所用的隔膜。将电催化剂颗粒直接涂覆于膜上，形成 SPE 复合膜。复合膜是一种酸性环境，因此催化剂通常选用贵金属，如金属铂及其合金等。碱性电解槽允许使用廉价的过渡金属作为催化剂，例如镍基合金、镍铁基复合材料等。因此，SPE 电解槽通常比碱性电解槽的成本高。

与碱性电解槽相比，SPE 电解槽的优点如下：①由于使用固体聚合物作为电解质，因此大大降低了碱性电解槽的腐蚀问题；②固体电解质的浓度可以保持恒定，而碱性溶液电解质的浓度是变化的，需要维护；③聚合物电解质同时可以作为隔膜；④无溶液引起的电压降；⑤离子膜同时具有选择性分离作用，使 SPE 电解槽融反应与分离为一体，因此具有很高的能量效率；⑥由于 SPE 避免了液体电解质带来的杂质，因此气体质量更高；⑦产生的气体压力更高；⑧不存在液体电解质，制氢系统密封性更好；⑨具有良好的化学和机械稳定性；⑩电极与隔膜之间的距离为零，欧姆损失小，电解效率高。

SPE 电解水制氢的应用领域过去主要是现场即时供氢和在航空航天领域应用。然而，其电解效率比碱性电解水制氢高，据报道 SPE 电解水制氢的电解效率可以高达 85%～93%，一般工程水平能达到 76% 左右，而碱性电解水制氢的电解效率约为 65%。

总的来说，降低成本、提高电解效率、提升产能是聚合物电解水制氢技术的三大关键问题。一些知名的企业（如西门子公司等）已经开发出兆瓦级的大型 SPE 水解制氢装备。

2022 年冬奥会采用了国内最先进、最稳定的制氢解决方案。电解槽采用了国内生产的产能 $1000m^3/h$ 的产品，其主要特点如下：①设备及工艺稳定可靠；②能耗指标优异，约 $4.5kW \cdot h/m^3$；③输出气压在一定范围内可调，减少后级处理的成本；④氢气纯度高，可达 99.9%。

除电解槽以外，电解水制氢厂的另一个重要部分是整流系统。作为电解制氢系统的交流母线与电解堆栈的关键接口设备，其供电质量对电解堆栈的制氢效率有重要影响。2022 年冬奥会制氢工厂中的电解堆栈采用四川大学和湖北英特利电气有限公司协作提供的多脉波整流电源供电。该整流系统具有如下特点：①设备运行稳定可靠，效率高达 97.5%；②电网侧接口保证电能质量高；③适配性好，控制系统智能化。

11.3 储运氢工艺与技术

氢气的密度极小，在标准状态（273K，$1.01 \times 10^5 Pa$）时，1kg 氢气的体积约为 $11.2 m^3$。为了增加储氢系统的体积储氢密度，必须采取匹配措施以压缩氢气，譬如将温度降低至临界温度以下液化，或通过氢与其它物质之间的相互作用以降低氢气分子间的排斥力等。故而储氢系统有两个基本设计准则：大幅度降低氢气体积；氢的吸收和释放是可逆的。

根据上述储氢系统的设计准则，众多学者和工业界技术人员开展了大量的研发工作，在储运氢技术领域取得了一系列具有应用价值或良好发展前景的成果，包括至少 6 大类体积储氢密度和质量储氢密度达到或接近工程化水平的可逆储氢方法（表 11-1）。本章将主要介绍其中三种已工程应用的代表性储氢技术。

表 11-1 已开发的可逆储氢方法

储存介质	体积储氢密度/（kg/m³）	质量储氢密度（质量分数）/%	压力/bar	温度/K	方法
气态氢	最大值 36	13	800	298	复合材料高压储氢罐
液态氢	71	20~40	1	21	液氢储罐
金属/合金	150	1.4~3	1~30	约 298	金属氢化物
吸附剂	20	4	70	65	物理吸附
复杂氢化物	150	18	1	>373	离子/共价复合氢化物
水解制氢剂	>100	14	1	298	碱性物质＋H_2O

11.3.1 高压气瓶储氢

11.3.1.1 高压储氢瓶的分类

根据使用压力范围不同，常见的高压储氢瓶分为 15MPa、20MPa、35MPa、70MPa 和 80MPa 等规格。

根据材质和生产工艺不同，高压储氢瓶又分为四类，包括Ⅰ型、Ⅱ型、Ⅲ型和Ⅳ型瓶。Ⅰ型瓶是全金属瓶，例如标称为 15MPa 的实验室用储氢钢瓶和 20MPa 长管拖车用储氢钢瓶等。为了减轻全金属瓶的重量，开发了Ⅱ型瓶，采用金属作内衬，外部用玻璃增强纤维缠绕瓶身的直筒部分；随之开发的Ⅲ型瓶仍是金属内衬，但改为采用碳纤维缠绕包括直筒和端盖的整个瓶身；新开发的Ⅳ型瓶重量最小，完全摒弃金属，改为采用塑料作内衬，碳纤维缠绕整个瓶身。Ⅳ型瓶是目前技术水平最高的高压储氢技术，被成功应用于丰田燃料电池汽车

Mirai 的储氢系统，国内如中材科技股份有限公司等也已掌握了相关技术。

图 11-14 示意了四类储氢瓶及其壁厚的演变过程。可见，Ⅳ型瓶的容器壁厚降低至Ⅰ型瓶壁厚的 1/4 左右，且采用的材料密度大幅降低，达到了储氢瓶整体减重的目的。

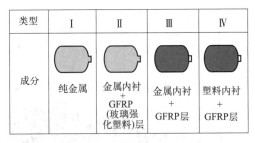
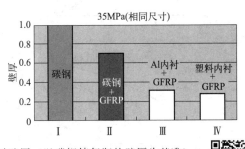

图 11-14　四类高压储氢瓶材质及其相对壁厚（以碳钢储氢瓶的壁厚为基准）

11.3.1.2　高压储氢瓶储氢密度的影响因素

氢气在高温低压时可以视为理想气体，可通过理想气体状态方程来计算给定温度和压力下气体的量，见下式：

$$pV = nRT \tag{11-15}$$

式中，p 为气体压强；V 为体积；n 为物质的量；R 为气体常数 [$R = 8.314\,\mathrm{J/(mol \cdot K)}$]；$T$ 为气体温度。因此，理想氢气的体积密度与压力呈正比（图 11-15 中虚线）。但是由于真实气体分子是有体积的，且分子间存在相互作用力，随着温度的降低或压力升高，氢气逐渐偏离理想气体的性质，式（11-15）不再适用，真实气体的状态方程修正为下式：

$$p = \frac{nRT}{V - nb} - a\frac{n^2}{V^2} \tag{11-16}$$

式中，a 为偶极相互作用力（或者称为斥力常数），对于氢气来讲，$a = 2.476 \times 10^{-2}\,\mathrm{m^6 \cdot Pa/mol^2}$；$b$ 为氢气分子所占体积，$b = 2.661 \times 10^{-5}\,\mathrm{m^3/mol}$。

图 11-15 中上实线代表真实氢气的体积密度与压力的关系，可见氢气的体积密度随压力的增加非线性提高。高压储氢瓶所选取材料的抗拉强度从 50MPa（如优质铝）到 1100MPa（如优质钢）不等。将来开发的新型复合材料有望将储氢瓶的抗拉强度提升至高于钢的抗拉强度，而同时材料密度低于钢的 1/2。

目前 20MPa 及以下高压储氢瓶多数采用奥氏体不锈钢（如 AISI316、316L、304 和 304L），也可选用铜或铝合金，这些材料在环境温度下基本不受氢的影响。其它许多材料在氢气氛中有氢脆的问题，例如合金钢或高强钢（包括铁素体钢、马氏体钢和贝氏体钢等）、钛与钛合金，以及一些镍基合金等。

新型轻质复合材料氢气瓶（Ⅳ型瓶）已经成功应用。如表 11-1 中所列，80MPa 的复合材料高压氢气瓶的体积储氢密度可高达 36kg/m³。图 11-15 中可见，随压力的升高，高压气瓶壁的厚度线性增加。壁厚的增加会导致质量储氢密度减小。

车载高压储氢容器的主要发展趋势是轻量化。高压储氢容器行业设定的目标是耐受 70MPa 的圆柱型容器，质量储氢密度≥6%（质量分数），体积储氢密度≥30kg/m³。以丰田 Mirai 车载高压储氢容器为例（如图 11-16），其内层是密封氢气的塑料内衬，中层是能确保耐压强度的碳纤维强化树脂，表层是能保护表面免受机械力和腐蚀损伤的玻璃纤维强化树脂。据报道，这款车载高压储氢容器的质量储氢密度达到了 5.7%（质量分数），体积储氢密度约为 40.8kg/m。

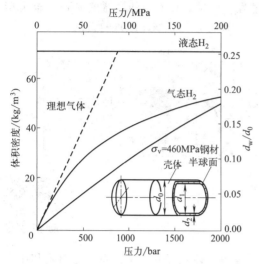

图 11-15　氢气的体积密度和容器壁厚与压力的关系

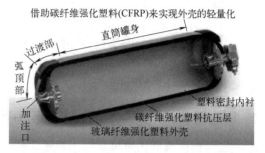

图 11-16　丰田 Mirai 的 70MPa 储氢罐

11.3.1.3　高压储氢瓶的生产工艺

Ⅰ型金属储氢瓶一般采用传统压力容器的旋压工艺制备，Ⅱ型瓶是一个过渡技术，而目前国内燃料电池电动车加大Ⅳ型复合材料储氢瓶研制力度。因此本节以国内技术成熟度高的Ⅲ型高压储氢瓶为例，介绍其生产工艺流程（图 11-17）。

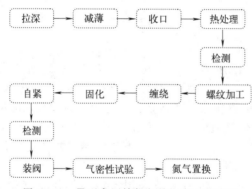

图 11-17　Ⅲ型高压储氢瓶的生产工艺流程

储氢瓶内胆以金属板材为原料，通过拉深、减薄、收口、热处理、螺纹加工等工序加工而成，然后在内胆外进行增强纤维的缠绕、固化、自紧和装阀等工序，具体工艺流程如下。

①下料：采用等离子切割机将金属板材切成特定尺寸的圆板。

②拉深：采用数控拉深机配套相应模具，将金属板材循序渐进拉深成杯形体。

③减薄：采用强力旋压机对杯形体筒体进行强旋减薄。

④收口：采用智能数控旋压机对杯形体端部进行热熔合旋压收口。

⑤热处理：采用专用热处理炉进行固溶热处理。

⑥检测：每批随机抽取一定量的内胆进行拉伸、弯曲、冲击和金相等试验项目。

⑦螺纹加工：采用智能数控加工中心对瓶口螺纹进行精加工。

⑧缠绕/固化：将增强纤维在一定的张力下，采用智能环绕机环向、螺旋缠绕至内胆

上，随后送入智能温控固化炉进行固化处理。

⑨ 自紧：采用特殊试验装备，对气瓶进行自紧处理，使气瓶在零压力时纤维具有拉应力，内胆具有压应力，从而有效提高气瓶疲劳寿命。

⑩ 水压试验：采用特殊水压试验装备，检测气瓶在水压试验压力下是否泄漏，以及残余变形率是否超过设计规定。

⑪ 批次抽样：每次随机抽取固定数量的气瓶，进行爆破、疲劳等试验。

⑫ 产品终检：对气瓶内外观再次确认是否符合标准和顾客要求。

⑬ 其它：完成装阀、气密性试验、氮气置换等工序。

11.3.2 氢气压缩

氢在交通领域的大规模应用被认为是氢经济真正实现的基本模式。加氢站的氢气供应流程一般采用 20MPa 管束车从制氢厂通过公路运输至加氢站，然后在加氢站加压至约 84MPa，再给 70MPa 车载储氢罐加注氢气。要实现整个流程，需要把氢气通过专用的氢气压缩机进行压缩。由于氢气分子很小，具有很强的扩散能力，因此不能直接采用天然气压缩机来压缩氢气。

真实气体与理想气体的差异在热力学上可用压缩因子 Z 来表示，定义如下式：

$$Z = PV/(nRT) \tag{11-17}$$

当 Z 小于 1 时，气体易压缩；当 Z 大于 1 时，气体难压缩。图 11-18 中列举了几种常见气体在 0℃时压缩因子与压力的相关性（称为 Z-P 曲线）。显然，氢气的压缩因子在 0℃、不同压力下都大于 1，且随压力的增加而线性升高，这预示着压力越高，氢气越难以压缩。而甲烷、乙烯、氨气等其它气体在一定压力范围内，其压缩系数 Z 均能小于 1，在此范围内，这些气体都易压缩。

高压氢气一般采用氢气压缩机来获得。压缩机是一种将低压气体提升为高压气体的从动的流体机

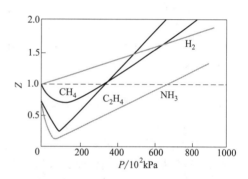

图 11-18　几种气体在 0℃时的 Z-P 曲线

械。在工程上，氢气压缩有两种方式：直接用压缩机将氢气压缩至储氢容器所需压力，然后存储在体积较大的储氢容器中；先将氢气压缩到相对低的压力（如 20MPa）存储起来，需要加注时，先导入一部分气体充压，然后启动氢压缩机来增压，使储氢容器达到所需压力。目前市场上运营的加氢站多采用第二种方法。氢气的压缩方法较多，从而开发出不同种类的氢压缩机，本节仅介绍常用的三种。

① 往复式压缩机（也称为容积式压缩机，图 11-19），利用汽缸内的活塞来压缩氢气，其机械工作原理是曲轴的回转运动转变为活塞的往复运动。往复式压缩机的特点是流量大，但是单级压缩比较小，一般仅为 3:1～4:1。一般来说，压力在 30MPa 以下的压缩机常选用往复式。经验证明，往复式压缩机运转可靠程度较高，并可单独组成一台多级压缩机。

② 膜式压缩机（图 11-20），隔膜沿周边由两个限制板夹紧并组成气缸，隔膜由液压驱动在气缸内做往复运动，从而实现对气体的压缩和输送。膜式压缩机优点是压缩比高，可达 20:1，压力范围广，密封性好，无污染，氢气纯度高；缺点是流量相对较小。一般来说，压力在 30MPa 以上、容积流量较小时，可选择使用膜式压缩机。目前多数高压加氢站采用了此类压缩机。

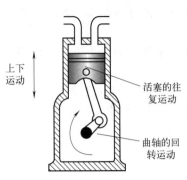
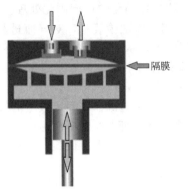

图 11-19　往复式压缩机工作原理

图 11-20　膜式压缩机工作原理

③ 回转式压缩机，亦为一种容积式压缩机（图 11-21），采用旋转的盘状活塞将氢气挤压出排气口。这种压缩机只有一个运动方向，无回程。与同容量的往复式压缩机相比，压缩效率极高，其体积小得多，主要用于小型设备。

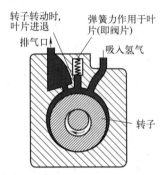
图 11-21　回转式压缩机的工作原理

除了上述三类常用压缩机以外，还有离心式压缩机和螺杆式压缩机，均为大型氢气压缩机。另一类新型压缩机称为金属氢化物压缩机，属于一类静态压缩机，它采用吸放氢可逆的两种金属氢化物制作，结构紧凑、无噪声、无需动密封，仅需要少量维护，可以长期无人值守运行，但仅适用于小型设备。

11.3.3　液态氢储存工艺与技术

氢的临界温度和转化温度低，汽化潜热较小，是一种较难液化的气体。氢液化的理论最小功在所有气体中是最高的。未经催化转化所制得的液氢，在贮存时会自发产生正氢-仲氢转化，所放出的转化热使液氢大量蒸发而造成损失。故而在液化过程中如何进行转化和合理地分布催化剂的温度级，对液氢生产和贮存均十分重要。在液氢温度条件下，除氦以外所有杂质气体均已冻结，可能阻塞液化系统通道。因此，对原料氢气必须进行严格的纯化。

液态氢储存在常压、21K 的低温储氢罐中。由于液态氢向气态氢转变的临界温度极低（约 33K，1293kPa），因此只能在开放系统中储存以保证其使用安全性。因为在临界温度以上不存在液相，在工况下，由于液态氢发生汽化，密闭液态氢储罐的内压可提高到约 10MPa。在常压、21K 时，液态氢的体积密度可达 $70.8kg/m^3$。液态氢储存所面临的技术挑战主要是高效的液化过程，以及低温储存容器的热调节，以减少氢的蒸发。

11.3.4　氢气液化流程

根据焦耳-汤姆逊效应（Joule-Thomson effect），氢气液化一般采用节流循环（也称焦耳-汤姆逊循环）。氢的转化温度约为 204 K，温度低于 80 K 进行节流才有较明显的制冷效应。当压力为 10MPa 时，50 K 以下节流才能获得液氢。因此采用节流循环液化氢时需借助外部冷源预冷，工业上一般是用液氮进行预冷。

能耗大是氢气液化技术中最显著的问题。理论上，氢气液化的耗能约 3.228kW·h/kg。但是，工程上氢气液化还需经历压缩、预冷、热交换、膨胀机膨胀、节流阀膨胀等过程，实际耗能约 15.2kW·h/kg，这个值几乎是氢气燃烧所产生低热值（产物为水蒸气时的燃烧热值）的一半，远高于生产液氮的耗能（0.207kW·h/kg）。

图 11-22 所示为国产 YQS-8 型氢液化机的液氢生产流程。氢气液化工艺流程中主要包括氢压缩机、热交换器、涡轮膨胀机和节流阀。要求原料氢气纯度≥99.5%，水分≤2.5kg/m³，氧浓度≤0.5%。在氢液化机中，首先让经过活性炭吸附除去杂质（≤20×10⁻⁶）的纯化氢气通过储氢器进入压缩机，经过三级压缩达到 150atm（1atm＝101325Pa，标准大气压），再经过高压氢纯化器（除去由压缩机带来的机油等污染物）分两路进入液化器。一路经由热交换器Ⅰ与低压回流氢气进行热交换，然后经过液氮槽进行预冷。另一路在热交换器Ⅱ中与减压的氮气进行热交换，然后通过蛇形管在液氮槽中直接被液氮预冷。经过液氮预冷后的两路高压氢相汇合，此时氢气的温度已冷却至≤65 K。冷高压氢气进入液氢槽的低温热交换器，直接接受氢蒸气的冷却，使温度降到 33 K（氢的液气相变临界点），最后通过节流阀绝热膨胀到气压低于

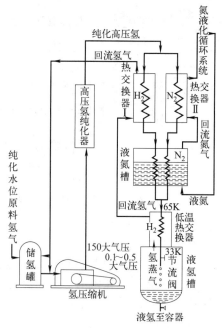

图 11-22 液氢生产流程

0.1～0.5atm。由于高压气体膨胀的制冷作用，一部分氢气被液化，聚集在液氢槽中，可通过放液管放出，注入液氢容器中。没有被液化的低压氢气和液氢槽里蒸发的氢气（同时作为制冷剂）一起经过热交换器由液化器导出，进入储氢器或压缩机进气管，重新进入下一个氢液化循环。该设备每小时可生产 6～8L 液氢，功率消耗 27kW，冷却水消耗 2t。

理论证明：绝热时压缩气体经涡轮膨胀机膨胀可以获得更大的制冷量。这样操作的优点是无须考虑氢气的转化温度（意即无须预冷），可一直保持制冷过程。其缺点是在实际使用中只能对气流实现制冷，但不能进行冷凝过程，否则形成的液体会损伤叶片。尽管如此，氢气液化工艺流程中如加入涡轮膨胀机，其效率仍高于仅使用节流阀制液氢的简易林德循环工艺，液态氢的产量可增加 1 倍以上。

采用图 11-22 中所示的工艺流程液化氢气所需动力小、经济性突出，因此被用于大规模液氢生产中。采用该方法制液氢，由于使用氢本身作为制冷剂，所以在循环中氢的保有量大，且需提供较高的氢气压力，因此应充分考虑安全问题。

11.3.5 液氢储罐

氢气液化以后，需要专有容器把液氢储存起来。由于易产生热泄漏，液氢容器中氢的蒸发速率与容器形状、尺寸和隔热性能等因素有关。液氢常用储罐来存储，其外形通常是球形或者圆柱形。理论上，液氢储罐最理想的形状是球形，因为球形具有最小的表面体积比（即表面积与容积的比值，用 S/V 表示），且它的应力和应变是均匀分布的。由于液体的蒸发损失量与 S/V 值成正比，因此储罐容积越大，液氢的蒸发损失也越小，故而最佳的储罐形状是球形。以双层绝热真空球形储罐为例，当容积为 50m³ 时，其蒸发损失为 0.3%～0.5%；容积为 100m³ 时，其蒸发损失约为 0.2%；当容积达到 3200m³ 时，其蒸发损失可降至 0.05% 以下。

球形液氢储罐加工困难，且造价高。实际工程应用中，常用的液氢储罐是圆柱形，其常见的结构如图 11-23 所示。液氢储罐分内层和外层，两层之间采用真空绝热。罐体底部储存

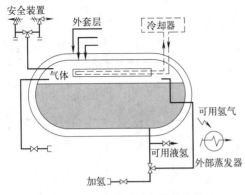

图 11-23　圆柱形液氢储罐结构

液氢，上部是气态氢。液氢储罐上部必须设计安全装置，当氢气压力超过安全阈值时，应自动泄压。

此外，绝热也是液氢储罐的一个关键技术。公路运输更宜使用圆柱形储罐，其直径一般不超过 2.44m。与球形储罐相比，前者的 S/V 值仅增大了 10%。

由于储罐各部位的温度差异，液氢储罐中会出现"层化"现象。由于对流作用，温度高的液氢集中于储罐的上部，温度低的则沉至下部。于是储罐上部的蒸气压随之增大，下部则几乎无变化，最终导致罐体所承受的压力不均匀。因此在液氢储存过程中必须将上部的氢气排出储罐以保证其安全性。

此外，液氢储罐还可能出现"热溢"现象，主要原因如下。

① 液体平均比焓高于饱和温度下的值，此时液体的蒸发损失不均匀，形成不稳定层化，导致气压突然降低。常见情况为下部液氢过热，而表面液氢仍处于"饱和状态"，会产生大量蒸气。

② 操作压力低于维持液氢处于饱和温度所需压力，此时仅表面层的压力等同于储罐压力，内部压力则处于较高水平。若由于某些因素导致表面层的扰动，如从顶部重新注入液氢等，则会出现"热溢"现象。

解决"层化"和"热溢"问题的常用方法有两种：①在储罐内部垂直安装一个导热良好的板材，以尽快消除储罐上、下部的温差；②将热量导出罐体，使液体处于过冷或饱和状态，如采用磁力冷冻装置等。

一些企业很早就开始布局开发液氢储罐技术，传统液氢容器的材料通常选用金属，例如奥氏体不锈钢（如 AISI 316L 和 304L 等），或铝及铝合金（5000 系列等）。欧洲航天局使用压力 40MPa、容积 $12m^3$ 的高压液氢容器，其内容器是总壁厚 250mm 的不锈钢绕板结构。中国也研发了压力 10MPa、容积 $4m^3$ 的高压液氢容器，其内容器是总壁厚 60mm 的不锈钢单层卷焊结构。

为适应液氢储罐在车载储氢等领域的工程应用，在保持容器强度的基础上，应考虑降低容器质量（即容器轻量化），以及提高储氢质量效率，这是液氢储罐设计的基本原则。此外，降低容器内层的热容量对抑制灌氢时的液体蒸发和损失非常有利。

为了实现液氢容器轻量化目标，与高压气态储氢相似，传统金属材料将逐渐被低密度、高强度的复合材料所取代。典型的复合材料常采用玻璃强化塑料和碳纤维强化塑料等。其中，液氢储罐的内衬材料可使用聚四氟乙烯（PTFE，亦称特氟龙）和 2-氯-1,1,2-三氟乙烯（Kel-F）等。

表 11-2 所列为常用于储氢容器的复合材料和金属材料的主要物性参数。复合材料具有低密度、高强度、低导热系数、低比热容等性质，均能很好地满足液氢容器轻量化及减小灌氢时的液体损失等要求。然而复合材料的气密性和均匀性不如金属材料，容易产生空气或氢气透过复合材料进入真空绝热层的问题。此外，纤维和塑料的热胀系数在不同温度下的差异较大，会导致冷却时产生宏观裂纹的可能性升高。因此，研发低温环境下阻止气体透过的材料具有重要工程意义。

表 11-2　几种储氢容器材料的主要物性参数

材料	密度 ρ/(g/cm³)	强度 σ/MPa	导热系数 λ/[W/(m·K)]	比热容/[J/(kg·K)]	性能比[σ/($\rho\lambda$)]
GFRP	1.9	1000	1	1(环氧树脂)	526
CFRP	1.6	1200	10	1(环氧树脂)	75
不锈钢	7.9	600	12	400	6.3
铝合金	2.7	300	120	900	0.93

11.3.6　储氢合金制备工艺与技术

固态储氢方法很多，分为吸附储氢、金属氢化物、复杂氢化物、直接水解制氢（即储氢与产氢一体化）等类型。其中，合金类储氢（吸氢后形成金属氢化物）是目前能够实现工程化应用的一类低压固态储氢技术。储氢合金（hydrogen storage alloys）也有多种类型，包括 AB_5 型（如 $LaNi_5$ 型）、AB_2 型（如 $TiCr_2$ 型）、AB 型（如 $TiFe$ 型）、固溶体型（如 V 基储氢合金）、A_2B 型（如 Mg_2Ni）等。

11.3.6.1　储氢合金的生产流程

本节以稀土系储氢合金（$LaNi_5$ 型）为例，介绍典型储氢合金的生产制备工艺流程，见图 11-24 所示。

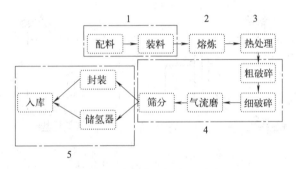

图 11-24　储氢合金生产工艺流程

该流程分为以下 5 大步骤。

① 原料准备。$LaNi_5$ 型储氢合金原材料主要有混合稀土金属 Mm（富铈混合稀土）、Ni、Co、Mn、Al、Fe、Si 等，纯度一般要求在 99.9％以上，多数为电解产物。按照所需比例称量后，根据各原料熔点高低和感应熔炼炉中磁力线分布特征，把原料依次放置在坩埚的适当部位。原则是磁力线强度高的部位温度高，适宜放置熔点高的原料。

② 熔炼。储氢合金的熔炼方法有真空感应熔炼（vacuum induction melting）法、熔体淬冷（melting quenching）法、电弧熔炼法、气体雾化法、机械合金化法、还原扩散法、燃烧合成法等。目前工业上主要应用的方法有真空感应熔炼法和熔体淬冷法，两种方法工艺成熟、简便易行。储氢合金在真空下 [（3～5）×10^{-2}Pa] 经过感应加热，超过熔点（约1350℃）形成熔体，至熔点以上 100～150℃（称为过热度）保温一定时间精炼，然后熔体浇注在模具里（如真空感应熔炼法）或者通过中间包浇注在水冷铜辊上（如熔体淬冷法），分别冷却成合金锭或合金薄片。

③ 热处理。经过真空熔炼后的合金锭或者合金片需要在 700～1100℃进行退火处理，以消除微观成分分布不均匀和微观应力等缺陷。采用真空热处理炉进行退火处理，真空度一般

为（3～5）×10⁻³Pa，热处理时间根据合金种类的不同有所差异，一般为几小时每炉。

④ 制粉。热处理后的合金锭或者合金片经过粗破碎（如颚式破碎机）、中破碎（如锤砧式破碎机）、球磨或者气流磨，获得所需粒度的合金粉末。为了降低合金制粉过程中的污染，并把合金粉粒度控制在较窄的范围内，工业上多采用气流磨，常用氮气作为载气和保护气。合金制粉后，经过筛分机进行粒度分级。

⑤ 包装入库。筛分分级后的合金粉末经过真空包装，或者直接装填入储氢容器里，然后入库。

11.3.6.2　真空感应熔炼

目前工业上常用真空电磁感应熔炼法。用感应熔炼法制取合金时，一般先抽真空，然后在惰性保护气氛中进行，其生产能力每炉次可达几吨至几十吨。

（1）感应熔炼法工作原理

感应熔炼法是利用感应电源产生的交变电流流经感应水冷铜线圈后，利用电磁感应使金属炉料内产生感应电流，感应电流在金属炉料中流动时产生热量，使金属炉料被加热熔化；同时，由于电磁感应产生的搅拌作用，熔体顺磁力线方向翻滚，从而得到充分混合，易于得到均质合金。真空感应熔炼炉结构如图 11-25 所示。具体加热过程包括以下三个步骤。

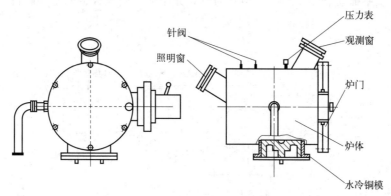

图 11-25　真空感应熔炼炉结构

① 交变电流产生交变磁场。当交变频率的电流通过坩埚外侧的螺旋形水冷线圈时，在线圈所包围的空间及其四周将产生磁场，该磁场的极性和强度随交变电流的频率而变化，交变磁场的磁力线一部分穿透金属炉料，另一部分穿透坩埚材料。交变磁场的极性、强度、磁通量变化率，即磁场的方向、磁力线的数量与稀密程度等特征取决于通过水冷线圈的电流强度、频率和线圈的匝数以及几何尺寸等参数。

② 交变磁场产生感应电流。一部分磁力线穿透坩埚内的金属炉料，当磁力线的极性和强度产生周期性的交替变化时，磁力线被金属炉料所切割，这相当于导体做切割磁力线的运动，如此在坩埚内的金属炉料之间所构成的闭合回路内即产生了感应电动势 E（单位：V），其大小可用下式表示：

$$E = 4.44 f \phi \tag{11-18}$$

式中，ϕ 为交变磁场的磁通量，Wb；f 为交变电流的频率，Hz。

在感应电动势 E 的作用下，金属炉料中会产生感应电流 I（单位：A），其大小服从欧姆定律：

$$I = \frac{4.44f\phi}{R} \tag{11-19}$$

式中，R 为金属炉料的有效电阻，Ω。

③ 感应电流转化为热能。金属炉料内产生的感应电流在流动过程中需克服一定的电阻，从而电能将转化为热能，使金属炉料加热并熔化。感应电流产生的热量 Q（单位：J）服从焦耳-楞次定律：

$$Q = 0.24I^2Rt \tag{11-20}$$

式中，I 为通过金属导体的电流，A；R 为导体的有效电阻，Ω；t 为通电时间，s。

（2）感应电流的分布特征

① 感应电流的集肤效应。当交变电流通过导体时，电流密度由表面向中心渐次减弱，即电流有趋于导体表面的现象，称为电流的集肤效应。感应电流是交变频率的电流，它在炉料中的分布也符合集肤效应。由于电流聚集在表面层，对感应电炉炉料熔化、频率选择及熔体液流的运动等一系列问题均会产生重要影响。

② 炉料的最佳尺寸范围和电流透入深度的关系。透入深度是指电流强度降低到表面电流强度的 36.8% 那一点到导体表面的距离。炉料尺寸根据选用频率有一个合理范围，因为感应电流主要集中在透入深度层内，热量主要由表面层供给，如果透入深度和炉料几何尺寸配合得当，则加热时间短、热效率高。炉料直径为电流透入深度的 3~6 倍时可得到较好的总效率。

③ 坩埚容量和电流频率的关系。表 11-3 为最佳炉料尺寸与电流频率的关系。由表 11-3 可知，频率高的电源选小尺寸的炉料，频率低的电源选择大尺寸的炉料。如此，大、中容量电炉多选较低频率的电源，小容量电炉则一般选高频率电源。

表 11-3 最佳炉料尺寸与电流频率的关系

电流频率/Hz	50	150	1000	2500	4000	8000
透入深度 Δl/mm	73	42	16	10	8	6
最佳炉料直径 d/mm	219~438	126~252	48~96	30~60	24~48	18~36

④ 坩埚内熔体温度的分布。熔炼时由于磁力线分布及坩埚对外散热等原因，坩埚内温度是不均匀的，一般熔体温度分为 5 个区，如图 11-26 所示。图中 1 为低温区，2、4 为中温区（向外损失热量约 50%），3 靠近底部为低温区，5 为高温区（坩埚中央偏下），在加料时应按不同部位温度分布特征加入不同熔点的金属。

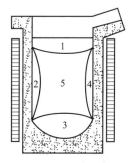

图 11-26 坩埚中熔体温度分布

11.3.6.3 感应熔炼用坩埚

坩埚是感应熔炼炉的重要组成部分，用于装料冶炼，并起绝热、绝缘和传递能量的作用。根据材质特征差异分为碱性坩埚、中性坩埚和酸性坩埚。碱性坩埚是由 CaO、MgO、ZrO_2、BeO 和 ThO_2 等材料制成的坩埚，用于冶炼各种钢与合金，$LaNi_5$ 型储氢合金熔炼时，多采用 MgO 坩埚。酸性坩埚是由 SiO_2 材料制成，多用于熔炼铸铁。中性坩埚是由 Al_2O_3、$MgO \cdot Al_2O_3$、$ZrO_2 \cdot SiO_2$、石墨等材料制成。按制作方式不同，分为炉外成型预制坩埚、炉内成型坩埚和砌筑式坩埚三种。一般地，小容量时多采用炉外成型预制坩埚，市场上有售卖；大容量时多采用后两种。熔炼 LaNi$_5$ 型储氢合金的坩埚耐火度应大于 1600℃。通常电熔镁砂中 MgO ≥98%，熔点 2300℃，最高工作温度为 1800℃，完全可以满足熔炼 LaNi$_5$ 型储氢材料的要求。Al$_2$O$_3$ 坩埚也可满足上述要求。

新购置的感应熔炼炉必须自行安装坩埚或自行打制坩埚，坩埚安装正确与否直接关系到熔炼速度、熔炼质量、坩埚使用寿命及安全性，因此必须充分重视。首先要确定好坩埚在感应线圈中的位置，坩埚中心线必须与线圈中心线一致；坩埚中熔体区必须处于线圈上、下水平面之内 20～30mm。安装时先在线圈内部及底部铺衬一层石棉布或玻璃纤维布，然后在底部放入填料，不加或加少量水分，用钢钎将底部捣打结实后放入坩埚，然后在坩埚周围填入相同的砂料，捣打结实后修砌炉口，修砌炉口料用合适粒度的镁砂加 1%～1.2% 的硼酸，加水玻璃与水（1:1）配制的溶液，调成攥紧能成团、松开就能散的湿砂料，用钢钎捣实抹平。室温阴干 1～2 天后，坩埚内放入石墨加热体，通电烘干后即可使用。

感应熔炼法制备合金操作简单，生产效率高，加热快，温场稳定且易于控制，合金成分准确、均匀、易于调节，不仅广泛应用于实验室制备各种合金，也是工业生产中比较适用的熔炼方法。其熔炼规模几千克至几十吨不等。该方法具有可以成批生产、成本低等优点；缺点主要是能耗高，合金组织不易控制，特别是在熔炼高活性金属时，不可避免地引入一些坩埚材料杂质。

11.3.6.4 真空速凝炉熔炼

感应熔炼法中的熔体将被浇注在特制的模具里，对于 LaNi$_5$ 型储氢合金而言，一般浇注成书页形或者圆饼形铸锭，铸锭的厚度通常为 24～30mm。该厚度范围的合金由于采用锭模徐冷，与锭模冷却面直接接触的合金锭表面层部分因冷却速度较快而形成柱状晶组织，而占大部分的合金锭芯部因冷却缓慢而形成等轴晶组织，因此存在微观组织不均匀的问题。

熔体淬冷法是把熔体浇注在一个旋转的急冷金属辊上（通常为金属铜辊，通水冷却），见图 11-27 所示，可以获得厚度 0.1～0.15mm 的薄片铸锭。储氢合金在冷却速度较快的急冷辊上进行凝固时，形成均匀的一致性较好的细小柱状晶组织。与等轴晶组织的合金相比，由于柱状晶组织的合金晶格应变较小，组织结构及化学成分更均匀，减少了凝固过程中合金的成分偏析，吸放氢特性也更好。如用作镍氢电池负极，在充放电循环过程中可以抑制合金的吸氢粉化及腐蚀速率，循环稳定性明显优于等轴晶组织合金。

图 11-27　真空速凝炉炉内结构

目前，LaNi$_5$ 型储氢合金的大规模生产普遍采用熔体淬冷法。所使用的设备为真空速凝炉（vacuum rapid solidification furnace），其工作气氛、加热方式、坩埚制作等与真空感应熔炼相同，所不同的是熔体通过中间包浇注在水冷辊上，获得薄片状铸锭，从而提高了合金的组织均匀性。

习题

1. 工业上目前常采用的制氢方式有哪些？请简述它们的工艺流程。

2.请简述Ⅲ型高压储氢瓶的生产工艺流程。

3.请简述液态氢的生产流程。

4.请简述工业上 LaNi₅ 型储氢合金的生产工艺。

参考文献

[1] 吴朝玲,王刚,王倩.氢能与燃料电池[M].北京:化学工业出版社,2022.

[2] 吴朝玲,李永涛,李媛,等.氢气储存和输运[M].北京:化学工业出版社,2021.

[3] Zuttel A,Borgschulte A,Schlapbach L. Hydrogen as a future energy carrier[M]. Weinheim:Wiley-VCH Verlag GmbH & Co. kGaA,2008.

[4] 李星国.氢与氢能[M].北京:机械工业出版社,2012.

第 12 章

燃料电池材料与器件原理与制备技术

除制氢、储运氢以外，氢的高效使用是实现氢经济的另一个关键环节，其中，燃料电池（fuel cell）发电由于不经过热机过程，不受卡诺循环限制，能量转化效率可高达 60% 以上，成为最为理想的能源利用方式之一。

燃料电池种类较多，难以在有限的篇幅内进行详尽的讲解。鉴于质子交换膜燃料电池在应用上更具有普遍性，因此本章将重点讲述质子交换膜燃料电池。通过本章学习，使学生能够快速地了解和掌握燃料电池的相关基础知识，并获得最新的燃料电池前沿信息。

12.1 燃料电池概述

12.1.1 化学电源与燃料电池

化学电源（electrochemical power source）是利用原电池原理设计出来可供商用的电源，又称化学电池或简称电池。化学电源主要包括：①一次电池，又称不可充电电池或干电池，主要有碱性锌锰电池及银锌纽扣电池；②二次电池，又称充电电池或蓄电池，在放电后再经充电可使电池中的活性物质恢复工作能力，从而可多次循环使用，主要有铅蓄电池及锂离子电池等；③燃料电池，包括质子交换膜燃料电池等。燃料电池是将贮存在燃料和氧化剂中的化学能直接通过电化学反应转化为电能的能量转换装置。由于能量转换过程是由电化学反应完成的，燃料电池发电过程不受卡诺循环效应限制，发电效率高，而且还具有静默等特点。此外，燃料电池总反应的产物是水，可明显降低碳或无碳的排放，符合绿色可持续发展的理念。因此，燃料电池被认为是最有发展前途的发电技术。

虽然燃料电池结构与化学电源或电池有相似之处，但严格意义上讲，燃料电池并不是电池。电池需要经历储能的过程（如充电过程），是一种典型的能量储存装置。而燃料电池具有典型的能量转换特点，是一种发电装置。此外，燃料电池与常规电池的不同之处还在于，它的燃料和氧化剂不是贮存在电池内部，而是贮存在电池外部的贮存装置（如储氢瓶等）内，不受电池容量的限制。工作时燃料和氧化剂连续不断地输入电池内部，并同时排放出反应产物。可见，燃料电池具有开放式特点，而电池则相反，具有封闭式特点。因此，燃料电池更像是一种发电机，只要燃料供给不间断，就有持续不断的电流输出。

12.1.2 燃料电池分类

燃料电池通常按电解质、工作温度及燃料类型等进行划分。

（1）按电解质类型划分

这是最常见的划分方法，将燃料电池分为质子交换膜燃料电池（proton exchange membrane fuel cell，PEMFC）、碱性燃料电池（alkaline fuel cell，AFC）、磷酸型燃料电池（phosphoric acid fuel cell，PAFC）、熔融碳酸盐燃料电池（molten carbonate fuel cell，

MCFC)、固体氧化物燃料电池（solid oxide fuel cell，SOFC）等五种类型。每种类型燃料电池的特点如表 12-1 所示。

表 12-1　燃料电池按电解质分类及主要特征

项目	质子交换膜燃料电池（PEMFC）	碱性燃料电池（AFC）	磷酸燃料电池（PAFC）	熔融碳酸盐燃料电池（MCFC）	固体氧化物燃料电池（SOFC）
电解质	固体聚合物质子导体	固体聚合物阴离子导体或碱性溶液	磷酸	熔融碳酸盐	陶瓷
燃料	氢/甲醇/甲酸/有机物	氢/醇	氢/沼气/煤气/天然气等	氢/煤气/天然气/生物燃料等	氢/煤气/天然气/生物燃料/煤等
氧化物	氧/空气	氧	氧/空气	氧/空气	氧/空气
催化剂	Pt 基贵金属	贵金属/非贵金属（Ni、Ag 等）	Pt 基贵金属	Ni 或 Ni 合金	Ni 基复合/YSZ（用氧化钇稳定的氧化锆）
操作温度/℃	室温～100	80～100	150～220	约 650	≤1000
转换效率/%	40～50	≤60	40～50	50～60	45～55

（2）其它分类

　　燃料电池除了常见的按电解质分类，还有其它一些分类方法。如按工作温度可将燃料电池划分为低温型燃料电池（<100℃）、中温型燃料电池（100～300℃）和高温型燃料电池（600～1000℃）。其中低温型燃料电池主要有质子交换膜燃料电池及大部分碱性燃料电池等；中温型燃料电池主要为磷酸盐燃料电池及部分碱性燃料电池（如培根型碱性燃料电池）等；高温型燃料电池主要有熔融碳酸盐燃料电池、固体氧化物燃料电池等。也可按燃料的不同将燃料电池划分为氢燃料电池、醇燃料电池（如甲醇燃料电池等）、甲酸燃料电池、天然气燃料电池、甲烷燃料电池、碳燃料电池等。再者，根据催化剂的不同，还划分出了一种燃料电池——微生物燃料电池（microbial fuel cell，MFC）。它是通过把微生物或酶作为催化剂将有机物中的化学能直接转化成电能的装置。

12.1.3　燃料电池的工作原理及应用场景

　　燃料电池的燃料来源较广，除了氢气（H_2）还可包含天然气、煤气、甲烷、甲醇、甲酸等含碳燃料。为便于说明，此处以氢燃料为例。如图 12-1 所示，在阳极侧，H_2 进入阳极室，经扩散达到催化层。对于电解质为阳离子交换型的燃料电池（如质子交换膜燃料电池、磷酸燃料电池等），H_2 在催化剂（通常为 Pt 基催化剂）的催化作用下发生氢的氧化反应（hydrogen oxidation reaction，HOR）被分解为质子（H^+）和电子（e^-）。其中，e^- 由外电路经过负载流向阴极，H^+ 则通过电解质传递到阴极催化层。在阴极侧，O_2（可以是纯 O_2，也可以是空气中的 O_2）进入阴极室并到达催化层，然后与 H^+ 和 e^- 汇聚于催化剂表面发生氧还原反应（oxygen reduction reaction，ORR）。

　　对于电解质为阴离子交换型的燃料电池（如碱性燃料电池、熔融碳酸盐燃料电池、固体氧化物燃料电池等），其电化学反应将有所变化。如图 12-1 所示，在阴极侧，对于碱性燃料电池，输入的 O_2 在催化作用下与 H_2O 和阳极传递过来的 e^- 发生还原反应生成 OH^-；对于固体氧化物燃料电池，输入的 O_2 在催化作用下与阳极传递过来的 e^- 发生还原反应生成

O^{2-}；上述生成的 OH^- 或 O^{2-} 通过电解质传递到阳极催化层。在阳极侧，输入的 H_2 分别与从阴极传递过来的 OH^- 或 O^{2-} 发生氧化反应生成水，并释放出 e^-。e^- 通过外电路对负载做功并流向阴极。对于熔融碳酸盐燃料电池，其工作原理与碱性燃料电池、固体氧化物燃料电池基本相同，只是阴极侧除输入 O_2 外还需要额外输入 CO_2。输入的 CO_2 与 O_2 在阴极上反应生成 CO_3^-，并通过电解质传递到阳极与 H_2 进行反应。由此可见，只要持续提供燃料，上述电化学反应就可以不断进行，驱动燃料电池发电。

（1）质子交换膜燃料电池

常见的质子交换膜燃料电池（PEMFC）主要有直接氢 PEMFC、直接甲醇燃料电池及微生物燃料电池等。PEMFC 的电解质为可传导阳离子的固体聚合物，通常是一些磺化高分子聚合物。其中，最常见的是全氟磺酸离子聚合物（如 Nafion®），它还有磺化聚醚醚酮（SPEEK）、磺化聚醚酮（SPEK）、磺化聚芳醚砜（SPES）、磺化聚酰亚胺（SPI）、磺化聚苯并咪唑（SPBI）等磺化芳香族聚合物，但较为少见。

由于以氢为燃料的 PEMFC 应用最广，这里仅阐述其工作原理。如图 12-2 所示，在阳极侧，进入电池的 H_2 经扩散到达催化层，并在催化剂的催化作用下发生氢氧化反应，H_2 被分解为质子（H^+）和电子（e^-），并释放热。e^- 经过外电路流向负载，最后到达阴极催化层，H^+ 在电场作用下经过中间的固体电解质到达阴极催化层。而在阴极，进入电池的 O_2 或空气经扩散传递到催化层，O_2、H^+ 和 e^- 汇集于阴极催化剂表面发生氧还原反应生成 H_2O。因此，对于直接氢 PEMFC，水是燃料电池唯一的反应产物。根据法拉第定律，只要不断有氢燃料的消耗，就会有源源不断的电子流过外电路形成电流，驱动负载工作。

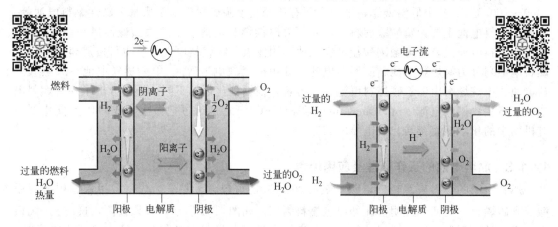

图 12-1　燃料电池工作原理　　　　图 12-2　直接氢质子交换膜燃料电池工作原理

直接氢 PEMFC 的电极反应如下。

阳极氢氧化反应：$\qquad\qquad 2H_2 \longrightarrow 4H^+ + 4e^-$ $\qquad\qquad\qquad$ (12-1)

阴极氧还原反应：$\qquad\qquad O_2 + 4H^+ + 4e^- \longrightarrow 2H_2O$ $\qquad\qquad\qquad$ (12-2)

总反应：$\qquad\qquad\qquad 2H_2 + O_2 \longrightarrow 2H_2O$ $\qquad\qquad\qquad$ (12-3)

PEMFC 除了采用氢气作为燃料外，还可以直接采用甲醇作为燃料。因此，直接甲醇燃料电池（DMFC）的工作原理与直接氢 PEMFC 的工作原理基本相同。在阳极侧，甲醇溶液中的甲醇和水在催化剂的催化作用下发生氧化反应生成 CO_2、H^+ 和 e^-。其中，e^- 通过外电路到达阴极催化层，H^+ 则在电场作用下通过质子交换膜迁移到了阴极催化层。在阴极侧，H^+、e^- 与 O_2 汇聚于催化剂表面发生还原反应，生成 H_2O。

DMFC 的电极反应如下。

$$阳极：CH_3OH+H_2O \longrightarrow CO_2+6H^++6e^- \tag{12-4}$$

$$阴极： \qquad 1.5O_2+6e^-+6H^+ \longrightarrow 3H_2O \tag{12-5}$$

$$总反应： \qquad CH_3OH+1.5O_2 \longrightarrow 2H_2O+CO_2 \tag{12-6}$$

微生物燃料电池的基本工作原理与上述两种燃料电池基本相同，只是前者在阳极使用微生物或生物酶作为催化剂，利用微生物代谢产生电流；而后者在商业化的阴、阳极中均使用 Pt 基贵金属作为催化剂。在阳极室，厌氧环境下有机物在微生物的催化作用下被分解为 CO_2、H^+ 和 e^-，e^- 通过在生物组分和阳极之间传递输运到外电路并到达阴极，H^+ 通过质子交换膜传递到阴极。而在阴极室，O_2 与 H^+ 和 e^- 汇集在催化剂表面发生氧还原反应，生成 H_2O。

以葡萄糖为例，微生物燃料电池的电极反应如下。

$$阳极： \qquad C_6H_{12}O_6+6H_2O \longrightarrow 6CO_2+24H^++24e^- \tag{12-7}$$

$$阴极： \qquad 6O_2+24H^++24e^- \longrightarrow 12H_2O \tag{12-8}$$

$$总反应： \qquad C_6H_{12}O_6+6O_2 \longrightarrow 6H_2O+6CO_2 \tag{12-9}$$

PEMFC 具有操作温度低、室温启动速度快、能量转换效率高和静默等优势；而采用氢作为燃料，具有高效、电流密度大、比功率大、可室温快速启动/关闭、低热辐射、近乎零排放等优点，比较适合于需要常温、快速启动的发电场景。因此，直接 PEMFC 作为便携式电源、备用电源及移动电源等的动力驱动电源将具有广阔的应用前景。如目前开发的燃料电池车（乘用车、大巴车、叉车等）、通信基站备用电源等的动力源基本上为质子交换膜燃料电池。此外，相比 H_2，甲醇能量密度高，而且便于携带。因此，直接甲醇燃料电池可被用作手机电源、无人机驱动电源及单兵作战电源等移动电源。而对于微生物燃料电池，由于输出效率低，目前难以直接应用。但从长远看，如果将其应用于处理含生物可降解有机物的废水并协同发电，预期将会产生较好的经济和社会效益。

（2）碱性燃料电池

碱性燃料电池（AFC）和 PEMFC 的工作原理及组件类似，但由于是在碱性条件下工作，其反应机理略有不同。以氢氧 AFC 为例：在阳极侧，阴极产生的 OH^- 通过电解液或固体碱性电解质膜传递到阳极，并在电催化剂的作用下与 H_2 发生氧化反应生成 H_2O 和 e^-。在阴极侧，e^- 通过外电路对外做功并到达阴极，在电催化剂的催化作用下参与氧还原反应生成 OH^-。

AFC 的电极反应如下。

$$阳极氢氧化反应： \qquad 2H_2+4OH^- \longrightarrow 4H_2O+4e^- \tag{12-10}$$

$$阴极氧还原反应： \qquad O_2+2H_2O+4e^- \longrightarrow 4OH^- \tag{12-11}$$

$$总反应： \qquad 2H_2+O_2 \longrightarrow 2H_2O \tag{12-12}$$

值得注意的是，与 PEMFC 不同，由于 AFC 电池的电解质为碱性液体或碱性固体，其在电解质内部传输的离子为氢氧根离子（OH⁻），而且，水是在阳极侧生成。为防止稀释电解质或水淹电极，阳极侧生成的水要及时排除。而在阴极侧，氧还原反应又需要水。因此，与 PEMFC 一样，需要对 AFC 进行严格的水管理。此外，为防止空气中的 CO_2 被引入并与碱发生中和反应，需要采用纯氧作为氧化剂。因此，AFC 比较适合应用于航天和水下等密闭环境下的作业。

（3）磷酸型燃料电池

磷酸型燃料电池（PAFC）的电解质为吸附于 SiC 上的 85% 的浓磷酸。与 PEMFC 不同之处在于，磷酸在水溶液中易解离出质子（$H_3PO_4 \longrightarrow H^+ + H_2PO_4^-$），通过形成的磷酸根离子（$PO_4^-$）将阳极氧化反应中生成的质子传递至阴极进行氧还原反应。其机理类似于全氟磺酸质子交换膜中磺酸根离子（SO_3^-）传递质子的作用。

PAFC 的电极反应如下。

阳极氢氧化反应：
$$2H_2 \longrightarrow 4H^+ + 4e^- \tag{12-13}$$

阴极氧还原反应：
$$O_2 + 4H^+ + 4e^- \longrightarrow 2H_2O \tag{12-14}$$

总反应：
$$2H_2 + O_2 \longrightarrow 2H_2O \tag{12-15}$$

PAFC 工作温度（150～220℃）要比 PEMFC 和 AFC 的工作温度高（表 12-1），因此其阴极上的氧还原反应速率较快。同时，由于工作温度高，使其催化剂具有耐毒化的能力。当其反应物中含有 1%～2% 的 CO 和 10^{-6} 级的 S 时，PAFC 照样可以工作。而且将磷酸作为电解质还可有效避免空气中的 CO_2 影响。这使得电池对 H_2 和空气的纯度要求要比 PEMFC 和 AFC 低得多，甚至可以采用沼气、煤气、天然气等燃料重整制氢方案对 PAFC 进行供氢。这些优点使 PAFC 更能适应各种工作环境，适合作为固定电站或分布式固定电站使用。

（4）熔融碳酸盐燃料电池

熔融碳酸盐燃料电池（MCFC）电解质为熔融碳酸盐，一般为碱金属 Li、K、Na、Cs 的碳酸盐混合物，隔膜材料通常为铝酸锂（$LiAlO_2$）。在高温条件下，电池中阳极发生氧化反应，H_2 和电解质中的碳酸根离子（CO_3^{2-}）在催化作用下生成 H_2O 和 CO_2，释放出 e^-。产生的 e^- 通过外电路对外做功并输运到阴极，在催化作用下与阴极侧的氧气和 CO_2 反应生成 CO_3^{2-}。生成的 CO_3^{2-} 又进入电解质，进一步扩散到电池的阳极参与氧化反应。如此周而复始，不断输出电流。

MCFC 的电极反应如下。

阳极氢氧化反应：
$$2H_2 + 2CO_3^{2-} - 4e^- \longrightarrow 2CO_2 + 2H_2O \tag{12-16}$$

阴极氧还原反应：
$$O_2 + 2CO_2 + 4e^- \longrightarrow 2CO_3^{2-} \tag{12-17}$$

总反应：
$$O_2 + 2H_2 \longrightarrow 2H_2O \tag{12-18}$$

MCFC 是一种高温型电池（约 650℃），具有反应快、效率高（可高达 60%）、对燃料纯度要求相对较低、燃料多样化（氢气、煤气、天然气和生物燃料等）、余热可被充分利用及电池材料价廉等诸多优点，比较适合作为固定电站或分布式固定电站使用。MCFC 的多孔阳极催化剂主要为 Cr、Al 与 Ni 合金材料。多孔阴极催化剂主要为 NiO，其它还有 $LiMnO_2$、CuO、LiC_OO_2、CeO_2 等。由于可以使用价格便宜的镍或不锈钢作为电池的结构材料，有效降低了电池成本。此外，由于在高温条件下电极材料能够耐受 CO 和 CO_2，可采用富氢的化石燃料（如天然气、煤气等）作为燃料，从而扩大了电池的应用场景。

（5）固体氧化物燃料电池

固体氧化物燃料电池（SOFC）是指使用氧化钇稳定的氧化锆（YSZ）等固体氧化物为电解质的燃料电池。由于固体氧化物在低温下的氧电导率较低，该类型电池目前只能在 $600\sim1000℃$ 的高温下工作。在 SOFC 的阴极侧，O_2 在催化剂的催化作用下得到电子生成 O^{2-}，在电解质隔膜两侧电位差和浓度梯度驱使下，O^{2-} 通过固体电解质的氧空位（O_v）定向跃迁至阳极侧；而在阳极侧，在催化剂的催化作用下，燃料气体（如 H_2+CO）与扩散至阳极的 O^{2-} 发生氧化反应生成 H_2O、CO_2 和 e^-。其中，产生的 e^- 通过外电路回到阴极继续参与氧还原反应。

SOFC 的电极反应如下。

阴极氧还原反应：
$$O_2+4e^-\longrightarrow 2O^{2-} \tag{12-19}$$

阳极氢氧化反应：
$$H_2+O^{2-}\longrightarrow H_2O+2e^-$$

$$CO+O^{2-}\longrightarrow CO_2+2e^- \tag{12-20}$$

总反应：
$$H_2+CO+O_2\longrightarrow CO_2+H_2O \tag{12-21}$$

由于 SOFC 可在高温下工作（工作温度甚至可高达 1000℃），因此该类型燃料电池催化剂催化效率高，催化剂无需采用贵金属，而是通常将镍粉烧结在 YSZ 表面作为催化剂，而且，还可以直接采用天然气、煤气和碳氢化合物作燃料。此外，与 PEMFC 类似，SOFC 是全固体结构，不存在像 AFC、PAFC 及 MCFC 那样因使用液体或溶化的电解质带来的腐蚀和电解质流失等问题，理论上有利于电池寿命的延长。这些突出的优点无疑简化了电池系统。再者，SOFC 排出高温余热还可以与热机（如蒸汽机、汽轮机、燃气轮机等）联用，可进一步提高总发电效率。因此，SOFC 比较适合作为固定电站或分布式固定电站使用。

12.1.4　燃料电池发展简史

在英国工业革命的背景下，1838—1839 年英国物理学家兼律师 W. R. Grove 发表了两篇有关气态电池（即后来的燃料电池）的相关论文，并于 1842 年公开了气态伏打电池（gaseous voltaic battery）的设计草图，进一步阐明了燃料电池的工作原理，如图 12-3 所示。

几乎在同一时期，1839 年德国物理学家 C. F. Schoenbein 也观察到了在 Pt 电极上的燃料电池效应。1889 年，英国化学家 L. Mond 及其助手 C. Langer 以铂为电催化剂和钻孔的铂为集流体，

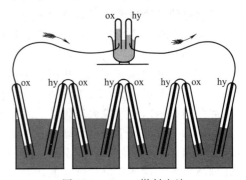

图 12-3　Grove 燃料电池

利用空气和工业煤气制造了一个实用的电装置，并将其命名为 fuel cell。"燃料电池"一词也由此而诞生。

（1）探索期

W. H. Nernst 在 1899 年采用氧化钇和氧化锆的混合物作为电解质首次发现固态电解质

的导电行为，并制作了固体氧化物燃料电池。20 世纪初，瑞士科学家 E. Baur 及其同事 H. Preis、W. Jacques 等使用陶瓷和金属氧化物固体电解质的单元对不同类型的燃料电池进行了多次试验，并发明了熔融碳酸盐型燃料电池。20 世纪初，J. H. Reid 发明了以 KOH 为电解质的碱性燃料电池。1906 年，F. Haber 和 L. Brunner 制备出了初步的固体聚合物燃料电池。1911 年，英国植物学家 M. C. Potter 便发现细菌培养液可产生电流，这是关于微生物燃料电池的最早报道。1932 年，英国 F. T. Bacon 进一步改进 L. Mond 和 C. Langer 发明的燃料电池装置，开发出了第一个真正有实用价值的燃料电池，即碱性氢氧燃料电池装置。

进入 20 世纪中叶后，燃料电池的研究得到迅速发展。1951 年，K. Kordesch 和 A. MarKo 首次进行了直接甲醇燃料电池研究。1955 年，W. T. Grubb 进一步改进了燃料电池设计，采用磺化聚苯乙烯离子交换膜代替硫酸作电解质，使酸性燃料电池升级为全固态结构。由于 AFC 使用条件较为苛刻，而且 PEMFC 所用的磺化聚苯乙烯膜、磺化聚苯乙烯-二乙烯基苯共聚物膜等质子交换膜容易被氧化降解，导致燃料电池寿命较短，极大限制了其商业化应用。真正使燃料电池商业化应用出现转机的是全氟磺酸质子交换膜（Nafion 膜）的发明。20 世纪 60 年代末，杜邦公司 W. R. Grot 博士发明了全氟磺酸树脂（Nafion），并发现其具有显著高于磺化聚苯乙烯的性能及耐久性。此后，杜邦公司生产的 Nafion 膜被广泛应用于 PEMFC 中，极大改善了电池性能。上述发展为燃料电池的民用和商业化奠定了坚实基础，使燃料电池展现出了光明的应用前景。

（2）成长期

1966 年通用汽车推出了全球第一款燃料电池概念车。该车加一次氢可续航 240 km 以上，证明了燃料电池的巨大应用前景。值得一提的还有加拿大巴拉德（Ballard）公司，经过 40 多年发展，其已成为目前世界上最大的集研发、生产、销售于一体的 PEMFC 制造商。除了巴拉德公司，通用、现代、本田及丰田等各大汽车公司也相继开发了自己的基于 PEMFC 的燃料电池车。特别是丰田汽车，自 1992 年以来，就开始了对燃料电池汽车的开发，并于 2014 年推出第一代氢燃料电池量产车 Mirai；目前，丰田公司公开的燃料电池专利数量居世界首位，其专利涉及了燃料电池关键器件、燃料电池堆及燃料电池车的整车装备方面。除了燃料电池汽车，美国 Plug Power 等公司开发了燃料电池叉车、燃料电池移动电源和燃料电池备用电源，成为业界的翘楚。

除了 PEMFC，作为固定电站或分布式固定电站使用的 PAFC、MCFC、SOFC 也相继问世，并基本实现了商业化运营。

与西方发达国家相比，我国燃料电池发展相对较晚。1958 年，原电子工业部天津电源研究所最早开展了 MCFC 的研究。70 年代初我国开始开展载人航天计划（"714 工程"）。在此期间，中国科学院大连化学物理研究所衣宝廉研究员参与并领导了航天 AFC 系统等研究。同时，武汉大学查全性教授研究团队在对气体扩散电极深入研究的基础上，研制出了 200 W 间接氨空气燃料电池系统。之后，由于受国家的工业水平和财力限制，我国载人航天计划被取消。这使得燃料电池的研制工作几乎处于停滞状态，导致中国的燃料电池技术与世界先进水平差距明显拉大。直到进入 90 年代，受到国外燃料电池快速发展的推动，我国将燃料电池技术列入了"九五"科技攻关计划。从此，我国燃料电池研究步入了新的阶段，相继攻克了多项燃料电池关键技术，涌现出了中国科学院大连化学物理研究所、武汉理工大学等多家研发单位。我国的东风汽车集团有限公司、上海汽车集团股份有限公司及北京亿华通科技股份有限公司等多家企业也积极开展了燃料电池乘用车和大巴车的开发和示范运行。

12.2 燃料电池基础

12.2.1 燃料电池可逆电势及理论效率

氢氧反应如下式所示：

$$H_2(g) + 1/2O_2(g) \Longrightarrow H_2O(l) \tag{12-22}$$

当生成液态水时，释放能量为285.8kJ/mol，Gibbs自由能变化为-237.3kJ；当生成气态水蒸气时，释放能量为241.8kJ/mol，其中44kJ/mol为水的汽化潜热，Gibbs自由能变化为-228.6kJ。

由Gibbs自由能计算得到的可逆电势（E_0）为处于热力学平衡时的理论电势。对于标准条件（25℃、1atm）下的氢氧反应，$\Delta H = -285.8$kJ/mol，$\Delta G = -237.3$kJ/mol，根据以下公式可知：

$$
\begin{aligned}
E_0 &= -\Delta G/(nF) \\
&= -(-237.3\text{kJ/mol})/(2\text{mol} \times 96485\text{C/mol}) \\
&= 1.229\text{V}
\end{aligned}
\tag{12-23}
$$

其中 n 为氢氧燃料电池反应过程中的转移电子数（即消耗每摩尔燃料所传输的电子摩尔数），根据以上氢氧反应其数值为2。

在氢-空气条件下，燃料电池的最大电动势可以表示为：

$$E = E_0 - [RT/(2F)]\ln[\alpha_{H_2O}/(\alpha_{H_2}\alpha_{O_2}^{1/2})] \tag{12-24}$$

由于氢-空燃料电池（如直接氢质子交换膜燃料电池）的工作温度通常低于100℃，此时反应生成液态水，$\alpha_{H_2O} = 1$。根据以上计算公式，在标准温度和压力下，燃料电池的最大电动势为：

$$
\begin{aligned}
E &= 1.229\text{V} - [8.314\text{J/(mol·K)} \times 298.14/(2 \times 96485\text{C/mol})]\ln[1/(1 \times 0.21^{1/2})] \\
&= 1.219\text{V}
\end{aligned}
$$

对于电池或燃料电池而言，它的热力学效率 ξ 为：

$$\xi = E_{use}/\Delta H \tag{12-25}$$

式中，E_{use} 为可用的能量。

理论效率 ξ_{th} 是标准状态下燃料电池所产生的最大电能与燃料化学能之比。

$$\Delta G = \Delta H - T\Delta S \tag{12-26}$$

$$
\begin{aligned}
\xi_{th} &= \Delta G/\Delta H \\
&= 1 - T\Delta S/\Delta H \\
&= -nFE^{\ominus}/\Delta H \\
&= -237.3\text{kJ/mol}/(-285.8\text{kJ/mol}) \\
&= 0.83
\end{aligned}
\tag{12-27}
$$

即燃料电池热力学上最大理论效率为83%。

然而，燃料电池的实际效率由于受电流密度、极化、温度、燃料利用率及整个装置系统的能耗影响，总的转换效率多在 $40\%\sim60\%$ 之间。

12.2.2 Butler-Volmer 方程

当有电流通过电极与溶液的界面时，将必然出现不可逆的电极反应。此时，电极电势 E 与可逆电极电势 E_r 将产生偏差。这种实际电极电位偏离平衡电位的现象被称为电极的极化。电极电势偏差的大小（ΔE）的绝对值称为过电势（overpotential），又被称为过电位或超电势，记作 η：

$$\eta = |\Delta E| = |E - E_r| \tag{12-28}$$

产生电极电势偏差的主要原因是电池内阻 R 所引起的 IR 电势降和不可逆条件下两电极的极化。

对于在电极表面发生的氧化还原反应：

$$Ox + ne^- \rightleftharpoons Red \tag{12-29}$$

由 Arrhenius 公式，通过将反应速率常数 k 与 j 关联可以分别得到阳极电流密度（j^-）和阴极电流密度（j^+）的方程式：

$$j^- = -nFC_{Ox}k^- \exp\left(-\frac{\beta nFE}{RT}\right) \tag{12-30}$$

$$j^+ = nFC_{Red}k^+ \exp\left[\frac{(1-\beta)nFE}{RT}\right] \tag{12-31}$$

式中，k 为反应速率常数，β 为对称系数。则整个电池的电流密度：

$$j = j^+ + j^- = j_0\left\{\exp\left[\frac{(1-\beta)nF(E-E_r)}{RT}\right] - \exp\left[-\frac{\beta nF(E-E_r)}{RT}\right]\right\} \tag{12-32}$$

或

$$j = j_0\left\{\exp\left[\frac{(1-\beta)nF\eta}{RT}\right] - \exp\left[-\frac{\beta nF\eta}{RT}\right]\right\} \tag{12-33}$$

这就是著名的 Butler-Volmer 方程。式中，j 为电极的电流密度；j_0 为交换电流密度；E 为电极电势；E_r 为平衡态电势；T 为热力学温度；n 为该电极反应中涉及的电子数目；F 为法拉第常数；R 为气体常数；β 为正极（阴极）方向电荷传递系数；η 为活化过电位。值得指出的是，该公式是在一些假设前提下获得的，其中 j_0 满足以下方程。

$$j_0 = nFk_0(c_{Ox}^{1-\beta}c_{Red}^{\beta}) \tag{12-34}$$

式中，k_0 为标准速率常数；c_{ox} 为氧化反应浓度；c_{red} 为还原反应浓度。

Butler-Volmer 方程指出了电流与电压存在的函数关系，是非常重要的电极动力学公式。由公式可知，电流与电压之间存在非线性关系，这已超出了我们从欧姆定律中学到的电流与电压呈线性关系的简单认知。

12.2.3 塔菲尔半经验公式

对于 $|\eta| \gg RT/(nF)$（$25^{\circ}C$ 时为 $25.7/n$ mV），则较小的阳极电流的贡献可被忽略。此时，对于阴极反应，$\eta < 0$，根据 Butler-Volmer 方程，总电流可近似表达为：

$$j = -j_0 \exp\left(-\frac{\beta nF\eta}{RT}\right) \tag{12-35}$$

对该式以 e 为底取对数，得到塔菲尔（Tafel）公式：

$$\eta = \left(\frac{2.303RT}{\beta nF}\right)\ln j_0 - \left(\frac{2.303RT}{\beta nF}\right)\ln|j| \tag{12-36}$$

值得强调的是 Tafel 方程只适用于强的电化学极化区。可将 Tafel 公式进一步简化为：

$$\eta = A + B\ln|j| \tag{12-37}$$

B 就是所谓的 Tafel 斜率，其值为 $-2.303RT/(\beta nF)$。需要指出的是，Tafel 斜率是过电势除以电流对数的比值。当 $\beta = 0.5$ 和 $n = 1$ 时，在 25℃ 下其值为 -118mV/deg。

为更好地求得 j_0 等相参数，该方程的表达式可变换为：

$$\ln|j| = \ln j_0 + \frac{\beta nF}{2.303RT}\eta \tag{12-38}$$

这样当用 $\ln|j|$ 对 η 作图时，可以直接从电势轴的截距和斜率分别获得 j_0 和 β。

燃料电池中，Tafel 曲线可以给出重要的电极反应动力学信息：①可以获得交换电流密度 j_0；②由测定的 Tafel 曲线可以获得对称因子 β 等信息；③可以通过 Tafel 斜率判定电化学反应进行的难易及控制步骤。当 Tafel 斜率低于 120（118）mV/dec，通常为电化学极化过程。当 Tafel 斜率高于 120（118）mV/dec，说明过程中有浓差极化的影响，不完全是电化学极化控制。此外，在电化学极化范围内，Tafel 斜率越小，相同电压下电极就可以获得更大的电流密度，表明电极具有更快的电极反应动力学。

实践中，燃料电池的开路电压要低于理论电势（可逆电压）。对于在常温工作的燃料电池，其开路电压通常低于 1.229V 的理论电势（如图 12-4）。随着电池温度的增加，电池的开路电压将进一步下降。

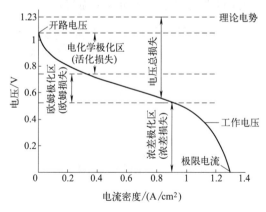

图 12-4　燃料电池的理论极化曲线

12.2.4　燃料电池极化

燃料电池的极化主要有以下三种。

① 电化学极化（electrochemical polarization，η_e）　当有电流通过电极时，由于电化学反应的迟缓性而造成的电极极化称为电化学极化或活化极化。此时，电化学反应速率成为电

极动力学过程的决定步骤。因电化学极化而造成的电极电势 E 与 E_r 之差的绝对值，称为电化学（活化）极化或电化学（活化）过电势（η_e）。电化学（活化）极化发生的区域被称为电化学（活化）极化区，因其造成的电压损失又称为活化损失或反应损失。其电池极化曲线呈现明显的非线性特征（图 12-4）。

②欧姆极化（ohmic polarization，η_0）是由电解质中的离子或电极中的电子导电阻力引起的电极极化。影响欧姆极化或欧姆过电势的因素除了温度、压力和电流密度外，还有电极材料、电极的表面状态、接触电阻和电解质性质等。欧姆极化发生的区域被称为欧姆极化区，因其造成的电压损失又称为欧姆损失。其电池极化曲线呈现明显的线性特征（图 12-4）。

③浓差极化（concentration polarization，η_c）迁移和纯化学转变均能导致电极反应区参加电化学反应的反应物或产物浓度发生变化，使电极电位改变，即为浓差极化或浓差过电势。浓差极化是由缓慢的物质传输（传质）过程引起的。当速度到达某个极限值时电极表面附近的反应物即将耗尽或产物已足够多时，与本体浓度发生最大偏离。此时，电极或电池达到最大电流，又称为极限电流（图 12-4）。通常，仅当电化学反应为控制步骤（小电流区域）时，才能忽略浓差极化作用。浓差极化发生的区域被称为浓差极化区，因其造成的电压损失又称为浓差损失或传质损失。其电池极化曲线呈现明显的非线性特征。

从以上可知，燃料电池极化是一个复杂的电极动力学过程，表现为多种极化交织和控制，其中占主导地位的极化决定着整个电极的总极化。为了便于设计和制造高性能的燃料电池，必须进一步厘清各种极化的特点及其影响因素。

电化学极化（η_e）的大小是由电化学反应速率决定的，是由电化学反应迟缓造成的电压降。因此，搅拌及加强对流与扩散基本上对电化学极化没有影响。欧姆极化（η_0）主要是由燃料电池构件，特别是固体电解质膜电阻及其接触电阻大小决定的。浓差极化（η_c）是由扩散速率决定的，由反应物或产物粒子缓慢的传质扩散过程引起的。

通过前面燃料电池热力学的学习我们知道在常温标准状态下燃料电池的可逆电压为1.229V。然而，当电池工作时，工作电压将会随着电流密度的增加而出现下降（过电势）。这是因为在能量转化过程中还存在其它非可逆的电压损失：

$$V_{ir} = V_r - V(j) = \eta_e + \eta_0 + \eta_c \tag{12-39}$$

对于电化学活化

$$\eta_e = \frac{RT}{\alpha nF} \ln\left(\frac{j}{j_0}\right) \tag{12-40}$$

其中，阳极活化

$$\eta_{e\text{-}a} = \frac{RT}{\alpha_a nF} \ln\left(\frac{j}{j_{0,a}}\right) \tag{12-41}$$

阴极活化

$$\eta_{e\text{-}c} = \frac{RT}{\alpha_c nF} \ln\left(\frac{j}{j_{0,c}}\right) \tag{12-42}$$

对于直接氢质子交换膜燃料电池和碱性燃料电池，氢在 Pt 电极表面的 j_0 要远大于阴极表面的的 j_0，因此 $\eta_{e\text{-}a}$ 一般可忽略。

对于欧姆极化

$$\eta_0 = iR \tag{12-43}$$

R 是总电阻，包括电子、离子和接触电阻。

对于浓差极化

$$\eta_c = \frac{RT}{nF} \ln \left(\frac{j_L}{j_L - j} \right) \tag{12-44}$$

其中阳极浓差极化

$$\eta_{c\text{-}a} = \frac{RT}{nF} \ln \left(\frac{j_{L,a}}{j_{L,a} - j} \right) \tag{12-45}$$

阴极浓差极化

$$\eta_{c\text{-}c} = \frac{RT}{nF} \ln \left(\frac{j_{L,c}}{j_{L,c} - j} \right) \tag{12-46}$$

燃料电池电压可以表示为可逆电压减去三种电极极化之和。则在不考虑电池存在内部渗透电流条件下，燃料电池电压可近似表示为：

$$
\begin{aligned}
V(j) &= V_r - V_{ir} \\
&= V_r - (\eta_e + \eta_0 + \eta_c) \\
&= V_r - \left[\frac{RT}{\alpha nF} \ln \left(\frac{j}{j_0} \right) + iR + \frac{RT}{nF} \ln \left(\frac{j_L}{j_L - j} \right) \right]
\end{aligned} \tag{12-47}
$$

如果进一步分别考虑两个电极的极化，则可获得燃料电池的实际电压：

$$
\begin{aligned}
V(j) = V_r &- (\eta_{e\text{-}a} + \eta_{e\text{-}c} + \eta_0 + \eta_{c\text{-}a} + \eta_{c\text{-}c}) \\
= V_r &- \left[\frac{RT}{\alpha_a nF} \ln \left(\frac{j}{j_{0,a}} \right) + \frac{RT}{\alpha_c nF} \ln \left(\frac{j}{j_{0,c}} \right) + iR + \frac{RT}{nF} \ln \left(\frac{j_{L,a}}{j_{L,a} - j} \right) + \frac{RT}{nF} \ln \left(\frac{j_{L,c}}{j_{L,c} - j} \right) \right]
\end{aligned}
$$
$$\tag{12-48}$$

通常将电池实测得到的电压（V）与电流（I）关系曲线称为极化曲线，又称为伏-安特性曲线（V-I 曲线）。

12.2.5　燃料电池实际效率

燃料电池实际效率可表示为：

$$
\begin{aligned}
\xi_{real} &= \left(\frac{\Delta G}{\Delta H} \right) \left(\frac{V}{E} \right) \lambda = (\Delta G / \Delta H)(V/E_r) \times \lambda \\
&= \xi_{th} \times (V/E_r) \times \lambda
\end{aligned} \tag{12-49}
$$

式中，ξ_{th} 为理论效率；V 为工作电压；E_r 为可逆电压；λ 为燃料利用率。

$$\lambda = 1 / S_{H_2} \tag{12-50}$$

S_{H_2} 为氢的化学计量比（stoichiometric ratio）或过量系数（excess coefficient），即燃料电池实际用氢量与理论用氢量之比：

$$S_{H_2} = M_{real} / M_{th} = (nF/I) \times M_{real} \tag{12-51}$$

对于氢氧燃料电池 $E_r = 1.229V$（1atm 25℃标准状态下）：

$$\xi_{real} = 0.83 \times (V/1.229) \times \lambda = 0.675 \times V_{cell} \times \lambda \tag{12-52}$$

可见，对于燃料电池，其工作电压越高，效率就越高。然而，对于氢-空燃料电池，E_r 为 1.219V，其效率为：

$$\xi_{real} = 0.83 \times (V_{cell}/1.219) \times \lambda = 0.68 \times V_{cell} \times \lambda \tag{12-53}$$

可见，在不考虑燃料利用率及其它条件下，氢氧燃料电池与氢-空燃料电池的实际效率区别不大。若氢-空燃料电池工作电压为 0.7V，化学计量比为 1.1，则此时燃料电池的效率为：

$$\xi_{real} = 0.68 \times V_{cell} \times \lambda = 0.68 \times V_{cell} \times 1/S_{H_2} = 0.68 \times 0.7 \times 1/1.1 = 43\%$$

若考虑氢气的循环利用，则氢氧燃料电池的最大效率为：

$$\xi_{real} = 0.68 \times V_{cell} \times \lambda = 0.68 \times V_{cell} \times 1 = 0.68 \times 0.7 = 48\%$$

可知，若要进一步提高电池效率，需要提高电池工作电压。通常在高电压下工作（如 0.8V），燃料电池效率会得到提高，但由于电流小，电池功率密度低，只适合用作小功率便携式或移动电源。而对于通常在大电流下工作的车载型燃料电池，由于要求工作时具有大的功率密度或大电流，因此就需要在一个相对低的电压下工作（如 0.7V），这时燃料电池效率将会降低。

12.3　燃料电池材料

12.3.1　质子交换膜燃料电池构成及功能

质子交换膜燃料电池（PEMFC）的单电池结构如图 12-5 所示。以 PEMFC 中间的质子交换膜（proton exchange membrane，PEM）为大致对称面，两边依次由催化层（catalyst layer，CL）、气体扩散层（gas diffusion layer）、密封件（seal）、流场板（flow field plate，FFP）、集流板（current collector，CC）、绝缘层（insulating layer，IL）及端板（end plate，EL）构成。由此可知，PEMFC 全部是由固体组件构成的，具有高的抗振动冲击能力，非常适合作为运载工具（如车、船等）的动力电源使用。

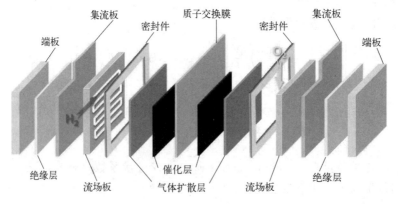

集流板　　　质子交换膜　　　集流板
端板　　密封件　　　　密封件　　端板

H₂

绝缘层　　流场板　　催化层　　气体扩散层　　流场板　　绝缘层

图 12-5　质子交换膜燃料电池构成

① 质子交换膜　质子交换膜是 PEMFC 的核心组件之一，是降低电池欧姆极化的关键。其作用主要体现在：作为电解质，传递质子，将质子快速传递到阴极参与氧还原反应；作为

隔膜，分隔阴极与阳极，防止反应气体串气或直接混合发生化学反应，但允许水的扩散和反扩散；作为电子绝缘体，阻止电子在膜内传导；作为催化层的支撑体，可有效提高催化剂利用率，降低催化剂用量。

② 催化层　由于燃料电池所有的电化学反应都发生在催化层，因此催化层是燃料电池最为核心的组件，是降低电池电化学（活化）极化的关键。作为电极的一部分，催化层主要由催化剂和固体聚合物质子导体构成，其作用主要体现在：在催化剂的催化作用下，降低电极表面的氧化还原反应位垒，促进反应进行；通过由纳米金属颗粒和载体碳构成的导电网络实现电子的快速输运；借助于固体聚合物质子导体实现质子的快速输运；传热功能。Pt 基材料是目前具有最高催化效率的 PEMFC 催化剂，但 Pt 价格昂贵，而且用量大，成为燃料电池生产成本高的重要原因之一。

③ 气体扩散层　气体扩散层是质子交换膜燃料电池的核心组件之一，是降低电池浓差极化的关键，对电池性能有着重要影响。其作用主要体现在：是反应气体（H_2 和 O_2）和水的扩散通道，使其快速到达催化层进行电化学反应，同时将多余的水和未反应完全的反应气体及时扩散输出，从而避免"水淹"电极及极限电流的出现；借助由碳纸和水管理层搭建的内部梯度孔对反应气体（H_2 和 O_2）和水进行均匀分配；传导电子并汇集电流；进行热传输和分配；是催化层和膜的支撑体。气体扩散层材质主要是附着水管理层的疏水化石墨化碳纸，少量使用碳布。

④ 双极板　双极板（bipolar plate）也是燃料电池核心组件之一。其主要作用是：通过表面的流场（道）将反应气体均匀地导入到气体扩散层电极，同时收集并排出反应产物（如 H_2O）、未参与反应的惰性气体（如空气中的 N_2）及未完全反应的反应物（如 H_2 和 O_2）；分隔反应气体并支撑电极；收集并传导电流；发挥散热功能。因此，双极板质量和设计水平将决定燃料电池堆输出功率和运行的稳定性。常见的双极板主要有石墨双极板、复合双极板和金属双极板等。从轻量化和提高电池体积与质量比功率考虑，金属双极板将是今后主要的发展方向。

⑤ 密封件　在质子交换膜燃料电池结构中，密封件位于气体扩散层与双极板之间。为了防止燃料电池阴、阳两极的反应气体和水从膜电极的四周发生侧漏或串气，需要采用密封件将两个双极板间的缝隙进行密封。密封件应具有弹性形变能力，以保证在外加压力的作用下发生变形，增强密封性。因此，燃料电池密封件一般以硅橡胶或氟橡胶等聚合物材料为主。密封方式主要采用圈或垫形式，形成接触密封。

⑥ 集流板　位于双极板和端板之间，起着收集电流、连接外部电路的作用，是构成闭合电路的重要部分。电池两侧的集流板分别为电源的正极端和负极端。集流板一般选用铜板等材质。

⑦ 绝缘层　为防止端板导电，集流板与端板之间需加一层绝缘层。绝缘层应具有一定硬度，并具有高的韧性、导热系数、介电性能和耐腐蚀性能。通常采用适用于硬质金属接合且柔韧性较好的青稞纸及 TufQUIN 复合绝缘纸作为绝缘层。

⑧ 端板　位于燃料电池的最外侧，对整个电池组起结构支撑、固定与隔离保护作用。在电池组装过程中，通过端板承压将压力均匀地分配给电池内部表面，保证电池的气密性及内部器件间的严丝合缝。由于端板需要有足够大的机械强度和刚度，通常选用不锈钢作为端板材料。

⑨ 其它　紧固件等。电堆的紧固部件根据封装形式的不同而有差异，主要包括螺栓紧固件和绑带紧固件等。前者由螺杆、螺母和垫片等组成，后者由钢带和弹簧垫圈等组成。

12.3.2 质子交换膜燃料电池关键材料

12.3.2.1 质子交换膜材料

根据上述质子交换膜的功能，作为燃料电池关键部件其应该具有以下特点：高质子电导率、低燃料透过率、优异的绝缘性、高的化学和电化学稳定性及高的力学和结构稳定性。目前常见的质子交换膜主要是全氟磺酸型质子交换膜，其次为新型复合质子交换膜和非氟聚合物质子交换膜（碳氢膜）等。

（1）全氟磺酸均质膜材料

① 全氟磺酸聚合物分子结构　如图 12-6 所示，全氟磺酸（perfluoronated sulfonic acid，PFSA）聚合物的分子结构呈链状结构排布，主要由憎水性 C—F 主链和链端具有亲水性的磺酸基团的侧链构成。其对阳离子有很好的选择性，即只与阳离子发生选择性交换，排斥中性分子和阴离子。因此，全氟磺酸聚合物很适合作为质子交换膜材料及催化层质子导体使用。其中，Nafion® 聚合物是在 20 世纪 60 年代末由杜邦公司发明的第一种具有离子特性的聚合物，其由聚四氟乙烯和全氟-3,6-二环氧-4-甲基-7-癸烯-硫酸的共聚物构成，属于长侧链的 PFSA。其憎水性 PTFE 结构伴有另一氟碳侧链，侧链的最外端点接枝有一亲水性的磺酸基团（—SO$_3$H）。在实际应用中，为了增加燃料电池的高温性能，需要膜具有较强的保水率。最有效的办法就是增加膜内磺酸基团的数量。为此，一些公司纷纷开发出短链膜，其中最有名的是美国 Dow 化学公司的 Dow 膜和 Solvay Solexis 公司的 Aquivion 膜。与 Nafion 膜不同的是，短链膜的 PFSA 侧链中缺失一个 "—OCF$_2$CFCF$_3$—" 链段，即图 12-6 中分子结构的 m 部分。短支链膜的链结构对称性更高，规整性更好，更容易结晶，其玻璃态转变温度和机械强度也更高，适合在高温（如大于 90℃）和低湿环境下使用。

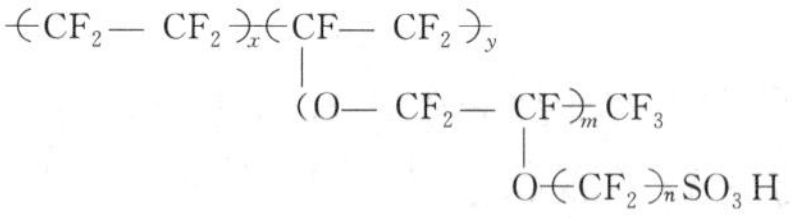

$$\overline{\left(CF_2-CF_2\right)_x\left(CF-CF_2\right)_y}$$
$$|$$
$$\left(O-CF_2-CF\right)_m CF_3$$
$$|$$
$$O\left(CF_2\right)_n SO_3H$$

膜名称	x	y	m	n
Nafion	5～13.5	1000	1	2
Flemion			0.1	1～5
Aciplex	1.5～1.4		0.3	2～5
Dow	3.6～10		0	2

图 12-6　全氟磺酸聚合物分子结构

② Nafion 膜微观结构与形貌　目前水合 Nafion 膜的微相分离结构已被广泛接受。如图 12-7 所示，T. D. Gierke 等在 1981 年通过广角和小角 X 射线散射研究发现，Nafion 膜具有离子簇（ion cluster）构型。在该离子簇模型中，磺酸极性基团排列在内形成一个极性核（polar core）构成离子簇，而非极性基团 C—F 链骨架位于离子簇外围。因此，其本质上是一种反胶束（reversed micelle）。离子簇直径为 4nm，中间为水簇空洞，离子簇之间相距 5nm，并由 1nm 的微孔通道连接，提供阳离子传输的通道。简而言之，Nafion 膜是由疏水的骨架和亲水的离子簇构成，离子簇形成质子导电的通道。Nafion 膜的这种结构是由水合作用、磺酸基团的静电力与 C—F 骨架弹力平衡作用的综合作用结果。形成的离子簇尺寸及相分离形貌依赖于膜的水含量 λ。λ 为水合系数，定义为 1 个带电结点（SO$_3^-$H$^+$）可以携

带水分子的数目，其值一般在 0～22 之间。研究表明，Nafion 干膜没有出现明显的相分离形貌，而湿膜（λ＝8）出现了清晰的相分离形貌，并呈现出球形水簇状结构。水簇的平均尺寸为 3.8nm，与实验结果基本一致。

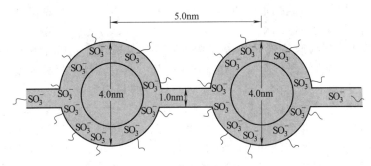

图 12-7　Nafion® 膜微观结构与形貌

③ Nafion 膜质子电导率的影响因素　膜传导质子的能力与载流子的浓度和迁移率有关，通常用质子电导率来表征，其大小取决于膜中聚合树脂的离子交换容量（ion-exchange capacity，IEC）。IEC 是指每克干膜（氢型）或湿膜（氢型）与外界溶液中相应离子进行等量交换的毫摩尔数值（mmol/g）。而离子交换容量又取决于聚合物树脂的当量（equivalent weight，EW），即含有 1mol 的磺酸基团的干树脂（H 型）的质量。EW 值越小，膜内亲水磺酸基团含量越高，质子电导率就越大。但 EW 值过小，膜的稳定性就会明显降低。此外，由于 O_2 的扩散系数在亲水相中大于在疏水相中，溶解度则正好相反。因此，O_2 在较低 EW 的 Nafion 膜中有着较高的扩散能力和较低的溶解度。对同一类型的膜而言，当改变 x 和 y 值，将引起 EW 值的变化。通常，Nafion 膜（包括 Nafion 117、115、1135、112、111 等型号膜）、Aciplex 膜（S-1112 等）、Flemion 膜（LSH-180）和 Dow 膜的 EW 值分别为 1100g/mol、1050g/mol 和 1099g/mol 和 858g/mol；在室温（25℃）条件下，对应的质子电导率分别为 0.1S/cm、0.13S/cm、0.13S/cm、＜0.1S/cm。对于 Flemion 膜，当 EW 值降至 909 g/mol（Flemion SH-120）时，其质子电导率将升至 0.18S/cm。

④ Nafion 膜质子传递机理　作为阳离子交换膜的一种，质子交换膜也属于一种具有选择透过性的半透膜。这种半透膜只能让阳离子通过，而阴离子则通不过。在质子交换膜中，离子簇内极性的磺酸基团属于强电解质基团，不仅易与质子结合，而且还易与溶液分离，从而形成众多的质子通道。由上述可知，该通道由多个 4nm 的水簇笼和 1nm 的微孔通道互连而成。而驱动力主要是膜两侧的浓度差和电势差。目前，Grotthuss 机理和运载（vehicle）机理是普遍被接受的两种质子传递机理：

如图 12-8 所示，Grotthuss 机理认为磺酸根载体分子静止，而质子沿氢键在载体分子间运动，该过程又称为跳跃（hopping）机理。

图 12-8　两种质子传递机理

在运载机理中，质子和磺酸根载体相结合形成磺酸，结合了质子的磺酸在扩散过程中产生浓度梯度，造成其余磺酸根逆向扩散。得到的质子净传递量即为质子传导量，质子传导量是载体扩散速率的函数。

一般认为，膜内的质子传导同时包含了运载机理和跳跃机理的共同作用。在高水含量条件下，膜内的质子移动性增强，跳跃机理起主要作用；而在高温低水含量情况下，质子传递以运载机理为主。可见，运载机理的质子传递效率低，导致质子电导率降低。因此，燃料电池工作时要尽量保障膜的足够润湿。

⑤ 全氟磺酸质子交换膜特性及局限　PFSA 结合了聚四氟乙烯诸多的物理化学特性，同时本身又具有离子特性，最终具备一些特殊的性质：具有较高的机械强度，可有效支撑催化层，而且可加工性好，满足大规模生产要求；优良的热稳定性、化学稳定性和抗氧化能力，只有金属性的碱金属才可以使 PFSA 失活，但经质子化后，PFSA 又能再生；可调的水含量，反应膜水含量的水合系数 λ 一般在 0～22 之间，而且对水的选择性和渗透性很好；在常温下具有良好的质子交换功能和高的质子导电率，因此 Nafion 常被用来修饰电极；对反应气体具有较好的隔绝效果，提高了电池的发电效率。这些特性导致 PFSA 膜的性能总体上要优于非氟或者部分氟化交换膜。

然而，PFSA 膜也存在一些明显的缺点：a. 质子迁移和膜电导率严重依赖于水，在工作温度超过 100℃时，由于膜内水分蒸发造成质子传导性能急剧下降；b. 存在氢渗透，导致燃料电池内部出现渗透电流，而且随着膜的减薄，氢渗透越严重；c. 甲醇渗透高，甲醇浓度越高甲醇渗透越明显，因此直接甲醇燃料电池只能采用较厚的 Nafion117 膜（厚度高达 $175\mu m$）来降低甲醇渗透，使电池成本大大增加；d. 由于具有较高的水合系数（λ），膜遇水或溶剂容易溶胀，而且脱水后又急剧收缩，导致膜尺寸变化大；e. 在低温条件下，储存在 PFSA 膜内的水会发生冰冻灾害，此时由于缺乏可移动的液态水，质子不能有效传递，导致电池不能工作；f. PFSA 膜在温度超过 140℃时易发生降解，此时磺酸根将会脱落，降低了膜的质子电导率；g. 在电池溶液体系中存在变价过渡金属离子（如 Fe^{3+}），就会发生 Fenton（芬顿）反应，产生的羟基自由基（OH·）会对膜进行攻击，导致膜发生降解。

（2）全氟磺酸复合增强膜材料

全氟磺酸复合增强膜是目前最为常见的复合膜。常见的复合增强膜为经 PFSA 填充的膨体聚四氟乙烯（expanded PTFE，e-PTFE）膜。与微观 Nafion 均质膜中外层为 PTFE 主链疏水端和内层为侧链亲水端与质子通道的离子簇结构模型相仿，这是一种宏观上以 PTFE 基体为疏水相和增强骨架，以填充的 PFSA 为亲水相和质子通道的复合膜。该复合膜具有以下优点：① 将 PFSA 树脂填充到 e-PTFE 孔隙中降低 PFSA 树脂的用量，从而降低膜的成本；②由于 e-PTFE 膜具有较高的力学性能、柔韧性和高的化学稳定性，采用其作为复合膜基体可具有比 Nafion 膜高的力学强度和化学稳定性；③受到 e-PTFE 基体膜的力学限制，填充的 PFSA 树脂的溶胀性受到了限制，复合膜可保持高的尺寸稳定性，使膜在干态和湿态时的拉伸强度和水化/脱水过程中尺寸稳定性都比 Nafion 膜有所提高；④该复合膜还具有一定自增湿功能，适合在比 Nafion 膜更高的温度下工作；⑤复合膜可以做得很薄，目前最薄的复合膜已做到 $10\mu m$ 厚，从而进一步提高质子迁移率和降低电池的欧姆极化。

复合膜的上述优点不仅提高了燃料电池性能，而且还降低了燃料电池的成本，展现出了很大的应用和发展前景。然而，复合膜也存在缺点，如膜存在致密性问题。由于属于填充类型的膜，很难保证 e-PTFE 多孔膜的孔隙能被 PFSA 树脂百分之百地填充；而且 PFSA 树脂能否与 PTFE 骨架高度结合也是一个不可忽视的问题。这些都会引起反应气体的渗透，特别是当膜减薄时，气体渗透就会越加明显，不仅降低了燃料电池性能，而且还带来安全性问题。为此，有人采用叠加多层复合增强膜的方案来解决膜的气体渗透问题，但这会带来膜厚的增加，不仅提高了电池的成本，还增加电池的欧姆极化。

全氟磺酸复合增强膜制备方法通常有两种。其一是溶液浇铸法，即把 PFSA 溶液浇铸到 e-PTFE 多孔膜表面上，在重力作用下 PFSA 溶液浸入到多孔膜的孔内，经真空烘干去除溶剂后即制得 PFSA 树脂/PTFE 复合膜。另一制备方法是负压填充法，即先将 PFSA 溶液置于多孔 e-PTFE（膨体 PTFE）膜上表面，然后在多孔膜的下端抽真空，利用形成负压将 PFSA 溶液吸入到多孔膜的孔内，经真空烘干去除溶剂后即制得 PFSA 树脂/PTFE 复合膜。与溶液浸入法相比，该方法制备的复合膜填充度高，氢渗透率低，可靠性好。目前，武汉理工大学采用负压填充法已实现全氟磺酸复合增强膜的小规模生产（图 12-9）。

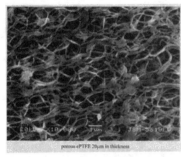 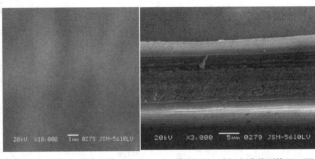

    (a) 多孔e-PTFE膜的SEM图   (b) 填充PFSA后复合膜表面的SEM图   (c) 填充PFSA后复合膜截面的SEM图

图 12-9   采用负压填充法小规模生产的全氟磺酸复合增强膜

（3）磺化非氟碳氢聚合物膜材料

虽然全氟磺酸质子交换膜（Nafion®）是目前市场上使用最为广泛的燃料电池质子交换膜，但其成本过高且甲醇透过率高，而且高温下膜易去水，导致质子电导率急剧降低，使 PEMFC 通常只能在低温（<100℃）条件下工作；此外，全氟磺酸膜在降解过程中会有氟的排放，会对环境造成污染。相比之下，磺化非氟碳氢聚合物膜具有成本低廉、结构多样、保水能力较高、能在高温或低相对湿度下使用且废弃物易降解等优点，使其作为高温 PEMFC 膜使用显示出广阔的应用前景。其中，芳香族聚合物以磺化芳烃为骨架，具有良好的热稳定性和较高的机械强度，在 200℃ 以上仍具有化学稳定性，逐渐成为研究的主流。目前磺化芳香型聚合物主要有磺化聚芳醚酮（SPEK）、磺化聚苯乙烯-乙烯-丁烯-苯乙烯（S-SEBS）嵌段共聚物、磺化聚苯并咪唑（SPBI）、磺化聚芳醚砜（SPES）、磺化聚酰亚胺（SPI）、磺化聚硫醚砜（SPSSF）等几类质子交换膜，其分子结构如图 12-10 所示。

目前，磺化非氟碳氢聚合物膜在低湿度和低温下的质子导电率过低，通常小于 10^{-3} S/cm，导致该类型膜只有在高温、增湿条件下才具有高的电池性能。这无疑增加了燃料电池运行成本。因此，研制出高温、低相对湿度下具有较高质子导电率的质子交换膜成为该类型膜能否获得广泛应用的前提。解决这一问题可能的方法包括：①控制磺化聚合物的形态结构，使之产生完美的微相分离结构；②提高磺酸基的酸度；③寻找沸点高，稳定性好，能代替水分子的其它物质；④磷酸掺杂碱性聚合物如聚苯并咪唑等由咪唑、三氮唑、四氮唑等含氮杂环类化合物制得的质子交换膜，因在低湿甚至无水的情况下其仍具有良好的质子传导能力和化学稳定性等优点，被视为最有发展前景的高温质子交换膜材料。

对于 PEMFC，提高温度或降低湿度会使得膜的质子传导率急剧下降，故高温质子交换膜亦成为人们研究的热点。由于无机质子传导材料具有良好的质子传导能力，而且不受玻璃化温度的限制，具有良好的热稳定性，因此，作为一种非常有前景的高温燃料电池用质子传

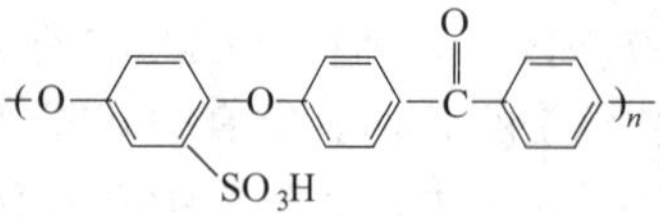

SPEK

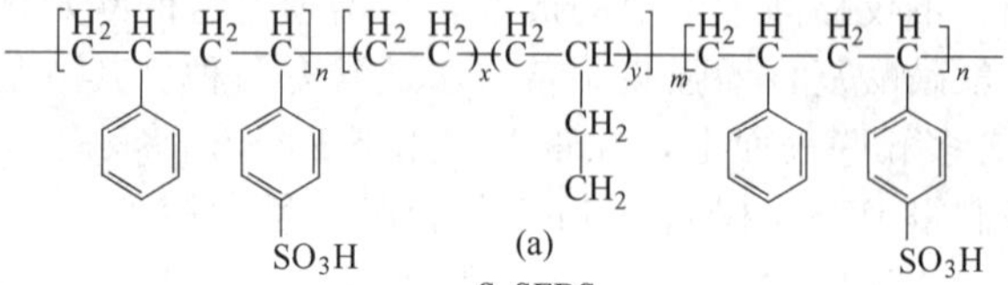

S-SEBS

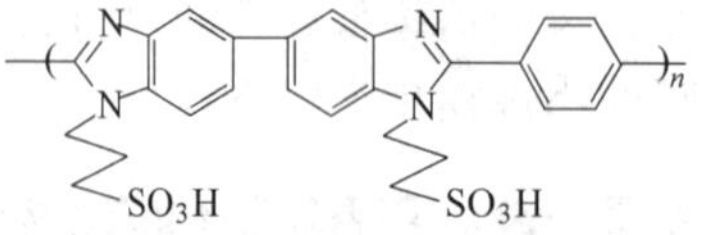

SPBI

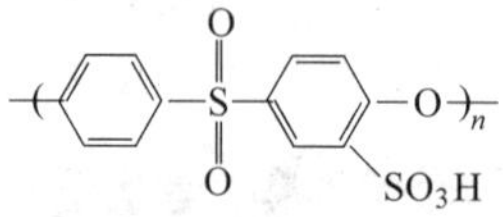

SPES

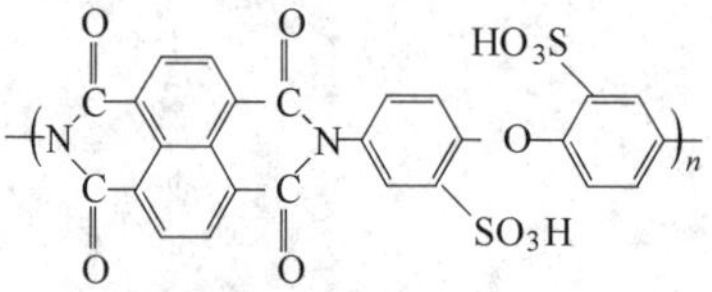

SPI

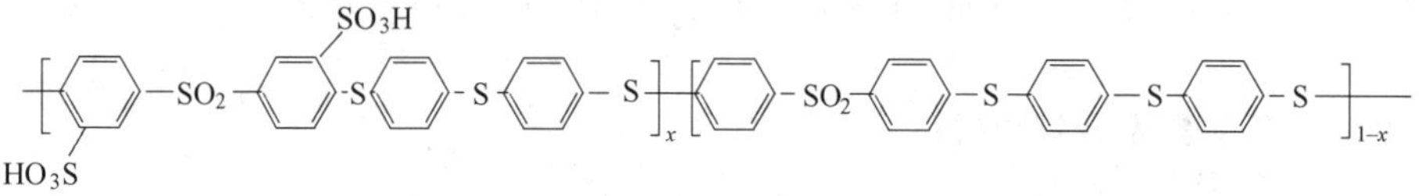

SPSSF

图 12-10　几种具有代表性的磺化芳香型聚合物

导材料，无机质子传导材料近年来逐步进入研究者的视线。其中，固态杂多酸是在燃料电池中应用较为广泛的一种无机质子导体。它是由杂原子（如 P、Si、Fe、Co 等）和配位原子（如 Mo、W、V、Nb、Ta 等）按一定的结构通过氧原子配位桥联的一类含氧聚阴离子多酸，具有一般配合物和金属氧化物的主要结构特征。杂多酸也可以看成是由不同种酸酐酸化缩合脱水而成的多酸，既是多电子氧化剂，同时又是强质子酸，能很好地转移和贮藏质子。大部分杂多酸都溶于水和含氧有机极性溶剂中，固态杂多酸具有较高的热稳定性。目前研究最多的是 Keggin 结构。常见的杂多酸有磷钨酸（$H_3PW_{12}O_{40}$）、磷钼酸（$H_3PMo_{12}O_{40}$）和硅钨酸（$H_4SiW_{12}O_{40}$）及硅钨钼酸（$H_4SiW_6Mo_6O_{40}$）等。其中，磷钨酸（HPW）在 15℃时电导率约为 0.015S/cm，高于硅钨酸（HSiW），并与磷钼酸（HPMo）相当；当温度在 100℃以上时，其质子电导率高达 0.17S/cm，且能保持稳定。然而，杂多酸很少单独用作质子交换膜。这是因为杂多酸多为固体粉末，难以压实，成膜性、可加工性和致密性差，具有较高的安全隐患。因此，杂多酸经常被掺入到全氟磺酸膜或磺化非氟碳氢聚合物膜中，以提高膜的高温性能。

12.3.2.2　催化剂

对于氢氧质子交换膜燃料电池，氧气在阴极上发生氧还原反应（ORR），在阳极上发生氢氧化反应（HOR）被电化学还原。同阳极 HOR 相比，阴极 ORR 的交换电流密度 j_0 至少要低 3 个数量级，说明 ORR 动力学非常缓慢，成为限制燃料电池能量转换效率的关键步骤。因此，在实际电流输出时，阴极需要很大的过电位（300～600mV）才能与阳极的

HOR 速率相匹配。通常需要采用高活性的催化剂来降低 ORR 反应位垒，提高电极反应速率，以加速其动力学过程。鉴于 ORR 催化剂在质子交换膜燃料电池中的重要性，本文将着重讲述 ORR 催化剂。

（1）Pt 基贵金属催化剂

目前，Pt 纳米催化剂仍然是质子交换膜燃料电池 ORR 的最有效催化剂。然而，Pt 作为一种极稀缺的自然资源，不仅价格非常昂贵，而且不可再生；此外 Pt 催化剂在燃料电池应用中还存在着活性不足、稳定性差、抗中毒能力不强及用量过高等缺点，从而极大限制了其大规模商业应用。因此，当务之急是设计和构筑一种具有高活性和高稳定性的低 Pt 催化剂来减少 Pt 贵金属的用量。研究表明，与非贵金属合金化、减小 Pt 颗粒尺寸、载体工程及结构调控等策略均可以提高 Pt 的 ORR 催化活性，从而降低 Pt 的用量。

研究者们通过向 Pt 中掺入一种或多种其它金属元素形成 Pt-M 合金（M＝Pd、Fe、Ni 等），以此来改变基本元素的晶格常数和电子结构。合金组分间的晶格不匹配和电子作用会影响氧分子在其表面的吸附和解离作用。所以，通过调控掺入的金属元素的种类和加入量可以得到高效的氧还原催化剂。Pt 合金催化剂质量活性与稳定性提升主要归功于三个方面：配位效应、应力效应及组合效应。通过理论计算和实验研究表明 Pt₃Ni 和 Pt₃Co 是 ORR 活性最好的合金催化剂，其中（111）晶面上的 ORR 活性最高。

构建独特的形貌与结构是改善 Pt 基催化剂 ORR 性能的常用方法。精细的纳米结构如核壳结构、空心结构、多面体、纳米框架等，可以通过提高 Pt 原子的利用率来增强质量活性，还可以防止催化剂团聚以维持良好的耐久性。如笔者 2018 年通过在纳米钯（Pd）核表面生长纳米 PtCu 合金壳层，制备了具有正 20 面体形状的 Pd@PtCu 纳米核壳催化剂（图 12-11），使催化剂的 Pt 载量大幅降低。得益于 Pt 利用率的提高，催化剂的 ORR 质量活性分别是商业 Pt/C 和 Pd@Pt 催化剂的 5 倍和 4.1 倍。

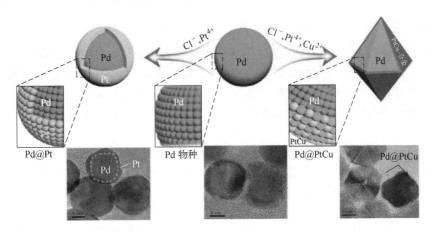

图 12-11　Pd@PtCu 纳米核壳催化剂的合成过程及 TEM 图像

除了催化活性，纳米 Pt 催化剂较低的电化学稳定性也是制约 PEMFC 商业化的主要障碍之一。在燃料电池严苛的运行环境下，Pt 纳米颗粒的溶解/再沉积（Ostwald 熟化过程）、迁移/聚集、碳载体腐蚀均会导致催化剂性能的衰减，从而严重影响燃料电池的使用寿命。因此，如何提高催化剂的电化学稳定性已经成为亟待解决的问题。研究表明，通过聚合物稳定策略、碳封装/限域稳定策略及载体稳定策略可以提高 Pt 催化剂的电化学稳定性。

（2）非贵金属催化剂

ORR 催化剂另一发展方向是开发不含 Pt 族的非贵金属催化剂。与贵金属催化剂相比，非贵金属氧还原催化剂有很多相似之处，同时具有成本低、储量丰富和便于获取等优势。非贵金属的研究起步较晚，直到 20 世纪 60 年代人们才开始意识到铂等贵金属的稀缺将成为燃料电池发展的阻碍。非贵金属催化剂经过近些年的研究发展，可以分为以下三类：过渡金属化合物（氮化物、碳化物、金属硫化物等）、杂原子（H）掺杂碳（H-C）以及过渡金属（M）单原子分散的氮掺杂碳（M-N-C）材料。其中，M-N-C 中的 M-N$_x$［如 FeN$_4$、FeN$_5$、CoN$_4$、Fe(Mn)N$_4$ 等］结构单元被普遍认为是最有效的 ORR 活性中心。这是因为非贵金属（M）单原子催化剂具有较高的活性中心密度。同时，通过杂原子（如 N、P、S、B）掺杂可显著改善碳基材料的 ORR 性能。因此，M-N-C 体系材料是一种很有前途的催化剂。

然而，由于 M-N-C 催化剂在合成过程中过渡金属原子容易析出并发生团聚，导致金属活性位点密度低；此外，金属 M 单原子的溶出导致了催化剂的稳定性还有待提高。因此，在酸性条件下其 ORR 活性及稳定性与 Pt 基催化剂相比还有较大距离。同时，正是由于 M-N-C 催化剂活性位点密度低，导致阴极催化层较厚，从而引起严重的传质问题。为此，笔者 2018 年通过在 Fe^{2+} 中引入 Cu^{2+}，在合成过程中减少 Fe^{2+} 的氧化，合成了 Fe、Cu 共协调的沸石咪唑骨架结构（ZIF）衍生碳骨架（Cu@Fe-N-C）催化剂。此外，又通过利用维生素与金属离子配位来络合 Fe^{2+}、Co^{2+} 等金属离子，减少了载体表面自由的 Fe、Co 金属离子数量，获得了金属-有机框架（MOF）衍生的 VC-MOF-Fe 催化剂。这些催化剂均表现出了高的金属原子活性位点密度和高的 ORR 性能。

然而，虽然非贵金属催化剂的研究获得了很大进展，但其综合催化性能离 Pt 基催化剂还有较大距离。因此，可以断定，在今后很长时间内，质子交换膜燃料电池催化剂将会以 Pt 基催化剂为主。

（3）贵金属-非贵金属耦合催化剂

将上述贵金属与非贵金属催化剂进行耦合，通过协同催化，进一步提高催化剂的催化活性及稳定性，也是目前研究的焦点之一。将 Pt 基催化剂担载于氮掺杂石墨烯表面（Pt/NGO），不仅增加了活性中心类型和活性位点的数量，还由于氮原子对 Pt 原子存在相互作用，使催化剂与没有氮掺杂的石墨烯作为载体的催化剂相比 ORR 催化活性和稳定性得到极大改善。

此外，还可以将 Pt 等贵金属原子与 M-N-C 体系中的过渡金属（M）原子活性位点进行协同，来改善催化剂的 ORR 性能。目前，如何将 Pt 纳米颗粒（NPs）均匀分散并牢固地固定在碳载体上且具有最佳催化粒径，以提高 Pt 利用率，仍然是一个巨大的挑战。为此，笔者 2021 年利用钴（Co）单原子位点对 Pt 的隔离作用、Co 单原子与 Pt 之间的强相互作用及多孔碳基质衍生的金属有机骨架的限制作用，将 Pt NPs 均匀地固定在 ZnCo-ZIF 衍生富含 Co 单原子［见图 12-12（e）圆圈所示区域］的多孔氮掺杂碳基体（Co SAs-ZIF-NC）上（图 12-12，图 12-13）。与商业 Pt/C 催化剂相比，获得的 Pt@Co SAs-ZIF-NC 催化剂具有超低的 Pt 载量和理想的粒径，不仅增加了活性中心，而且促进了催化动力学，大大提高了 ORR 催化活性。

邵敏华等针对 Pt 金属溶解导致 Pt 基催化剂的电化学表面积（ECSA）降低等问题，通过将 Fe-N-C 作为 Pt 催化剂的载体，合成出高电化学稳定性的 Pt/Fe-N-C 催化剂。在酸性和碱性条件下的长期电位循环过程中，表现出远优于商业 Pt/C 催化剂的 ECSA 保持率。在

10000 次循环后，商业 Pt/C 催化剂表现出 40% 的 ECSA 降低。密度泛函理论计算进一步表明，Fe-N-C 载体可以为 Pt 纳米颗粒提供强大且稳定的负载作用，通过调控 Pt 簇的电子结构可以削弱 Pt 簇上的 O* 吸附强度，从而减缓 Pt 氧化物的形成，使 Pt 的溶解速率降低。

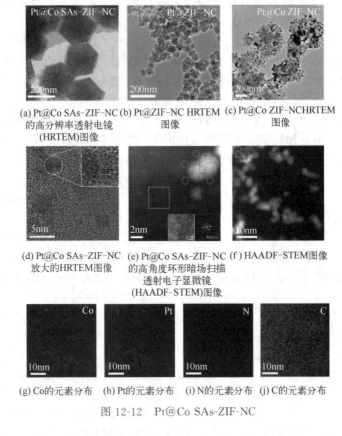

(a) Pt@Co SAs-ZIF-NC 的高分辨率透射电镜 (HRTEM)图像   (b) Pt@ZIF-NC HRTEM 图像   (c) Pt@Co ZIF-NCHRTEM 图像

(d) Pt@Co SAs-ZIF-NC 放大的HRTEM图像   (e) Pt@Co SAs-ZIF-NC 的高角度环形暗场扫描透射电子显微镜 (HAADF-STEM)图像   (f) HAADF-STEM图像

(g) Co的元素分布   (h) Pt的元素分布   (i) N的元素分布   (j) C的元素分布

图 12-12　Pt@Co SAs-ZIF-NC

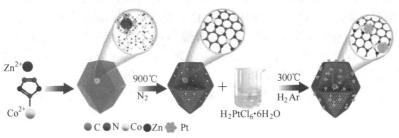

图 12-13　Pt@Co SAs-ZIF-NC 催化剂合成流程

12.3.2.3　气体扩散层材料

目前，燃料电池气体扩散层（GDL）主要包括多孔石墨化碳纸和碳布，但被广泛采用的是碳纸。碳纸本质上是由聚丙烯腈基碳纤维经无纺黏结而成的碳纤维纸，厚度通常为 $100 \sim 300 \mu m$。在燃料电池的实际应用过程中，为了防止水淹和加快反应气体的传递，还需要对碳纸进行 PTFE 疏水处理。一般而言，作为气体扩散层的燃料电池碳纸材料应能：

① 促进反应气体及反应产物的均匀扩散与传输特性。气体扩散层要能传递反应物

（H_2、O_2），确保足够的反应物可快速且均匀地扩散至催化剂层，而将生成的液态水自催化剂层转移至双极板上的流道，以便电化学反应顺利进行，并降低电池的浓差极化。因此，碳纸要有合理的孔分布及足够高的疏水特性，以加快反应物及反应产物的快速扩散及传输。

② 高的导电特性。气体扩散层导电特性越高越好，这有助于减少电池的欧姆极化。因此，为提高电导率，碳纤维的石墨化程度要足够高。此外，扩散层与催化层的接触电阻要小，以减少电池的内阻和电极的极化。

③ 高的导热特性。催化反应产生的热，需要借助气体扩散层传导至双极板上，同时也须保持膜电极均匀的温度分布，以保证发电过程的均匀进行，并延长膜电极的使用寿命。而石墨化的碳纤维具有高的导热率，可以满足电池的导热需求。

④ 高的力学强度。气体扩散层作为膜电极的重要组成部分，还起到支撑催化层和质子交换膜的作用，避免电池加压组装和气体流道的压力差而损伤催化层和质子交换膜。由于受碳纤维的作用，虽然在 x、y 方向碳纸具有很高的机械强度，但受到弯折时易断裂，这点与碳布不同。

⑤ 化学稳定特性。气体扩散层必须具有较强的耐化学和电化学腐蚀的能力，以保证电池具有长的使用寿命。

⑥ 疏水性及气体导通性。由于碳纸的主要作用之一是让气体和反应产生的水分通过，因此碳纸应当具有疏水性及气体导通性。所以，通常需要使用聚四氟乙烯（PTFE）疏水多孔碳纸。此外，碳纤维纸还具有轻量化、耐高温等特性，这无疑赋予碳纸更多优良的物理和化学特性。

对于燃料电池常用的 TGP-H-060 型碳纸，其 90% 的孔为孔径大于 $20\mu m$ 的大孔，造成其孔径较为单一。若将其直接用作燃料电池气体扩散层，难以实现水及反应气体的有效传质。为了进一步改善燃料电池的水管理和气体传输，首先需要对碳纸进行 $10\%\sim30\%$ PTFE 疏水处理；此外，为了进一步降低 GDL 与催化剂层之间的接触电阻，并为催化剂层提供良好的机械支撑，同时防止催化层在制备过程中碳化剂料浆渗漏到基底层，还需要在 GDL 面对催化层的一面复合一层由 PTFE 和碳颗粒构成的微孔层（MPL，又称为水管理层），形成具有不同孔隙的梯度多孔结构。研究表明，MPL 的孔隙率、厚度、疏水程度及 PTFE 与碳比例等均会影响气体扩散层的性能。MPL 的制备方法如下：首先将炭黑（如 Vulcan XC-72）等导电纳米炭材料、PTFE 等黏结剂、醇水溶剂、造孔剂和表面活性剂混合，经搅拌分散均匀后将 MPL 浆料涂覆或印刷到 GDL 的一面；经干燥后在 $240\sim250℃$ 温度下锻烧去除表面活性剂；最后在 $340\sim350℃$ 温度下锻烧，使 PTFE 熔融包覆在碳颗粒表面，得到传统颗粒堆积型 MPL。图 12-14 为 Toray 碳纸经 PTFE 处理和微孔层附着的形貌和结构图。

12.3.2.4 双极板材料

双极板是质子交换膜燃料电池组中除质子交换膜、催化剂及气体扩散层等材料外最为关键的材料，被称为燃料电池电堆的"骨架"，直接影响着电池的质量和体积比功率。它的作用主要体现在提供气体流道和水输运通道、分隔氧化剂和燃料及传导电流，确保电池堆的温度均匀分布、达到散热效果，并支撑膜电极以保持电池堆结构的稳定。因此，双极板必须具有重量轻及气体致密性、导电性、导热性、耐蚀性及力学性能高等特性。同时，双极板材料要易于加工、成本低廉。双极板按照制造材料大致可分为 3 类：即石墨基双极板、金属双极板和复合双极板。前两者如图 12-15 所示。它们在性质上和应用场景上各具特点。目前，金属双极板已日渐成为双极板的主流。

(a) 经5%PTFE表面处理的Toray TPG 090 型碳纸的SEM俯视图

(b) 经10%PTFE表面处理的Toray TPG 090 型碳纸的SEM俯视图

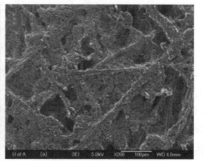

(c) 包含有10%PTFE碳纸和微孔层的 GDL SEM俯视图

(d) 包含有10%PTFE碳纸和 微孔层的GPLSEM截面图

图 12-14　Toray 碳纸经 PTFE 处理和微孔层附着的形貌和结构图

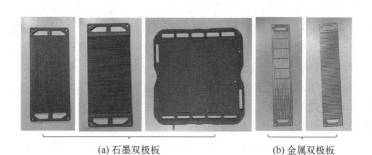

(a) 石墨双极板　　　　　(b) 金属双极板

图 12-15　石墨烯双极板材料

①　石墨双极板具有低密度、良好的耐蚀性、与碳纤维质的气体扩散层之间有很好的亲和力等优点，可以满足燃料电池长期稳定运行的要求，是最早开发和实现商业化的双极板材料。纯石墨板一般采用由碳粉或石墨粉与沥青或可石墨化的树脂在 2500℃高温烧结而成。它在燃料电池工作过程中与膜电极（MEA）之间接触电阻小、化学稳定性很好，而且导电率高、致密、阻气性能好及耐腐蚀，是很好的流场板材料。虽然纯石墨双极板已实现商业化，但其石墨化过程要求严格、制备周期长、材料价格昂贵、材料比较脆、加工费高且成品率低，不易实现大批量生产。注塑石墨板采用石墨粉或碳粉与树脂、导电黏合剂相混合，再加入金属粉末、碳纤维等，采用铸塑、浆注等方法，直接加工流场，成型后再进行石墨化。虽然此生产工序降低了生产成本，但石墨化过程仍然使其价格居高不下。石墨双极板普遍存在的问题除了强度和加工性差外，还有体积和质量大，从而导致燃料电池的体积比功率和质量比功率低，不利于燃料电池装置的轻量化和小型化发展。因此，石墨双极板燃料电池通常

应用于大型专用车或客车。

② 金属双极板基体材料主要包括不锈钢（如 SS304、SS316、SS446 等牌号）、镍、铝、铝合金、钛、钛合金等。这类材料强度高、韧性好，且具有高的导电性和良好的加工性能。与石墨双极板相比，金属双极板可具有更高的导电及导热能力，而且还拥有更好的机械强度、阻气能力和抗冲击能力。因此，金属双极板的厚度可以小至 1mm 及以下，所以能做到更薄更轻。这样就大幅降低电池组的体积和质量，进而提高电堆的体积比功率和质量比功率。为此，金属双极板燃料电池堆可广泛应用于乘用车领域。同时，金属双极板制作工序较少，且气体流道可模压成型，成品率高，工艺成熟，适合工业化大批量生产，从而可大幅降低双极板成本。通常，金属双极板的制备工艺为：带材选择（有涂层或无涂层）→成型和分割→质量检测→激光焊接→涂层处理→密封。不难看出，金属双极板相较于石墨基双极板具有明显优势。然而，金属材料在电池处于强酸（pH=2~3）、湿热（$t=80℃$）、高电位（≥0.7V）及水气两相流环境下容易发生腐蚀，导致电阻增加，造成电池性能下降。而且，溶解后的可变价金属离子（如 Fe、Cr、Ni 等）会扩散到电池膜中，从而引起电池膜的电导率下降；或形成可增加界面接触电阻的致密氧化膜；同时，金属离子通过芬顿反应产生自由基，使质子交换膜发生降解。这就要求双极板在燃料电池工况下具有耐腐蚀性且对燃料电池其它部件与材料的相容无污染性。此外，双极板还应具有一定的憎水性协助电池生成水的排出。纯金属双极板因耐腐蚀性能比较差，满足不了燃料电池长期稳定运行的需要，故不能直接作为双极板使用。为此，在实际应用中要对金属板进行表面处理，以降低金属材料的腐蚀电流密度和接触电阻。通过在金属材料中添加一些合金元素（如 Cr 等）可在金属表面形成氧化物起到隔离钝化及降低材料腐蚀速率的作用，但同时也降低了双极板的电导率。相比之下，表面镀膜（涂层）处理已成为目前研究的主流。

镀层薄膜材料必须与基体有良好的结合性和匹配性才能表现出良好的综合性能，满足双极板的服役条件。镀层材料主要包括碳基材料和金属基材料。对于不锈钢基材，镀层材料主要有石墨、导电高分子（聚苯胺、聚吡咯等）、金属氮化物（TiN、CrN 等）、金属碳化物（Cr_3C_2、Nb-Cr-C 等）、贵金属（金等）等；此外，表面渗氮处理还可显著改善不锈钢的耐蚀性和导电性。而对于钛及钛合金、铝及铝合金轻金属基材，具有强度高、导热导电性好、易加工等特点，有利于提高电池堆的比功率并降低生产成本。其表面镀层薄膜材料通常为碳基材料、金属氮化物（TiN、ZrN、CrN、TiCrC 等）、金属碳化物（TiC、ZrC 等）、稳定的金属（Zr 等）等。例如，丰田汽车公司率先在旗下 Mirai 燃料电池汽车上使用钛合金材质双极板和低成本 π 共轭无定形碳基涂层（PAC）；日本神户制钢公司报道一种高性能的钛合金双极板石墨膜层。国内郝凯歌等利用脉冲偏压电弧离子镀技术在 TC_4 钛合金基底上制备了 $Cr_{0.21}C_{0.79}$ 镀层，制备的镀层兼具高导电和高耐蚀性能。碳基和金属基两类镀层材料各有优缺点。金属基涂层与基底结合更紧密，金和铂耐腐蚀，但金属化合物涂层长期使用不耐氢氟酸腐蚀；碳基涂层耐腐蚀，但涂层附着力较差。目前常见的镀膜方法有磁控溅射、脉冲偏压电弧离子镀、等离子体化学气相沉积及表面涂覆-热处理等。

研究表明，镀层薄膜失效的主要原因是薄膜表面存在针孔、涂层结构疏松等缺陷。腐蚀液会通过这些缺陷与不锈钢基体接触发生化学腐蚀和电化学腐蚀，长时间运行后薄膜的腐蚀将沿着局部区域向基体纵深方向发展而形成蚀孔。最终使薄膜遭到破坏，导致双极板不能发挥正常的功能，发生腐蚀失效。因此，双极板镀层薄膜应致密化，应去除针孔、涂层结构疏松等缺陷。这对今后镀层薄膜的制备提出了更高的要求。

③ 复合双极板综合了纯石墨板和金属板的优点，具有耐腐蚀、体积小、质量轻及强度好等优点。它包括金属基复合双极板和碳基复合材料双极板。金属基复合双极板采用金属作

为分隔板，其塑料边框和金属板之间采用导电胶黏结，用有孔薄碳板或石墨板作为流场板。碳基复合材料双极板是由聚合物和导电碳材料混合，经模压/注塑等方法成型，有时还加入碳纤维来改善极板的导电性和强度。

12.3.2.5 密封材料

密封材料的关键功能主要是密封电池、补偿组件公差和使膜电极处于合适的受压状态。燃料电池是由多个单体电池以串联方式层叠组合而成。单体电池电极连接时，必须要有严格的密封。密封不良会导致氢气泄漏，降低燃料电池的效率、缩短电池寿命，同时也带来了极大的安全隐患。目前行业内的燃料电池密封材料一般以硅橡胶或氟橡胶为主，其它还有聚烯烃类橡胶等。密封方式主要采用双极板与膜电极挤压橡胶密封材料，形成接触密封。通常，密封胶还应具备高的气密性和电绝缘性、良好的吸振抗冲击性及耐温、耐酸、耐湿性能等。密封材料在服役过程中应具有高的化学稳定性和抗老化能力。这是因为随着密封材料的逐渐老化降解，析出物（如金属离子、填料、密封胶降解颗粒等）会导致诸如质子交换膜老化、催化剂中毒及气体扩散层微孔堵塞等问题。

硅橡胶是当前研究最多的 PEMFC 密封材料，但硅橡胶的耐化学腐蚀性能明显低于氟硅胶和三元乙丙橡胶。在燃料电池实际工况下（强酸、高温、高湿及高电压等），硅橡胶会出现主链 Si—O—Si 结构的断裂、侧链 Si—CH$_3$ 的断裂降解以及填料析出等现象，表明硅橡胶发生降解。因此，硅橡胶尚难以满足长寿命燃料电池堆的需求。此外，亦有研究表明，硅橡胶的耐久性与质子交换膜的耐久性高度相关，减少膜中氟离子的析出，将会延长硅橡胶的使用寿命。氟橡胶由于分子链结构中氟原子的屏蔽效应，具有突出的耐高温性能和耐腐蚀性能。但氟橡胶耐低温性能（最低 −20℃）比硅橡胶和聚烯烃类橡胶差，且其生产工艺相对复杂，成本较高，应用非常有限。聚烯烃类橡胶主要包括聚异丁烯基橡胶和三元乙丙橡胶（EPDM），其主链为碳碳键，分子链相对硅氧键要短。故其对水和气密封性能优于硅胶，温度适宜范围（−40～100℃）较宽，而且具有一定的耐酸性。因此，相比于硅橡胶和氟橡胶，聚烯烃类橡胶综合性能最佳，理论上能够满足燃料电池的使用需求。例如，对于石墨双极板，由于石墨质地较脆，使用具有较强弹性变形能力的由聚合物材料组成的密封圈能够提高电池整体的抵抗外力的能力。但与硅橡胶研究相比，聚烯烃类密封材料在燃料电池实际工况下的运行状况报道较少。

12.4 质子交换膜燃料电池器件设计

对于燃料电池，根据对电池极化的影响程度，其核心器件主要为膜电极和双极板。在电堆中，膜电极与其两侧的双极板组成了燃料电池的基本单元——燃料电池单电池。两个相向的双极板叠加形成空隙成为冷却槽，成为燃料电池冷却系统的一部分（图 12-16）。

12.4.1 膜电极设计

（1）膜电极构成及功能

膜电极又称"三合一"、"五合一"或"七合一"膜电极（图 12-17）。其中的"三合一"膜电极，又称为 CCM（catalyst coated membrane）。它是 PEMFC 最为核心的部件，是燃料电池进行电化学反应及内部能量转换的场所。因此，CCM 又被称为燃料电池"芯片"。

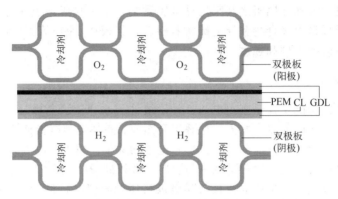

图 12-16　作为燃料电池核心器件的膜电极和双极板

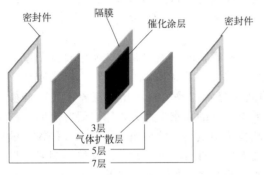

图 12-17　膜电极结构

CCM 主要由中间的质子交换膜和两边的催化层构成。"五合一"膜电极由中间的质子交换膜及两侧呈对称分布的催化层和气体扩散层构成。与 CCM 相比,"五合一"膜电极增加了气体扩散层,在完善膜电极功能的同时增加了机械强度,便于水、气输运和分离。"七合一"膜电极是在"五合一"膜电极的基础上增加了密封框,方便电池的组装。

膜电极承担燃料电池内的多相物质传输(包括液态水、氢气、氧气、质子和电子传输),并通过电化学反应将燃料氢气的化学能转换成电能。膜电极的性能和成本甚至决定着 PEMFC 的性能、寿命及成本。具备高效多相传输能力的膜电极,能极大地提高 PEMFC 的性能,减少电堆辅助系统的能耗,从而降低电堆成本,提高电池的可靠性。如图 12-18 所示,

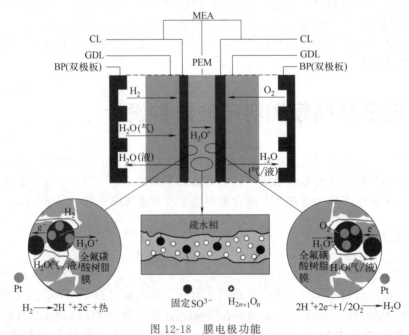

图 12-18　膜电极功能

高性能的膜电极具有以下特点：①应具有良好的反应气体、电子及离子传输通道，以便于在催化层中构建足够多的三相界面（triple phase boundary，TPB）；②具有足够小的反应气体和水的传输阻力，使得反应气体通畅地由扩散层到达催化层并发生电化学反应，同时反应产物（如水、过量的反应气体等）能够及时通过催化层和扩散层向外排出；③应具有良好的机械强度及导热性。

（2）膜电极三相界面

膜电极为 PEMFC 的电化学反应提供了带电粒子（质子、电子）、反应气体和水的连续三相物质传输通道，直接影响 PEMFC 的性能。因此，膜电极中从气体扩散层到催化层应是一个多孔气体扩散电极的体系。多孔气体扩散电极的出现极大地推动了燃料电池的发展，实现了燃料电池由实验研究到市场应用的跨越。除了三相物质传输通道，三相界面是另一个决定燃料电池性能的关键因素。三相界面指催化层中发生电化学反应的微纳电极表面（如纳米 Pt 催化剂表面）区域，即气（反应气体）-固（催化剂及固体电解质）-液（水）三相交汇形成的微观界面电化学反应区域（见图 12-19 短虚线圆圈所示区域）。燃料电池要想高效地工作，此三相中的任何一相缺一不可。如果反应气体（如 H_2、O_2）不能到达该区域，显然反应不能进行；如果该区域缺水，质子就不能进行有效传输；如果此区域缺失作为质子导体的固体电解质（SPE，如 Nafion），则不能传输质子；如果缺失有效电子导体（如碳载体），则反应所需或产生的电子不能及时传输。此时，Pt 等贵金属催化剂就得不到有效利用。因此，构建膜电极内部高效、稳定的三相界面是实现 PEMFC 高效工作的根本解决方案。研究表明，对于质子交换膜燃料电池催化层，固体电解质的最佳用量为 25%～30%（质量分数）。

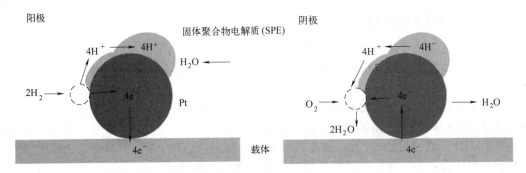

图 12-19　膜电极阴极、阳极侧催化层三相界面构成

（3）膜电极微纳结构设计

膜电极结构设计较为复杂。为有效构建膜电极的三相物质传输通道，设计出高性能的膜电极，需要协同考虑气体扩散层（含水管理层）、催化层及质子交换膜。首先从孔分布看，从碳纸、水管理层、催化层到膜，孔径逐渐由近似微米孔、微米孔、微纳孔到纳米孔转变。这说明膜电极是一个具有梯度孔分布特征的多孔体系。其次，气体扩散层（碳纸及水管理层）使反应气体得以均匀地从气体扩散层输运到催化层并止于催化层与膜界面，同时将催化层中生成的水通过孔及膜的扩散或渗透输运到双极板的流道中排出。为了加快膜电极的水、气的定向传输，需要分别对燃料电池阴、阳极的碳纸和水管理层进行不同程度的疏水处理，如调整包覆碳纸的 PTFE 的用量，以及调配水管理层中碳粉与 PTFE 比例。这将会导致阴、阳极气体扩散层具有不同的厚度和微观结构上的差异。此外，如果燃料电池在缺水或自增湿条件下工作，可以直接考虑采用亲水性碳纸作为气体扩散层。对于催化层，其亲疏水性取决

于催化层的厚度等因素。早期膜电极（气体扩散电极）的催化层涂覆在表面粗糙多孔的碳纸表面，此时要获得平整的催化层催化剂损耗大，导致催化层较厚（可厚达几百微米），催化剂用量高。此时，需要在催化层中额外添加 PTFE 疏水剂来加快水、气传输与分离。而对于当前大多数膜电极，其催化层涂覆在光滑的质子交换膜表面，形成三合一 CCM，此时催化剂损耗小，催化层可以做得很薄（厚度可小于 $5\mu m$）。较薄的催化层由于具有高的水、气扩散和传输能力，不需要对催化层进行疏水处理。其催化层主要由催化剂和质子导体（如 Nafion 等）构成。而对于 3M 公司开发的有序电极，其厚度甚至小于 $1\mu m$。此时，由于催化层质子传输距离较短，并不需要额外添加质子导体来协助传输，使催化层组分和结构得到了很大的简化。

此外，膜电极设计还需要考虑界面的影响，以便水、气、离子及电子的快速输运，以及改善组件间的结合力。例如，膜电极中的水管理层还可起到有效融合碳纸与催化层的作用，避免二者之间产生间隙使水等聚积在界面。同时，以 CCM 型膜电极为例，其催化层与膜结合紧密，不仅增强了二者间的结合力，而且还有利于质子的快速传输。此外，还需要注意膜电极的不对称性。虽然膜电极在宏观结构上整体表现出了对称性，但微观结构上还存在一些区别。除了前述碳纸和水管理层的疏水程度（疏水剂与碳粉间比例的调配）不同，催化剂用量亦不同。这是因为，对于燃料电池，氢在 Pt 表面的氧化反应速率是氧还原反应的 1000 倍以上，导致氧还原反应成为燃料电池反应的速率决定步骤。因此，为了更好地促进氧还原，阴极的 Pt 用量（如 $0.3\mathrm{mg/cm^2}$）要明显高于阳极 Pt 的用量（如 $0.1\mathrm{mg/cm^2}$），导致了阴、阳极气体扩散层和催化层具有不同的厚度和不同的传质和催化效果。这也是在实践中判断或标定膜电极阴、阳极的主要依据。

（4）膜电极尺寸及边框设计

膜电极尺寸取决于活性面积及密封边框的大小。活性面积主要指催化层所占面积，其大小取决于电堆的尺寸、额定功率及膜电极片数等设计参数。由于单电池是燃料电池的入门级测试装置，本书主要讲述单电池膜电极的设计，以达到举一反三的目的。如图 12-20 所示，将单电池膜电极电化学活性面积设定为 $25\mathrm{cm^2}$（5cm×5cm），即催化层面积为 $25\mathrm{cm^2}$，则中间的质子交换膜（PEM）沿扩散层边缘向外少量延伸出 1～2cm，便于采用边框密封。将延伸出来的 PEM 通过黏接剂与边框黏接，形成带有加强边框的 MEA。其中，边框的厚度可以根据需要进行调节，气体扩散层尺寸与催化层相同，膜通常选用杜邦公司的 Nafion 系列产品。对于氢燃料电池，通常选用 Nafion 112 膜（厚度为 $50\mu m$）或 111 膜（厚度为 $25\mu m$）；对直接甲醇燃料电池，为了减少甲醇溶液渗透，通常选用较厚的 Nafion 117 膜（厚度为 $175\mu m$）。对于氢燃料电池，所使用的阴极和阳极催化剂均为商业 Pt/C 催化剂，其中 Pt 为纳米颗粒，粒径为 2～6nm，均匀地担载在纳米碳颗粒（平均粒径为 40～50nm）表面，Pt 载量为 20%（质量分数）（也可选择 40% 或 60% 的 Pt/C 催化剂）。对于直接甲醇燃料电池，其阳极催化剂为有抗 CO 中毒功能的 PtRu 合金，阴极催化剂为 Pt/C。除了 Pt 基金属催化剂，催化层还需要加入全氟磺酸树脂（如 Nafion）作为质子导体，以构建更多的三相界面。2012 年研究表明，Pt/C 与全氟磺酸树脂最佳用量比为 3∶1。由于氧还原反应动力学较氢氧化反应缓慢，因而阴极侧的 Pt 用量通常为阳极侧的 3～5 倍。而对于开发中的非贵金属催化剂，由于其活性位点较 Pt 催化剂少，当作为燃料电池催化剂时，其催化层厚度往往是 Pt 催化层厚度的 2～5 倍，这将极大降低催化层的传质能力。因此，大幅改善非贵金属催化剂的催化活性及优化其催化层的结构将成为今后该领域重要的研究课题。此外，气体扩散层由经 PTFE 疏水的碳纸和水管理层构成，以便进行有效的水气分离与运输。

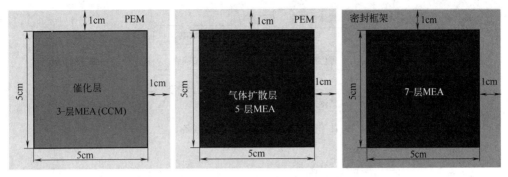

图 12-20　膜电极尺寸及边框设计

（5）膜电极技术的演化发展

目前膜电极已至少发展了两代。第一代膜电极又被称为气体扩散电极（gas diffusion electrode，GDE）型膜电极［图 12-21（a）］，其特点是催化层预先沉积在气体扩散层表面。其制备的基本方法是将催化剂涂敷于气体扩散层上，再将其热压到质子交换膜两侧（图 12-22）。GDE 结构随催化层组分不同而发生演变。最早的 GDE 催化层仅由 Pt/C 构成，催化剂利用率极低；其后，出现了由 Pt/C 与 PTFE 复合而成的 GDE 催化层，催化剂利用得到改善；进而，采用 Nafion 溶液浸润由 Pt/C 与 PTFE 复合而成的 GDE 催化层表面，或将 Nafion 与 Pt/C、PTFE 复合，使催化层质子传导通道立体化、质子传导立体化，催化剂利用率得到进一步改善；进一步，M. Watanabe 等采用不含 PTFE 的亲水催化层，优化了 GDE 催化层的三相界面，使催化剂 Pt 用量得到有效降低（0.6～1g/kW）。GDE 技术从二十世纪六七十年代开始就成为制备氢氧膜电极的主要手段之一。第二代膜电极又被称为 CCM 型膜电极或三合一膜电极［图 12-21（b）］，其特点是催化层涂覆在质子交换膜表面而非气体扩散层表面。最直接的制备方法是将催化剂直接喷涂在质子交换膜上，然后两侧再覆上气体扩散层进行热压。但质子交换膜遇到催化剂料浆的溶剂（如水和醇类等）时会发生溶胀、收缩、起皱等问题，目前，虽然采取了干法沉积或双面喷涂法等对策，但技术难度较大，特别是对于大尺寸膜电极的制备。解决上述膜变形问题的一个比较有效的方法是转印法（图 12-23）。该法的具体制备工艺为：先将催化剂料浆喷涂在 PTFE 等薄膜上，烘干后将其置于质子交换膜两侧进行热压，然后剥离 PTFE 膜获得 CCM，再通过热压的方式将其和气体扩散层结合在一起形成"CCM"型膜电极［图 12-21（b）］。该技术使催化层和质子交换膜紧密接触，降低了质子在催化剂层与膜之间传递的阻力。而且，相较于气体扩散层，膜表面光滑，避免了催化剂浪费，从而极大地提高了催化剂的利用率，大幅降低了催化剂 Pt 用量（≤0.4g/kW），成为当前主流应用技术。目前，第二代 CCM 型膜电极技术已基本成熟。

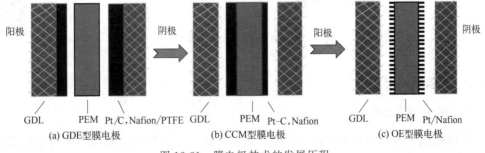

图 12-21　膜电极技术的发展历程

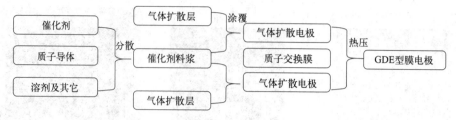

图 12-22 GDE 型膜电极常见制备工艺

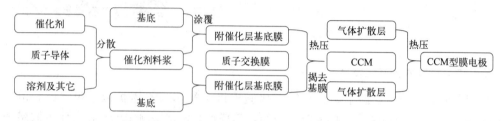

图 12-23 CCM 型膜电极的常见制备工艺（转印法）

大量研究证明，有序化电极（ordered electrode，OE）或有序化膜电极具有良好的电子、质子、水和气体等多相物质传输通道，有助于增加反应的三相界面，提高电极中催化剂的利用率，从而进一步降低 Pt 用量；有序化膜电极将 Pt 催化剂与有序化纳米结构一体化，有利于降低大电流密度下的传质阻力，同时也有助于延长燃料电池寿命，进一步提高燃料电池性能。目前，有序膜电极的制备方法与 CCM 型相似（图 12-23），需要经过热压过程，这会导致纳米结构有序性降低。因此，需要找到一种新的有序电极的制备方法，如在质子交换膜表面原位生长有序的催化层。今后，除了催化层的有序化设计，还可以进一步考虑气体扩散层及膜的有序化（图 12-24），从而获得真正意义上的有序化膜电极。

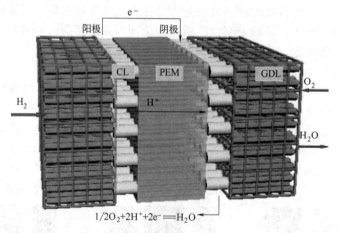

图 12-24 有序化膜电极的未来构想

12.4.2 双极板流场设计

（1）双极板流场结构

与扩散层接触的双极板面有许多气体导流槽，这些导流槽及背脊构成燃料电池的流场。

借助这些流场，反应物与生成物即可有序地进出燃料电池，从而保证了电池的连续工作。流场结构是影响质子交换膜燃料电池性能的一个重要因素，不合理的流场设计容易导致反应物的不均匀分布，或者使生成的水不能顺利排出电池，进而导致电流密度不均匀分布，使局部产生过热、水淹、质子膜局部溶胀等现象，从而引起电池性能衰减及失效。而合理的流场设计可以使电极各处均能获得充足的反应气并及时排出生成的水，从而保证燃料电池具有较好的性能和稳定性。可见，流场决定着质子交换膜燃料电池内部的物料分布，对电池的性能有重要影响。目前流场结构主要有直通道流场、蛇形流场、交指流场、点状流场、仿生流场以及三维精细化流场等。其中，直通道流场、蛇形流场和交指流场较为常见（图 12-25）。通常，双极板流场结构主要由进出口区、过渡区和反应区组成。区域设计是否合理，直接影响到燃料电池的性能。Manso 等于 2012 年指出，电池性能的好坏很大一部分取决于流场板。

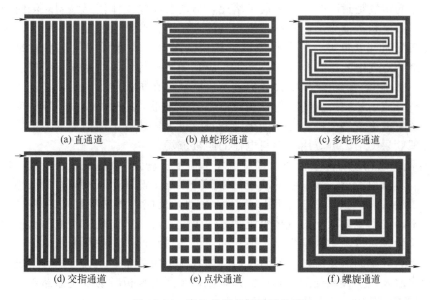

| (a) 直通道 | (b) 单蛇形通道 | (c) 多蛇形通道 |
| (d) 交指通道 | (e) 点状通道 | (f) 螺旋通道 |

图 12-25　常见的平行场通道类型

① 对于直通道（平行）流场，其流场结构简单，易加工，直通道流场具有较多的相互平行的流场通道，形成并联的通道。其具有流道长度短、流阻和进出口压降较小、气体传输过程中的能量损失低等特点，有利于反应气体和水在通道内的均匀分布，以及电流密度及电池温度的均匀分布。因此，直通道流场更适合低压燃料电池。但反应气体在直流道中存留时间短，气体利用率低，流速相对较低，产生的水不能及时排出，水滴容易堵塞流道使得气体均匀性较差，导致电池输出性能下降。然而，对于大尺寸的电堆，特别是对于阴极，如果设计的平行流道足够长，反应气体在直流道中存留时间就会变长，气体利用率无疑会得到改善。平行流场的一个显著优点在于气体进口和出口之间的总压降较低，但当流场的宽度相对较大时，每个流场中的流体分布会出现不均匀的现象，这就会引起部分区域中水的堆积，阻碍了反应气体传输，进而降低了电池性能。

② 蛇形流场是现在应用相对较多的一种流场结构。蛇形流场中反应气体在流道中的动态气流量多，气体流速大，化学反应速率快，反应产生的水可以在大气流下随气体排出。但是蛇形流场由于流道过长，气体压力损失大，进口与出口的气体压差也很大，这样对于电流密度的均匀性、催化剂的充分利用等是很不利的。单通道蛇形流场中所有气体在一根流道中流动，气体流速很大，且流道长，造成压损过大。虽有利于水的排出，但不利于电流密度的

均匀性和催化剂的利用。当单根流道堵塞时直接会导致电池无法使用。多通道蛇形流场，作为蛇形流道和平行流道的结合，克服了单通道蛇形流场的不足。即使单根流道堵塞，其它流道也会发挥作用；同时，相同活性面积采用多通道有利于减少流道的转折，可有效降低压力损失；此外，与单通道流场相比，反应气体分布更加均匀，使电池的均匀性得到了保证。多通道流场这些优点无疑增加了电池的输出功率和稳定性。目前，为了提高氢燃料的利用率，燃料电池的阳极多采用蛇形流场结构。但在大面积的流场中，由于蛇型流场的压降很大，气体浓度分布不均匀，而且容易出现流道后半段气体供应不足的现象。

③ 交指流场能够使反应物质由自然扩散传质转变为强制对流传质，这与传统直通道流场和蛇形流场的传质方式大不相同。对于直通道流场和蛇形流场，反应物的进出口通道是相通的，单纯依靠扩散作用依次通过扩散层到达催化层。而交指流场的特点是流道不连续，进口和出口通道的末端是封闭的。由于通道堵死，迫使反应物气体依靠强制对流向周围流道扩散，并穿过扩散层到达催化层，有利于提高气体利用率，改善电池性能；同时，由于强制气流产生的剪切力还可以带走大部分扩散层中滞留的水分，降低了催化层水淹的可能性；此外，反应剩余的空气中的氮气及少部分没有反应完的氧气等气体将从催化层扩散到封闭端另一侧的流道中并排出。交指流场的设计促进了反应气体在扩散层中的强制对流，其水管理的效果要优于平行流场和蛇形流场。但强制对流也会带来很大的压降损失，导致反应物分布不均匀，从而影响电流输出的稳定性。如果强制对流过大，还有可能损坏气体扩散层。由于交指流场水管理效果突出，可应用于燃料电池的阴极流场。

④ 其它流场结构还有点状流场、螺旋流场、仿生流场及 3D 流场等。点状流场属于早期的流场结构，其结构简单，流场中的反应气体压降很小。此外，点状分布的结构形式将引起反应气体不断地收缩扩张，增强了反应流体的扰动，反应气体向扩散层的扩散传质过程增强。而且，不断发生扰动的反应气体沿流动方向平铺流动，带走反应生成的水。生成的水与扩散层充分接触，通过与扩散层发生大面积的对流换热将流场中的热量带出。然而，反应气体倾向于从阻力较小的流道流过，导致反应气体在流道中分布不均匀。而且，过小的压降容易使电池的排水及散热性能受到影响。此外，流体流经流场板时易发生短路现象，使得一部分流场板没有得到利用，从而影响了电池的性能。

⑤ 对于螺旋流场，由于其和蛇形流道分布类似，该类型流场排水功能强，气体在流道中的分配较均匀。然而，螺旋气道的进气道与出气道交替排列分布，虽在一定程度上减弱了流道长度对气体分布均匀性的影响，使螺旋流道的气体均匀性优于蛇形流道。但同时也存在压降大、流动易短路、有可能存在末端气体供应不足的现象、加工复杂等缺点。

⑥ 对于仿生流场，如刘士华等提出了一种叶脉状流场［图 12-26（a）］，具有遵循 Murray 定律分布的主流道与多级分形维度上的分支流道。反应气体经主流道再分流进入各分流道，使反应气体流量不断细分，能够使反应气体在电池内停留更长的时间。这会使反应更充分，提高反应气体的利用率，同时亦有利于燃料电池的电流密度及热量分布的均匀性，提高电池的性能。

⑦ 焦魁等提出了一种三维细网格结构流场。通过疏水的三维细网格流场，使生成的反应水能够很快排出，防止滞留水对空气传输的影响［图 12-26（b）］。在该结构设计中，没有固定的气体流动通道，流体在三维细网格结构中不断进行分流流动，使气体在扩散层中均匀分布，同时板型和扩散层部分结构有一定的夹角。据报道，丰田公司专为"Mirai"燃料电池车的燃料电池推出的阴极流场结构也采用类似的三维细网格结构。但是，由于其结构的复杂性和尺寸的精密性，对加工精度提出了很严格的要求，然而采用三维细网格通道增加了零件的数量，增加了成本，并产生了额外的压力损失。

从以上论述和分析不难看出，每种流场都具有其它流道所不能比拟的优点。目前还很难找到能够涵盖所有流道优点的流场，因此需要今后进一步优化流场结构。

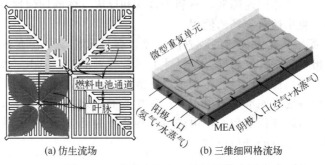

(a) 仿生流场　　　　　　　　(b) 三维细网格流场

图 12-26　仿生流场和三维细网格流场

（2）双极板流场设计原则

流场设计主要考虑到两方面的因素：一是增大气体流通路径，提高气体扩散速度，缩短反应气体和生成物的流通时间；二是可以使气体均匀流动并向气体扩散层均匀扩散。提高流道效率的具体要素包括双极板材质，流道的尺寸、数量、形状，流场通道数目和进口分配段设计，等。具体如下。

① 优选具有成本低、易加工、质轻、强度高、厚度薄、热膨胀系数低、导电和导热性高、化学稳定性高且耐腐蚀性能好的材质作为双极板材料。适当的选材是提升燃料电池性能，特别是电堆的体积/质量比功率的关键。石墨具有导电率高、化学稳定性和热稳定性强且耐腐蚀的特点，如果对电堆的体积/质量比功率及成本要求不高，可考虑采用石墨双极板；相较于石墨双极板，金属双极板有利于大规模批量生产，其生产成本将会极大地降低，且大功率电堆体积和质量相对石墨板电堆小得多。所以，在解决好防腐的前提下，金属双极板无疑是燃料电池的首选。

② 在一定的工况下，设计流道几何尺寸，包括流道的宽度、长度和深度，脊的宽度，以及开孔率等，以期获得最佳尺寸。通常，流道尺寸变小，增加了流道和拐角的数量，有助于多孔层中液态水的排出。同时，减小槽和脊的尺寸也可以改善电池中电流密度分布的均匀性。此外，还应考虑流道尺寸和流道容积的关系，尽可能减小流道容积，以降低流动阻力。但流场设计也需要考虑较多的因素。Kazim 等学者建立了平行流道截面二维模型。研究结果认为，较小的脊宽度和较大的流道宽度能够促进反应气传质。Watkins 等学者通过研究蛇形流道尺寸的最优化问题提出流道的最佳宽度、脊的最佳宽度和流道的最佳深度分别在 1.14～1.4mm、0.89～1.4mm、1.02～2.04mm 内。其中，沟槽的深度应由沟槽总长度和允许的反应气流经流场的总压降决定。此外，双极板的开孔率（沟槽面积和电极总面积之比）通常在 40%～75% 之间。开孔率太高会造成电极与双极板之间的接触电阻过大，增加电池的欧姆极化损失。

③ 将流道的截面设计为最优的形状，以增强反应气体在流道中的扩散传质并促进反应物的利用。当系统中的水含量高时，半圆形截面流道的流动阻力较小，但反应气体不易充分向气体扩散层扩散，而且热量亦不易散失。如 R. Kumar 2014 年研究发现，三角和半圆形的截面比矩形截面更有利于降低气体流道内压降。对于蛇形流道，当系统中的水含量高时，梯形截面流道减少了流道底面的黏滞阻力，加快了反应流体在流动方向上整体的线流速，对反应生成水有较好的引流排除作用。

④ 对于流场通道数目的设计，取决于多种因素，需要综合考虑。如果通道较少，流体在流道中的流动压降较大，导致流速过快，氢氧燃料反应不充分；如果通道数目过多，每个流道的压力将会减小，气体流速降低，不利于排水和反应气体的均匀性分布。总体上，在电堆流场结构中，应避免单通道流场的使用。

⑤ 流场进口分配段优化设计，可改善反应流体在进入流场之初在各个流道的分配。对于平行流场，在进出口通常设置相同大小尺寸的总管或者空腔。但由于反应过程中会产生水以及热量，这种进出口结构设计可能不利于反应流体在流场中的分配均匀性，同时还间接影响着流场的排水散热性能。蛇形流道由于在流场中具有较多的拐角结构，和平行流道相比，即使多蛇形流道进出口区域仍然较小，由进口结构造成的反应流体分配影响较小。因此，其进口设计一般沿用平行流道的进口设计。

（3）双极板流场设计案例

设计案例一（来源于文献 [15～17]）：叶形交指流场设计

一、设计思路

首先考虑耐久性，因此选用石墨为流场板材料。

① 通道形式：平行的直通道具有更简单的结构，这意味着更容易制造且成本更低。但是，使用平行通道配置可能会引起严重的流量分配不均，从而降低燃料电池的性能。多通道蛇形兼具单通道蛇形和直流道的优点，可改变流道的尺寸与数目等参数，均匀地分配流量，成为目前广泛应用的通道形式。

② 流场形式：平行流场和交指流场相比于蛇形流场，具有更高的水含量和更低的压降，而蛇形流场在整个电流范围内显示出稳定的输出，具有最高的极限电流。

③ 参数选取原则：流道宽度（W）一般为 $0.5～2.5mm$，其影响着双极板流道中气体直接与扩散层接触的面积；脊宽（L）一般为 $0.2～2.5mm$，同样影响着双极板与扩散层的接触面积，可以通过改变流道与脊的宽度比 W/L 的值来调节接触电阻；流道深度（H）一般为 $0.2～2.5mm$，在层流范围内，加深流道的深度不利于促进气体向扩散层扩散，影响气体向膜电极的传递；流道倾角（θ）一般为 $0°～60°$，通过改变流道截面积来增加膜电极的利用面积。

二、设计内容

综上所述，选用四通道蛇形渐变流场。如图 12-27 所示，流场板厚度为 10mm，面积为 $5cm×5cm$ 的，总长度为 75mm；流道宽度 W 为 2mm，脊宽 L 为 2mm，倾角 θ 选择 $45°$。综合参考文献可知，四通道蛇形渐变流场质子交换膜燃料电池的开孔率为 0.375，流道深度 H 为 0.5mm 左右时，电池的输出性能较好。

设计案例二（来源于文献 [18-19]）：叶形交指流场设计

一、设计思路

常规的流场有平行流场、蛇形流场、交指流场和点状流场等，此外还有分形、仿生等新型流场结构。本设计选择了一种仿生流场与交指流场相结合的结构——叶形交指流场。叶形流场具有气体流速和压降分布均匀的优势，有利于催化层中电化学反应的进行；交指流场结构中，在入口反应气体抵达流道尽头后必须强制通过压在脊下的气体扩散层进入出气流道，因此有助于提高反应气体抵达流道尽头后与催化层的接触概率，从而提高燃料电池的电化学效率。

二、设计内容

本文设计的叶形交指流场结构如图 12-28 所示，双极板材质选择石墨板，流场大小为 $49cm^2$（$7cm \times 7cm$），根据相关模拟计算，当流道深度为 1mm，流道宽度为 1mm，脊宽为 1.5mm，叶角为 45°时，流道具有最优的水分布和气体分布。

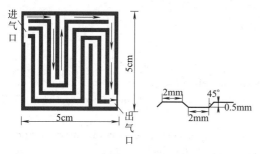

图 12-27　四通道蛇形渐变流场设计

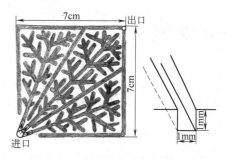

图 12-28　叶形交指流场结构设计

习题

1.请阐述燃料电池发电的基本原理，并分析其与蓄电池的区别。

2.画出质子交换膜燃料电池的结构示意图，描述其工作原理，并分析其优缺点。

3.阐述常见的一些炭材料，并举例说明其在燃料电池中的可能应用。

4.金属双极板由于有导电率高、轻质、超薄及易加工等特性，是最有可能取代碳板的板材之一，然而，金属（如不锈钢、镍基合金等）双极板的腐蚀问题不容忽视。请根据所学的知识，对解决金属双极板的腐蚀问题提出你认为可行的方案或建议。

5.为了达到"双碳"目标，燃料电池在我国受到了国家和地方政府的高度重视。某地区 A 养殖业发达，沼气富余，拟发展燃料电池固定电站；某地区 B 汽车工业较为发达，拟大力发展燃料电池汽车；某地区 C 为航天配套基地，拟开发航天用燃料电池；某地区 D 为军工配套基地，拟开发士兵用便携式电源。请问这四个地区分别适合发展什么类型的燃料电池？理由是什么？

6.请绘出质子交换膜燃料电池单电池工作时的极化曲线示意图，并分别讨论三种电极极化类型及对电池性能的影响，并尝试着提出降低此三种电极极化的对策。

7.计算标准条件下的氢氧反应 $H_2(g) + 1/2 O_2(g) \longrightarrow H_2O$ 的可逆电压及质子交换膜燃料电池发电的理论效率。

8.请论述燃料电池在军事领域中的可能应用，并给出合理的分析。

9.请问在冬天，如果把氢燃料电池车开到寒冷（温度至少为零下 10℃）的北方可能会出现什么问题？有何解决方法？

10.质子交换膜燃料电池要用到大量的贵金属铂，导致氢燃料电池车成本昂贵。请列出可能的举措来降低其成本。

11.请阐述直接甲醇燃料电池的工作原理，画出结构示意图，并阐述其存在的主要问题及解决对策。

12.有人说相比于锂电池，氢燃料电池更不安全，因为氢是危险气体，你认为是这样吗？请给予适当的分析。

13. 你认为质子交换膜燃料电池价格昂贵的主要原因是什么？有什么举措可以降低其成本？

14. 当前中国政府大力推动和发展基于锂离子电池的电动车。你认为这对发展燃料电池电动车有影响吗？此外，你认为燃料电池电动车与锂离子电池电动车谁更具有发展前景，为什么？

15. 目前，燃料电池电动车的发展遇到很大的瓶颈，请分析主要的原因。

参考文献

[1] Gierke T D，Munn G E，Wilson F C. The morphology in nafion® perfluorinated membrane products，as determined by wide- and small-angle X-ray studies[J]. Journal of Polymer Science，1981，19(11)：1687-1704.

[2] Kreuer K D，Rabenau A，Weppner W. Vehicle mechanism，a new model for the interpretation of the conductivity of fast proton conductors[J]. Angewandte Chemie International Edition，1982，21：208-209.

[3] Bao M J，Amiinu I S，Peng T，et al. Surface evolution of PtCu-alloy-shell over Pd-nanocrystals leads to superior hydrogen evolution and oxygen reduction reactions[J]. ACS Energy Letters，2018，3：940-945.

[4] Wang Z H，Jin H H，Meng T，et al. Fe, Cu-coordinated ZIF-derived carbon framework for efficient oxygen reduction reaction and zinc-air batteries [J]. Advanced Functional Materials，2018，28(39)：1802596.

[5] Hu C X，Jin H H，Liu B S. Propagating Fe-N_4 active sites with vitamin C to efficiently drive oxygen electrocatalysis[J]. Nano Energy，2021，82：105714.

[6] He D P，Jiang Y L，Pan M，et al. Nitrogen-doped reduced graphene oxide supports for noble metal catalysts with greatly enhanced activity and stability[J]. Applied catalysis B：Environmental，2013，132-133：379-388.

[7] Liang L H，Jin H H，Zhou H，et al. Cobalt single atom site isolated Pt nanoparticles for efficient ORR and HER in acid media[J]. Nano Energy，2021，88：106221.

[8] Xiao F，Wang Y，Xu G L，et al. Fe-N-C boosts the stability of supported platinum nanoparticles for fuel cells[J]. Journal of the American Chemical Society，2022，144(44)：20372-20384.

[9] Mu S C，Tian M X. Optimization of perfluorosulfonic acid ionomer loadings in catalyst layers of proton exchange membrane fuel cells[J]. Electrochimica Acta，2012，60：437-442.

[10] Manso A P，Marzo F F，Barranco J，et al. Influence of geometric parameters of the flow fields on the performance of a PEM fuel cell. a review[J]. International Journal of Hydrogen Energy，2012，37(20)：15256-15287.

[11] Dong J，Liu S，Liu S. Numerical investigation of novel bio-inspired flow field design scheme for PEM fuel cell[J]. Journal of Renewable and Sustainable Energy，2020，12(4)：044303.

[12] Zhang G，Xie B，Bao Z，et al. Multi-phase simulation of proton exchange membrane fuel cell with 3D fine mesh flow field[J]. International Journal of Energy Research，2018，42(15)：4697-709.

[13] Xing L，Liu X，Alaje T，et al. A two-phase flow and non-isothermal agglomerate model for a proton exchange membrane (PEM) fuel cell[J]. Energy，2014，73：618-634.

[14] Watkins D S，Dircks K W，Epp D G. Novel fuel cell fluid flow field plate：US 4988583 [P]. 1991-01-29.

[15] 邓志红. 车用质子交换膜燃料电池流场结构特性分析与优化研究[D]. 广东：华南理工大学，2008.

[16] 陈振兴，郭树杰，胡科峰，等. 燃料电池双极板流场及电堆结构研究现状[J]. 电池工业，2020，24(5)：264-268,280.

[17] 马小杰，方卫民. 质子交换膜燃料电池双极板研究进展[J]. 材料导报，2006，20(1)：26-30.

[18] 陈涛，乔运乾，李昌平，等. 基于植物叶脉的 PEMFC 流场结构设计[J]. 太阳能学报，2013，34(3)：453-458.

[19] Badduri S R，Srinivasulu G N，Rao S S. Influence of bio-inspired flow channel designs on the performance of a PEM fuel cell[J]. Chinese Journal of Chemical Engineering，2020，28(03)：824-831.

第 13 章

环境污染与治理

进入商业化应用的新能源材料及器件，其生产和制备是建立在现代工业基础之上的。于是，在现代工业生产过程中，因资源、材料、能源、技术、布局等因素而形成的环境污染，在新能源材料及器件的生产中也会碰到。因此，为了确保新能源行业的可持续发展，针对新能源材料及器件生产和制备过程中所产生的环境污染，人们进行了一系列的探索与研究，找寻解决这些环境污染的技术与方法。本章以一些代表性的新能源材料及器件生产和制备过程产生的环境污染为例，介绍相应的治理技术与方法。

13.1 太阳电池与环境污染治理

太阳电池对环境产生的污染影响主要集中在太阳电池生产过程。为了更好解决太阳电池的环境污染问题，本书从太阳电池生产工艺入手，分析其中的产污环节和污染物，然后结合环境治理技术，给出治理太阳电池环境污染的相关技术与方法。当前的太阳电池有多种类型，包括晶体硅太阳电池、非晶体硅太阳电池、碲化镉太阳电池和钙钛矿太阳电池等，由于部分太阳电池现在还未进入商业化阶段而没有被广泛应用，所以本书选择以下两种应用比较广泛的太阳电池进行介绍。

13.1.1 晶体硅和非晶硅产污分析

13.1.1.1 晶体硅生产中污染物的产生

晶体硅太阳电池是人类最早掌握与使用的太阳电池，它的基本生产工艺，从原料到产品如下所示：

石英砂冶炼→工业硅冶炼→高纯硅冶炼→硅锭铸造→硅片切割→硅片清洗和制绒→扩散→刻蚀→背电极制作→钝化和减反射膜→检测试、封装。

（1）石英砂的开采和冶炼

一般石英砂的生产过程包括以下环节。

①破碎：石料从矿山开采出来后，首先进行破碎。在这个过程中有大量的粉尘产生，其主要成分是 SiO_2，每生产 1kg 工业硅（MG-Si）将会产生 185mg SiO_2 粉尘，其中 19mg 是可吸入的。②精选：对制砂机出来的石料进行精选，含硅量较高的石英砂被分离出来，形成精制石英砂。③加工：对精选过的石英砂进行加工，如酸洗、提纯等，生产出不同类型的石英砂加工品，如酸洗石英砂、硅微粉等。提纯石英砂常用的酸有 $H_2C_2O_4$、HCl、HF、HNO_3、H_2SO_4 和 $HClO_4$ 等，处理温度为 $80 \sim 90℃$。在这个过程中，存在的危害包括高温、强酸对操作人员健康的影响以及未反应完全的酸液排放和采用碱中和处理后的废渣对环境的影响。

（2）工业硅的生产

工业上常采用焦炭还原硅石（SiO_2）的方法生产硅。石英砂在电弧炉中冶炼得到纯度为98%的工业硅，其化学反应方程式为：

$$SiO_2 + C \longrightarrow Si + CO_2 \uparrow \qquad (13-1)$$

通常情况下，工业硅的产率为80%～85%。在这个过程中，CO、SiC、CO_2、C_2H_6 等气体会释放出来。通过鼓入氧气，每生产1kg工业硅就会反应生成6.0kg CO_2、0.008kg SiO_2 和0.028kg SO_2。这些废烟气通过过滤器处理后排放至大气中。冶炼1t工业硅产生2000～2600m^3 带大量粉尘的烟气，其主要成分是纳米至微米尺度的 SiO_2 颗粒。烟气过滤后得到的滤渣中含有96.5% SiO_2，其余的是金属氧化物、硅的碳化物和硫化物。滤渣作为固体废弃物处理，含硅的矿渣可作为副产品销售。

（3）高纯硅的生产

高纯硅，顾名思义，更高纯度的硅。为此，工业硅必须进一步提纯。提纯的主流生产方法是改良西门子法，理论上能得到60%的高纯硅，实际上只能得到15%～30%的高纯硅，大部分的硅随着烟气排放出去。

改良西门子法的具体过程如下。

① 将工业硅粉碎并用无水氯化氢（HCl）与之在流化床反应器中反应，生成易溶解的三氯氢硅（$SiHCl_3$）。其化学反应方程式为：

$$Si + 3HCl \longrightarrow SiHCl_3 + H_2 \uparrow \qquad (13-2)$$

反应温度为300℃，该反应是放热反应，同时生成气态混合物（H_2、HCl、$SiHCl_3$、$SiCl_4$ 和Si）。

② 上一步骤中产生的气态混合物还需要进一步提纯、分解，即首先过滤硅粉，冷凝$SiHCl_3$ 和 $SiCl_4$，而气态 H_2 和 HCl 返回到反应中或排放到大气中。然后分解冷凝物 $SiHCl_3$ 和 $SiCl_4$，净化 $SiHCl_3$（多级精馏）。

③ 净化后的 $SiHCl_3$ 采用高温还原工艺，以高纯的 $SiHCl_3$ 在 H_2 气氛中还原沉积而生成多晶硅。其化学反应方程式为：

$$SiHCl_3 + H_2 \longrightarrow Si + 3HCl \uparrow \qquad (13-3)$$

在这个过程中，气体污染物包括：H_2、HCl、$SiHCl_3$、$SiCl_4$ 和Si。这些污染物当中，主体是 $SiCl_4$，是一种无色或淡黄色发烟液体，易潮解，具有酸性腐蚀性，对眼睛和上呼吸道会产生强烈刺激，皮肤接触后可引起组织坏死，属于危险物质。$SiCl_4$ 可以用 Zn 或者 H_2 来还原，废气通入到 $Ca(OH)_2$ 洗涤器中，得到 $CaCl_2$ 和 SiO_2 残渣。

（4）硅锭的铸造

多晶硅铸造过程中常用的方法是定向凝固法，单晶硅常用的是直拉法。在这些过程中，因为坩埚不能重复利用，因此带来了大量的废弃污染。

（5）硅片的切割

在切片过程中，25%～50%的硅锭被损失掉。切片要用到矿物油和SiC的颗粒，这些材料以及25%～50%的硅废料成了废弃污染物。每吨废砂浆中含有8%～9%（质量分数）的高纯硅、35%（质量分数）的聚乙二醇、33%（质量分数）的SiC微粉，此外，还有切割线上掉下来的金属碎片。对切割废液进行纯化，可以回收硅又可以减少废料的量。铁碎片可以通过用酸或者动电分离技术来处理，Si 和 SiC 可以经过重复离心、定向凝固、超导磁分离和泡沫过滤等方法，最后得到硅质量分数高于 90% 的粉末。

（6）硅片的清洗和制绒

在这个过程中，会用到有腐蚀性的 HF、HNO_3、NaOH（多晶硅），或者异丙醇等有机溶剂（单晶硅），会对操作者的暴露部位造成腐蚀。如果用到 HNO_3，还会产生 NO 温室气体。废液如果经过中和处理或者综合利用，不会对环境造成危害。涉及的化学反应方程式如下：

$$3Si + 4HNO_3 \longrightarrow 3SiO_2 + 4\ NO\uparrow + 2H_2O \qquad (13\text{-}4)$$
$$SiO_2 + 6HF \longrightarrow H_2SiF_6 + 2H_2O \qquad (13\text{-}5)$$
$$2NaOH + Si + H_2O \longrightarrow Na_2SiO_3 + H_2\uparrow \qquad (13\text{-}6)$$

（7）扩散

此步骤用到 $POCl_3$ 和 B_2H_6 等。$POCl_3$ 是一种腐蚀性很强的液体，B_2H_6 容易爆炸，所以操作者要做好防护措施。废气的主要成分是 $POCl_3$、PCl_5 和 Cl_2。废气经过处理，也可以转化成 Na_2HPO_4 和 NaClO。

（8）刻蚀

化学刻蚀法中用到 HF 和 HNO_3，酸液如果处理后再排放，不会造成污染。如果采用 CF_4 等离子刻蚀，则污染物有 CF_4、F_2 和 CO_2。

（9）电极

电极制作用到的银浆和铝浆中一般采用松油醇、邻苯二甲酸二丁酯等作为溶剂，这些物质具有挥发性，操作者长期接触会对健康不利。

（10）钝化和减反射膜

表面钝化和减反射膜是采用等离子体化学气相沉积（PECVD）的方法来沉积 Si_3N_4。这一过程会用到 NH_3 和 SiH_4，NH_3 具有刺激性，SiH_4 易爆炸。通过将 PECVD 的排气装置接到 SiH_4 燃烧炉上，可将 SiH_4 转化成 SiO_2 和水，减少污染排放。此外，PECVD 需要用 CF_4、SF_6 或 C_2F_6 等气体对反应腔室进行清洗，这些气体都为温室气体。

（11）电池的封装和检测

在电池封装之前需要进行测试，不合格的电池被回收或者作为固体废物丢弃。检测通过的电池需要进行封装，这一过程中需要用到乙烯醋酸和乙烯共聚物（EVA）、铜锡焊带以及铝制框架等。在层压过程中会有异丙醇、2-甲基丙烷、2-甲基丁醇等有机物释放出来，操作人员需要做好防护。

13.1.1.2　非晶体硅产污分析

非晶体硅的生产工艺主要包括以下步骤：

导电玻璃清洗→等离子体化学气相沉积法沉积 Si→背电极溅射→电池的封装和检测。

相对于晶体硅电池，非晶硅薄膜电池中硅的用量仅为普通多晶硅用量的 1/100，生产硅阶段的污染可以不计，其污染主要来源于以下生产环节。

（1）导电玻璃的生产

导电玻璃（TCO）一般分为 FTO（F：SiO_2）和 ITO（In：SiO_2）。FTO 的生产过程中会使用到氟利昂、HF 或 NH_4OH 等，如果泄漏会对环境和人员造成危害。玻璃清洗过程会产生废液，废液进行处理后不会造成污染。

（2）非晶硅的生产

非晶硅生产中主要的污染环节是 PECVD 的步骤，问题如下。

① SiH_4 问题：非晶硅的生产需要用大量的 SiH_4。SiH_4 有多种制法，目前主流的生产工艺有：硅镁合金法工艺（Komatsu 硅化镁法），此反应需在低温液氨条件下进行，成本较高，未用于大规模生产；金属氢化物工艺，此反应中使用的 SiF_4 气体可利用化肥企业的副产物氟硅酸制得；氯硅烷歧化工艺（union carbide 歧化法），整个过程是闭路，一方投入 Si 与 H_2，另一方获得 SiH_4，因此排出物少，对环境有利，同时材料的利用率高。SiH_4 易燃易爆，与空气接触可以燃烧生成白色无定形的 SiO_2 烟雾。其危害主要是其自燃的火焰会引起严重的灼伤。在空气中的爆炸极限是 2%～3%，根据承载气体不同可能有所区别。如果在一个特定区域溢出速率达到 300L/min，爆炸就可能发生。此外，SiH_4 可以在有些气体中形成气囊，尤其是同 H_2 在混合不完全、没有达到爆炸极限条件（<2%）的情况下，也可能发生爆炸。

② 其它气体：在 PECVD 过程中会使用到 H_2、AsH_3、PH_3、B_2H_6 和 GeH_4 等，这些气体一旦发生泄漏，后果会相当严重。在 PECVD 过程中 SiH_4 的利用率只有 10%，大量的气体随尾气排出。PECVD 的尾气主要是未完全反应的 NH_3、SiH_4、H_2、B_2H_6 和 PH_3 等，这些气体都容易燃烧，燃烧产物主要是 P_2O_5、B_2O_3、H_2O 等气体和 SiO_2 粉尘。燃烧后的产物经过袋式过滤器之后，可以经高排气筒排放。

③ 清洗反应室用到的含 F（氟）特殊气体将会对环境造成很大的影响：PECVD 经常需要快速地清洗反应室，需要用到含 F 特气，如 CF_4、C_2F_6 和 NF_3 等，这些气体比 CO_2 的危害更大 [全球变暖潜能值（GWP）是 CO_2 的 17200～22800 倍]。随着半导体行业的升温，含 F 气体的需求量日益增多，气体的生产和使用是造成泄漏危险的两个重要环节，这一问题应该引起高度重视。

13.1.1.3 主要污染物

根据对不同太阳能电池生产工艺及产污情况的介绍，可以看出在太阳能电池生产过程中，会产生一系列不同的气态和液态污染物。这些污染物基本上是生产过程中产生的废气和废水，以单晶硅为例，其生产过程产生的废水和废气如图 13-1 所示。在这些气态和液态污染中包含了不同的物质，经过前人的研究得到太阳能电池生产过程中产生的主要污染物，如表 13-1 所示。

表 13-1　太阳能电池片生产中废气和废水主要污染物

生产工段	废水主要污染物	废气主要污染物
制绒	COD	NMHC
酸洗	F^-	HCl，HF
磷扩散	F^-，TP	Cl_2，HCl，磷化物
刻蚀	F^-，NO_3^--N	HF，NO_x
PECVD	F^-	NH_3，NO_x，SiH_4

生产工段	废水主要污染物	废气主要污染物
印刷	F^-	NO_x，NH_3，SiH_4，SiO_2
酸排塔	F^-，$NO_3^-\text{-N}$，TP	HF，NO_x，HCl
碱排塔	COD	NMHC
硅烷燃烧塔	$NH_3\text{-N}$，$NO_3^-\text{-N}$	NH_3，NO_x，SiH_4

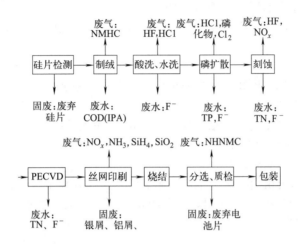

图 13-1　单晶硅电池片生产过程产生的废气和废水

NMHC—非甲烷碳氢化合物；COD（IPA）—化学需氧量（异丙醇）；TP—总磷；TN—总氮

13.1.2　气态污染物治理

根据太阳能电池生产工艺，在电池生产过程中产生的气态污染物可分为三类，分别是酸性废气、碱性废气和有机废气。

13.1.2.1　酸性废气

电池片生产线酸性废气为含 HF（以氟化物计）、氮氧化物、HCl、Cl_2、硫酸雾的混合酸性废气。上述酸性废气经管道收集后采用酸雾碱液喷淋洗涤系统进行收集处理，HF（以氟化物计）、氮氧化物、HCl、Cl_2、硫酸雾净化效率分别为 80%、50%、90%、49%、85%，净化后的废气通过高排气筒排放，废气排放浓度 HF（以氟化物计）、氮氧化物、HCl、Cl_2、硫酸雾分别为 $0.42mg/m^3$、$36mg/m^3$、$0.025mg/m^3$、$7.5mg/m^3$、$0.9mg/m^3$，满足《大气污染物综合排放标准》（GB 16297—1996）二级标准要求。

电池片生产线酸性废气净化处理系统由碱液喷淋洗涤塔、排风机、吸收液供给装置和排气筒组成，其工艺流程如图 13-2 所示。

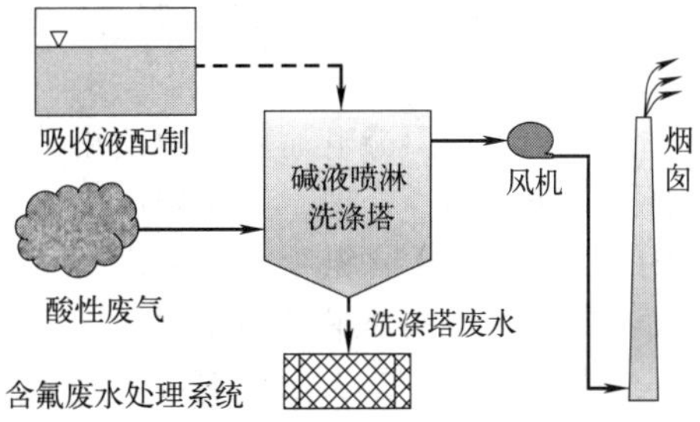

图 13-2　酸性废气净化装置工艺流程

13.1.2.2　碱性废气

电池片生产线硅片 PECVD 过程产生含 NH_3、CF_4、SiF_4 的混合废气（G4），一般采用经 PECVD 设备附带的废气燃烧器焚烧进行处理，燃料为天然气，燃烧后的废气主要含烟尘、NH_3、SO_2、氮氧化物、氟化物，燃烧后的废气通过碱性废气喷淋洗涤系统进行收集净化处理，设计喷淋液为稀盐酸，净化后的废气通过高排气筒排放，排放废气中烟尘、NH_3、氮氧化物、SO_2、氟化物浓度能够满足《大气污染物综合排放标准》（GB 16297—1996）二级标准要求及《恶臭污染物排放标准》（GB 14554—1993）二级标准要求。

该废气净化系统由 PECVD 燃烧装置、酸液喷淋洗涤塔、排风机、吸收液供给装置和排风管等组成，其工艺流程如图 13-3 所示。

喷淋液为稀盐酸，与碱性废气发生反应生成水和盐，进而除去废气中的碱性气体。

13.1.2.3　有机废气

电池片生产有机废气污染物主要为非甲烷总烃，包括制绒、丝网印刷、烘干烧结过程中加入异丙醇、松油醇而产生的有机废气，该废气经管道收集后采用活性炭有机废气吸附塔进行收集处理，废气初始浓度非甲烷总烃为 $60mg/m^3$，净化效率为 80%，净化后的废气通过排气筒排放，废气排放浓度非甲烷总烃为 $12mg/m^3$，满足《大气污染物综合排放标准》（GB 16297—1996）二级标准要求。

该有机废气净化系统由活性炭纤维筒吸附装置、排风管和排风机、排气筒等组成，处理工艺流程见图 13-4。当吸附塔中的压降超过 1000Pa 后，就要更换吸附塔中的活性炭纤维。

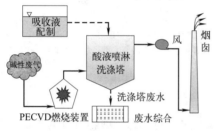

图 13-3　碱性废气净化装置工艺流程

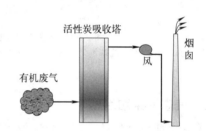

图 13-4　有机废气净化装置工艺流程

13.1.3　液态污染物治理

太阳能电池生产过程中需要用到大量氢氟酸、硝酸、制绒有机溶剂等化学品，进行冲洗等相关工艺过程，会产生大量的液态污染物，即废水和污水，如果直接排放，将对环境造成严重污染。

太阳能电池生产过程中制绒、酸洗和漂洗等环节，产生的废水中主要有 F^-、COD、TN 等污染物。

由于在太阳能电池生产中使用硝酸，所以在产生的废水中还存在大量的硝酸盐等含氮污染物。如果不经处理，直接排放进入环境，将对生态环境和人体健康产生较大的不良影响。因此，人们对于含氮废水污染进行了长期的研究与探索，获得了一系列卓有成效的技术和方法，下面对这些技术进行介绍。

废水中硝酸盐去除技术可主要分为物理化学处理技术和生化处理技术两类。物理化学的去除技术包括离子交换树脂法（ion exchange resin method）、催化还原法（catalytic reduction method）、蒸发浓缩法和反渗透膜法（revers osmosis membrane method）。生化处理技术主要是生物脱氮（biological nitrogen removal）法。

（1）离子交换树脂法

离子交换是一个物理化学过程，离子交换树脂法是通过阴、阳离子交换树脂对水中的各种阴、阳离子进行置换的一种传统水处理工艺。在处理含氮废水时，利用阴离子交换树脂中的氯化物或重碳酸盐与废水中的硝酸根离子交换，去除废水中的硝酸盐，净化废水，直到树脂的交换容量耗尽。

（2）催化还原法

催化还原法是指向废水中加入一定量的还原剂，还原水中的硝酸盐从而实现去除废水中硝酸盐的方法。催化方法去除硝酸盐技术难点是催化剂的活性和选择性的控制，其它离子的存在对氢化作用形成干扰，有可能由于氨化作用不完全形成亚硝酸盐，或由于氨化作用过强而形成 NH_3（NH_4^+）等副产物，且还原剂的成本较高，不适合实际工程中废水的脱氮。

（3）反渗透膜法

反渗透是以压力为推动力，利用反渗透膜只能透过水而不能透过溶质的选择透过性，来去除废水中的硝酸盐氮。反渗透是最精密的液体膜分离技术，它能截留几乎所有溶解性盐及分子量大于 100 的有机物分子。反渗透装置水处理容量大、占地面积小、自动化程度高、维修更换简便、可适应大规模连续水处理系统。对反渗透膜法直接产生影响的运行条件包括操作压力、pH 值、膜面流速和运行温度等。

（4）蒸发浓缩法

蒸发工艺是现代化工单元操作之一，即用加热的方法，使溶液中的部分溶剂汽化并得以去除，以提高溶液的浓度，或为溶质析出创造条件。综合比较设备投资和运行费用，通常采用三效蒸发技术处理高浓度废水，理论上每蒸发处理 $1m^3$ 废水约消耗 0.4t 的蒸汽。实际工程中通常每蒸发处理 $1m^3$ 废水约消耗 0.7t 蒸汽，每吨蒸汽按 200 元计算，每吨水的直接运行费用约 140 元（不含固废处置费用），运行成本较高。

（5）生物脱氮

生物脱氮是指在微生物的联合作用下，污水中的有机氮及氨氮经过氨化作用、硝化反应、反硝化反应，最后转化为氮气的过程。其具有经济、有效、易操作、无二次污染等特点，被公认为具有发展前途的方法，关于这方面的技术研究不断有新的成果报道。

氨化反应是指含氮有机物在氨化功能菌的代谢下，经分解转化为 NH_4^+ 的过程。含氮有机物在有分子氧和无氧的条件下都能被相应的微生物所分解，释放出氨。

硝化反应由好氧自养型微生物完成，在有氧状态下，利用无机氮为氮源将 NH_4^+ 氧化成 NO_2^-，然后再氧化成 NO_3^- 的过程。硝化过程可以分成两个阶段：第一阶段是由亚硝化菌将氨氮转化为亚硝酸盐（NO_2^-），第二阶段由硝化菌将亚硝酸盐转化为硝酸盐（NO_3^-）。

反硝化反应是在缺氧状态下，反硝化菌将亚硝酸盐氮、硝酸盐氮还原成气态氮（N_2）的过程。反硝化菌为异养型微生物，多属于兼性细菌，在缺氧状态时，利用硝酸盐中的氧作为电子受体，以有机物（污水中的 BOD 成分）作为电子供体，提供能量并被氧化稳定。

13.2 锂离子电池与环境污染治理

由于锂离子电池具有比能量高、循环寿命长和工作电压高等优点，得到了广泛的应用。

同时，随着新能源汽车行业的迅速发展，动力电池行业也迎来了高速发展期。锂离子电池的产量持续增长。2023年1～12月，全国锂电池产量为940GW·h，同比增长25%，行业总产值超过1.4万亿元。正极材料、负极材料、隔膜、电解液产量分别达到230万吨、165万吨、150亿平方米、100万吨，增幅均在15%以上。锂离子电池及材料产量的高速增长，使得人们对锂离子电池生产和使用过程中对环境的影响越来越重视。虽然锂离子电池中不含汞、铅等毒害大的重金属元素，但是，锂离子电池的正负极材料、电解质溶液等物质对环境和人体健康还是有很大影响。

13.2.1 锂离子电池材料生产过程中的产污分析

（1）三元正极材料生产过程中的主要污染

镍钴锰三元正极材料由于具有良好的循环性能、可靠的安全性以及适中的成本等优点，是当前最有发展前景的新型锂离子电池正极材料之一。目前生产三元材料的工艺是：首先采用共沉淀法得到镍钴锰氢氧化物三元前驱体，然后经过与锂盐混合、煅烧、球磨等工序，生产三元正极材料。共沉淀反应后的母液是高盐、高氨氮、重金属废水。经调研该行业的废水特性，各元素含量汇总见表13-2。

表 13-2　三元前驱体废水各元素含量

Mn/(mg/L)	Ni/(mg/L)	Co/(mg/L)	氨氮/(mg/L)	盐分/%	pH
5～10	10～200	5～15	4000～10000	9～12	10～11.5

13.2.1.2 磷酸铁锂正极材料生产中的主要污染

磷酸铁锂是磷酸铁锂电池的主要原材料，磷酸铁锂正极材料生产过程中的污染主要来源于其前驱体磷酸铁的生产，在高温合成磷酸铁锂过程中污染较小。目前以钛白副产的硫酸亚铁为原料生产磷酸铁过程中会产生大量的废水，每生产1吨磷酸铁会产生50～80吨废水，这些废水主要含有较高浓度的氨氮、硫酸盐、硫酸盐、硬度离子，如表13-3所示。这些废水若不能得到有效处理，直接排入环境，将对环境产生严重的不良影响。

表 13-3　某磷酸铁生产厂废水成分

名称	pH	氨氮 (mg/L)	硫酸 (mg/L)	总磷 (mg/L)	钙离子 (mg/L)	铁离子 (mg/L)	TDS (mg/L)
一次母液	2～3	9500	32000	580	280	90	45000
一次母液	2～3	4800	18000	550	50	65	25000
低浓度洗水	6～7	400	1400	40	4	6	2000

13.2.2 锂离子电池退役后的产污分析

锂离子电池在使用一定时间后，其各项技术指标逐渐下降，到达一定指标后，不能满足相关设备或装置的使用要求，被更换或报废后，成为退役锂离子电池。这时的锂离子电池中既有原有组成物质，又有充放电过程中副反应产生的新物质。当这些退役的锂离子电池若被丢弃在环境中，因各种原因破裂而使电池中的物质进入环境中，将造成环境污染。

由表 13-4 可以看出，退役锂离子电池的电极材料进入环境后，可与环境中其它物质发生水解、分解、氧化等化学反应，产生重金属离子、强碱和负极碳粉尘，造成重金属污染、碱污染和粉尘污染。废旧锂离子电池的电解质进入环境中，可发生水解、分解、燃烧等化学反应，产生 HF、含砷化合物和含磷化合物，造成氟污染和砷污染。当锂离子电池中其它物质进入环境中可造成有机物污染和氟污染。

表 13-4 锂离子电池相关材料的化学特性与产污分析

种类	名称	主要化学特性	产污分析
正极材料	$LiMn_2O_4$	与有机溶剂或还原剂或强氧化剂（双氧水、氯酸盐等）、金属粉末等发生反应可产生有毒气体（Cl_2），受热分解产生氧气	重金属锰污染使环境 pH 升高
	$LiCoO_2$	与水、酸或氧化剂发生强烈反应，燃烧或受热分解产生有毒的锂钴氧化物	重金属钴污染使环境 pH 升高
	$LiNiO_2$	受热分解为 Li_2O、NiO 和 O_2，遇水、酸发生分解	重金属镍污染使环境 pH 升高
负极材料	Cokes, Glassy Carbons	粉尘和空气的混合物遇热源或火源可发生爆炸，可与强氧化剂发生反应，燃烧产生 CO 及 CO_2 气体	颗粒物污染
	石墨	与强氧化剂（氟、液氯）可发生反应，燃烧产生 CO 及 CO_2 气体	颗粒物污染
	嵌锂	与水作用生成强碱，自燃，可与氧气、氮气、二氧化碳和酸等物质反应	使环境 pH 值升高
电解质	$LiPF_6$	有强腐蚀性，遇水可分解产生 HF，与强氧化剂发生反应，燃烧产生 P_2O_5 等有毒物质	氟污染使环境 pH 升高
	$LiBF_4$	有强腐蚀性，与水、酸发生剧烈反应产生 HF 气体，燃烧或受热分解会产生 Li_2O、B_2O_3 等有害物质	氟污染使环境 pH 升高
	$LiClO_4$	与强还原剂、硝基甲烷和肼等物质发生剧烈反应。燃烧后会产生 LiCl、O_2 和 Cl_2	有毒气体
	$LiAsF_6$	溶于水，吸湿性强，与酸反应可产生有毒气体 HF、砷化合物等	氟污染、砷污染
	$LiCF_3SO_3$	燃烧产物为 CO、CO_2、SO_2、HF，与氧化剂、强酸发生反应产生 HF	氟污染、有毒气体
其它材料	隔膜（PP，PE）	燃烧可产生 CO、醛、有机酸等	有机物污染
	黏合剂 PVDF、VDF、EPD（乙丙二烯共聚物）	PVDF 可与氟、发烟硫酸、强碱、碱金属发生作用，受热分解产生 HF；VDF 可与酸反应，受热分解产生 HF；EPD 可燃烧	氟污染

另外，电池会在使用过程中因副反应而产生一些有害物质，如溶剂分解产物有丙烯、乙二醇、乙烯、乙醇等，电解质与正极电极作用的副产物有 HF、LIF、$(CH_2OCO_2Li)_2$、CH_3OCO_2Li、CH_4、CO、CH_3OH 等，负极同电解质发生副反应的产物，电极在预处理过

程中加入的添加剂等，所有这些物质可直接或间接地造成环境污染。

13.2.3 三元前驱体生产过程相关污染与治理

三元材料是锂电池正极材料中的一类，目前在市场上占据相当大的份额。

三元前驱体作为三元材料的主要原材料，在生产过程中会产生大量的废水。三元前驱体由硫酸镍、硫酸钴和硫酸锰溶液按照一定比例混合成混合盐，同时使混合盐、氨水和液碱以一定的流速进入通有氮气保护的反应釜内进行沉淀反应，形成氢氧化镍钴锰共沉淀物以及硫酸钠溶液，经过陈化后，再进行固液分离、滤饼洗涤、干燥、过筛、包装得到三元前驱体成品。在进行固液分离和滤饼洗涤时，会产生大量含有重金属、氨氮和硫酸钠的母液以及洗涤水。所得母液与洗涤水中污染成分情况如表13-5所示。

表 13-5　三元前驱体生产中母液及洗涤水中污染成分情况

名称	产量/(m^3/t)	pH	金属离子 $(Co^{2+}+Ni^{2+}+Mn^{2+})$浓度/(mg/L)	氨氮浓度/(g/L)	硫酸钠浓度/(g/L)
母液	15	12～13	100	5～10	100～150
洗涤水	10	6～8	20	1～2	10～15

由表13-5可以看出，镍钴锰三元前驱体废水主要特征为：pH较高，含较高镍、微量钴锰金属及高氨氮、高盐。

13.2.3.1 氨氮处理

三元前驱体合成过程中，氨作为络合剂将镍钴锰离子络合，镍钴锰离子与氢氧根离子形成沉淀物后，氨离子又被游离出来，游离于母液中。此时，若对这些离子不加处理，任其排入环境，不仅会对环境产生不良影响，还会造成氨的损失。合成过程中的化学反应如下：

$$NaOH \Longleftrightarrow Na^+ + OH^-$$
$$NH_4^+ + OH^- \Longleftrightarrow NH_3 + H_2O$$
$$nNH_3 + M^{x+} \Longleftrightarrow M(NH_3)_n^{x+}$$
$$xOH^- + M^{x+} \Longleftrightarrow M(OH)_x(s)$$

目前，用于三元前驱体合成母液除氨的技术有多种，如生物法、反渗透法、电化学法等。由于三元前驱体废水成分复杂、毒性强，不适合采用生物法处理。其它如反渗透法、电化学法等因投资大、运行成本高等原因，只适用于低浓度氨氮处理。因此，在工业上主要采用汽提-精馏脱氨技术和磷酸铵镁沉淀法。

（1）汽提-精馏脱氨技术

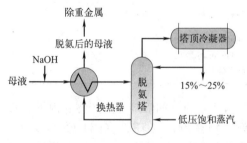

图 13-5　汽提-精馏脱氨技术流程

汽提-精馏脱氨技术相对较成熟，系统资源回收率较高。它回收氨主要是利用氨与水分子不同的相对挥发度，在精馏塔内不断进行气液相平衡，最终氨以 NH_3 的形式从水中分离，回收一定浓度氨水。它的处理思路是，将母液 pH 值调节到 12 以上后，进入脱氨塔，可以回收 15%～25% 质量浓度的氨水，不仅可以节省原材料成本，而且还能将废水中的氨氮降低到 15mg/L 以下，氨氮脱除率＞99%。

汽提回收氨水工艺流程如图 13-5 所示。

（2）磷酸铵镁沉淀法

磷酸铵镁法即通过投加含 Mg^{2+} 和 PO_4^{3-} 辅料，与废水中的 NH_4^+ 反应，生成磷酸铵镁沉淀，以降低废水中氨氮浓度，从而达到去除氨氮的目的。反应过程如下：

$$Mg^{2+} + NH_4^+ + HPO_4^{2-} + 6H_2O \longrightarrow MgNH_4PO_4 \cdot 6H_2O + H^+$$
$$(K_{SP} = 2.5 \times 10^{-13}, 25℃)$$

此方法优点为常温反应、操作简单可控、沉淀效率高、投资成本较低等。运行成本主要是镁盐和磷酸盐辅料，适用于周边有廉价的镁盐和磷酸盐的企业。磷酸铵镁沉淀是不可多得的农用复合肥料，也可以作为结构制品的阻燃剂或耐火砖等。缺点是处理后出水氨氮浓度一般为 50mg/L 左右，且会引入镁及磷杂质，可能会影响后端盐纯度。

13.2.3.2　脱盐处理

目前工业化除盐工艺常用多效蒸发结晶和机械蒸汽再压缩（mechanical vapor recompression, MVR）蒸发结晶。因三元前驱体废水盐分为硫酸钠，也可以考虑冷冻结晶工艺去除。

（1）多效蒸发结晶工艺

多效蒸发结晶是将第一个蒸发器产生的二次蒸汽引入后面蒸发器的加热室作为热源，后效的操作压强和溶液沸点均较前效低，仅第一效需要消耗蒸汽，因而有效利用了二次蒸汽的潜热，减少了能量的消耗。该工艺主要能源为蒸汽，适用于蒸汽成本较低的企业。多效蒸发的饱和蒸汽温度一般为 100~120℃，以四效蒸发为例，蒸发 1t 水大约需要消耗 300kg 蒸汽（考虑了各种温度差损失和热损失）。

（2）机械蒸汽再压缩蒸发工艺

机械蒸汽再压缩蒸发工艺是利用压缩机将低温位的二次蒸汽压缩，提高温度、压力和热焓后，再进入加热室作为热源。通过循环利用二次蒸汽的潜热能起到节能的作用，主要能源为电力。MVR 的优点是能源消耗低，处理每吨含盐废水耗电 20~30kW·h，即蒸发 1t 水仅需 117000kJ 的热能。研究发现，在沸点升较低（小于 10℃）时，MVR 功率较四效蒸发蒸汽值具有明显的优势，尤其适用于蒸发沸点升较低的溶液，比如硫酸钠溶液等。缺点是对进水水质要求高，不能处理含氯离子等腐蚀性物质的废水。

（3）机械冷冻工艺

冷冻工艺是利用溶解度、温度、物化特性的变化特性，在低温下溶解度急剧变小，用机械设备将原料液冷冻至 -10~-5℃ 时析出芒硝。适用于 SO_4^{2-} 浓度高于 30 g/L 的溶液。此工艺的优点是可实现硫酸钠和氯化钠的分离；缺点是工艺比较复杂、运行成本较高。

13.2.3.3　镍钴锰金属处理

三元前驱体废水 pH 为 10~11，而镍、钴、锰氢氧化物完全沉淀的 pH 分别为 9.65、9.52、10.64，所以沉淀后的母液几乎没有游离的 Ni^{2+}、Co^{2+}、Mn^{2+}，而是以络合态 $M(NH_3)_n^{2+}$、（M＝Ni、Co、Mn）形式存在。$M(NH_3)_n^{2+}$ 热力学性质非常稳定，目前工业上可考虑以下两种方法将重金属分离。

（1）硫化物沉淀法

硫化物沉淀法是指通过在废水中投加硫化钠（硫化钾），使废水中重金属离子与硫离子反应生成难溶的沉淀，然后被过滤分离的方法。在镍钴锰前驱体废水中投加硫化钠，可生成 NiS、CoS、MnS。这三种硫化物的溶度积常数很小，分别为 1.07×10^{-21}、2.0×10^{-25}、2.5×10^{-13}，不受氨根络合的影响，处理后重金属的含量可达到 $1mg/L$ 以下。该工艺优点为沉渣量少、品位高、金属回收率高等；缺点是沉渣细小、难以沉降等。

（2）破络法

三元前驱体废水要想将这三种金属沉淀分离出来，最关键的一步是要去除氨配合物，将氨氮去除以后，在 pH 为 10 左右，镍钴锰金属就会以 $Ni(OH)_2$、$Co(OH)_2$、$Mn(OH)_2$ 的形式沉淀下来，企业可回收作为原料使用或外售。

13.2.4 磷酸铁生产过程相关污染与治理

磷酸铁是目前合成磷酸铁锂正极材料的主要原料。磷酸铁生产主要采用水溶性磷酸一铵与硫酸亚铁为原料通过氧化、沉淀等一系列反应生产磷酸铁，再利用磷酸铁、碳酸锂和有机碳源经过混合粗磨、细磨、喷雾干燥、烧结、粉碎等工艺而得到磷酸铁锂。在磷酸铁生产过程中，废水产生量较大，主要含有较高浓度的氨氮、硫酸盐、磷酸盐、硬度离子。

针对上述废水中的各种污染物，如高浓度氨氮，可采用前面所述的方法进行处理。但是，这些磷酸铁锂废水处理工艺仅能处理废水中的部分组分，如回收硫酸盐制备硫酸钙，回收氨氮制备铵盐或氨水，导致该股废水难以全量化处理，不能完全资源化利用；或者将废水经简单预处理后进行蒸发结晶，获取硫酸铵和磷酸铵的混盐，混盐作为杂盐难以利用。因此，经过人们不断努力，一种组合工艺被开发出来。该工艺采用分类收集＋预处理＋膜浓缩＋蒸发结晶组合工艺，对某磷酸铁锂生产企业的废水进行处理。将低浓水和高浓水分开收集，低浓水经预处理纯化后，利用多级反渗透进行脱盐及浓缩，膜滤清液回用，膜滤浓液混合高浓水进行蒸发结晶，回收硫酸铵结晶盐，实现资源化利用。磷酸铁锂生产废水处理工艺流程如图 13-6 所示。

13.2.5 石墨负极材料生产过程相关污染与治理

在锂离子电池上使用的负极材料，有石墨类材料、硅基材料、钛基材料和锂金属材料等，其中石墨类材料在当前市场上占据主要份额。石墨类负极材料，包括天然石墨和人造石墨。从市场结构来看，目前人造石墨逐渐取代天然石墨成为主要的负极材料，2020 年人造石墨占比提升到 84%。

对天然鳞片石墨矿通过开采、分选、改性等步骤处理制成球形石墨使用。人造石墨一般采用致密的石油焦或针状焦作为前驱体经过石墨化高温处理制成。

天然石墨在开采过程中存在一定环境影响。主要有以下几个方面。

① 石墨开采主要导致植被破坏、水土流失等影响。

② 石墨矿石在破碎、筛选和加工等过程中会产生粉尘、烟尘以及尾矿砂等影响环境的污染物，其中粉尘是石墨产业最大的污染物。

③ 石墨在洗选过程中会有废水、废渣的产生。

人造石墨通常是指以杂质含量较低的炭质原料（石油焦、沥青焦等）为骨料、煤沥青等为黏结剂，经过配料、混捏、成型、炭化（工业上称为焙烧）和石墨化等工序制得的块状固

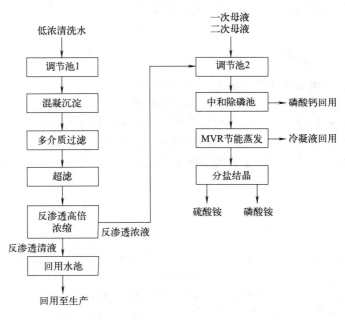

图 13-6　磷酸铁锂生产废水处理工艺流程

体材料，如石墨电极、等静压石墨等。

一般来讲，高比容量的负极采用针状焦作为原材料，普通比容量的负极采用价格更便宜的石油焦作为原料。沥青则作为黏结剂。

人造石墨是将骨料和黏结剂进行破碎、造粒、石墨化、筛分而制成。除了石墨开采过程中所产生的环境影响和污染，在石墨负极生产过程中，产生的污染物包括废气、废水和固体废弃物，具体污染物及其处理方式如表 13-6 所示。

表 13-6　石墨负极生产过程中污染物及处理方式

类型	污染物	处理方式
废气	颗粒物	负压收尘，滤芯除尘
	二氧化硫	石膏法脱硫＋静电除尘
	非甲烷总烃	石膏法脱硫＋静电除尘
	沥青烟	间接水冷＋活性炭吸附
	挥发性有机化合物（VOCs）	间接水冷＋活性炭吸附
废水	COD、BOD、固体悬浮物等	生活污水处理系统处理
固体废弃物	除尘灰	作为生产原料回用
	脱硫石膏	作为建筑材料外售
	废耐火砖	作为耐火材料生产原料外售

综上所述，作为石墨负极的主要材料，天然石墨和人造石墨的开采和生产过程存在一定的环境污染。这些污染主要由开采和生产过程中产生的大气污染物、水污染物和固体污染物所导致。通过采用合理的污染治理技术和方法，可以有效控制这些污染物的排放，从而显著降低石墨负极生产过程中所造成的环境污染，使石墨负极的生产更加绿色环保。

习题

1. 阐述太阳能电池晶体硅与非晶体硅的产污环节。
2. 锂离子电池生产过程中，产生的废水有哪些特点？
3. 磷酸铁锂生产过程中产生的废水有哪些？主要采用治理技术及其处理工艺是什么？
4. 三元材料生产废水，主要采用的治理技术及其处理工艺是什么？
5. 石墨负极材料生产过程中主要污染物是什么？可采用哪些方法进行治理？

参考文献

[1] Xuan C，Zheng S，Glass N，et al. A review of PEM hydrogen fuel cell contamination：impacts，mechanisms，and mitigation[J]. Journal of Power Sources，2007，165(3)：739-756.

[2] Mrozik W，Rajaeifar M A，Heidrich O，et al. Environmental impacts，pollution sources and pathways of spent lithium～ion batteries[J]. Energy & Environmental Science，2021，14：6099-6121.

[3] Kwak J I，Nam S H，Kim L，et al. Potential environmental risk of solar cells：Current knowledge and future challenges[J]. Journal of Hazardous Materials，2020，392 (6)：122297.

[4] Heath G A，Silverman T J，Kempe M，et al. Research and development priorities for silicon photovoltaic module recycling to support a circular economy[J]. Nature Energy，2020，5：502-510.

[5] Tawalbeh M，Othman A A，Kafiah F，et al. Environmental impacts of solar photovoltaic systems：a critical review of recent progress and future outlook[J]. Science of The Total Environment，2021，759 (3)：143528.

[6] Sweerts B，Pfenninger S，Yang S，et al. Estimation of losses in solar energy production from air pollution in China since 1960 using surface radiation data[J]. Nature Energy，2019，4：657-663.

[7] Lithium-ion batteries need to be greener and more ethical[J]. Nature，2021，595(7)：7.

[8] Costa C M，Barbosa J C，Goncalves R，et al. Recycling and environmental issues of lithium-ion batteries：advances，challenges and opportunities[J]. Energy Storage Materials，2021，37(5)：433-465.

[9] Notter D A，Gauch M，Widmer R，et al. Contribution of Li-Ion batteries to the environmental impact of electric vehicles[J]. Environmental Science & Technology，2010，44(8)：6550-6556.